北京市高等教育精品教材立项项目
高等职业教育土建类专业课程改革规划教材

房屋建筑构造

主　编　王晓华
副主编　赵艳敏　马守才
参　编　王晓雪　葛文慧
　　　　王丽群　刘桂玲
主　审　郭万东

机械工业出版社

本书以培养学生专业及岗位能力为重点，突出综合性、应用性和技能型的特色。本书重点介绍了民用建筑的基本组成以及各组成部分的构造原理，并对单层工业厂房构造进行了介绍。同时，附录提供了一套工程实例图样作为贯穿本课程学习的载体。本书每一章节都提供了行动导向教学任务单，便于教师参考和使用；并都附有知识要点、推荐阅读资料、本章小结和思考与练习题，便于读者学习和应用。

本教材可作为高等职业院校建筑工程技术、工程造价、建筑工程管理、建筑装饰、工程监理等专业教学用书，也可作为岗前培训教材或土建工程技术人员学习参考用书。

图书在版编目（CIP）数据

房屋建筑构造/王晓华主编．—北京：机械工业出版社，2011.12（2016.1 重印）
高等职业教育土建类专业课程改革规划教材
ISBN 978-7-111-36880-9

Ⅰ.①房… Ⅱ.①王… Ⅲ.①建筑构造—高等职业教育—教材 Ⅳ.①TU22

中国版本图书馆 CIP 数据核字（2011）第 268388 号

机械工业出版社（北京市百万庄大街 22 号　邮政编码 100037）
策划编辑：覃密道　责任编辑：覃密道　王　一
版式设计：霍永明　责任校对：樊钟英
封面设计：张　静　责任印制：李　洋
三河市国英印务有限公司印刷
2016 年 1 月第 1 版第 3 次印刷
184mm×260mm · 17.5 印张 · 432 千字
6001—7900 册
标准书号：ISBN 978-7-111-36880-9
定价：36.00 元

凡购本书，如有缺页、倒页、脱页，由本社发行部调换
电话服务　网络服务
社服务中心：(010)88361066　门户网：http://www.cmpbook.com
销售一部：(010)68326294　教材网：http://www.cmpedu.com
销售二部：(010)88379649
读者购书热线：(010)88379203　**封面无防伪标均为盗版**

前　言

本书是2009年北京市高等教育精品教材立项项目之一，是在总结高等职业技术教育经验的基础上，结合高等职业教育的教学特点和专业需要，按照国家颁布的现行有关标准、规范和规程的要求以及本课程的教学规律进行设计和编写的。

本书在编写过程中，紧紧围绕“职业技能培养和综合素质提高”的指导思想。书中每一章都提供了行动导向教学任务单，教师在对任务单进行适当的补充和细化后，可以根据教学的内容特点、学校的软硬件环境以及学生的特点，有选择地开展行动导向教学，从而更好地提高学生的学习能动性，培养学生的综合素质。书中附录提供了一套较为完整、难度适宜的工程图样，书中所有任务单的内容尽量做到以此工程为载体，从而为教学中将基础理论知识与工程实践应用紧密结合，增强学习的系统性和连贯性提供了支持。另外，每一章都提供了推荐阅读资料，促使学生养成学习、阅读规范、图集的良好职业习惯。

本书由王晓华任主编，赵艳敏、马守才任副主编，郭万东任主审。具体编写分工如下：第一章由王晓华编写，第二章、第三章由赵艳敏编写，第六章、第八章由马守才编写，第四章由王晓雪编写，第五章由刘桂玲编写，第七章、第九章由葛文慧编写，附录插图由王丽群绘制。

本书在编写过程中，参考了有关书籍、标准、图片及其他资料，在此谨向这些文献的作者深表谢意。同时，本书的出版也得到了出版社的指导与大力支持，在此一并致谢。

为方便教学，本书配有电子课件、习题解答，并可提供附录中的CAD图，凡使用本书作为教材的教师可登录机械工业出版社教材服务网 www.cmpedu.com 注册下载。咨询邮箱：cmpgaozhi@sina.com。咨询电话：010-88379375。

由于编者水平有限，书中难免存在疏漏和不妥之处，恳请广大读者批评指正。

编　者

目　录

第一章　概　　述

知识要点

知 识 要 点	权重
建筑的分类与民用建筑的等级划分	40%
建筑物的组成与常用术语	20%
建筑物的施工建造方法和建筑工业化	25%
建筑模数与建筑模数协调中涉及的尺寸	15%

行动导向教学任务单

工作任务单一　以小组为学习单位，通过网络查询或者对身边各种类型的建筑进行调研，搜集图片、资料，并制作ppt演示文稿进行汇报；要求从不同角度对搜集的建筑进行分类和等级划分，并且从承载系统和围护系统两大方面分析建筑的组成。

工作任务单二　以小组为学习单位，阅读本书附录中工程案例的图样，对建筑图中的常用术语进行详细描述，并制作ppt演示文稿进行汇报。

推荐阅读资料

1. 中国建筑设计研究院. GB 50352—2005　民用建筑设计通则〔S〕. 北京：中国建筑工业出版社，2005.

2. 公安部天津消防研究所，天津市建筑设计院，北京市建筑设计研究院，等. GB 50016—2006　建筑设计防火规范〔S〕. 北京：中国标准出版社，2006.

3. 中华人民共和国公安部消防局. GB 50045—1995　高层民用建筑设计防火规范(2005版)〔S〕. 北京：中国计划出版社，2005.

4. 中国建筑科学研究院. GB 50068—2001　建筑结构可靠度统一设计标准〔S〕. 北京：中国建筑工业出版社，2002.

5. 中国建筑科学研究院. GB 50368—2005　住宅建筑规范〔S〕. 北京：中国建筑工业出版社，2006.

第一节　建筑的分类与民用建筑的等级划分

一、建筑的分类

随着人类文明的不断发展，人们建造了并正在建造着许许多多的建筑物。在这些建筑物中，人们采用了多种多样的建筑材料，形成了大小各异、高低不同、内部空间和外部造型千差万别，能满足人们生产、生活等各方面不同使用要求的建筑环境空间。建筑物可以按不同的方法进行分类。

1. 按建筑物的使用功能划分

按建筑物的用途和使用功能的不同，可把建筑物分为生产性建筑和非生产性建筑。生产性建筑是指为满足人们进行各种产品的生产活动而建造的建筑物，主要包括各种类型的工业厂房、车间等，一般称为工业建筑；也包括进行农副业生产活动的建筑物，如温室、粮仓、畜禽饲养场、水产品养殖场、农副业产品加工厂等，一般称为农业建筑。非生产性建筑又称为民用建筑，主要包括居住建筑，如住宅、公寓、宿舍等；也包括各类不同用途的公共建筑，如行政办公建筑、文教建筑、科研建筑、托幼建筑、医疗建筑、商业建筑、生活服务建筑、旅游建筑、观演建筑、体育建筑、展览建筑、交通建筑、通信建筑、园林建筑、纪念建筑、娱乐建筑等。

2. 按建筑物的高度（或层数）划分

根据建筑物高度的不同，可对建筑物进行分类，如高层建筑、低层建筑等。当某一类型的建筑物层高变化不大时，为方便直观，按层数对建筑物进行分类。

（1）居住建筑　1 ~3 层为低层建筑，4 ~6 层为多层建筑，7 ~9 层为中高层建筑，10 层及 10 层以上为高层建筑。

（2）公共建筑　小于或等于 24m 者为多层建筑，大于 24m 者为高层建筑。

（3）超高层建筑　不论是居住建筑还是公共建筑，当建筑物高度超过 100m 时，均为超高层建筑。

（4）工业建筑（厂房）　工业建筑（厂房）一般分为单层厂房、多层厂房、高层厂房及混合层数的厂房。其分类方法与公共建筑相同。

3. 按建筑结构的材料划分

在建筑物中起承载作用的系统称为结构。建筑结构常采用的材料有砖石材料、木材、钢筋混凝土材料、钢材等。各种结构材料的物理力学性能不同，建筑结构各个部位的受力特征也不同，在结构材料的选择上就要有所侧重。比较常见的类型有：

（1）砌体结构　这种结构的墙体采用砖石材料（烧结普通砖、石材等），楼板采用钢筋混凝土材料，屋顶结构层采用钢筋混凝土板或钢、木、钢筋混凝土屋架等。近年来，为了减少烧制烧结普通砖对耕地资源的消耗，我国许多地区逐渐以非粘土材料的空心承重砌块取代烧结普通砖。因此，也把采用烧结普通砖、石材以及各类空心承重砌块建造墙体的结构统称为砌体结构。一般情况下，砌体结构只适合于建造低层建筑及多层建筑。

（2）钢筋混凝土结构　这种结构的特点是：整个结构系统的全部构件（如基础、柱、墙、楼板结构层、屋顶结构层、楼梯构件等）均采用钢筋混凝土材料。钢筋混凝土结构的承载能力及结构整体性均高于砌体结构，因此一般用于多层或高层建筑中。

（3）钢-钢筋混凝土结构　采用结构优势更明显的钢材来制作超高层建筑中的结构骨架或大跨度建筑中的屋顶结构，就形成了钢-钢筋混凝土结构。钢结构的造价一般要高于钢筋混凝土结构的造价。

4. 按建筑结构的承载方式划分

（1）墙承载结构　墙承载结构适用于建造居住建筑、一般办公楼、教学楼、托幼建筑等。

（2）柱承载结构　柱承载结构包括框架结构、排架结构、刚架结构等。这种结构适用于建造各类大型公共建筑，如大型商场、旅馆建筑、展览建筑、交通建筑、生活服务建筑以及车间、厂房、库房等工业建筑。

（3）特殊类型结构　这里的特殊类型结构主要是指不宜归入前两种类型的结构，如落地拱形结构、各种类型的大跨度空间结构等。

二、民用建筑的等级划分

1. 建筑物的耐久等级

建筑物耐久等级的指标是设计使用年限。设计使用年限的长短是由建筑物的性质决定的。影响建筑寿命长短的主要因素是结构构件的选材和结构体系。

《民用建筑设计通则》（GB 50352—2005）对建筑物的设计使用年限作出如下规定，见表1-1。

表1-1　设计使用年限分类　（单位：年）

类别	设计使用年限	示例	类别	设计使用年限	示例
1	5	临时性建筑	3	50	普通建筑和构筑物
2	25	易于替换结构构件的建筑	4	100	纪念性建筑和特别重要的建筑

注：设计使用年限指的是不需进行结构大修和更换结构构件的年限。

2. 建筑物的耐火等级

建筑物耐火等级的确定主要取决于建筑物的重要性，和其在使用中的火灾危险性，以及由建筑物的规模（主要指建筑物的层数）导致的一旦发生火灾时，人员疏散及扑救火灾的难易程度上的差别。多层建筑物的耐火等级共分四级，《建筑设计防火规范》（GB 50016—2006）提出的划分方法见表1-2。

表1-2　民用建筑的耐火等级、最多允许层数和防火分区最大允许建筑面积

耐火等级	最多允许层数	防火分区的最大允许建筑面积/m^2	备　注
一、二级	本表注2	2500	1. 体育馆、剧院的观众厅，展览建筑的展厅，其防火分区最大允许建筑面积可适当放宽 2. 托儿所、幼儿园的儿童用房和儿童游乐厅等儿童活动场所不应超过3层或设置在四层及四层以上楼层或地下、半地下建筑（室）内
三级	5层	1200	1. 托儿所、幼儿园的儿童用房和儿童游乐厅等儿童活动场所、老年人建筑和医院、疗养院的住院部分不应超过2层或设置在三层及三层以上楼层或地下、半地下建筑（室）内 2. 商店、学校、电影院、剧院、礼堂、食堂、菜市场不应超过2层或设置在三层及三层以上楼层
四级	2层	600	学校、食堂、菜市场、托儿所、幼儿园、老年人建筑、医院等不应设置在二层
地下、半地下建筑（室）		500	—

注：1. 建筑内设置自动灭火系统时，该防火分区的最大允许建筑面积可按本表的规定增加1.0倍。局部设置时，增加面积可按该局部面积的1.0倍计算。

2. 9层和9层以下的居住建筑（包括设置商业服务网点的居住建筑），建筑高度不超过24m的公共建筑，建筑高度超过24m的单层公共建筑，地下、半地下建筑（包括建筑附属的地下室、半地下室）。

当建筑物的耐火等级确定后，其构件的燃烧性能和耐火极限就应满足表 1-3 的规定。

表 1-3　多层建筑物构件的燃烧性能和耐火极限　（单位：h）

构件名称		耐火等级			
		一级	二级	三级	四级
墙	防火墙	不燃烧体 3.00	不燃烧体 3.00	不燃烧体 3.00	不燃烧体 3.00
	承重墙	不燃烧体 3.00	不燃烧体 2.50	不燃烧体 2.00	难燃烧体 0.50
	非承重外墙	不燃烧体 1.00	不燃烧体 1.00	不燃烧体 0.50	燃烧体
	楼梯间的墙 电梯井的墙 住宅单元之间的墙 住宅分户墙	不燃烧体 2.00	不燃烧体 2.00	不燃烧体 1.50	难燃烧体 0.50
	疏散走道两侧的隔墙	不燃烧体 1.00	不燃烧体 1.00	不燃烧体 0.50	难燃烧体 0.25
	房间隔墙	不燃烧体 0.75	不燃烧体 0.50	难燃烧体 0.50	难燃烧体 0.25
柱		不燃烧体 3.00	不燃烧体 2.50	不燃烧体 2.00	难燃烧体 0.50
梁		不燃烧体 2.00	不燃烧体 1.50	不燃烧体 1.00	难燃烧体 0.50
楼板		不燃烧体 1.50	不燃烧体 1.00	不燃烧体 0.50	燃烧体
屋顶承重构件		不燃烧体 1.50	不燃烧体 1.00	燃烧体	燃烧体
疏散楼梯		不燃烧体 1.50	不燃烧体 1.00	不燃烧体 0.50	燃烧体
吊顶（包括吊顶搁栅）		不燃烧体 0.25	难燃烧体 0.25	难燃烧体 0.15	燃烧体

注：1. 除本规范另有规定者外，以木柱承重且以不燃烧材料作为墙体的建筑物，其耐火等级应按四级确定。
2. 二级耐火等级建筑的吊顶采用不燃烧体时，其耐火极限不限。
3. 在二级耐火等级的建筑中，面积不超过 $100m^2$ 的房间隔墙，如执行本表的规定确有困难时，可采用耐火极限不低于 0.30h 的不燃烧体。
4. 一、二级耐火等级建筑疏散走道两侧的隔墙，按本表规定执行确有困难时，可采用 0.75h 不燃烧体。
5. 住宅建筑构件的耐火极限和燃烧性能可按现行国家标准《住宅建筑规范》（GB 50368—2005）的规定执行。

高层民用建筑的耐火等级主要依据建筑高度、建筑层数、建筑面积和建筑物的重要程度来划分。《高层民用建筑设计防火规范（2005 版）》（GB 50045—1995）中作了详细的规定，详见表 1-4。

表 1-4　高层民用建筑的分类

名称	一类	二类
居住建筑	高级住宅 19 层及 19 层以上的普通住宅	10～18 层的普通住宅
公共建筑	1. 医院 2. 高级旅馆 3. 建筑高度超过 50m 或 24m 以上部分的任一楼层的建筑面积超过 $1000m^2$ 的商业楼、展览楼、综合楼、电信楼、财贸金融楼 4. 建筑高度超过 50m 或 24m 以上部分的任一楼层的建筑面积超过 $1500m^2$ 的商住楼 5. 中央级和省级（含计划单列市）广播电视楼 6. 网局级和省级（含计划单列市）电力调度楼 7. 省级（含计划单列市）邮政楼、防灾指挥调度楼 8. 藏书超过 100 万册的图书馆、书库 9. 重要的办公楼、科研楼、档案楼 10. 建筑高度超过 50m 的教学楼和普通的旅馆、办公楼、科研楼、档案楼等	1. 除一类建筑以外商业楼、展览楼、综合楼、电信楼、财贸金融楼、商住楼、图书馆、书库 2. 省级以下的邮政楼、防灾指挥调度楼、广播电视楼、电力调度楼 3. 建筑高度不超过 50m 的教学楼和普通的旅馆、办公楼、科研楼、档案楼等

一类高层建筑的耐火等级应为一级，二类高层建筑应不低于二级，地下室应为一级。当建筑物的耐火等级确定之后，其构件的燃烧性能和耐火极限应满足表1-5的规定：

表1-5 建筑构件的燃烧性能和耐火极限

构件名称 \ 燃烧性能和耐火等级/h		耐火等级	
		一级	二级
墙	防火墙	不燃烧体3.00	不燃烧体3.00
	承重墙、楼梯间的墙、电梯井的墙和住宅单元之间的墙、住宅分户墙	不燃烧体2.00	不燃烧体2.00
	非承重外墙、疏散走道两侧的隔墙	不燃烧体1.00	不燃烧体1.00
	房间隔墙	不燃烧体0.75	不燃烧体0.50
柱		不燃烧体3.00	不燃烧体2.50
梁		不燃烧体2.00	不燃烧体1.50
楼板、疏散楼梯、屋顶承重构件		不燃烧体1.50	不燃烧体1.00
吊顶		不燃烧体0.25	难燃烧体0.25

建筑构件的燃烧性能分为三类，即非燃烧体（也称为不燃烧体）、难燃烧体、燃烧体。非燃烧体是指用非燃烧材料做成的建筑构件。非燃烧材料是指在空气中受到火烧或高温作用时不起火、不微燃、不炭化的材料，如金属材料和无机矿物材料等，包括砖、石材、混凝土、钢材等。难燃烧体是指用难燃烧材料做成的建筑构件，或用燃烧材料做成而用非燃烧材料做保护层的建筑构件。难燃烧材料是指在空气中受到火烧或高温作用时难起火、难燃烧、难碳化，当火源移走后燃烧或微燃立即停止的材料，如沥青混凝土、水泥刨花板、经过防火处理的木材等。燃烧体是指用燃烧材料做成的建筑构件。燃烧材料是指在空气中受到火烧或高温作用时立即起火或燃烧，且火源移走后仍继续燃烧或微燃的材料，如木材。

构件的耐火极限是建筑构件对火灾的耐受能力的时间表达。其定义为：建筑构件按时间-温度标准曲线进行耐火试验，从受到火的作用时起，到失去支持能力或完整性被破坏或失去隔火作用时止的这段时间，用h表示。部分建筑构件的燃烧性能和耐火极限见表1-6。

表1-6 部分建筑构件的燃烧性能和耐火极限

序号	构件名称	结构厚度或截面最小尺寸/mm	耐火极限/h	燃烧性能
一	承重墙			
1	烧结普通砖、混凝土、钢筋混凝土实心墙	12.0 18.0 24.0 37.0	2.50 3.50 5.50 10.50	非燃烧体
2	加气混凝土砌块墙	10.0	2.00	非燃烧体
3	轻质混凝土砌块、天然石料的墙	12.0 24.0 37.0	1.50 3.50 5.50	非燃烧体

（续）

序号	构件名称	结构厚度或截面最小尺寸/mm	耐火极限/h	燃烧性能
二	非承重墙			
1	烧结普通砖墙 （1）不包括双面抹灰 （2）不包括双面抹灰 （3）包括双面抹灰 （4）包括双面抹灰	 6.0 12.0 18.0 24.0	 1.50 3.00 5.00 8.00	非燃烧体
2	粉煤灰硅酸盐砌块墙	20.0	4.00	非燃烧体
3	轻质混凝土墙 （1）加气混凝土砌块墙 （2）粉煤灰加气混凝土砌块墙	 7.5 10.0 20.0 10.0	 2.50 6.00 8.00 3.40	非燃烧体
4	木龙骨两面钉下列材料的隔墙 （1）钢丝（板）网抹灰，其构造厚度（cm）为： 1.5+5.0（空）+1.5 （2）石膏板，其构造厚度（cm）为： 1.2+5.0（空）+1.2 （3）板条抹灰，其构造厚度（cm）为： 1.5+5.0（空）+1.5	 — — —	 0.85 0.30 0.85	难燃烧体
5	石膏板隔墙 （1）钢龙骨纸面石膏板，其构造厚度（cm）为： 1.2+4.6（空）×1.2 2×1.2+7.0（空）+3×1.2 （2）钢龙骨双层普通石膏板隔墙，其构造厚度（cm）为： 2×1.2+7.5（空）+2×1.2 （3）石膏龙骨纸面石膏板隔墙，其构造厚度（cm）为： 1.1+2.8（空）+1.1+6.5（空）+1.1+2.8（空）+1.1 1.2+8.0（空）+1.2+8.0（空）+1.2 1.2+8.0（空）+1.2	 — — — — —	 0.23 1.25 1.10 1.50 1.00 0.33	非燃烧体
6	碳化石灰圆孔空心条板隔墙	9.0	1.75	非燃烧体
7	钢筋混凝土大板隔墙	6.0 12.0	1.00 2.60	非燃烧体
三	柱			
1	钢筋混凝土柱	20×20 30×30 37×37	1.40 3.00 5.00	非燃烧体
2	烧结普通砖柱	37×37	5.00	非燃烧体
3	无保护层的钢柱	—	0.25	非燃烧体

（续）

序号	构件名称	结构厚度或截面最小尺寸/mm	耐火极限/h	燃烧性能
四	梁			
1	简支钢筋混凝土梁 （1）非预应力钢筋，保护层厚（cm）为： 1.0 2.0 2.5 （2）预应力钢筋，保护层厚（cm）为： 2.5 3.0 4.0	 — — — — — —	 1.20 1.75 2.00 1.00 1.20 1.50	非燃烧体
五	板和屋顶承重构件			
1	简支钢筋混凝土圆孔空心楼板 （1）非预应力钢筋，保护层厚（cm）为： 1.0 2.0 （2）预应力钢筋，保护层厚（cm）为： 1.0 2.0	 — — — —	 0.90 1.25 0.40 0.70	非燃烧体
2	四边简支钢筋混凝土楼板，保护层厚（cm）为： 1.0 2.0	 7.0 8.0	 1.40 1.50	非燃烧体
3	现浇整体式梁板，保护层厚（cm）为： 1.0 2.0 1.0 2.0	 8.0 8.0 10.0 10.0	 1.40 1.50 2.00 2.10	非燃烧体
4	屋面板 （1）钢筋加气混凝土，保护层厚（cm）为： 1.0 （2）预应力钢筋混凝土槽形屋面板，保护层厚（cm）为： 1.0	 — —	 1.25 0.50	非燃烧体
六	吊顶			
1	木吊顶搁栅 （1）钢丝（板）网抹灰（厚1.5cm） （2）板条抹灰（厚1.5cm）		 0.25 0.25	难燃烧体
2	钢吊顶搁栅 （1）钢丝（板）网抹灰（厚1.5cm） （2）钉石棉板（厚1.0cm） （3）钉双层石膏板（单层厚1.0cm）	 — — —	 0.25 0.85 0.30	非燃烧体

3. 建筑结构的安全等级

进行建筑结构设计时，应根据结构破坏可能产生的后果（危及人的生命、造成经济损失、产生社会影响等）的严重性，采用不同的安全等级。《建筑结构可靠度设计统一标准》

(GB 50068—2001) 中规定，建筑结构安全等级的划分应符合表1-7的要求。

表1-7 建筑结构的安全等级

安全等级	破坏后果	建筑物类型
一级	很严重	重要的建筑物
二级	严重	一般的建筑物
三级	不严重	次要的建筑物

注：1. 对有特殊要求的建筑物，其安全等级应根据具体情况另行规定。
2. 地基基础设计安全等级及按抗震要求设计时建筑结构的安全等级，尚应符合国家现行有关规范的规定。

《住宅建筑规范》(GB 50368—2005) 提出住宅结构的设计使用年限应不少于50年，其安全等级不应低于二级。

4. 建筑物的分类、分级与建筑构造的关系

建筑物的分类、耐久等级和耐火等级直接影响和决定建筑的构造方式。例如，当建筑物的用途、高度和层数不同时，就会采用不同的结构体系和不同的结构材料，建筑物的抗震构造措施也会有明显的不同；建筑物的耐火等级不同时，就会相应采用不同燃烧性能和耐火极限的建筑材料，其构造方法也会有所差异。因此，建筑物的分类和分级及其相应的标准，是建筑设计从方案构思直至构造设计整个过程中重要的依据。

第二节 建筑物的组成与常用术语

一、建筑物的组成

建筑物的基本功能主要有两个，即承载功能和围护功能。建筑物要承受作用在它上面的各种荷载，包括建筑物的自重、人和家具设备等使用荷载、雪荷载、风荷载、地震作用等，这是建筑物的承载功能；为了给在建筑物中从事各种生产、生活活动的人们提供一个舒适、方便、安全的空间环境，避免或减少各种自然气候条件和各种人为因素的不利影响，建筑物还应具有良好的保温、隔热、防水、防潮、隔声、防火的功能，这是建筑物的围护功能。

针对建筑物的承载和围护两大基本功能，建筑物的系统组成也就相应形成了建筑承载系统和建筑围护系统两大组成部分。建筑承载系统是由基础、墙体结构、柱、楼板结构层、屋顶结构层、楼梯结构构件等组成的一个空间整体结构，用以承受作用在建筑物上的全部荷载，满足承载功能；建筑围护系统则主要通过各种非结构的构造做法，建筑物的内、外装修以及门窗的设置等，形成一个有机的整体，用以承受各种自然气候条件和各种人为因素的作用，满足保温、隔热、防水、防潮、隔声、防火等围护功能。

一般民用建筑由基础、墙或柱、楼地层、楼梯、屋顶、门窗等构配件组成，如图1-1所示。

1. 基础

基础是建筑物底部埋在自然地面以下的部分，承受建筑物的全部荷载，并把荷载传给下面的土层——地基。

基础应该坚固、稳定、耐水、耐腐蚀、耐冰冻，不应早于地面以上部分先遭受破坏。

2. 墙或柱

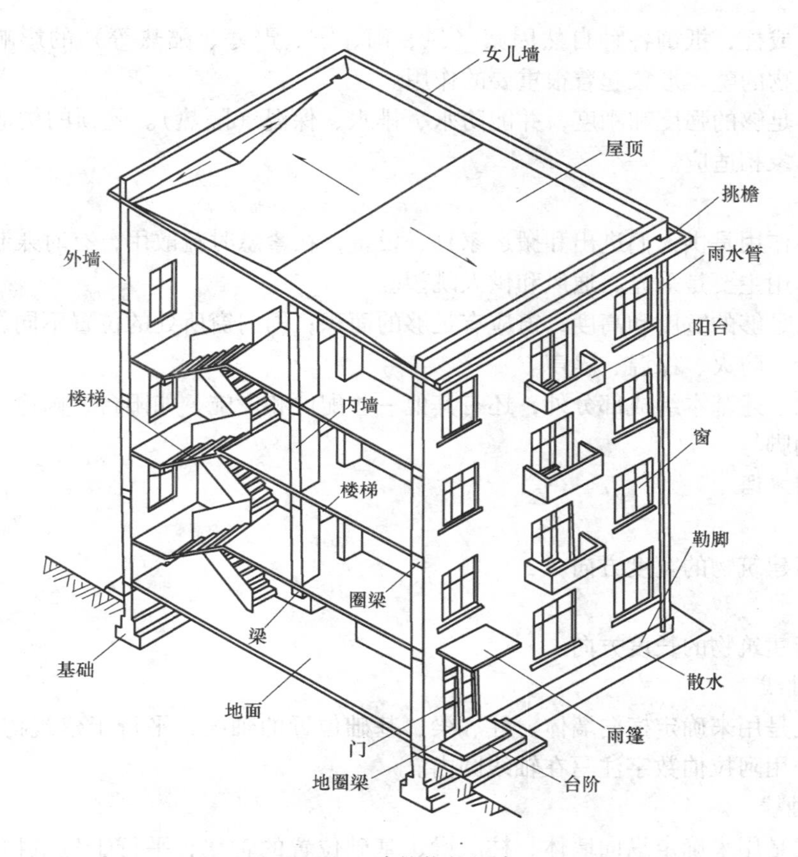

图 1-1 建筑物的组成

对于墙承重结构的建筑而言，墙承受屋顶和楼地层传给它的荷载，并把这些荷载连同自重传给基础；同时，外墙也是建筑物的围护构件，抵御风、雨、雪、温差变化等对室内的影响，内墙是建筑物的分隔构件，把建筑物的内部空间分隔成若干相互独立的空间，避免使用时的互相干扰。

当建筑物采用柱作为垂直承重构件时，墙填充在柱间，仅起围护和分隔作用。

墙和柱应坚固、稳定并耐火，墙还应自重轻，满足保温（隔热）、隔声等使用要求。

3. 楼地层

楼地层是楼板层与地坪层的总称。楼板层（简称楼层）是建筑物的水平承重构件，将其上所有荷载连同自重传给墙或柱，同时，楼层把建筑空间在垂直方向划分为若干层，并对墙或柱起水平支撑作用。地坪层（简称地层）指底层与土层接触的那部分构造层，承受上部荷载并将荷载传给地基。

楼地层应坚固、稳定。地坪层还应具有防潮、防水等功能。

4. 楼梯

楼梯是楼房建筑中联系上下各层的垂直交通设施，供人们上下楼层和紧急疏散时使用。

楼梯应坚固、安全，有足够的疏散能力。

5. 屋顶

屋顶是建筑物顶部的承重和围护部分，它承受作用在其上的风、雨、雪、人等的荷载并将荷载传给墙或柱，抵御各种自然因素（风、雨、雪、严寒、酷热等）的影响；同时，屋顶形式对建筑物的整体形象起着很重要的作用。

屋顶应有足够的强度和刚度，并能防水、排水、保温（隔热）。屋顶的构造形式应与建筑物的整体形象相适应。

6. 门窗

门的主要作用是供人们进出和搬运家具、设备，在紧急时疏散用，有时兼起采光、通风作用。窗的作用主要是采光、通风和供人眺望。

门要求有足够的宽度和高度，窗应有足够的面积；据门窗所处的位置不同，有时还要求它们能防风沙、防火、保温、隔声。

建筑物除上述基本组成部分外，还有其他一些配件和设施，如阳台、雨篷、烟道、通风道、散水、勒脚等。

二、常用术语

1. 横向

横向是指建筑物的宽度方向。

2. 纵向

纵向是指建筑物的长度方向。

3. 横向轴线

横向轴线是用来确定横向墙体、柱、梁、基础位置的轴线，平行于建筑物的宽度方向。其编号方法采用阿拉伯数字注写在轴线圆内。

4. 纵向轴线

纵向轴线是用来确定纵向墙体、柱、梁、基础位置的轴线，平行于建筑物的长度方向。其编号方法采用拉丁字母注写在轴线圆内。

5. 开间

开间是指相邻两条横向轴线之间的距离，单位为mm。

6. 进深

进深是指相邻两条纵向轴线之间的距离，单位为mm。

7. 相对标高

相对标高是指以建筑物首层地坪为零标高面的标高，单位为m。

8. 绝对标高

绝对标高是指以我国青岛黄海海平面为零标高面的标高，单位为m。

9. 层高

层高是指层间高度，即本层地（楼）面至上层楼面的垂直距离（顶层为顶层楼面至屋面板上表面的垂直距离），单位为m。

10. 净高

净高是指房间的净空高度，即地（楼）面至上部顶棚底面的垂直距离，单位为mm。

11. 建筑高度

建筑高度是指建筑物室外地面到其檐口或屋面面层的高度，单位为m。

12. 建筑面积

建筑面积由使用面积、交通面积和结构面积组成，是指建筑物外包尺寸（有外保温材料的墙体，应该从外保温材料外皮记起）围合的面积与层数的乘积，单位为 m^2。

13. 结构面积

结构面积是指墙体、柱子所占的面积（装修所占面积计入使用面积），单位为 m^2。

14. 使用面积

使用面积是指主要使用房间和辅助使用房间的净面积（装修所占面积计入使用面积），单位为 m^2。

15. 交通面积

交通面积是指走道、楼梯间等交通联系设施的净面积，单位为 m^2。

16. 净面积

净面积是指房间中开间尺寸与进深尺寸扣除墙厚后的乘积，单位为 m^2。

第三节 建筑物的施工建造方法和建筑工业化

一、施工建造方法

由于建筑材料的不同、施工机械和各种建筑构配件供应情况的差异、施工场地条件的限制及经济因素等各方面的影响和制约，建筑物的施工建造方法也有很大的不同。

1. 砌体结构的施工建造方法

砌体结构建筑物中的砌体部分，是由实心砖或各种空心承重砌块等按一定的排列方式，通过砂浆的粘接，组砌形成墙体。这种施工建造方法主要靠手工劳动，工人劳动强度高，一般情况下建造成本较低。砌体结构由于实心砖和砌块的规格小、数量多，砌筑砂浆的粘接强度不高，因而，其结构整体性较差、抗震能力不强，在设计上常常采用设置圈梁和构造柱（或芯柱）等能够加强结构整体性的构造措施。

2. 钢筋混凝土结构的施工建造方法

钢筋混凝土结构的建筑物，其承载能力和结构整体性均大大强于砌体结构，十分有利于采用各种施工机械进行建造活动。钢筋混凝土结构是由主要承受拉力、制成一定形状的钢筋骨架和主要承受压力、由水泥、砂、石子、水等混合成的混凝土共同形成的，其施工建造方法又可分为三种：

（1）现浇整体式　现浇整体式是一种主要施工作业全部在现场进行的施工方法。首先根据结构构件的受力特点（按设计要求）绑扎钢筋骨架，然后搭设模板（构件的底模一般应在绑扎钢筋骨架之前搭设），接着浇筑混凝土并进行混凝土的养护，待混凝土的强度达到要求之后，再将模板拆除。这种施工方法，由于可以将整个建筑物的结构系统浇筑成一个整体，其结构整体性非常好，抗震能力强，但也具有现场湿作业量大，劳动强度高、施工周期长等方面的不足。目前，压型钢板组合楼板逐步得到推广应用，并主要用于楼板和屋面板施工建造，其比传统的现浇整体式施工建造方法有了明显的改善。

压型钢板组合楼板实际上是以压型钢板为衬板，与混凝土浇筑在一起构成的现浇整体式楼板结构，如图 1-2 所示。钢衬板起到现浇混凝土的永久性模板的作用，同时，由于在钢衬板上加肋条或压出凹槽，使其能与混凝土共同工作，压型钢板还起到配筋作用。压型钢板组合楼板已在一些大跨度空间建筑和高层建筑中采用，它简化了施工程序，加快了施工进度，并且具有现浇整体式钢筋混凝土楼板整体性好的优点。此外，还可以利用压型钢板的肋间空间敷设电力或通信管线等。

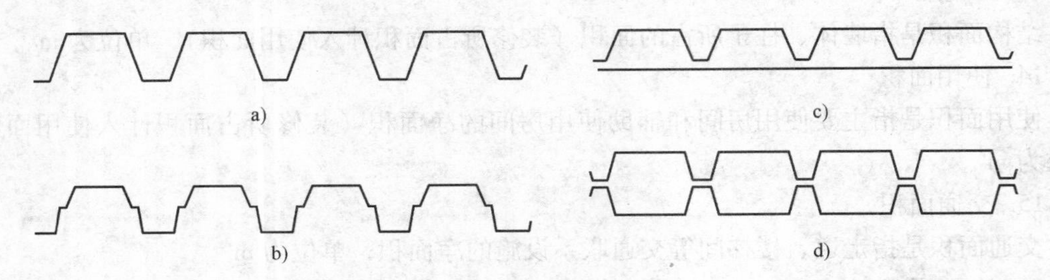

图 1-2 压型钢衬板的形式

a）槽形板 b）肢形压型板 c）槽形板与平板形成的孔格式衬板 d）由两块槽形板形成孔格式衬板

（2）预制装配式 预制装配式的施工建造方法是：首先将建筑物的整体结构划分成若干个单元构件，并预先在构件工厂的流水线上进行大批量的生产（即把支模板、绑钢筋、浇筑混凝土并养护、脱模等一系列工序都转移到工厂车间里进行），然后运到建筑施工现场进行组装。这种施工方法的优点是现场湿作业量小，劳动强度低、施工周期大大缩短，预制构件的质量有保障，但其结构整体性则比现场浇筑的方式要差一些。

（3）装配整体式 装配整体式的称谓是由前述两种施工方式的称谓组合而来的，实际上是一种现浇与预制相结合的施工方法，因而综合了两种施工方法的优点。其具体方法是，将建筑物整个结构中的部分构件或某些构件的一部分在工厂预制，然后运到施工现场安装，再以整体浇筑其余部分而形成完整的结构。

二、建筑工业化

所谓建筑工业化，就是通过现代化的制造、运输、安装和科学管理的大工业生产方式，来替代传统、分散的手工业生产方式。这就意味着要尽量利用先进的技术，在保证质量的前提下，用尽可能少的工时，在比较短的时间内，用最合理的价格来建造符合各种使用要求的建筑。建筑工业化的特征可以概括为设计标准化，构配件生产工厂化，施工机械化，管理科学化。

工业化建筑体系主要是以建筑构配件和建筑制品作为标准化和定型化的研究对象，重点研究各种预制构配件、配套建筑制品及其连接技术的标准化和通用化，是使各种类型的建筑物所需的构配件和节点构造做法可互换通用的商品化建筑体系。

世界各国在建筑业的工业化发展过程中，结合自身的国情实力，采取了不同的方式和途径。归纳起来，主要有两种：

1）走全部预制装配化的发展道路，其代表性的建筑类型有：大板建筑（图 1-3）、盒子建筑（图 1-4）、装配式框架建筑（图 1-5）、装配式排架建筑（图 1-6）等。

2）走全现浇（工具式模板、机械化浇筑）或现浇与预制相结合的发展道路，其代表性的建筑类型有：大模建筑（图 1-7、图 1-8）、滑模建筑（图 1-9、图 1-10）、升板（层）建筑（图 1-11 ~ 图 1-13）、非装配式框架建筑等。

与传统的建筑类型相比较，工业化建筑类型更多的是施工方法和工艺上的变化和差异，这显然会影响到许多建筑构造具体做法上的改变，但是，从满足建筑物的承载和围护两大基本功能的角度来看，它们的构造做法在原理上是完全相同的。

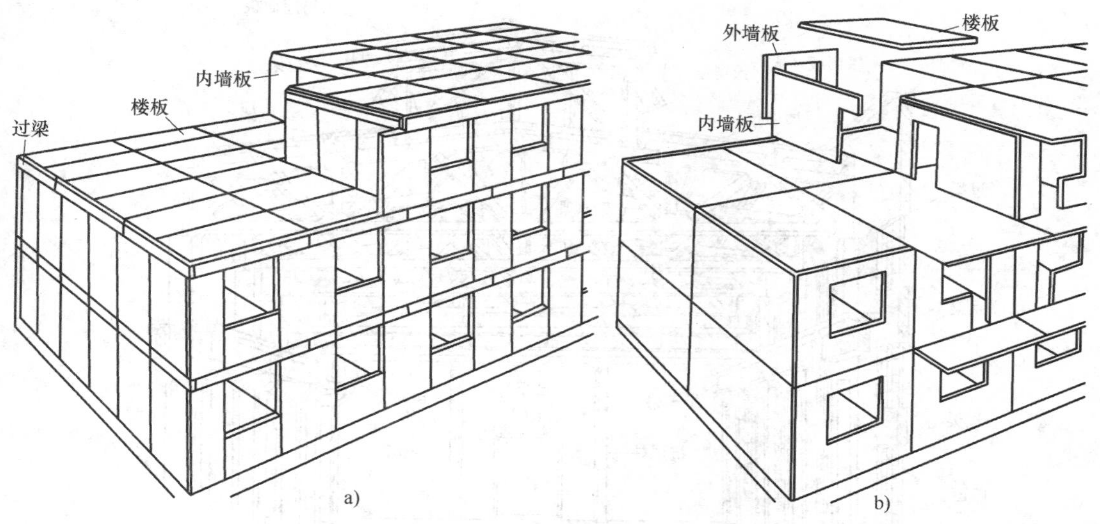

图 1-3 大板建筑（即大型装配式板材建筑）

a）中型板材 b）大型板材

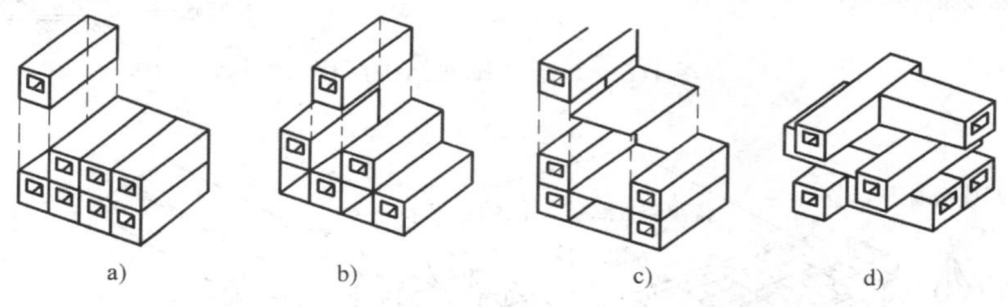

图 1-4 不同组装方式的盒子建筑（盒子在工厂预制）

a）叠合式 b）错开叠合式 c）盒子–板材组合式 d）双向交错叠合式

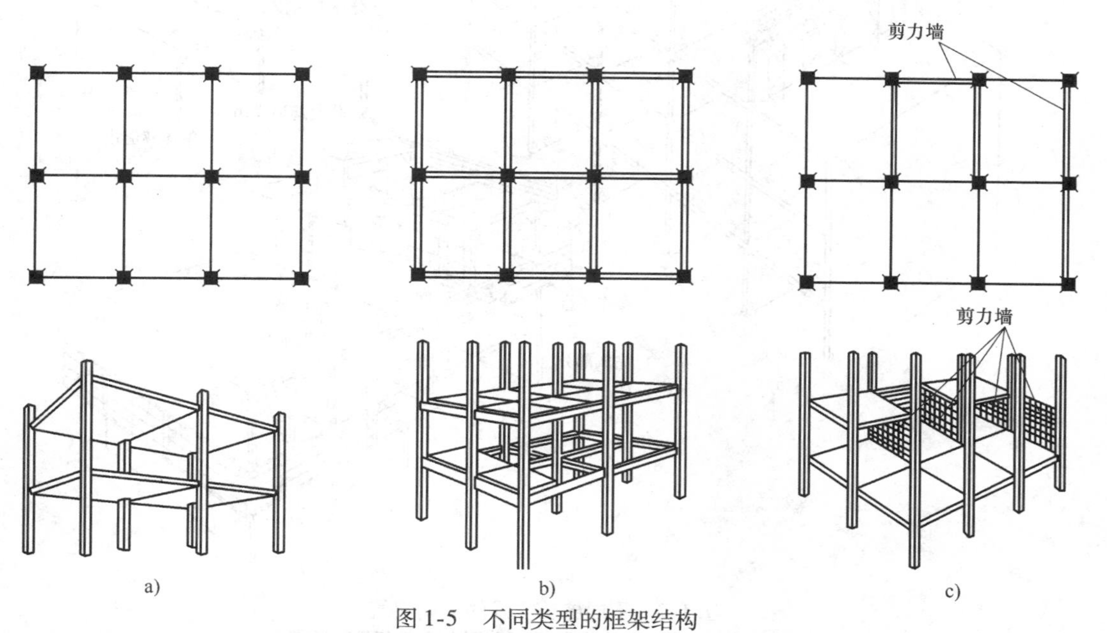

图 1-5 不同类型的框架结构

a）板柱框架体系 b）梁板柱框架体系 c）框架 – 剪力墙体系

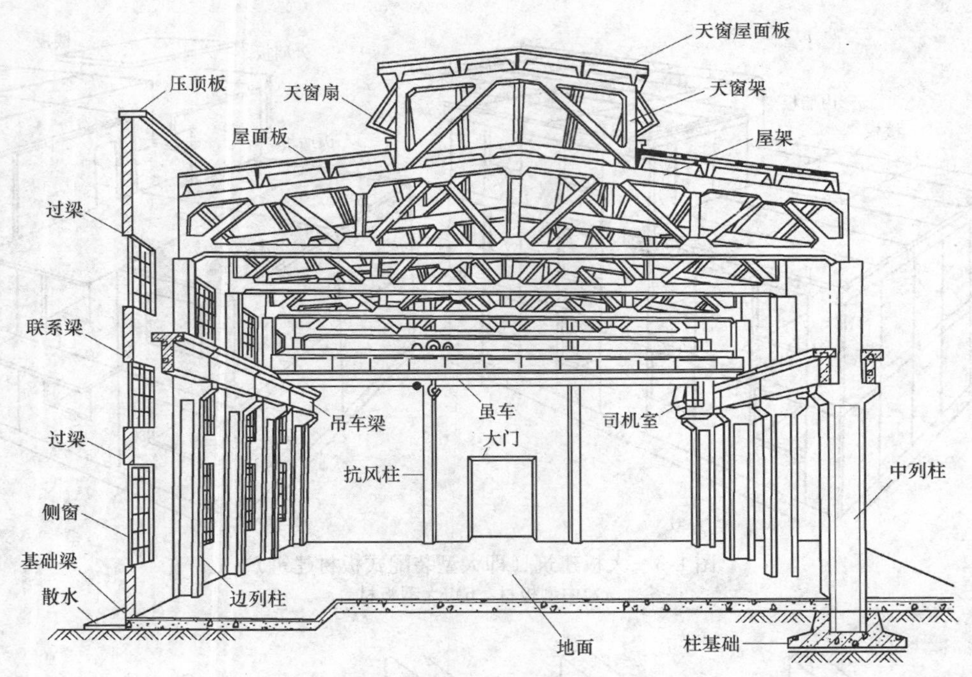

图 1-6　装配式排架结构厂房

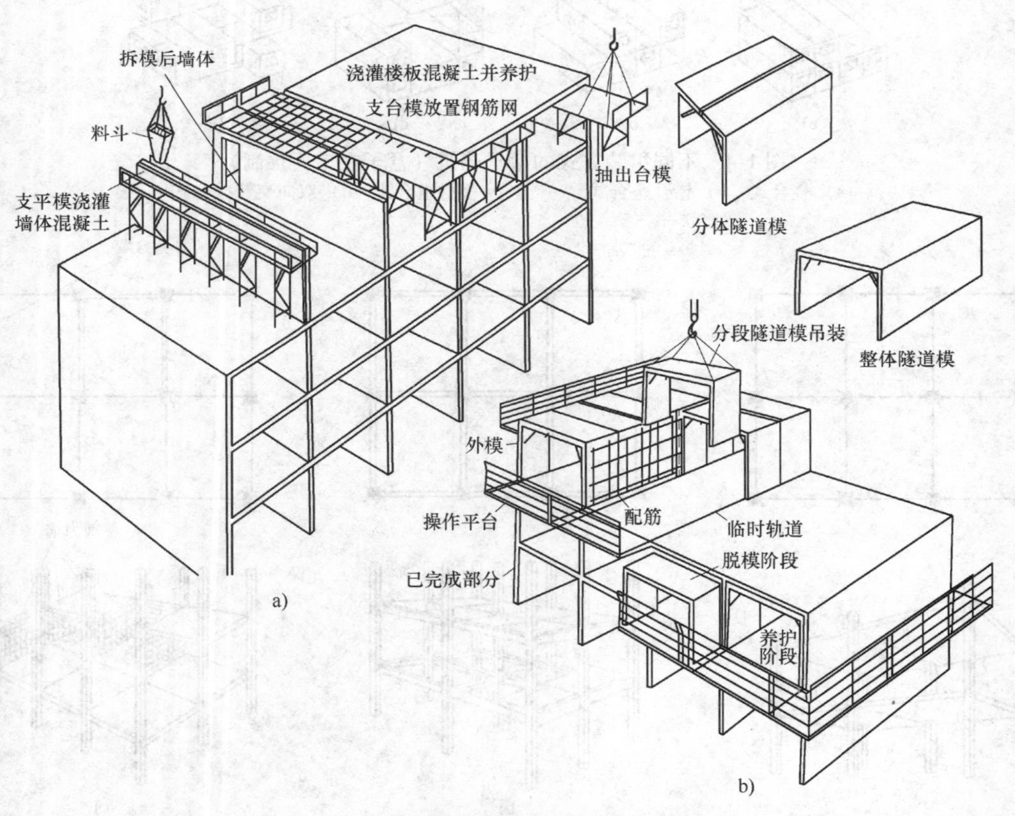

图 1-7　不同施工方式的大模建筑

a）墙体用平模、楼板用台模施工　b）墙体及楼板用隧道模施工

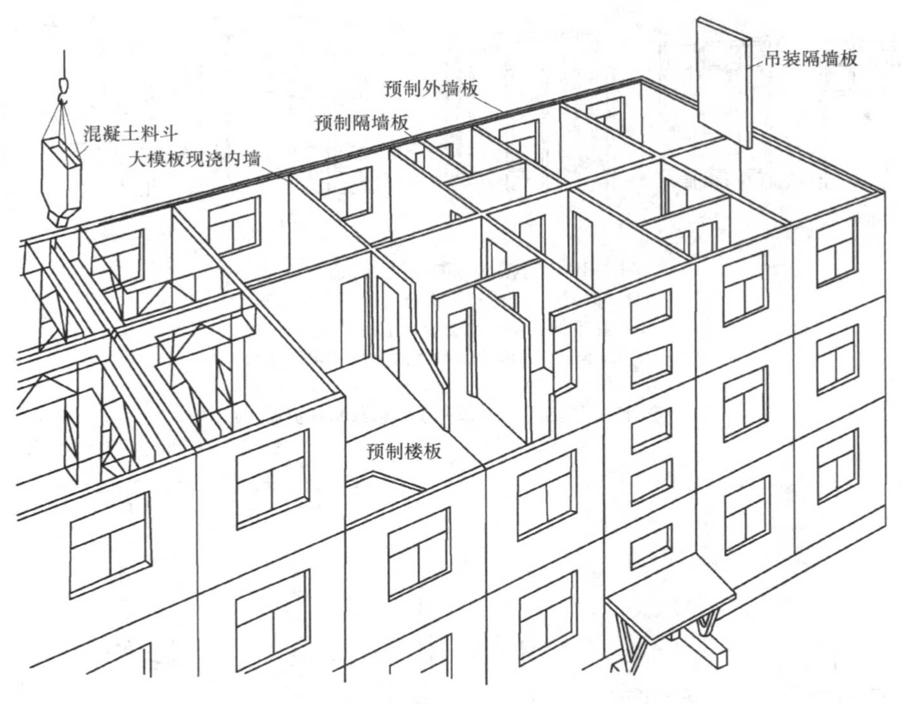

图 1-8 “内浇外挂”法施工的大模建筑

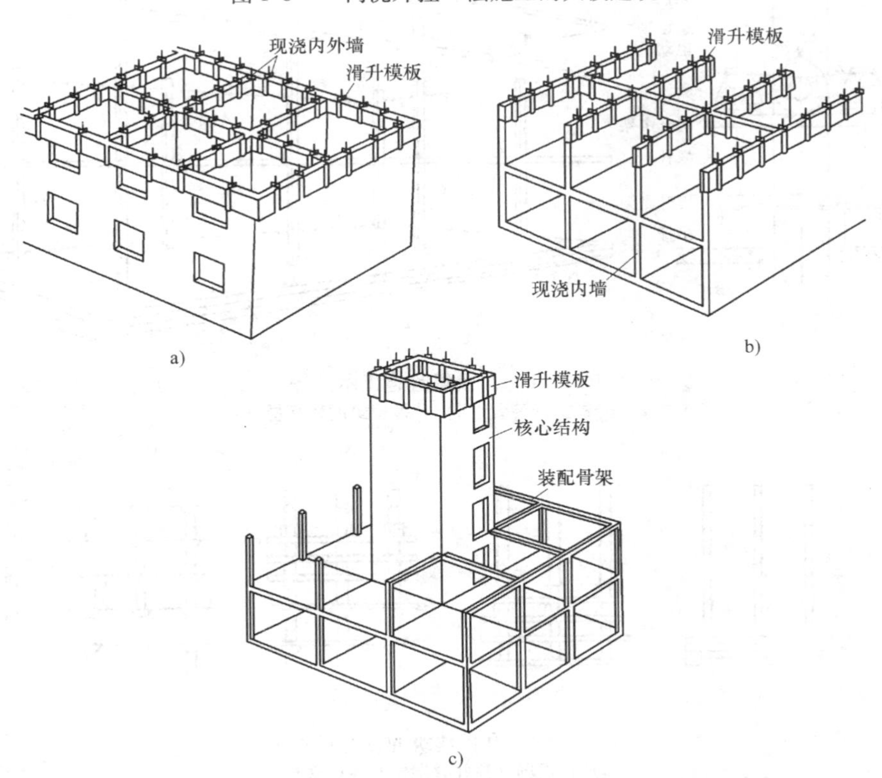

图 1-9 滑模法施工的建筑物

a）内外墙全部滑模施工 b）纵横内墙滑模施工 c）核心结构滑模施工

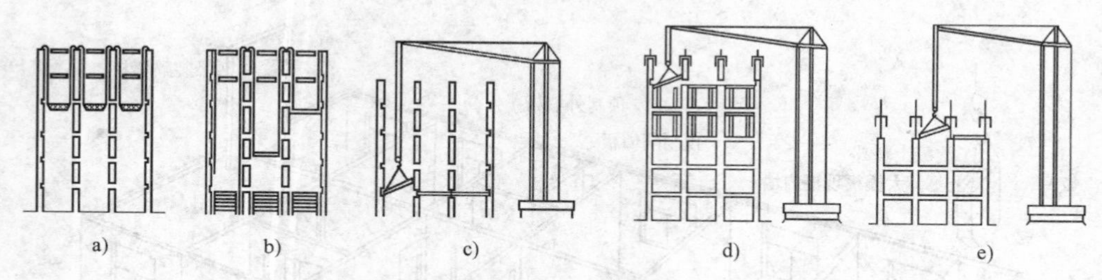

图 1-10　滑模建筑中楼板的施工方法
a）降模法，用悬挂模板自上而下浇筑楼板
b）在内部叠层制作楼板自上而下进行吊装
c）墙体施工完成后，自下而上吊装预制楼板
d）墙体比楼板高出几层，逐层支模浇筑楼板
e）空滑法，模板空滑一段高度，将预制楼板插入穴中

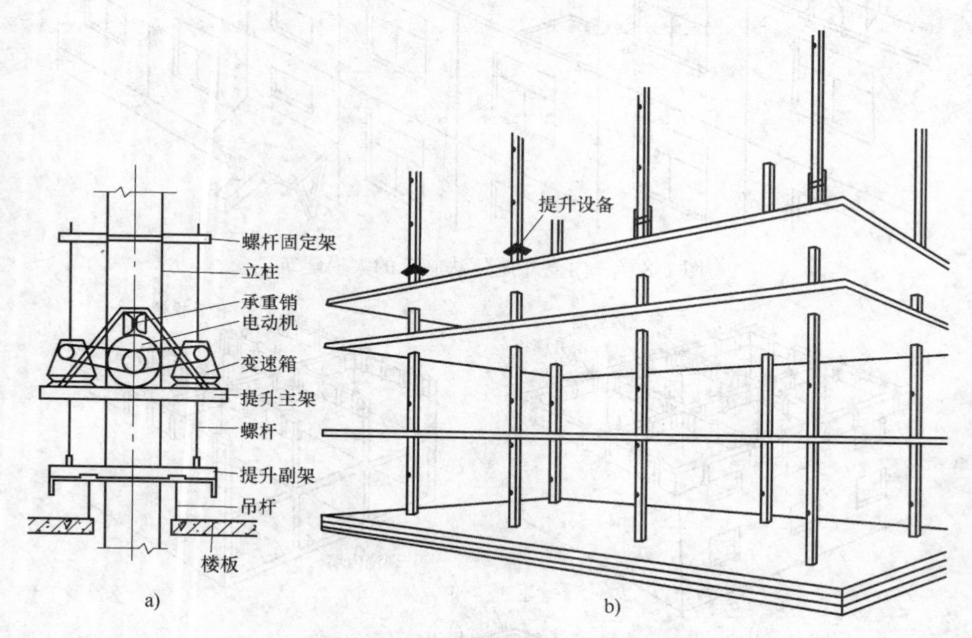

图 1-11　升板建筑施工示意图
a）升板提升装置　b）升板建筑的楼板提升

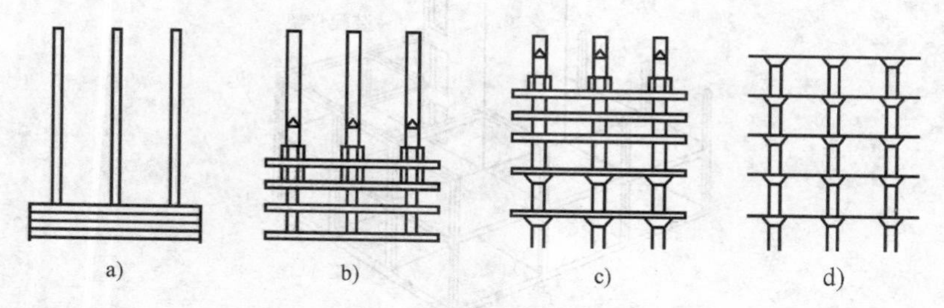

图 1-12　升板建筑的提升过程
a）在现场立柱并叠层预制各层楼板
b）在柱上设提升设备，楼板整体提升
c）楼板就位后安装柱帽　d）全部楼板安装完毕

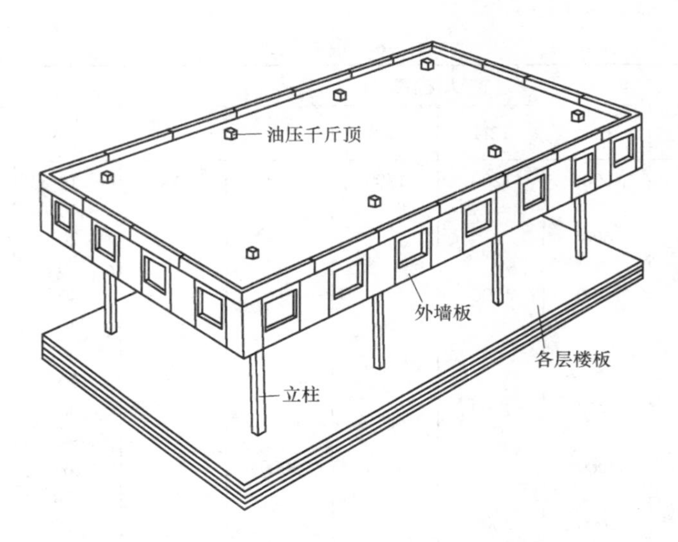

图 1-13 升层建筑施工示意图

第四节 建筑模数与建筑模数协调中涉及的尺寸

一、建筑模数

1. 模数

建筑模数是选定的尺寸单位，作为尺度协调中的增值单位，是建筑物、建筑构配件、建筑制品以及建筑设备尺寸间互相协调的基础。

建筑模数协调统一标准采用的基本模数的数值为100mm，其符号为M，即1M＝100mm。整个建筑物和建筑物的一部分以及建筑组合件的模数化尺寸，应是基本模数的倍数。

导出模数分为扩大模数和分模数，其基数为：水平扩大模数的基数为3M、6M、12M、15M、30M、60M，其相应的尺寸分别为300mm、600mm、1200mm、1500mm、3000mm、6000mm；竖向扩大模数的基数为3M与6M，其相应的尺寸分别为300mm和600mm；分模数基数为1/10M、1/5M、1/2M，其相应的尺寸分别为10mm、20mm、50mm。

2. 模数数列

模数数列可以使不同类型的建筑物及其各组成部分之间的尺寸统一与协调，以达到缩小尺寸范围，使尺寸的叠加和分割有较大灵活性的目的，见表1-8。

每一模数基数所展开的模数数列都有一定程度上的限制，其进级单位就是该模数基数相应的尺寸，例如：1M数列应按100mm进级、3M数列按300mm进级，1/10M数列按10mm进级，在采用上则有各自的适用范围。

1）水平基本模数1M数列的幅度为1～20M，主要用于门窗洞口和构配件截面等处。

2）竖向基本模数1M数列的幅度为1～36M，主要用于建筑物的层高、门窗洞口和构配件截面等处。

3）水平扩大模数数列的幅度，3M数列为3～75M；6M数列为6～96M；12M数列为12～120M；15M数列为15～120M；30M数列为30～360M；60M数列为60～360M等。这些模数数列主要用于建筑物的开间或柱距、进深或跨度、构配件尺寸和门窗洞口等处。

表 1-8　模数数列　　　　（单位：mm）

基本模数	扩大模数						分模数		
1M	3M	6M	12M	15M	30M	60M	$\frac{1}{10}$M	$\frac{1}{5}$M	$\frac{1}{2}$M
100	300	600	1200	1500	3000	6000	10	20	50
100	300						10		
200	600	600					20	20	
300	900						30		
400	1200	1200	1200				40	40	
500	1500			1500			50		50
600	1800	1800					60	60	
700	2100						70		
800	2400	2400	2400				80	80	
900	2700						90		
1000	3000	3000		3000	3000		100	100	100
1100	3300						110		
1200	3600	3600	3600				120	120	
1300	3900						130		
1400	4200	4200					140	140	
1500	4500			4500			150		150
1600	4800	4800	4800				160	160	
1700	5100						170		
1800	5400	5400					180	180	
1900	5700						190		
2000	6000	6000	6000	6000	6000	6000	200	200	200
2100	6300							220	
2200	6600	6600						240	
2300	6900								250
2400	7200	7200	7200					260	
2500	7500			7500				280	
2600		7800						300	300
2700		8400	8400					320	
2800		9000		9000	9000			340	
2900		9600	9600						350
3000				10500				360	
3100			10800					380	
3200			12000	12000	12000	12000		400	400
3300					15000				450
3400					18000	18000			500
3500					21000				550
3600					24000	24000			600
					27000				650
					30000	30000			700
					33000				750
					36000	36000			800
									850
									900
									950
									1000

4）竖向扩大模数 3M 数列和 6M 数列的幅度均不受限制，主要用于建筑物的高度、层高和门窗洞口等处。

5）分模数数列的幅度，1/10M 数列为 1/10～2M；1/5M 数列为 1/5～4M；1/2M 数列

为 1/2～10M。这些模数数列主要用于缝隙、构造节点、构配件截面等处。

二、建筑模数协调中涉及的尺寸

1. 标志尺寸

标志尺寸是指符合模数数列的规定，用以标注建筑物定位轴面、定位面或定位轴线、定位线之间的垂直距离（如开间或柱距、进深或跨度、层高等）以及建筑构配件、建筑组合件、建筑制品、有关设备界限之间的尺寸。

2. 构造尺寸

构造尺寸是指建筑构配件、建筑组合件、建筑制品等的设计尺寸。一般情况下，标志尺寸减去缝隙尺寸或为构造尺寸。

3. 实际尺寸

实际尺寸是指建筑构配件、建筑组合件、建筑制品等生产制作后的实有尺寸。实际尺寸与构造尺寸之间的差数应符合建筑公差的规定。

4. 技术尺寸

技术尺寸是指建筑功能、工艺技术和结构条件在经济上处于最优状态下所允许采用的最小尺寸数值（通常是指建筑构配件的截面或厚度）。

下面列举北京地区常用的两个预制构件，具体分析标志尺寸、构造尺寸和实际尺寸的关系。

（1）预应力短向圆孔板，如 ZB36. 1

这个构件长度的标志尺寸是 3600mm，构造尺寸是标志尺寸减去 90mm 的构造缝隙，即 3600 - 90 = 3510mm。实际尺寸是构造尺寸 ±5mm，即 3505～3515mm。

（2）进深梁，如 L51. 1

这个构件的标志尺寸是 5100mm，构造尺寸是标志尺寸加上 240mm 的支撑长度，即 5100 + 240 = 5340mm，实际尺寸是构造尺寸 ±10mm，即 5330～5350mm。

本章小结

1. 按建筑物的使用功能的不同，可把建筑物分为生产性建筑和非生产性建筑。非生产性建筑又称民用建筑，主要包括居住建筑和公共建筑。按建筑物的高度或层数不同，可将建筑分为多层建筑和高层建筑；按建筑结构的材料不同，可将建筑物分为砌体结构、钢筋混凝土结构和钢-钢筋混凝土结构；按照建筑结构的承载方式不同，可将建筑物分为墙承载结构、柱承载结构和特殊类型结构。

2. 对不同用途、不同规模的建筑物按耐久年限和耐火程度进行等级划分。建筑物耐久等级的指标是设计使用年限。设计使用年限的长短是由建筑物的性质决定的。影响建筑寿命长短的主要因素是结构构件的选材和结构体系。耐火等级的确定主要取决于建筑物的重要性，和其在使用中的火灾危险性，以及由建筑物的规模（主要指建筑物的层数）导致的一旦发生火灾时，人员疏散及扑救火灾的难易程度上的差别。

3. 针对建筑物的承载和围护两大基本功能，建筑物的系统组成也就相应形成了建筑承载系统和建筑围护系统两大组成部分。建筑承载系统是由基础、墙体结构、柱、楼板结构层、屋顶结构层、楼梯结构构件等组成的一个空间整体结构，用以承受作用在建筑物上的全部荷载，满足承载功能；建筑围护系统则主要通过各种非结构的构造做法，建筑物的内、外装修以及门窗的设置等，形成一个有机的整体，用以承受各种自然气候条件和各种人为因素的作用，满足保温、隔热、防水、防潮、隔声、防火等围护功能。

4. 由于建筑材料的不同、施工机械和各种建筑构配件供应情况的差异、施工场地条件的限制及经济因素等各方面的影响和制约，建筑物的施工建造方法也有很大的不同，主要有砌体结构的施工建造方法和钢筋混凝土结构的施工建造方法。钢筋混凝土结构的施工建造方法又可分为三种：现浇整体式、预制装配式和装配整体式。

5. 世界各国在建筑业的工业化发展过程中，结合自身的国情实力，采取了不尽相同的方式和途径。归纳起来，主要有两种：1）走全部预制装配化的发展道路，其代表性的建筑类型有：大板建筑、盒子建筑、装配式框架建筑、装配式排架建筑等；2）走全现浇或现浇与预制相结合的发展道路，其代表性的建筑类型有：大模建筑、滑模建筑、升板（层）建筑、非装配式框架建筑等。

6. 介绍了建筑模数协调统一标准中采用的基本模数、水平扩大模数、竖向扩大模数及分模数。在建筑设计和建筑模数协调中，涉及标志尺寸、构造尺寸、实际尺寸、技术尺寸几种尺寸。

思考与练习题

一、填空题

1. 公共建筑按高度划分，（　　）为多层；（　　）为高层。

2. 一般民用建筑是由（　　）、（　　）、（　　）、（　　）、（　　）、（　　）等基本构件组成。

3. 建筑物的基本功能主要有两个，即（　　）功能和（　　）功能。

4. 建筑构件的燃烧性能分为三类，即（　　）、（　　）和（　　）。

二、选择题

1. 某民用建筑开间尺寸有3.2m、4.5m、2.9m、3.8m，其中（　　）属于标志尺寸。

A. 3.2m　　B. 4.5m　　C. 2.9m　　D. 3.8m

2. 民用建筑包括居住建筑和公共建筑，其中，（　　）属于居住建筑。

A. 托儿所　　B. 宾馆　　C. 公寓　　D. 疗养院

三、名词解释

1. 开间

2. 层高

3. 建筑面积

4. 纵向轴线

5. 建筑高度

四、简答题

1. 建筑物是如何分类的？

2. 建筑物的耐火等级是如何确定的？

3. 什么是建筑构件的耐火极限？建筑构件的燃烧性能指什么？

4. 钢筋混凝土结构建筑的施工建造方法有哪些？这些方法各有什么特点？

5. 什么叫建筑工业化？

第二章　基础与地下室

知识要点

知 识 要 点	权重
地基和基础的概念，地基与基础的设计要求	15%
基础的埋置深度，影响基础埋深的因素	15%
基础按材料和受力特点分类，基础按构造形式的分类，各种基础适用的范围及其构造	40%
地下室的组成与分类，地下室防潮或防水的适用情况，地下室防潮和防水的构造	30%

行动导向教学任务单

工作任务单一　以小组为学习单位，参考基础模型或图样，熟悉各种基础的构造，绘制三视图，并自选材料制作模型。

工作任务单二　以小组为学习单位，抄绘地下室防潮防水构造详图，书面总结防潮和防水的构造要点。

工作任务单三　以小组为学习单位，识读本书附录中工程案例的基础施工图，抄绘图样，并且制作幻灯片讲解图样内容。要求将本章节中的主要知识点，例如案例中的地基概况、基础的埋置深度、基础的类型、基础的构造做法、地下室的防潮或防水做法讲解清楚。

工作任务单四　参观在建基础工程，书写实习报告。

推荐阅读资料

1. 中国建筑科学研究院. GB 50007—2002　建筑地基基础设计规范〔S〕. 北京：中国建筑工业出版社，2004.

2. 中国建筑科学研究院. JGJ 79—2002　建筑地基处理技术规范〔S〕. 北京：中国建筑工业出版社，2004.

3. 中国建筑科学研究院. JGJ 6—1999　高层建筑箱形与筏形基础技术规范〔S〕. 北京：中国建筑工业出版社，1999.

4. 华北地区建筑设计标准化办公室. 建筑构造通用图集　88J6—1　地下工程防水〔S〕. 2版. 北京：中国建筑工业出版社，2002.

第一节　地基与基础概述

一、地基概述

1. 地基

地基是基础下面承受荷载的那部分土体或岩体。当土层承受建筑物荷载作用后，土层在一定范围内产生附加应力和变形，该附加应力和变形随着深度的增加向周围土中扩散并逐渐减弱。所以，地基是有一定深度和范围的，只能将受建筑物影响在土层中产生附加应力和变形所不能忽略的那部分土层称为地基。

2. 持力层

当地基由两层及两层以上土层组成时，通常将直接与基础底面接触的土层称为持力层。

3. 下卧层

在地基范围内持力层以下的土层称为下卧层（当下卧层的承载力低于持力层的承载力时，称为软弱下卧层），如图 2-1 所示。

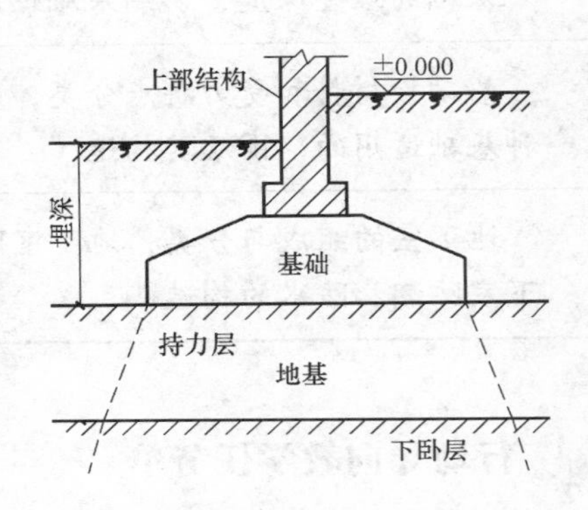

图 2-1　地基与基础示意图

4. 地基承载力

地基承载力是指地基土单位面积上所能承受荷载的能力。地基承受荷载作用后，内部应力发生变化。一方面，附加应力引起地基内土体变形，造成地基沉降；另一方面，引起地基内土体的剪应力增加。当荷载继续增大，地基出现较大范围的塑性变形区时，显示地基承载力不足而失去稳定，此时地基达到极限承载力。

5. 地基土层的分类

《建筑地基基础设计规范》（GB 50007—2011）中规定，作为建筑地基的土层分为岩石、碎石土、砂土、粉土、粘性土和人工填土。

（1）岩石　岩石是指颗粒间连接牢固，呈整体或具有节理、裂隙的岩体。

（2）碎石土　碎石土是指粒径大于 2mm 的颗粒含量超过全重 50% 的土。碎石土根据粒组含量及颗粒形状分为漂石或块石、卵石或碎石、圆砾或角砾。

（3）砂土　砂土是指粒径大于 2mm 的颗粒含量不超过全重 50%、粒径大于 0. 075mm 的颗粒含量超过全重 50% 的土。砂土按照粒组含量分为砾砂、粗砂、中砂、细砂和粉砂。

（4）粉土　粉土介于无粘性土与粘性土之间，是指塑性指数 $I_P \leqslant 10$，粒径大于 0. 075mm 的颗粒含量不超过全重 50% 的土。

（5）粘性土　粘性土是指塑性指数 $I_P > 10$ 的土，按其塑性指数的大小又可以分为粘土（$I_P > 17$）和粉质粘土（$10 < I_P \leqslant 17$）两大类。

（6）人工填土　人工填土根据其组成和成因，可分为素填土、压实填土、杂填土、冲填土。素填土是指由碎石土、砂土、粉土、粘性土等组成的填土。经过压实或夯实的素填土为压实填土。杂填土是指含有建筑垃圾、工业废料、生活垃圾等杂物的填土。冲填土是指由水力冲填泥砂形成的填土。人工填土的承载力较低，不适宜用作地基土的持力层。

6. 地基的种类及处理措施

地基可以分为天然地基和人工地基两大类。

（1）天然地基　天然地基是指天然土层具有足够的承载力，不需人工加固处理便可直接承受建筑物荷载的地基。岩石、碎石、砂石、粘土等，一般均可作为天然地基土，上部的基础一般为浅基础。这种地基的造价较低，在工程允许的情况下，优先采用天然地基。

（2）人工地基　人工地基是指须预先对土壤层进行人工加工或加固处理后承受建筑物荷载的地基。人工地基比天然地基费工费料，造价较高，只有在建筑物荷载较大，天然土层承载力较差的情况下才采用。

地基处理是指为提高地基土的承载力，改善其变形性质或渗透性质而采取的人工方法。人工地基的处理措施通常有换填垫层法、预压法、强夯法、水泥粉煤灰碎石桩法、水泥土搅拌法、打桩法等。

1）换填垫层法　挖去地表浅层软弱土层或不均匀土层，回填坚硬、较粗粒径的材料，并夯压密实，形成垫层的地基处理方法。换填垫层法适用于浅层软弱地基及不均匀地基的处理。应根据建筑体型、结构特点、荷载性质、岩土工程条件、施工机械设备及填料性质和来源等进行综合分析，进行换填垫层的设计并选择施工方法。

2）预压法　对地基进行堆载或真空预压，使地基固结的地基处理方法。预压法包括堆载预压法和真空预压法。堆载预压法是指在地基表面分级堆土或其他荷载，使地基土压实、沉降、固结，从而提供地基强度和减少建筑物建成后的沉降量，达到预定标准后再卸载的地基处理方法。真空预压法是指通过对覆盖于竖井地基表面的不透气薄膜内抽真空，而使地基固结的地基处理方法。预压法适用于处理淤泥质土、淤泥和冲填土等饱和粘性土地基。

3）强夯法　反复将夯锤提到高处使其自由落下，给地基以冲击和振动能量，将地基土夯实的地基处理方法。强夯法适用于处理碎石土、砂土、低饱和度的粉土与粘性土、湿陷性黄土、素填土和杂填土等地基。

强夯置换法是指将重锤提到高处使其自由落下形成夯坑，并不断夯击坑内回填的砂石、钢渣等硬粒料，使其形成密实的墩体的地基处理方法。强夯置换法适用于高饱和度的粉土与软塑或流塑的粘性土等地基上对变形控制要求不严的工程，在设计前必须通过现场试验确定其适用性和处理效果。

强夯和强夯置换施工前，应在施工现场有代表性的场地上选取一个或几个试验区，进行试夯或试验性施工。试验区数量应根据建筑场地复杂程度、建筑规模及建筑类型确定。

4）水泥粉煤灰碎石桩（CFG 桩）法　由水泥、粉煤灰、碎石、石屑或砂等混合料加水拌和形成高粘结强度桩，并由桩、桩间土和褥垫层一起组成复合地基的地基处理方法。水泥粉煤灰碎石桩法适用于处理粘性土、粉土、砂土和已自重固结的素填土等地基。对淤泥质土应按地区经验或通过现场试验确定其适用性。水泥粉煤灰碎石桩应选择承载力相对较高的土层作为桩端持力层。水泥粉煤灰碎石桩复合地基设计时应进行地基变形验算，如图 2-2 所示。

5）水泥土搅拌法　以水泥作为固化剂的主剂，通过特制的深层搅拌机械，将固化剂和地基土强制搅拌，使软土硬结成具有整体性、水稳定性和一定强度的桩体的地基处理方法。水泥土搅拌法分为深层搅拌法（以下简称湿法）和粉体喷搅法（以下简称干法）。水泥土搅拌法适用于处理正常固结的淤泥与淤泥质土、粉土、饱和黄土、素填土、粘性土以及无流动

a)

b)

图 2-2 水泥粉煤灰碎石桩
a) CFG 桩截断 b) 铺设褥垫层

地下水的饱和松散砂土等地基。当地基土的天然含水量小于 30%（黄土含水量小于 25%）、大于 70% 或地下水的 pH 值小于 4 时不宜采用干法。冬期施工时，应注意负温对处理效果的影响。

6）打桩法 在软弱土层中置入桩体，把土壤挤密或把桩打入地下坚硬的土层中，来提高土层的承载力的地基处理方法。

7. 地基应满足的几点要求

1）强度方面的要求：要求地基有足够的承载力。

2）变形方面的要求：要求地基有均匀的压缩量，以保证有均匀的下沉。要防止不均匀沉降导致上部结构产生裂缝，甚至倒塌。

3）稳定方面的要求：要求地基有防止产生滑坡、倾斜能力，必要时应加设挡土墙，以防止滑坡变形的出现。

二、基础概述

1. 基础

基础是将结构所承受的各种作用传递到地基上的结构组成部分，它是建筑物的地面以下的组成部分。

2. 基础埋深

基础埋深是指从室外设计地面到基础底面的垂直距离，如图 2-3 所示。

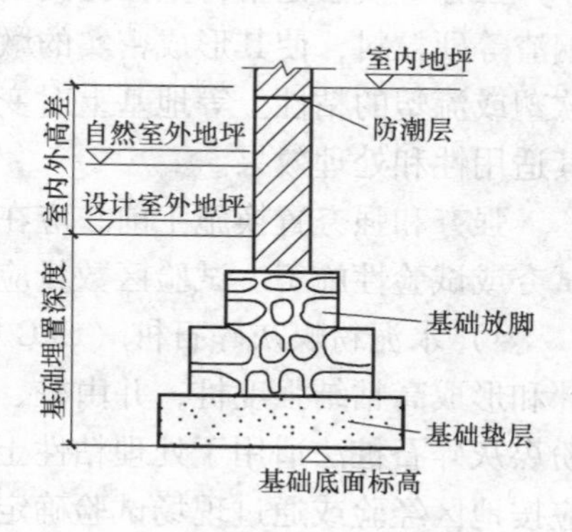

图 2-3 基础的埋深

室外地坪分为自然地坪和设计地坪，自然地坪是指施工建造场地的原有地坪，设计地坪是指按设计要求，工程竣工后室外场地经过挖填后的地坪。从节省造价的角度考虑，一般室外设计地坪与自然地坪标高相近。

在满足地基稳定和变形要求的前提下，基础宜浅埋，当上层地基的承载力大于下层土时，宜利用上层土作持力层。从施工和造价的角度考虑，一般民用建筑的基础应优先考虑浅基础。除岩石地基外，基础埋深不宜小于 0.5m。否则，地基受到建筑物荷载作用后，四周土层可能因遭受挤压而变得松散，使基础失去稳定性。另外，基础容易受到地表面的各种侵蚀、雨水冲刷、机械破坏而导致基础暴露，从而影响建筑安全。

3. 基础宽度

基础的宽度由工程设计计算决定。柔性基础底面的宽度不包括垫层的宽度。

4. 大放脚

基础墙加大加厚的部分，用烧结砖、混凝土、灰土等刚性材料制作的基础均应做大放脚。

5. 基础与地基的区别

基础是建筑物的组成部分，而地基不是建筑物的组成部分。基础将承受的上部结构的荷载传给地基。

6. 地基、基础与荷载的关系

基础与地基紧密相连，地基承受由基础传来的压力包括上部结构传至基础顶面的竖向荷载、基础自重及基础上部土层重量。若基础传给地基的压力用 N 表示，基础底面积用 A 表示，地基承载力允许值用 f 表示，则三者的关系如下：

$$A \geqslant N/f$$

式中　N——传至基础底面的建筑物的总荷载（包括自重、上部荷载和基础上部土重），单位为 kN；

A——基础底面积，单位为 mm^2；

f——地基承载力（单位面积所能承受的最大压力），单位为 kPa。

由此可见，基础底面积是根据建筑总荷载和地基土的承载力来确定的。当地基承载力不变时，传给地基的压力越大，基础底面积也应越大。或者，当建筑物总荷载不变时，允许地基承载力越小，基础底面积就越大。

7. 基础的设计要求

在地基基础设计中，要贯彻执行国家的技术经济政策，做到安全适用、技术先进、经济合理、确保质量、保护环境。地基基础设计，必须坚持因地制宜、就地取材、保护环境和节约资源的原则；应根据岩土工程勘察资料，综合考虑结构类型、材料情况与施工条件等因素。

1）强度方面的要求：要求地基有足够的承载力。

2）耐久性的要求：基础属于隐蔽工程，埋在土中，常年处于土壤的潮湿环境之中，建成之后的检查、加固非常复杂和困难。因此，基础设计选材时就应注意与上部结构的耐久性和使用年限相适应，并且要严格施工，不留隐患。

3）经济因素的要求：基础工程占整个房屋建筑工程总造价的比率约为 10% ~40%，选择合适的基础方案，优先采用浅基础，采用先进的施工技术，就地取材，降低造价。

第二节　基础的埋置深度与影响因素

一、基础的埋置深度

1. 浅基础

埋深小于 5m 或埋深小于 $4B$ 称为浅基础（B 为基础宽度，埋深最小为 500mm）。

2. 深基础

埋深大于等于 5m 或埋深大于等于 $4B$ 称为深基础。

二、基础埋置深度的影响因素

1. 建筑物基础的形式和构造

高层建筑筏形基础和箱形基础的埋置深度应满足地基承载力、变形和稳定性要求。在抗震设防区，除岩石地基外，天然地基上的筏形基础和箱形基础其埋置深度不宜小于建筑物高度的1/15；桩箱基础或桩筏基础的埋置深度（不计桩长）不宜小于建筑物高度的1/18～1/20。位于岩石地基上的高层建筑，其基础埋深应满足抗滑要求。

2. 作用在地基上的荷载大小和性质

地基上荷载越大，基础埋深就越深。在满足地基稳定和变形要求的前提下，基础宜浅埋，当上层地基的承载力大于下层土时，宜利用上层土作持力层。除岩石地基外，基础埋深不宜小于0.5m。

3. 工程地质和水文地质条件

基础宜埋置在地下水位以上，当必须埋在地下水位以下时，应采取地基土在施工时不受扰动的措施，宜将基础底面埋置在最低地下水位以下不小于200mm的位置。当基础埋置在易风化的岩层上，施工时应在基坑开挖后立即铺筑垫层。

4. 相邻建筑物的基础埋深

当存在相邻建筑物时，新建建筑物的基础埋深不宜大于原有建筑基础。当埋深大于原有建筑基础时，两基础间应保持一定净距，其数值应根据原有建筑荷载大小、基础形式和土质情况确定，一般可取梁基础底面高差的1～2倍，如图2-4所示。当上述要求不能满足时，应采取分段施工，设临时加固支撑，打板桩、地下连续墙等施工措施，或加固原有建筑物地基。

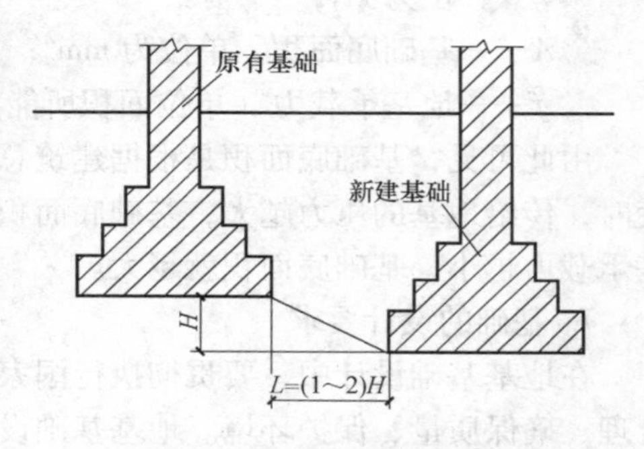

图2-4 相邻建筑物基础的影响

5. 地基土冻胀和融陷的影响

标准冻深是指在地面平坦、裸露、城市之外的空旷场地中不少于10年的实测最大冻深的平均值。冻土与非冻土的分界线为冰冻线。当建筑物处于有冻胀现象的土层范围内，如粉砂、粉土等，冬季土冻胀使得基础向上拱起，春季气温回升土层解冻，基础又下沉。这种冻融交替，使建筑物处于不稳定状态，产生变形，造成墙身开裂，结构破坏。基础宜埋置在冰冻线以下200mm的位置。在冻胀、强冻胀、特强冻胀地基上，应采用下列防冻害措施：

1）对在地下水位以上的基础，基础侧面应回填非冻胀性的中砂或粗砂，其厚度不应小于10cm；对在地下水位以下的基础，可采用桩基础、自锚式基础（冻土层下有扩大板或扩底短桩）或采取其他有效措施。

2）宜选择地势高、地下水位低、地表排水良好的建筑场地。对于低洼场地，宜在建筑四周向外一倍冻深距离范围内，使室外地坪至少高出自然地面300～500mm。

3）防止雨水、地表水、生产废水、生活污水浸入建筑地基，应设置排水设施。在山区应设截水沟或在建筑物下设置暗沟，以排走地表水和潜水流。

4）在强冻胀性和特强冻胀性地基上，其基础结构应设置钢筋混凝土圈梁和基础梁，并控制上部建筑的长高比，增强房屋的整体刚度。

5）当独立基础连系梁下或桩基础承台下有冻土时，应在梁或承台下留有相当于该土层冻胀量的空隙，以防止土的冻胀将梁或承台拱裂。

6）外门斗、室外台阶和散水坡等部位宜与主体结构断开，散水坡分段不宜超过1.5m，坡度不宜小于3%，其下宜填入非冻胀性材料。

7）对于跨年度施工的建筑，入冬前应对地基采取相应的防护措施；按采暖设计的建筑物，当冬季不能正常采暖，也应对地基采取保温措施。

第三节 基础的类型与构造

一、按材料与受力特点分类

1. 刚性基础

由砖、灰土、混凝土或毛石混凝土、毛石和三合土等材料组成的，且不需配置钢筋的墙下条形基础或柱下独立基础。刚性基础适用于多层民用建筑和轻型厂房。

刚性基础所用材料的抗压强度高，抗拉、抗弯、抗剪等强度较低，因此基础不能承受拉应力。为了保证基础底面处在受压区的范围内不被拉裂，基础底面宽度增大时受到刚性角的限制。刚性角以基础的宽高比（B/H 或其夹角 α）表示，并应控制在一定的范围之内，不同材料的刚性角限值（宽高比允许值）见表2-1。

刚性基础的受力、传力特点如图2-5所示。基础承重墙上的力沿着刚性角向下扩散传递给地基土（只有在刚性角范围内的基底面积才会传给地基向下的压力），而地基土对基础底面的全部范围产生均匀的向上反力。因此，如果基础底面的宽度超出了刚性角的扩散范围，就会使得基础两侧超出部分底部受到拉应力的作用而产生裂缝，并遭到破坏。

为了防止基础被拉裂，基础高度应符合下式要求，如图2-6所示。

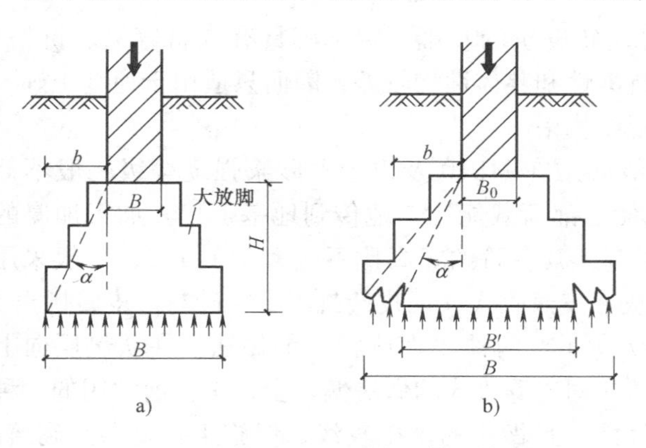

图2-5 刚性基础的受力、传力特点
a）基础在刚性角范围内传力
b）基础底面宽度超过刚性角范围而遭到破坏

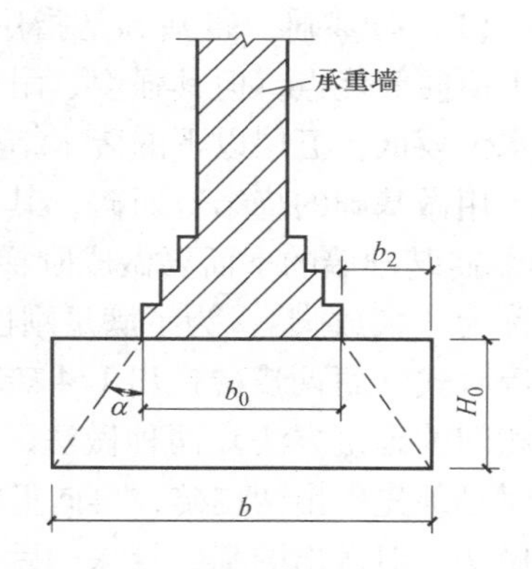

图2-6 刚性基础构造示意

$$\tan\alpha \geqslant b_2/H_0$$

$$b_2 = (b - b_0)/2$$

式中 b——基础底面宽度，单位为mm；

b_0——基础顶面的墙体宽度或柱脚宽度，单位为mm；

H_0——基础高度，单位为 mm；

b_2——基础台阶宽度，单位为 mm；

$\tan\alpha$——基础台阶宽高比 b_2: H_0，其允许值可按表 2-1 选用。

表 2-1 刚性基础台阶宽高比的允许值

基础材料	质量要求	台阶宽高比的允许值		
		$P_k \leq 100$	$100 < P_k \leq 200$	$200 < P_k \leq 300$
混凝土基础	C15 混凝土	1:1.00	1:1.00	1:1.25
毛石混凝土基础	C15 混凝土	1:1.00	1:1.25	1:1.50
实心砖基础	实心砖不低于 MU10、砂浆不低于 M5	1:1.50	1:1.50	1:1.50
毛石基础	砂浆不低于 M5	1:1.25	1:1.50	—
灰土基础	体积比为 3:7 或 2:8 的灰土，其最小干密度：粉土 1.55t/m^3 粉质粘土 1.55t/m^3 粘土 1.45t/m^3	1:1.25	1:1.50	—
三合土基础	体积比 1:2:4 ~ 1:3:6（石灰:砂:集料），每层约虚铺 220mm，将其夯至 150mm	1:1.50	1:2.00	—

注：1. P_k 为荷载效应标准组合基础底面处的平均压力值（kPa）。
2. 阶梯形毛石基础的每阶伸出宽度，不宜大于 200mm。
3. 当基础由不同材料叠合组成时，应对接触部分作抗压验算。
4. 基础底面处的平均压力值超过 300kPa 的混凝土基础，尚应进行抗剪验算。

（1）砖基础　砖基础是指用烧结普通砖砌筑的基础。砖基础具有取材容易、价格低、施工简便等优点，但其强度、耐久性、抗冻性和整体性均较差，因而只适用于地基土好，地下水位较低，五层以下的砖木结构或砖混结构中。

用做基础的烧结普通砖，其强度等级必须在 MU10 及以上，砂浆强度等级一般不低于 M5。砖基础墙的下面要做成阶梯形，以使上部荷载能均匀地传到地基上，其加大加厚的部分称为“大放脚”。为了满足刚性角的限制，其台阶的宽高比不应大于 1:1.5，一般采用两皮等收式（每两皮砖挑出 1/4 砖）和两皮一皮兼收式（两皮砖挑出 1/4 砖与一皮砖挑出 1/4 砖相间的砌筑方法）两种做法，如图 2-7 所示。两种“大放脚”的做法，在从垫层向上砌筑时必须先砌出两皮砖，再向里收 1/4 砖。两皮等收式的做法偏安全，是目前常用的一种工程做法，但做出的基础较深；后一种较经济，且做出的基础较浅，但施工稍复杂。砌筑时，一般需在基底下先铺设砂、混凝土或灰土垫层。

（2）灰土基础　在地下水位较低的地区，可以在砖基础下设灰土垫层，灰土垫层有较好的抗压强度和耐久性，后期强度较高，属于基础的组成部分，称为灰土基础，如图 2-8 所示。灰土基础由熟石灰粉和粘土按体积比 3:7 或 2:8，加适量水拌和夯实而成。施工时每层虚铺厚度约 220mm，夯实后厚度为 150mm，称为一步。一般灰土基础做成二至三步。

灰土基础适用于 6 层和 6 层以下、地下水位较低的砌体结构房屋和墙体承重的工业厂房。灰土基础的厚度与建筑层数有关，4 层及 4 层以上建筑物一般采用三步灰土，3 层及 3

层以下建筑物，一般采用二步灰土。

灰土基础抗冻性、耐水性差，只能埋置在地下水水位以上，且基础顶面应位于冰冻线以下。

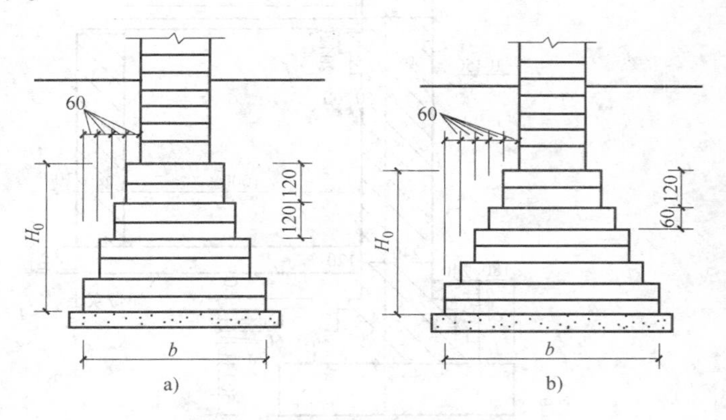

图 2-7　砖基础“大放脚”的做法
a）两皮等收式　b）两皮一皮兼收式

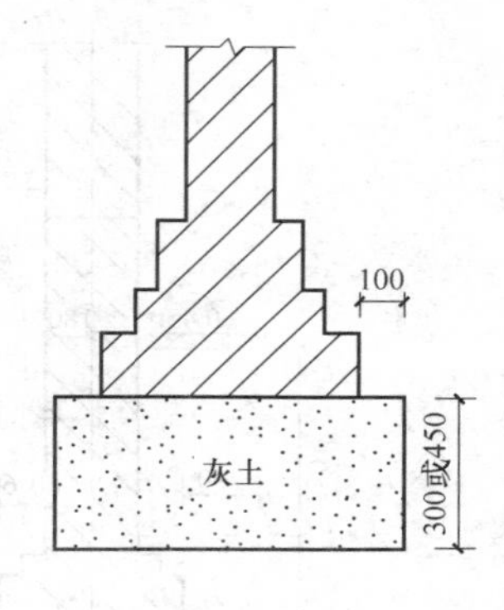

图 2-8　灰土基础

下面以灰土基础为例，说明“大放脚”的计算方法。

【例 2-1】 墙厚为 360mm，轴线居中，灰土厚度为 300mm，基础宽度为 1000mm，承载力 P_k 为 160kPa，室内外高差为 450mm，基础埋深为 1050mm。试求大放脚的步数，并绘制基础剖面图（采用两皮一皮兼收式）。

【解】 轴线居中，两边对称，所以为简化计算可取一半计。基础宽度的一半为 500mm，首先根据刚性角的限制要求算出灰土的最大宽度为 200mm（因为灰土的宽高比限值为 1∶1.5，灰土厚度是 300mm，所以宽度最大为 200mm），然后扣掉墙体所占的厚度 180mm，最后剩下的尺寸为（500 − 200 − 180）mm = 120mm。大放脚每次挑出的宽度为 60mm，所以大放脚的步数为 120 ÷ 60 = 2 步。

根据上述条件绘制基础剖面图，如图 2-9 所示。

【例 2-2】 墙厚为 360mm，轴线为偏轴（轴线内 120mm，轴线外 240mm），灰土厚度为 300mm，基础宽度为 1200mm，承载力 P_k 为 180kPa，室内外高差为 450mm，基础埋深为 1550mm。试求大放脚的步数，并绘制基础剖面图。（计算时，将偏轴按中轴考虑，墙厚取一半计算。）

【解】 1200mm ÷ 2 = 600mm　(600 − 180) mm = 420mm(基础宽减墙厚)

(420 − 200) mm = 220mm(减去灰土所占宽度，200mm 为灰土的最大宽度)

每步放 60mm，220 ÷ 60 = 3.66 步，取整数按 4 步考虑。

重新计算灰土的宽度（600 − 180 − 240) mm = 180mm，基础剖面图如图 2-10 所示，基础墙内侧为沿墙基础管沟。

(3) 毛石基础　毛石基础由未加工的块石用水泥砂浆砌筑而成，毛石的厚度不小于 150mm，宽度约 200 ~ 300mm。基础的剖面成台阶形，顶面要比上部结构每边宽出 100mm，每个台阶的高度不宜大于 400mm，挑出的长度不应大于 200mm，如图 2-11 所示。

毛石基础的强度高，抗冻、耐水性能好，所以，适用于地下水位较高、冰冻线较深的产石区的建筑。

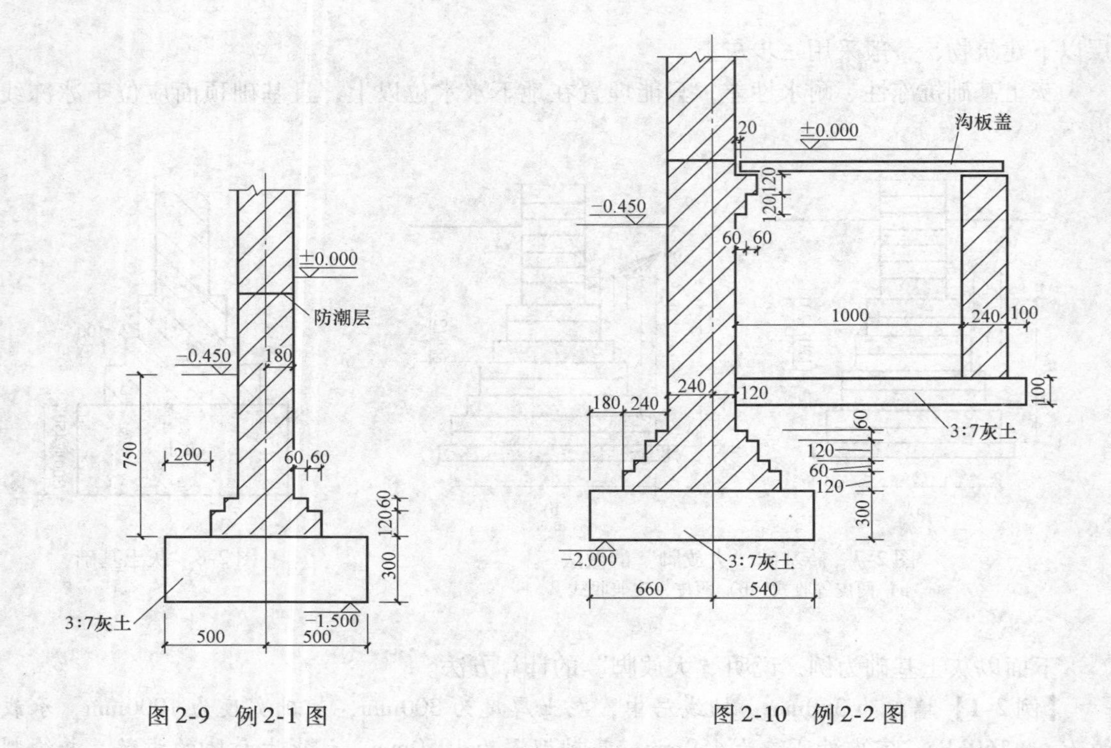

图 2-9 例 2-1 图

图 2-10 例 2-2 图

（4）混凝土基础和毛石混凝土基础　混凝土基础断面有矩形、阶梯形和锥形，一般当基础底面宽度大于 2000mm 时，为了节约混凝土常做成锥形，如图 2-12 所示。为了节约水泥用量，体积较大的混凝土基础可以在浇筑混凝土时加入 20% ~30% 的毛石，这种基础称为毛石混凝土基础，毛石粒径不能超过 300mm。当基础埋深较大时，也可用毛石混凝土做成台阶形，每阶宽度不应小于 400mm。

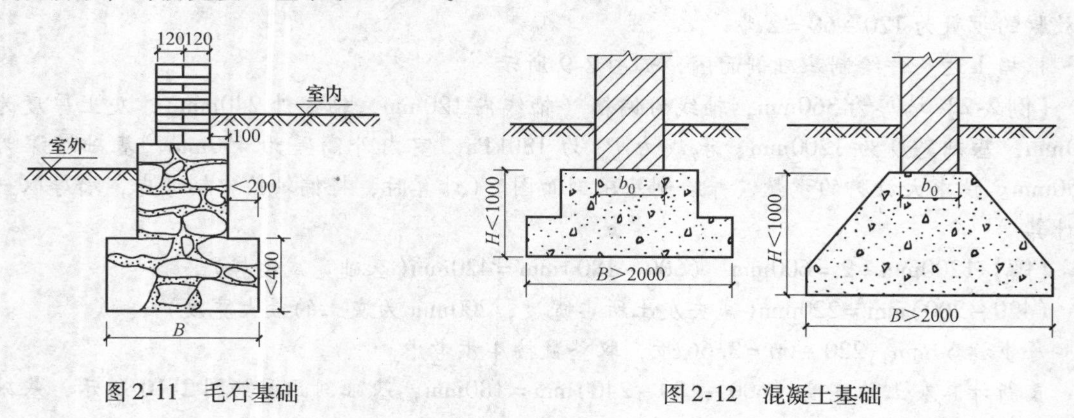

图 2-11 毛石基础

图 2-12 混凝土基础

混凝土基础和毛石混凝土基础具有坚固、耐久、耐水的特点，可用于受地下水和冰冻作用的建筑。

2. 柔性基础

将上部结构传来的荷载，通过向侧边扩展成一定底面积，使作用在基底的压应力小于或等于地基土的允许承载力，而基础内部的应力应同时满足材料本身的强度要求，这种起到压力扩散作用的基础称为柔性基础，如图 2-13 所示。柔性基础包括柱下钢筋混凝土独立基础和墙下钢筋混凝土条形基础。

当建筑物上部荷载较大，地基承载力较小时，必须加宽基础底面宽度，从而减小单位面积传给地基的压力，以保证地基和基础的安全。刚性基础由于受到刚性角的限制，加宽基础的同时，必然也要加大基础的埋深，从而增大了工程的造价，而柔性基础的底部配有承受拉力的钢筋，因而其底面可以做得宽而薄，基础的加宽不受刚性角的限制（不必在加宽的同时增大基础的高度）。钢筋混凝土基础与混凝土基础的比较如图 2-13a 所示。这种基础相当于一个倒置的悬臂板，根部厚度较大，配筋较多，两侧板厚较小，钢筋也较少。

柔性基础的构造，应符合下列要求：

1）锥形基础的边缘高度，不宜小于 200mm；阶梯形基础的每阶高度，宜为 300～500mm。

2）垫层的厚度不宜小于 70mm，垫层混凝土强度等级应为 C10。

3）柔性基础底板受力钢筋的最小直径不宜小于 10mm；间距不宜大于 200mm，也不宜小于 100mm。墙下钢筋混凝土条形基础纵向分布钢筋的直径不小于 8mm；间距不大于 300mm；每延米分布钢筋的面积应不小于受力钢筋面积的 1/10。当有垫层时，钢筋保护层的厚度不小于 40mm；无垫层时不小于 70mm。

4）混凝土强度等级不应低于 C20。

5）当柱下钢筋混凝土独立基础的边长和墙下钢筋混凝土条形基础的宽度大于或等于 2500mm 时，底板受力钢筋的长度可取边长或宽度的 0.9 倍，并宜交错布置。

6）钢筋混凝土条形基础底板在 T 形及十字形交接处，底板横向受力钢筋仅沿一个主要受力方向通长布置，另一方向的横向受力钢筋可布置到主要受力方向底板宽度的 1/4 处。在拐角处，底板横向受力钢筋应沿两个方向布置。

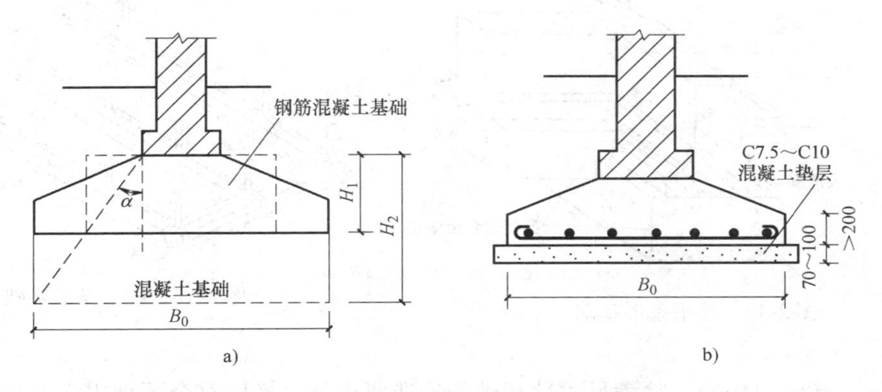

图 2-13　柔性基础
a）刚性基础与柔性基础的比较　b）柔性基础的配筋

二、按构造形式分类

1. 独立基础

独立基础也称为单独基础，是柱下基础的主要类型。当建筑物承重体系为梁、柱组成的框架、排架或其他类似结构时，其柱下基础常采用的基本形式为独立基础。独立基础主要采用柔性基础。

独立基础常见的断面形式有阶梯形和锥形，如图2-14a、b所示。当采用预制柱时，则基础做成杯口形，柱子嵌固在杯口内，又称为杯形基础，如图2-14c所示。

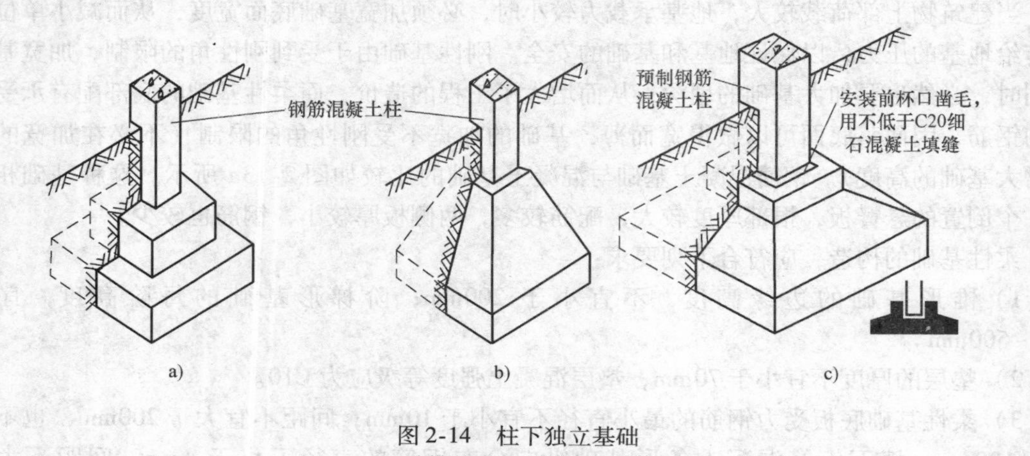

图2-14 柱下独立基础
a）阶梯形 b）锥形 c）杯形

2. 条形基础

条形基础呈连续的带状，一般用于墙下。当上部结构采用墙承重时，承重墙下一般采用通长的条形基础，如图2-15所示。条形基础主要采用刚性基础。

当建筑物承重构件为柱子时，若荷载大且地基承载力较弱时，常用钢筋混凝土条形基础将柱下的基础连接起来，形成柱下条形基础，如图2-16所示，可以有效地防止不均匀沉降，使建筑物的基础具有良好的整体性。柱下条形基础一般采用柔性基础。

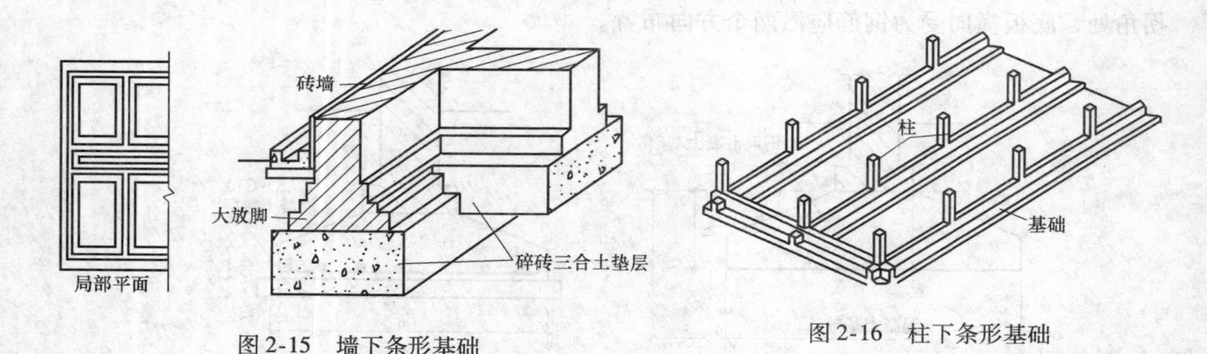

图2-15 墙下条形基础

图2-16 柱下条形基础

柱下条形基础的构造，除满足柔性基础的构造要求外，尚应符合下列规定：

1）柱下条形基础梁的高度宜为柱距的1/4～1/8，翼板厚度不应小于200mm。当翼板厚度大于250mm时，宜采用变厚度翼板，其坡度宜小于或等于1∶3。

2）条形基础的端部宜向外伸出，其长度宜为第一跨距的0.25倍。

3）现浇柱与条形基础梁的交接处，其平面尺寸不应小于图2-17的规定。

4）条形基础梁顶部和底部的纵向受力钢筋除满足计算要求外，顶部钢筋按计算配筋全部贯通，底部通长钢筋不应少于底部受力钢筋截面总面积的1/3。

5）柱下条形基础的混凝土强度等级，不应低于C20。

3. 井格基础

当地基条件较差，为了提高建筑物的整体性，防止柱子之间产生不均匀沉降，常将柱下基础沿纵横两个方向扩展连接起来，做成十字交叉的井格基础，如图 2-18 所示。

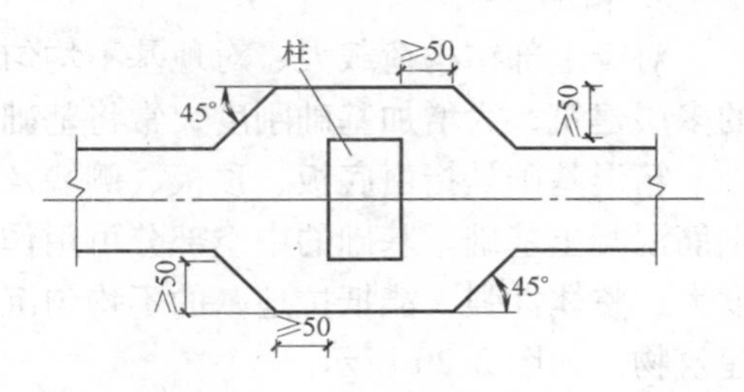

图 2-17　柱下条形基础平面尺寸

4. 筏形基础

当上部结构荷载较大，而地基承载力又特别低时，柱下条形基础或井格基础已不能适应地基变形需要，常将墙下或柱下基础连成一钢筋混凝土板，形成筏形基础，如图 2-19 所示。筏形基础是指柱下或墙下连续的平板式或梁板式钢筋混凝土基础。筏形基础分为梁板式和平板式两种类型，其选型应根据工程地质、上部结构体系、柱距、荷载大小以及施工条件等因素确定。

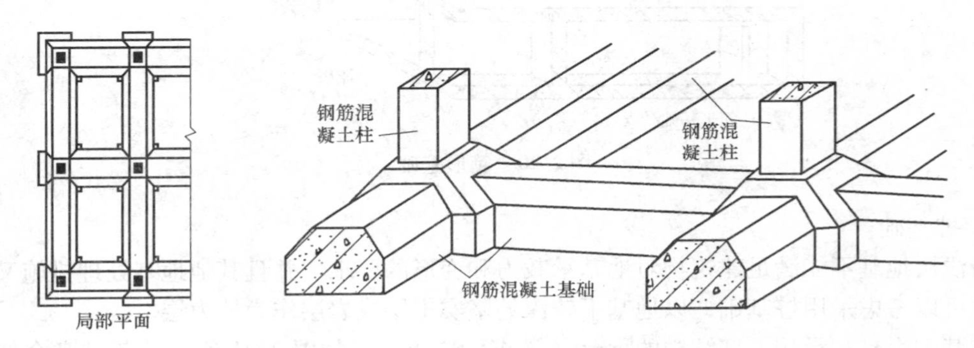

图 2-18　井格基础

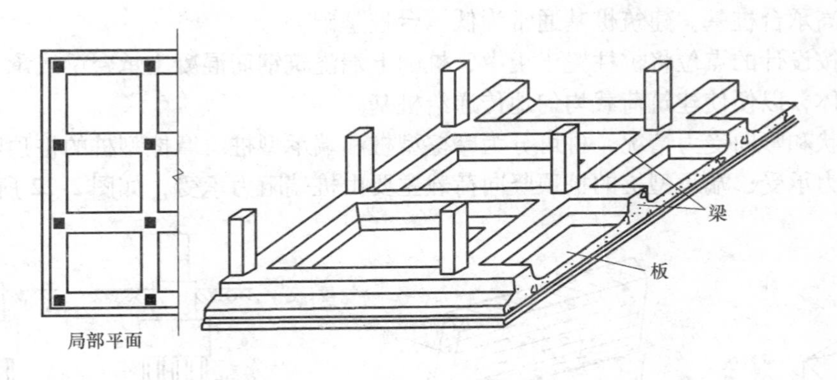

图 2-19　梁板式筏形基础

筏形基础的混凝土强度等级不应低于 C30。当有地下室时应采用防水混凝土，防水混凝土的抗渗等级应根据地下水的最大水头与防渗混凝土厚度的比值，按现行《地下工程防水技术规范》（GB 50108—2001）选用，但不应小于 0.6MPa，必要时宜设架空排水层。

采用筏形基础的地下室，地下室钢筋混凝土外墙厚度不应小于 250mm，内墙厚度不应小于 200mm。墙的截面设计除满足承载力要求外，尚应考虑变形、抗裂及防渗等要求。墙体内应设置双面钢筋，竖向和水平钢筋的直径不应小于 12mm，间距不应大于 300mm。

5. 箱形基础

对于上部结构荷载大、对地基不均匀沉降要求严格的高层建筑、重型建筑或软土地基上的多层建筑，为增加基础刚度，常将基础做成箱形基础。

箱形基础是指由底板、顶板、侧墙及一定数量内隔墙构成的整体刚度较好的单层或多层钢筋混凝土基础。基础的中空部分可用作地下室或地下停车库。箱形基础埋深较大，空间刚度大，整体性强，能抵抗地基的不均匀沉降，较适用于高层建筑或在软弱地基上建造的重型建筑物，如图 2-20 所示。

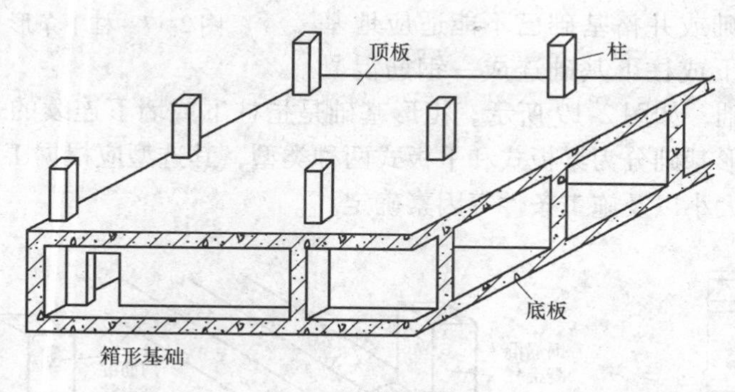

图 2-20 箱形基础

6. 桩基础

当浅层地基不能满足建筑物对地基承载力和变形的要求，并且其他地基处理措施又不适用时，可以考虑采用桩基础，以地基下较深处坚实土层或岩层作为持力层。

桩基础由桩和承接上部结构的承台（梁或板）组成，如图 2-21 所示。若桩身全部埋于土中，承台底面与土层接触，则称为低承台桩基；若桩身上部露出地面而承台底位于地面以上，则称为高承台桩基。建筑桩基通常为低承台桩基础。

桩基是按设计的点位将桩柱置于土中，桩的上端浇筑钢筋混凝土承台梁或承台板，承台上接柱或墙体，以便使建筑荷载均匀地传递给桩基。

根据性状和竖向受力情况，桩可分为摩擦型桩和端承型桩。摩擦型桩的桩顶竖向荷载主要由桩侧阻力承受；端承型桩的桩顶竖向荷载主要由桩端阻力承受，如图 2-22 所示。

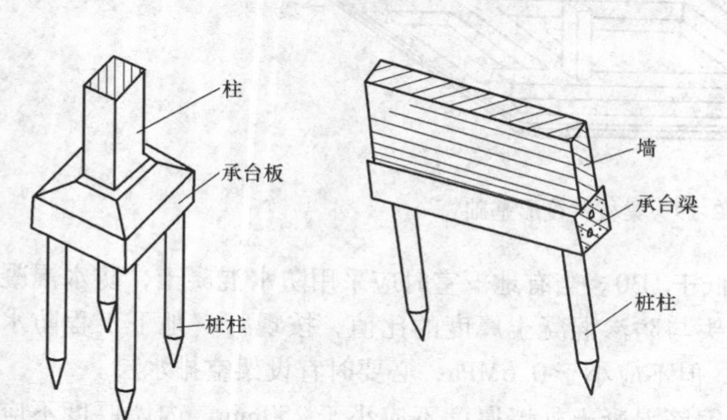

图 2-21 桩基础的组成

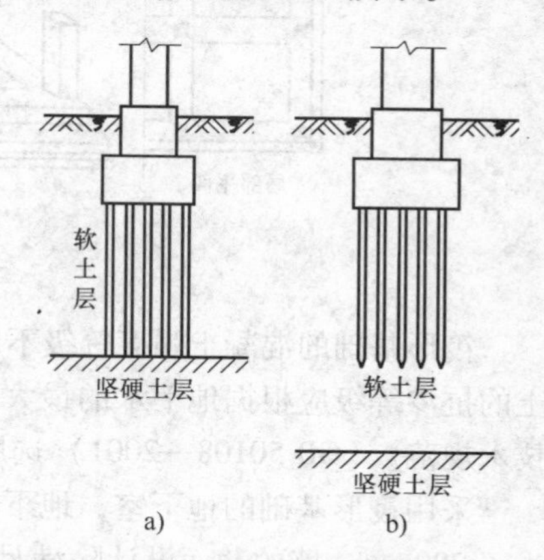

图 2-22 端承型桩和摩擦型桩
a）端承型桩 b）摩擦型桩

第四节 地 下 室

一、地下室的组成与类型

1. 地下室的组成

建筑物首层地面以下的使用空间称为地下室。地下室一般由墙身、底板、顶板、门窗、楼梯五部分组成。地下室可以用作设备间、储藏房间、车库、商场以及战备人防工程等。高层建筑常利用深基础，建造一层或多层地下室，既可节约建设用地，增加使用面积又节省填土费用。

2. 地下室的类型

（1）按埋入地下深度分类 地下室按埋入地下深度的不同可分为全地下室和半地下室。全地下室是指地下室地面低于室外地坪的高度超过该房间净高的1/2；半地下室是指地下室地面低于室外地坪的高度为该房间净高的1/3～1/2，如图2-23所示。

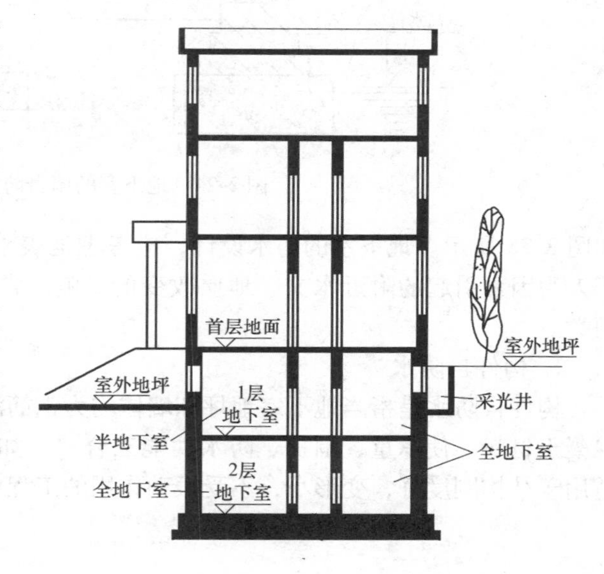

图2-23 地下室的类型

（2）按使用功能分类 按地下室使用功能的不同可分为普通地下室和人防地下室。普通地下室一般用作高层建筑的地下停车库、设备用房，根据用途及结构需要可做成一层或多层地下室；人防地下室是结合人防要求设置的地下空间，用以应付战时人员的隐蔽和疏散，并有具备保障人身安全的各项技术措施。

（3）按结构材料分类 按地下室结构材料的不同可分为砖混结构地下室和钢筋混凝土结构地下室。

二、地下室的防潮构造

1. 构造条件

所处区域常年水位或最高水位在地下室底板以下时，并且无形成上层滞水的可能。

2. 构造要求

1）常年最高地下水位与地下室底板之间的距离大于500mm时，地下室作防潮处理。

2）防潮部位包括墙身防潮和底板防潮。

3）砖砌体地下室必须用水泥砂浆砌筑，墙外侧在做好水泥砂浆抹面后，涂冷底子油一道及热沥青两道，然后回填低渗透性土壤，如灰土。此外，在墙身与地下室地坪及室内地坪之间设墙身水平防潮层，如图2-24所示。

三、地下室的防水构造

当设计最高水位高于地下室地坪时，地下室的外墙和底板都浸泡在水中，受到有压水的作用，或者常年最高地下水位与地下室底板之间的距离小于等于500mm时应进行防水处理，

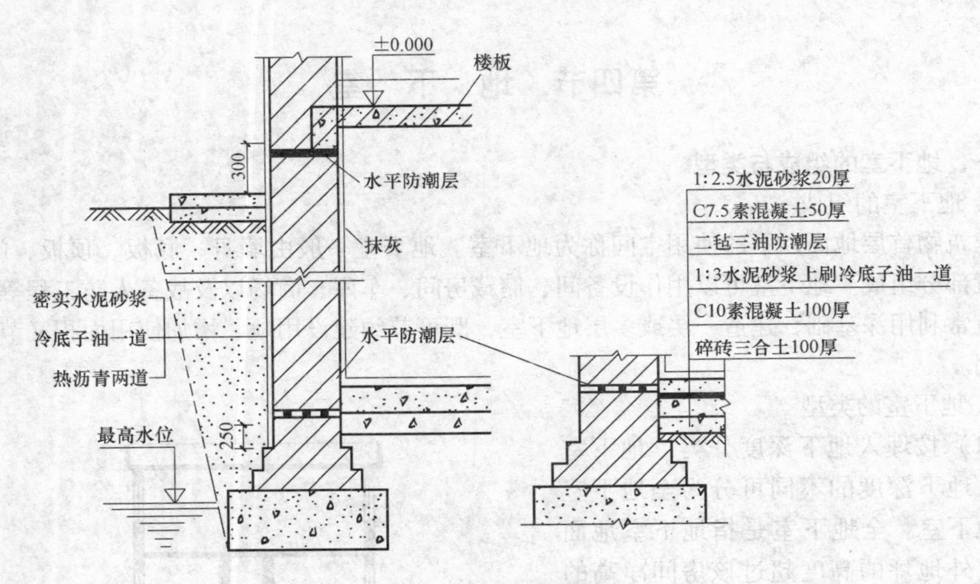

图 2-24 地下室的墙身防潮和地坪防潮

如图 2-25 所示。地下室的防水设计，应考虑地表水、地下水、毛细管水等的作用，以及由于人为因素引起的附近水文、地质改变的影响。常用的防水措施有构件自防水和材料防水两类。

1. 构件自防水

构件自防水是指当地下室地坪和墙体均为钢筋混凝土结构时，可采用抗渗性能好的防水混凝土材料，使承重、围护、防水功能三合一，如图 2-26 所示。这种防水属于刚性防水，适用于结构刚度好，变形小，不受振动作用的工程中。

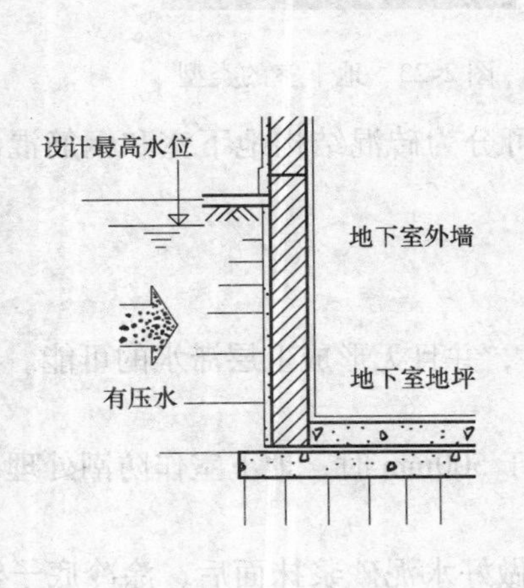

图 2-25 地下室受到有压水的作用

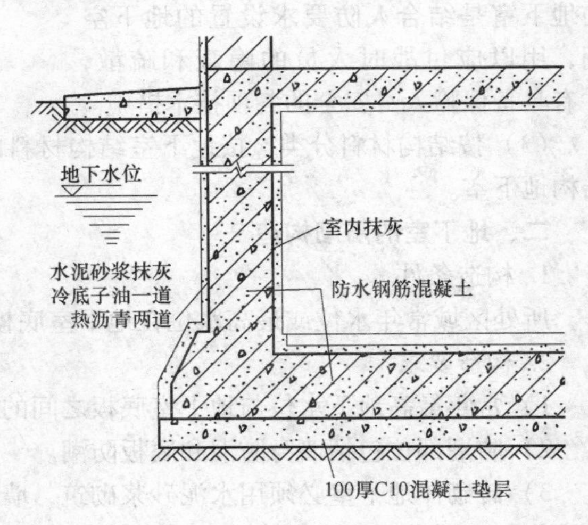

图 2-26 混凝土自防水

2. 材料防水

材料防水是指在外墙和地坪表面敷设防水材料，如卷材、涂料或防水水泥砂浆等，以阻止地下水渗入。其中，卷材防水是常用的一种防水材料。卷材防水层适用于受侵蚀性介质作用或受振动作用的地下工程。卷材防水层用于建筑物地下室时，应铺设在结构主体底板垫层至墙体顶端的基面上，在外围形成封闭的防水层。

卷材防水按防水层铺贴位置的不同，分外防水和内防水两种，如图2-27所示。

（1）外防水　外防水是将防水层贴在地下室外墙的外表面（即迎水面），这种方法防水效果好，但维修困难。外防水构造要点是：先在混凝土垫层上将油毡满铺整个地下室，然后浇筑细石混凝土或水泥砂浆保护层，以便浇筑钢筋混凝土底板。底层防水油毡必须留出足够的长度，以便与墙面垂直防水油毡搭接。墙体防水层先在外墙外侧抹20mm厚1:2.5水泥砂浆找平层，涂刷冷底子油一道，选定油毡层数，按一层油毡一层沥青胶顺序粘贴防水层。防水卷材以高出最高地下水位500~1000mm为宜。油毡防水层以上的地下室侧墙应抹水泥砂浆涂热沥青两道，直至室外散水处。垂直防水层外侧砌半砖厚的保护墙一道，以保护防水层，并使防水层均匀受压。在保护墙与防水层之间的缝隙中灌以水泥砂浆。

（2）内防水　内防水是将防水层贴在地下室外墙的内表面，这样施工方便，容易维修，但不利于防水，常用于修缮工程。内防水构造要点是：先浇厚约100mm的混凝土垫层，再以选定的油毡层数在地坪垫层上作防水层，并在防水层上抹20~30mm厚的水泥砂浆保护层，以便于上面浇筑钢筋混凝土。地坪防水层必须留出足够的长度包向垂直墙面并转接。同时，要做好转折处油毡的保护工作，以免因转折交接处的油毡断裂而影响地下室的防水。

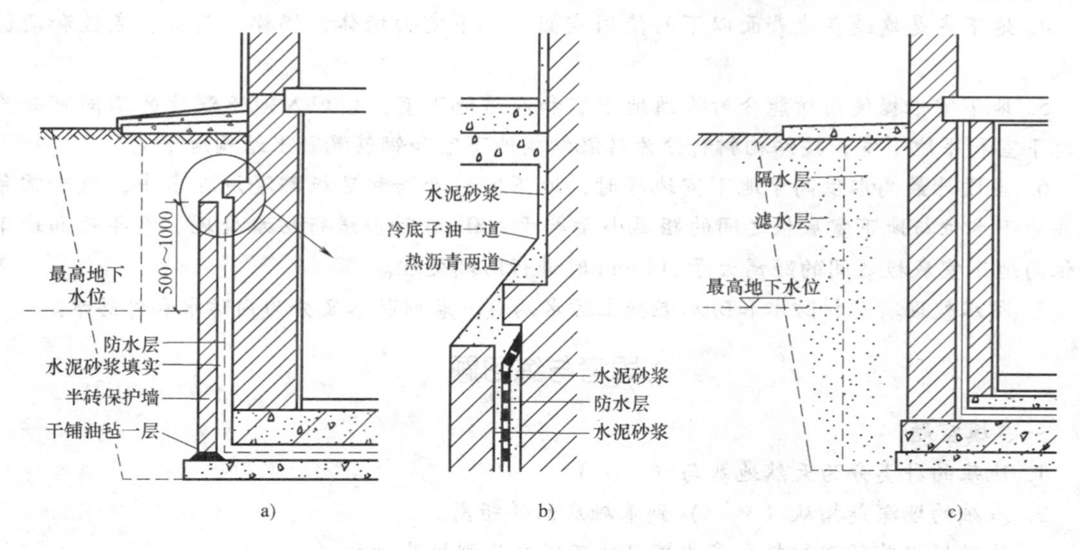

图2-27　地下室的防水
a）外防水　b）墙身防水层收头处理　c）内防水

（3）防水卷材的设计要求　卷材防水层为一或两层。高聚物改性沥青防水卷材厚度不应小于3mm，单层使用时，厚度不应小于4mm，双层使用时，总厚度不应小于6mm；合成高分子防水卷材单层使用时，厚度不应小于1.5mm，双层使用时，总厚度不应小于2.4mm。阴阳角处应做成圆弧或45°（135°）折角，其尺寸视卷材品质确定。在转角处、阴阳角等特殊部位，应增贴1~2层相同的卷材，宽度不宜小于500mm。

（4）防水卷材的施工要求　卷材防水层的基面应平整牢固、清洁干燥。铺贴卷材严禁在雨、雪天施工；五级风及其以上时不得施工；冷粘法施工气温不宜低于5℃，热熔法施工气温不宜低于－10℃。铺贴卷材前，应在基面上涂刷基层处理剂，当基面较潮湿时，应涂刷潮湿固化型胶粘剂或潮湿界面隔离剂。铺贴高聚物改性沥青卷材应采用热熔法施工；铺贴合成高分子卷材采用冷粘法施工。卷材防水层经检查合格后，应及时作保护层，保护层应符合以下规定：顶板卷材防水层上的细石混凝土保护层厚度不应小于70mm，防水层为单层卷材时，在防水层与保护层之间应设置隔离层；底板卷材防水层上的细石混凝土保护层厚度不应小于50mm；侧墙卷材防水层宜采用软保护或铺抹20mm厚的1∶3水泥砂浆。

本章小结

1. 基础是建筑物的墙或柱等承重构件向地面以下的延伸扩大部分，是建筑物的组成构件，承受着建筑物的全部荷载，并将其均匀地传给地基。地基则是承受建筑物由基础传来荷载的土壤层。地基分为天然地基与人工地基。

2. 室外设计地面至基础底面的垂直距离称为基础的埋深。埋深大于5m时称为深基础，小于5m时称为浅基础。一般情况下，基础的埋深不要小于0.5m。

3. 基础按照所采用材料及受力情况的不同，分为刚性基础和柔性基础；根据构造形式的不同，基础有独立基础、条形基础、井格基础、筏形基础、箱形基础和桩基础之分。

4. 地下室是建造在地表面以下的使用空间。地下室由墙体、楼梯、门窗、底板和顶板组成。

5. 地下室根据使用功能分为普通地下室和人防地下室；按埋入地下深度的不同可分为全地下室和半地下室；按结构材料分为砖混结构地下室和钢筋混凝土结构地下室。

6. 当设计最高水位高于地下室地坪时，地下室的外墙和底板都浸泡在水中，或者常年最高地下水位与地下室底板之间的距离小于等于500mm时应进行防水处理。常年最高地下水位与地下室底板之间的距离大于500mm时进行防潮处理。

7. 防水处理有卷材防水和防水混凝土防水两类。卷材防水又分为内防水和外防水。

思考与练习题

一、填空题

1. 地基的种类分为天然地基与（　　）。

2. 基础的埋深是指从（　　）到基础底面的距离。

3. 基础根据其所用材料和受力情况的不同分为刚性基础和（　　）。

4. 由刚性材料制作的基础称为（　　）基础，这种基础必须满足（　　）的要求，是选用（　　）强度大、受拉强度小的材料砌筑的基础。

5. 承重墙下的基础一般采用（　　）。

6. 基础根据埋深分为浅基础和深基础，桩基础属于（　　）。

7. 地下室的防水主要有（　　）和（　　）。

二、选择题

1. 下列基础属于柔性基础的是（　　）。

A. 钢筋混凝土基础　B. 毛石基础　C. 素混凝土基础　D. 砖基础

2. 基础的埋深一般不小于（　　）。

A. 300mm　　B. 400mm　　C. 500mm

3. 当基础需埋在地下水位以下时，基础地面应埋置在最低地下水位以下至少（　　）的深度。

A. 200mm　　B. 300mm　　C. 400mm

4. 室内外高差为600mm，基础底面的标高为 -1.500m，那么基础的埋深是（　　）

A. 1.500m　　B. 0.900m　　C. 2.100m

5. 为了防止冻融时土内所含水的体积发生变化对基础造成不良影响，基础底面应埋置在（　　）。

A. 冰冻线以下200mm　　B. 冰冻线以上200mm　　C. 冰冻线以下都可以

6. 深基础是指建筑物的基础埋深大于等于（　　）。

A. 6m　　B. 5m　　C. 4m　　D. 3m

7. 地基（　　）。

A. 是建筑物的组成构件　　B. 不是建筑物的组成构件

C. 是基础的混凝土垫层

三、名词解释

1. 地基与基础

2. 全地下室

3. 刚性角

四、简答题

1. 地基与基础的区别是什么？

2. 影响基础埋深的因素有哪些？

3. 基础按照构造形式分为几种类型？各适用于哪种情况？

4. 地下室防水与防潮的条件及构造措施是什么？

第三章　墙　　体

知识要点

知 识 要 点	权重
墙体的作用、分类、构造要求和承重方案	10%
砖墙的细部构造和墙身节点详图的绘制	30%
常用隔墙的类型及构造要求	10%
幕墙的分类及构造要求	10%
框架填充墙的特点及构造要求	15%
墙面装修的作用、分类和常见装修构造	25%

行动导向教学任务单

工作任务单一　以小组为学习单位，对周围各种建筑物墙体进行调研，指出各种墙体的类型及受力特点，总结各种墙体的装修做法，并书写调研报告。

工作任务单二　以小组为学习单位，抄绘本书附录中砌体结构工程案例的墙身节点详图和88J2—2（墙身—框架结构填充轻集料混凝土空心砌块）中的填充墙墙身节点详图，书面总结墙身细部构造包括的内容和两种墙身节点详图的区别。

工作任务单三　以小组为学习单位，认真学习砖砌体的组砌要求和组砌方式，绘制各种墙厚的组砌图并进行实际的排砖撂底。

工作任务单四　参观各种墙体模型，根据88J1—1（2005）工程做法图集，选择一种墙身装修做法，制作模型。

推荐阅读资料

1. 中国建筑科学研究院. JGJT 13—1994　设置钢筋混凝土构造柱多层砖房抗震技术规程〔S〕. 北京：中国建筑工业出版社，1994.

2. 华北地区建筑设计标准化办. 建筑构造通用图集88J2—2《墙身—框架结构填充轻集料混凝土空心砌块》〔S〕. 北京：中国建筑工业出版社，2005.

3. 四川省建筑科学研究院. JGJ/T 14—2004　混凝土小型空心砌块建筑技术规程〔S〕. 北京：中国建筑工业出版社，2004.

4. 中国建筑科学研究院. JGJ 137—2001　多孔砖砌体结构技术规范〔S〕. 北京：中国建筑工业出版社，1994.

5. 华北地区建筑设计标准化办公室. 建筑构造通用图集88J2—1《墙身—多孔砖》〔S〕.

2 版. 北京：中国建筑工业出版社，2005.

6. 雍本. 幕墙工程施工手册〔M〕. 北京：中国设计出版社，2000.

第一节　墙体概述

墙体是房屋建筑不可或缺的重要组成部分，它和楼板与楼盖被称为建筑的主体工程。在砌体结构房屋中，墙体是主要承重构件，其造价约占总造价的30%～40%。在其他类型的建筑中，墙体可能是承重构件，也可能是围护构件，所占的造价的比重也较大。因而，在工程设计中，合理地选择墙体材料、结构方案及构造做法十分重要。

一、墙体的作用

1. 承重作用

墙体承受楼板、屋顶传来的竖向荷载，水平的风荷载、地震作用，还有墙体的自重，并传给下面的基础。

2. 围护作用

墙体抵御自然界风、雪、雨的侵袭，防止太阳辐射和噪声的干扰，起到保温、隔热、隔声等作用。

3. 分隔作用

墙体可以将空间分为室内和室外空间，也可以将室内分成若干个小空间或小房间。各使用空间相对独立，可以避免或减小相互之间的干扰。

4. 装修作用

墙面装修是建筑装修的重要部分，对整个建筑物的装修效果影响很大。

墙体的作用不一定是单一的，根据所处的位置可以兼有几种作用。

二、墙体的分类

墙体依据不同的分类标准有很多划分方法，比较常用的有根据墙体的位置、受力特点、材料、构造方式和施工方法进行分类。

1. 按墙体所在的位置分类

房屋中的墙体一般分为外墙和内墙，位于建筑物周边的墙称为外墙，位于建筑物内部的墙称为内墙。外墙属于房屋的外围护结构，起着分隔室内外空间，遮风、挡雨、隔热和保护室内空间环境良好的作用。根据国家对建筑节能的要求，外墙一般采用节能保温措施。内墙主要是用来分隔建筑物的内部空间。

从建筑的平面形状上来分析，沿着建筑物短轴方向布置的墙称为横墙，沿着建筑物长轴方向布置的墙称为纵墙。将此种分类与上面分类组合后，就可以有外纵墙、外横墙、内纵墙、内横墙四种类型的墙体。其中外横墙称为山墙，外纵墙称为檐墙。

窗与窗或门与窗之间的墙称为窗间墙；窗洞下部的墙称为窗下墙或窗肚墙。屋顶上四周的墙称为女儿墙，如图 3-1 所示。

2. 按墙体的受力特点分类

根据结构受力的情况不同，墙体可以分为承重墙和非承重墙。

（1）承重墙　承重墙是指承受屋顶和楼板等构件传下来的竖向荷载和风荷载、地震作用等水平荷载的墙，分为承重内墙和承重外墙，墙下有条形基础。

(2) 非承重墙　非承重墙是指不承受上部荷载的墙，包括隔墙、填充墙、幕墙。分隔内部空间，其自身重量由楼板或梁承受的墙称为隔墙，隔墙只能是内墙。框架结构中，填充在柱子之间的墙称为框架填充墙，可以是内墙或外墙，同一建筑物中，根据需要可以用不同的材料来做填充墙。悬挂于外部骨架或楼板间的轻质外墙称为幕墙，如玻璃幕墙、石材幕墙等，幕墙只能是外墙。外部的幕墙和填充墙虽然不承受上部楼层和屋顶的荷载，却承受风荷载和地震作用，并将荷载传给骨架结构。

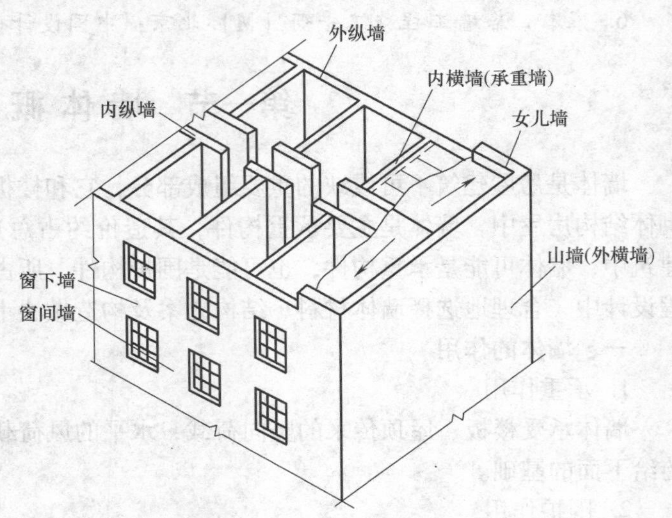

图 3-1　墙体的类型

在一幢建筑物中，墙体是否承重，应按其结构的支承体系而定。例如，在框架结构中，其结构支承体系为板、梁、柱，而墙体完全不承重。框架剪力墙结构中，其承重骨架由板、梁、柱和剪力墙组成，这时剪力墙为承重墙，而其他部位的墙体为非承重墙。承重与否主要取决于结构形式，砌体结构和剪力墙结构、框架剪力墙结构都有承重墙和非承重墙，而框架结构都是非承重墙。

3. 按墙体的材料分类

(1) 砖墙　砖墙是指用砖和砂浆砌筑的墙。

根据制作工艺，砖可分为烧结砖和非烧结砖，根据孔隙率可分为普通砖、多孔砖和空心砖，如图 3-2、图 3-3 所示。

图 3-2　烧结多孔砖

图 3-3　烧结普通砖

普通砖：孔洞率小于 15%，尺寸为 240mm × 115mm × 53mm，主要用于承重墙，地上地下都可以使用。

多孔砖：孔洞率大于 15%，孔洞数量多且尺寸小，分为 P 型和 M 型。最常用的为 KP_1 型，尺寸为 240mm × 115mm × 90mm，主要用于承重墙，只能用在室内地坪以上。

空心砖：孔洞率大于等于 35%，孔洞数量少且尺寸大，用于非承重墙体。

普通粘土实心砖是我国传统的墙体材料，近年来受到资源的限制，已经在越来越多的建筑中被限制使用。在北京地区烧结普通砖已经不再使用，主要以新型非粘土实心砖替代，例如页岩煤矸石实心砖、页岩实心砖和灰砂砖等。

（2）砌块墙　砌块墙是将预制块材（砌块）按一定技术要求砌筑而成的墙体。砌块与烧结普通砖相比，能充分利用工业废料和地方材料，具有生产投资少、见效快、不占耕地、保护环境、节约能源等优点，并且可以采用素混凝土，制作方便、施工简单、容易组织生产。采用砌块墙是我国目前墙体改革的主要途径之一。

砌块的种类很多，按材料分有普通混凝土砌块、轻集料混凝土砌块、加气混凝土砌块以及利用各种工业废料制成的砌块（炉渣混凝土砌块、蒸养粉煤灰砌块等），如图 3-4、图 3-5 所示。

图 3-4　粉煤灰硅酸盐砌块

图 3-5　混凝土空心砌块

（3）钢筋混凝土墙　钢筋混凝土墙可以现浇，也可以预制，多用于多层和高层建筑中的承重墙。在结构支承体系中，尤其在高层建筑中，钢筋混凝土墙主要用来承受水平向的风荷载和地震作用，也称为剪力墙和抗震墙。

（4）石材墙　石材墙分为乱石墙、整石墙和包石墙，主要用于山区和产石地区。

4. 按墙体的构造方式分类

（1）实体墙　实体墙由单一材料组成，如普通砖墙、实心砌块墙等。

（2）空体墙　空体墙也是由单一材料组成，但墙内留有内部空腔，如空斗墙、空气间层墙等；也可以由具有空洞的材料建造，如空心砌块墙、空心板材墙等。

（3）复合墙　复合墙由两种以上材料组合而成，一般是由承重部分和保温部分组成。例如，主体结构采用普通砖（多孔砖）或钢筋混凝土板材，在其内侧或外侧复合轻质保温材料构成外墙内保温或外墙外保温结构；也可以将外墙做成夹心墙（在墙体中预留的连续空腔内填充保温或隔热材料，并在墙的内叶和外叶之间用防锈的金属拉结件连接形成的墙体），保温层做在墙体中间，形成外墙夹芯保温或空气间层保温墙体，如图 3-6 所示。我国重点推广的外墙外保温做法具有以下优点：

1）外保温材料对主体结构有保护作用，室外气候条件引起墙体内部产生较大的温度变化，而发生在保温层内部时可避免内部主体结构产生很大的温度变化，使热应力减小，主体结构的寿命延长。

2）有利于消除或减弱热桥的影响，若采用内保温，则热桥现象十分严重。

3）主体结构在室内的一侧，由于蓄热能力较强，对房间的热稳定有利，可避免室温出现较大波动。

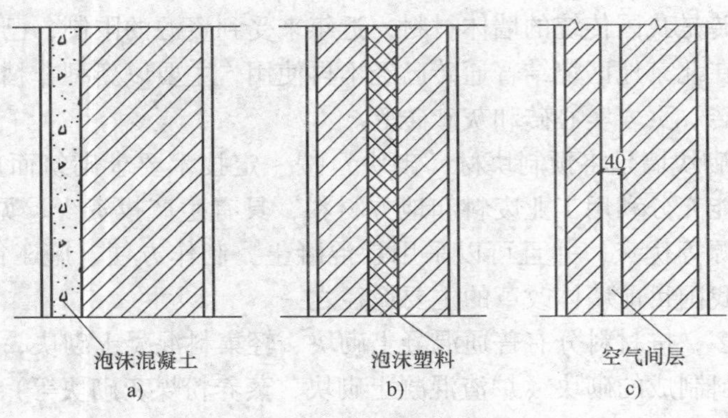

图 3-6 外墙保温做法

a）外墙外保温 b）外墙夹芯保温 c）空气间层保温

4）住宅楼大多要进行二次装修。采用内保温时，保温层在二次装修时会遭到破坏，外保温则可以避免。

5）外保温可以取得较好的经济效益，尤其是可以增加使用面积 1.8% ~2.0%。

常用的保温材料有聚苯乙烯泡沫塑料板（分为膨胀型和挤塑型两种，EPS 为膨胀型，XPS 为挤塑型）、胶粉聚苯颗粒、硬泡聚氨酯（PUR）。

5. 按墙体的施工方法分类

（1）叠砌式（块材墙） 这类墙体是用砂浆等胶接材料将砖石块材等组砌而成，如砖墙、石墙及各种砌块墙等。这种施工方法的墙体，大多是由人工砌筑，施工机械化程度低，但施工简单，便于就地取材。

（2）现浇整体式（板筑墙） 这类墙体是在现场立模板，现浇而成的墙体，如现浇混凝土墙。这种施工方法的墙体整体性好，但现场湿作业较多，养护周期长。

（3）预制装配式（板材墙） 这类墙体是预先制成墙板，施工时安装而成的墙体。该墙体施工机械化程度高，速度快，工期短，是建筑工业化发展的方向，如预制混凝土大板墙、彩色钢板或铝板墙及各种轻质条板内隔墙等。

三、墙体的要求

墙体在选择材料和确定构造方案时，应根据墙体的作用，分别满足以下要求：

1. 具有足够的强度和稳定性

墙体的强度与所采用的材料、墙体尺寸和构造方式有关。墙体的稳定性则与墙的长度、高度、厚度有关，一般通过合适的高厚比，加设壁柱、圈梁、构造柱等，加强墙与墙或墙与其他构件间的连接等措施增加其稳定性。

2. 满足热工要求

不同地区、不同季节对墙体提出了不同的保温或隔热要求，保温与隔热概念相反，尽管措施有所不同，但增加墙体厚度和选择导热系数小的材料都有利于墙体的保温和隔热。

3. 满足隔声的要求

为了获得安静的工作和休息环境，就必须防止室外及邻室传来的噪声影响，因而墙体应具有一定的隔声能力。采用密实、容重大，或空心、多孔的墙体材料，内外抹灰等方法都能提高墙体的隔声能力，或者采用吸声材料作墙面以提高墙体的吸声性能，也有利于隔声。

4. 满足防火要求

墙体采用的材料及厚度应符合防火规范的规定。当建筑物的占地面积或长度较大时，应按规范要求设置防火墙，将建筑物分为若干段，以防止火灾蔓延。

5. 减轻自重

墙体所用的材料，在满足以上各项要求的同时，应尽量采用轻质材料，以减轻建筑物重量。

6. 适应建筑工业化的要求

建筑工业化的关键在于墙体改革，包括采用轻质高强的墙体材料减轻自重，尽可能地降低成本，以及通过提高机械化程度来提高施工效率。

四、墙体承重方案

对于砖砌体结构，墙体是主要的竖向承重构件，根据其承重方案的不同，主要有横墙承重、纵墙承重、纵横墙承重和内框架承重四种。

1. 横墙承重

横墙承重是将楼板及屋面板等水平承重构件搁置在横墙上，如图 3-7 所示。这种做法多用于横墙较多的建筑中，如住宅、宿舍、办公楼等。

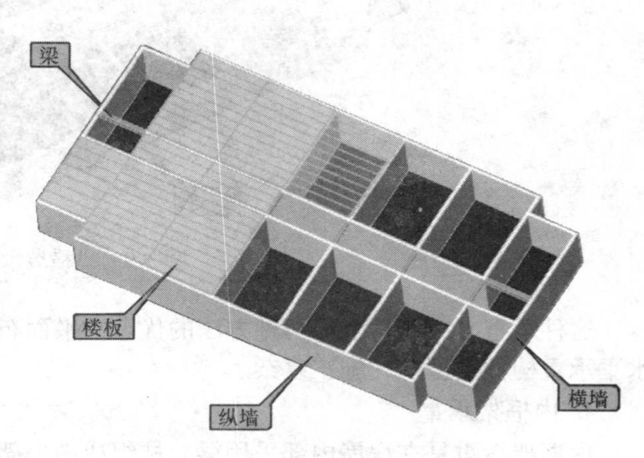

图 3-7 横墙承重

横墙承重的优点是：横墙间距较小，因而水平承重构件的跨度小、厚度薄，可以节省混凝土和钢材，减轻自重；同时横墙较密，再加上纵墙的拉结，房屋的整体性好，横向刚度大，有利于抗震；横墙承重，纵墙非承重时，在外纵墙上开窗灵活，内纵墙可以自由布置，增加了建筑平面布局的灵活性。

横墙承重的缺点是：横墙间距受到限制，建筑开间尺寸不够灵活；墙体结构面积较大，房屋的使用面积相对较小；墙体材料耗费较多。

2. 纵墙承重

纵墙承重是将楼板及屋面板等水平承重构件搁置在纵墙上，如图 3-8 所示。这种做法适用于房间较大的建筑，如中小学校、商店、餐厅等。

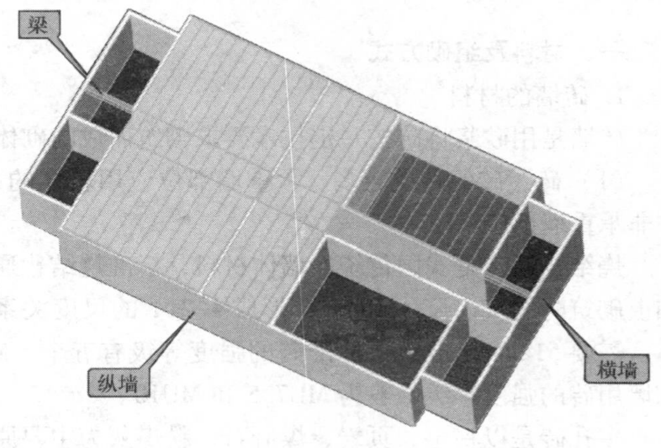

图 3-8 纵墙承重

纵墙承重的优点是：开间划分灵活，能分隔出较大的房间，以适应不同的需要；楼板规格少，便于工业化；横墙厚度小，可以节省墙体材料。

纵墙承重的缺点是：纵墙作为承重墙，在上面开设门窗洞口受到限制，室内通风不易组织；横墙不承重，数量较少，横向刚度差，抵抗地震的能力差。

3. 纵横墙承重

当建筑的一部分楼板支承在纵墙上，另一部分支承在横墙上时，称为纵横墙承重，如图 3-9 所示。这种做法多用于中间有走廊或一侧有走廊的教学楼、医院、幼儿园等建筑。

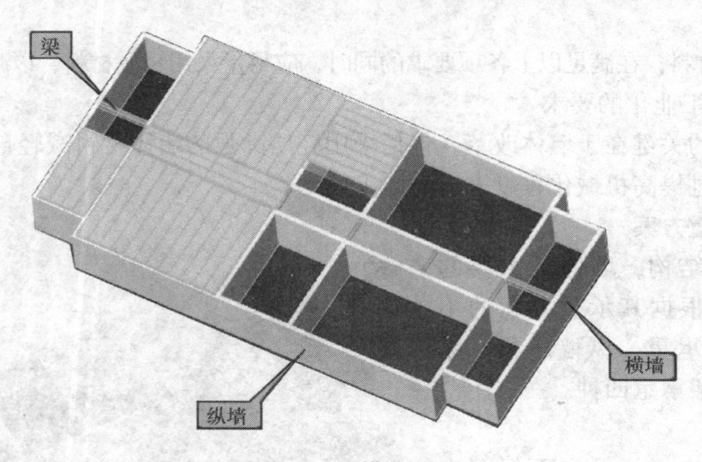

图 3-9 纵横墙承重

这种承重方案兼具上面两种方法的优点，平面布置比较灵活，房屋刚度也较好。缺点是水平承重构件类型多，施工复杂。

4. 内框架承重

内框架承重是在房屋内部采用梁、柱组成内框架承重体系，四周为墙体承重，由墙和柱共同承受水平承重构件传来的荷载。房屋的刚度由内部框架提供，室内空间较大。这种方案适用于内柱不影响使用的大空间建筑，如大型商场、展厅、餐厅等。

第二节 砖墙构造

一、材料及组砌方式

1. 砖墙的材料

砖墙是用砂浆将砖按一定技术要求砌筑而成的砌体，主要材料是砖与砂浆。

（1）砖 砖的种类较多，承重墙部位应用较多的是多孔砖和实心砖，空心砖主要应用在非承重墙部位。

烧结普通砖是我国传统的墙体材料，标准烧结普通砖的规格为 240mm × 115mm × 53mm，加上砌筑时的灰缝尺寸 10mm，形成 4∶2∶1 的尺度关系，如图 3-10 所示。砌筑 $1m^3$ 的砖砌体，需要 512 块标准砖。标准砖的强度等级有五个：MU30、MU25、MU20、MU15、MU10，砌墙用砖的强度等级一般为 MU7. 5 和 MU10。

多孔砖是以粘土、页岩、煤矸石、粉煤灰为主要原料，经焙烧而成，孔多小而密，孔洞率≥25%，用于承重墙体，是一种替代烧结普通砖的新型产品，具有节约土地资源和能源的功效，适用于多层住宅及相近的建筑工程。目前北京和华北西北地区多孔砖有 KP_1（P 型）多孔砖和模数（DM 型或 M 型）砖两大类。孔洞的形式有圆形和方形通孔。KP_1 多孔砖在使用上更接近普通砖。模数多孔砖在推进建筑产品规范化、提高效益等方面有进一步的优势，工程设计可根据实际情况选用。多孔砖在具备普通砖各种天然优点的同时，在减少土地资源

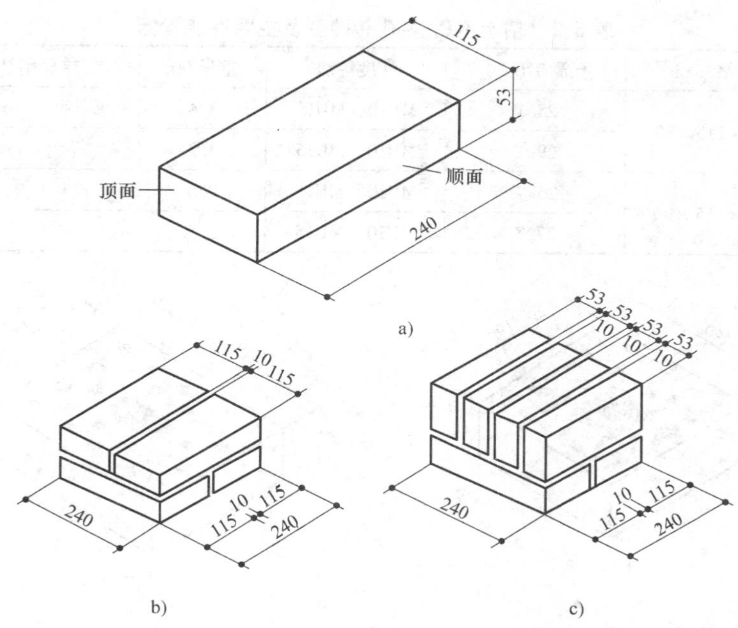

图 3-10 标准砖的尺寸

消耗，减轻建筑墙体自重，增强保温隔热性能，节约能耗及抗震性能方面均优于实心砖。

烧结空心砖的外形为直角六面体，长、宽、高应符合下列系列 290mm×190(140)mm×90mm；240mm×180(175)mm×115mm。在与砂浆的结合面上设有增加结合力 1mm 的凹槽。空洞采用矩形条孔或其他孔形，且平行于大面和条面。烧结空心砖主要用于填充墙和隔断墙，只承受自身的重量。空心砖的抗压强度比实心砖和多孔砖低得多，分为 MU5.0、MU3.0、MU2.0 三个等级。

在砌筑过程中，为保证错缝搭接，避免形成通缝，通常还有与主规格砖配合使用的配砖，如半砖、七分头（3/4 砖）、M 型砖的系列配砖等。

粘土模数多孔砖和 KP1 多孔砖的砖型及其主要性能指标见表 3-1、表 3-2 和图 3-11、图 3-12。表 3-1 与表 3-2 中，DMP 为配砖，KP-P 为七分砖；—1 为圆形孔，—2 为长方形孔。

表 3-1 粘土模数多孔砖砖型及主要性能指标

砖型	规格/mm	孔洞率(%)	强度等级	重量/kg	平均热导率/[W/(m·K)]
DM_1—1	190×240×90	29.5	MU10，MU15	5.3	<0.60
DM_1—2		30.5	MU10，MU15	5.2	<0.60
DM_2—1	190×190×90	27.4	MU10，MU15	4.3	<0.60
DM_2—2		32.3	MU10，MU15	4.0	<0.60
DM_3—1	190×140×90	28.1	MU10，MU15	3.2	<0.60
DM_3—2		28.6	MU10，MU15	3.1	<0.60
DM_4—1	190×90×90	24.5	MU10，MU15	2.1	≤0.61
DM_4—2		28.5	MU10，MU15	2.0	<0.60
DMP	190×90×40	0	MU10，MU15	1.9	(配砖)

表 3-2 粘土 KP_1 多孔砖砖型及主要性能指标

砖型	规格/mm	孔洞率(%)	强度等级	重量/kg	热导率/[W/(m·K)]
KP_1—1	240×115×90	25.1	MU10，MU15	3.4	≤0.60
KP_1—2		29.1	MU10，MU15	3.2	<0.60
KP—P_1	180×115×90	25.7	MU10，MU15	2.6	<0.60
KP—P_2		27.7	MU10，MU15	2.5	<0.60

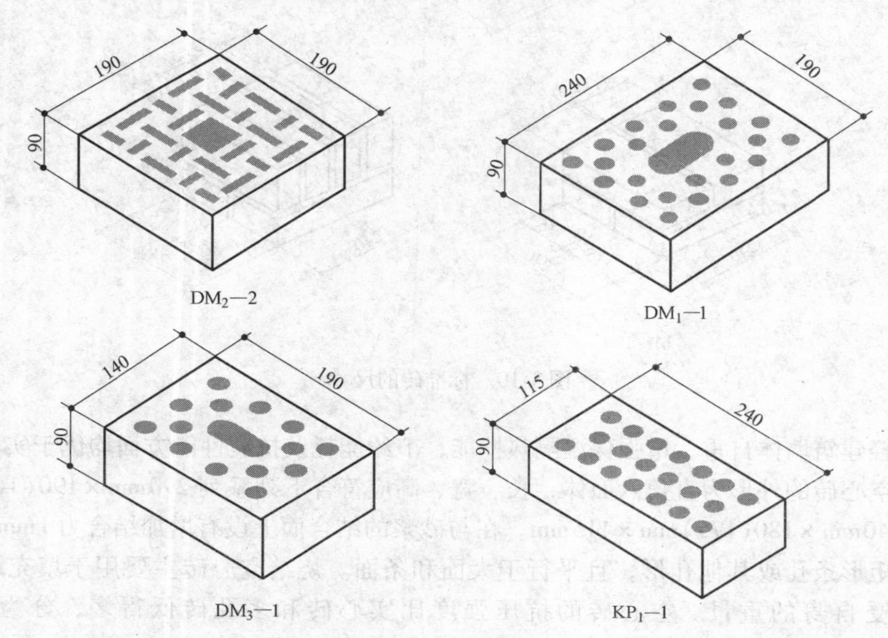

图 3-11 多孔砖的尺寸

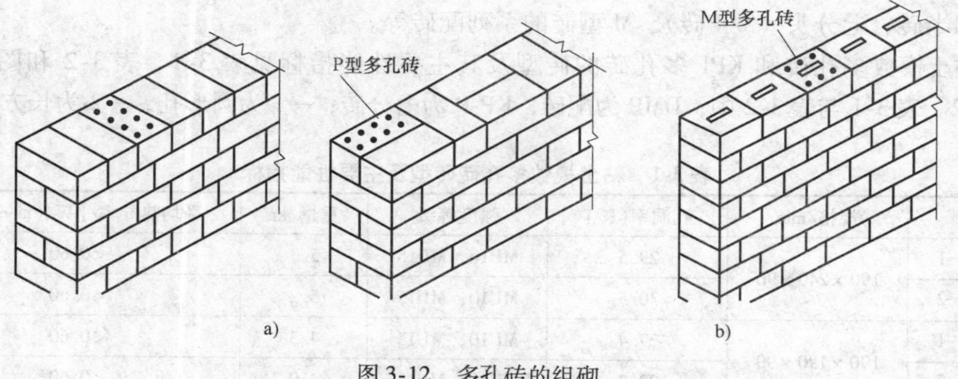

图 3-12 多孔砖的组砌
a）P 型多孔砖 b）M 型多孔砖

（2）砂浆 砂浆的作用是粘接砌块、填实缝隙、传递荷载。砂浆按其成分有水泥砂浆、石灰砂浆和混合砂浆等。

1）水泥砂浆由水泥、砂加水拌和而成，属于水硬性材料。这种砂浆强度较高、保水性好，用在砌筑潮湿环境下的砌体、地下工程等。

2）石灰砂浆由石灰膏、砂加水拌和而成，属于气硬性材料。这种砂浆强度不高、和易性好，用在砌筑次要的、临时的、简易的民用建筑中地面以上的砌体。

3）混合砂浆由水泥、石灰膏、砂和水拌和而成。混合砂浆的强度较高、和易性好、保水性好，多用在砌筑地面以上的砌体。

用在地面以下的砂浆只能选用水泥砂浆。水泥砂浆的强度等级有 M15、M10、M7.5、M5 四个等级。

2. 砖墙的组砌方式

组砌方式是指块材在砌体中的排列方式，把长边方向垂直于墙面砌筑的砖称为丁砖，把长边方向平行于墙面砌筑的砖称为顺砖。上下两皮砖之间的缝隙为水平缝，左右两块砖之间的缝隙为竖缝。灰缝的尺寸为 10 ±2mm。

组砌方式影响到砌体结构的强度、稳定性和整体性，还会影响到清水墙的美观。因而，在组砌时应该遵循横平竖直、砂浆饱满、错缝搭接、避免通缝的原则，以保证墙体的安全。上下皮砖的搭接长度最少为 1/4 砖。

清水墙是指砖墙外面不再进行外装修（如抹灰、贴砖、刷涂料等），砌筑的砖直接露在外面，只是在灰缝的地方进行勾缝处理的墙体。如果进行外立面处理，看不到里面的砌筑块材，则称为浑水墙。

（1）砖墙的厚度尺寸　砖墙的厚度除了考虑其在建筑物中的作用外，还应与砖的规格相适应。烧结普通砖墙的厚度是按半砖的倍数确定的，如半砖墙、3/4 砖墙、一砖墙、一砖半墙、两砖墙等，相应的尺寸分别为 115mm、178mm、240mm、365mm、490mm，习惯上称之为 12 墙、18 墙、24 墙、37 墙、49 墙，墙厚名称与尺寸见表 3-3，墙厚与砖规格的关系如图 3-13 所示。

表 3-3　烧结普通砖墙厚度名称和尺寸　（单位：mm）

墙厚名称	半砖墙	3/4 砖墙	一砖墙	一砖半墙	两砖墙
构造尺寸	115	178	240	365	490
标志尺寸	120	180	240	370	490
习惯称谓	12 墙	18 墙	24 墙	37 墙	49 墙

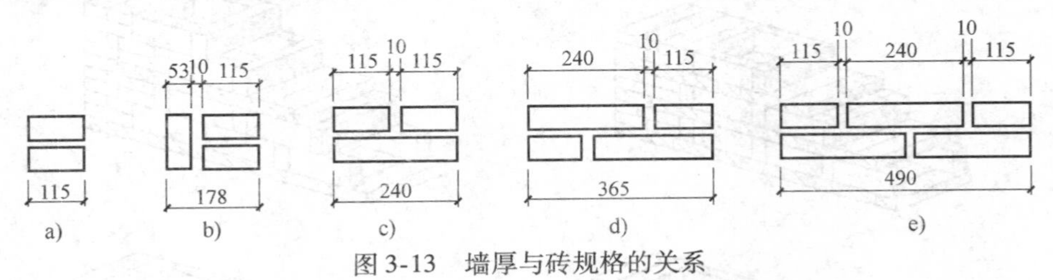

图 3-13　墙厚与砖规格的关系

a）半砖墙　b）3/4 砖墙　c）一砖墙　d）一砖半墙　e）两砖墙

（2）砖墙的砌筑方式　砖墙按砌筑方式可分为实体砖墙、空斗墙和复合墙。

1）实体砖墙的组砌：实体砖墙的组砌方式有上下皮一顺一丁式、全顺式、每皮顺丁相间式（梅花丁、十字式）、多顺一丁式（三、五顺）、两平一侧式等，如图 3-14 所示。

① 一顺一丁式：这种砌法是一层砌顺砖、一层砌丁砖，相同排列，重复组合。在转角部位要加设 3/4 砖（俗称七分头），进行错缝。这种砌法的特点是搭接好、无通缝、整体性

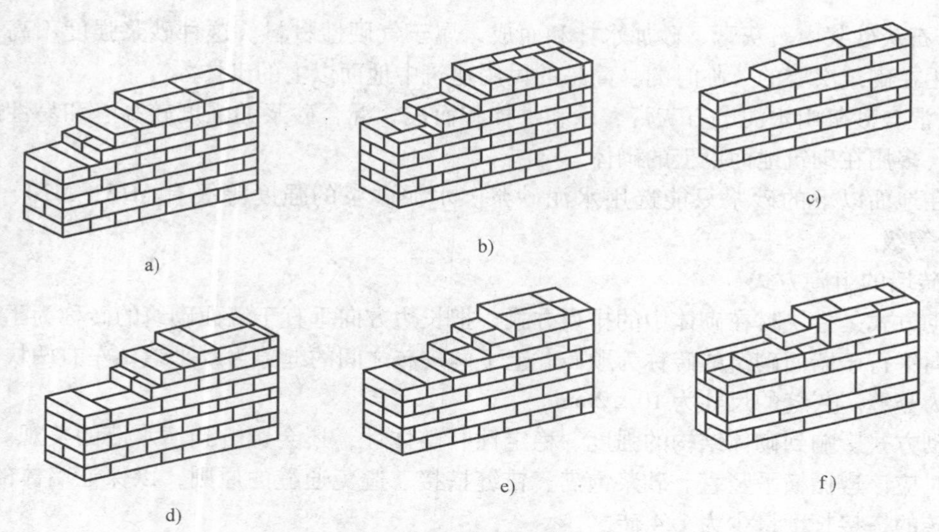

图 3-14　砖墙的砌筑方式
a）240 墙一顺一丁　b）370 墙一顺一丁　c）120 墙全顺式
d）240 墙梅花丁　e）240 墙三顺一丁　f）180 墙两平一侧式

强，因而应用较广。

② 全顺式：这种砌法每皮砖均为顺砖组砌，上下皮左右搭接为半砖，它仅适用于 12 墙。

③ 顺丁相间式：这种砌法是由顺砖和丁砖相间铺砌而成。这种砌法的墙厚最少为一砖厚，它整体性好，且墙面美观。

④ 多顺一丁式：这种做法通常有三顺一丁和五顺一丁，其做法是每隔三皮砖或五皮砖加砌一皮丁砖相间叠砌而成。

2）空斗墙的组砌：空斗墙是用烧结普通砖侧砌或侧砌与平砌结合砌筑，内部形成空心的墙体，在我国南方地区较多采用。一般把侧砌的砖称为斗砖，平砌的砖称为眠砖。砌筑方式常用一眠一斗、一眠二斗或无眠空斗，如图 3-15 所示。

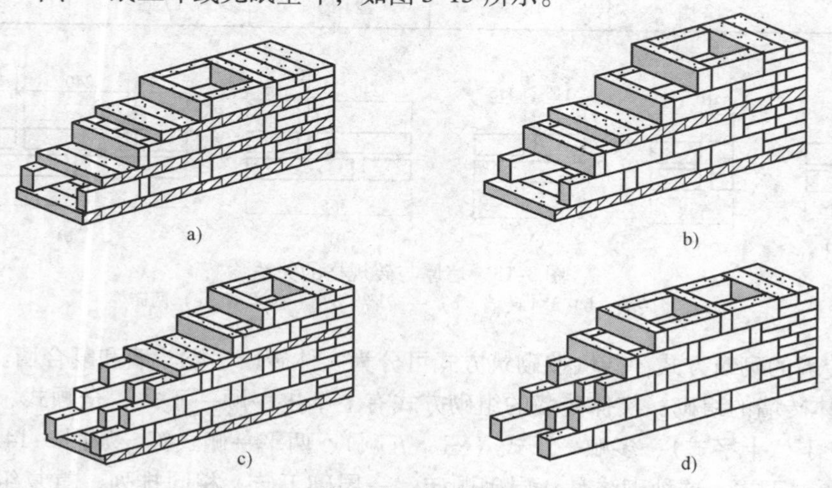

图 3-15　空斗墙构造
a）一眠一斗　b）一眠二斗　c）一眠三斗　d）无眠空斗

空斗墙与实体墙相比，用料省，自重轻，保温、隔热性能好，但是抗震能力差，一般不宜用于抗震地区，而适用于炎热、非震区的低层民用建筑。

3）复合墙的组砌：复合墙即用砖和其他保温材料组合成的墙。这种墙可以改善普通墙的热工性能，常用在我国北方寒冷地区。复合墙常用的保温材料有矿棉、矿棉毡、聚苯乙烯泡沫塑料、加气混凝土等。其常用做法为在墙体一侧附加保温材料、墙体中间填充保温材料、砖墙的中间留空气间层，如图 3-16 所示。

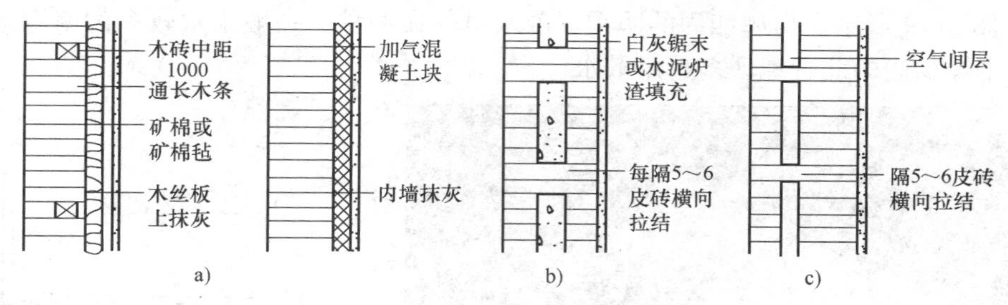

图 3-16　复合墙的构造

a）墙体一侧附加保温材料　b）中间填充保温材料　c）墙中留空气间层

二、普通砖墙细部构造

墙身的细部构造包括勒脚、散水与明沟、墙身防潮层、踢脚板、墙裙、防火墙、过梁、窗台、壁柱和门垛、圈梁、构造柱等内容。

1. 勒脚

勒脚是指建筑物的外墙与室外地面或散水接触部位墙体的加厚部分。地表水和地下水的毛细作用所形成的土壤潮气会对勒脚部位侵蚀，地潮沿墙身不断上升，致使室内抹灰粉化、脱落，抹灰表面生霉，影响人体健康；冬季也易形成冻融破坏。因此，勒脚的作用是防止地面水、屋檐滴下的雨水对墙面的侵蚀，从而保护墙面，保证室内干燥，提高建筑物的耐久性；保护近地墙体，防止各种机械性碰撞，起到坚固墙体的作用；同时，可以增强建筑物的立面美观效果。

勒脚的高度要高于室内地坪，一般取室内外高差且不应低于 500mm，常用 600 ~ 800mm。考虑建筑立面造型的处理，有时也将勒脚高度提高到底层窗台。勒脚常用的构造做法，如图 3-17 所示。

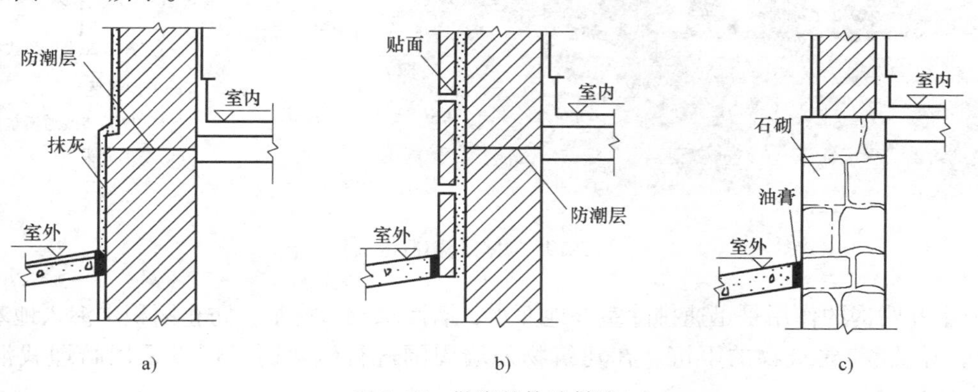

图 3-17　勒脚的构造做法

a）抹灰勒脚　b）石板贴面勒脚　c）石材砌筑勒脚

1）采用20～30mm厚1∶3水泥砂浆抹面，或用水刷石、斩假石抹面。

2）采用天然石材或人工石材贴面，如花岗石板、水磨石板、面砖等。

3）采用强度高、耐久性和防水性好的材料砌筑，如条石、混凝土等。

2. 散水与明沟

散水指的是靠近勒脚下部，在外墙四周将地面做成的向外倾斜的排水坡面；明沟是靠近勒脚下部，在建筑物四周设置的排水沟，将水有组织地导向集水井，然后流入排水系统，如图3-18、图3-19所示。房屋四周的明沟或散水可任做一种，一般雨水较多的南方地区多选用明沟，干燥少雨的北方地区多选用散水。

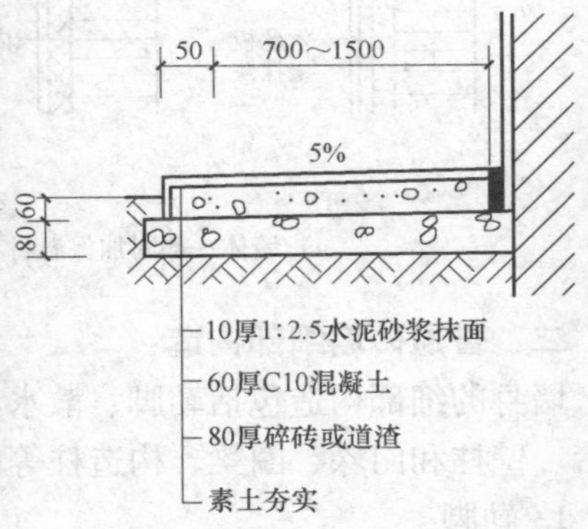

图3-18　散水及构造做法

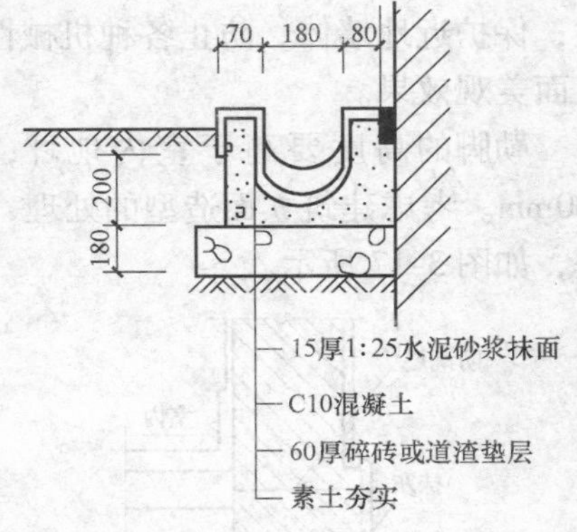

图3-19　明沟及构造做法

散水和明沟的作用是迅速排除室外地面水、墙面水及屋檐水，防止因积水渗入地基造成对墙基的侵蚀和建筑物的下沉。在建筑物外墙周围进行绿化时，可以采用暗埋式混凝土散水。

散水的做法应满足以下要求：

1）散水的宽度：应根据土壤性质、气候条件、建筑物的高度和屋面排水形式来确定，一般为600～1000mm，同时满足比无组织排水屋顶檐口宽200mm左右。

2）散水的坡度：坡度一般为3%～5%。

3）散水的设缝：为防止由于建筑物的沉降和土壤冻胀等因素的影响，从而导致散水与勒脚交接处开裂，在构造上要求散水与勒脚或墙体连接处设置伸缩缝。散水沿长度方向宜设分格缝，以适应因材料收缩、温度变化和土壤不均匀变形而带来的影响。缝内填塞沥青类材料，表面用油膏嵌缝，以避免渗水。

4）散水的面层材料：常用的有细石混凝土、混凝土、水泥砂浆、卵石、块石、花岗石等；垫层多用3:7灰土或卵石灌M2.5混合砂浆。

明沟是靠近勒脚下部的排水沟，作用是将积水引向下水道，一般在年降雨量为900mm以上的地区才选用。明沟宽度一般为200mm左右，沟底应有0.5%左右的纵坡。明沟与墙体或勒脚交接处也应设置伸缩缝。明沟的材料可以用混凝土现浇后外抹水泥砂浆，或用砖石砌筑后再抹水泥砂浆而成。

3. 墙身防潮层

墙身防潮是在墙脚铺设防潮层，其作用是防止土壤中的水分由于毛细作用上升而使建筑物墙身受潮，从而提高建筑物的耐久性，并保持室内干燥、卫生。墙身防潮层应在所有的内外墙中连续设置。根据构造形式的不同，墙身防潮层可分为水平防潮层和垂直防潮层两种。

（1）防潮层的位置（图3-20）。

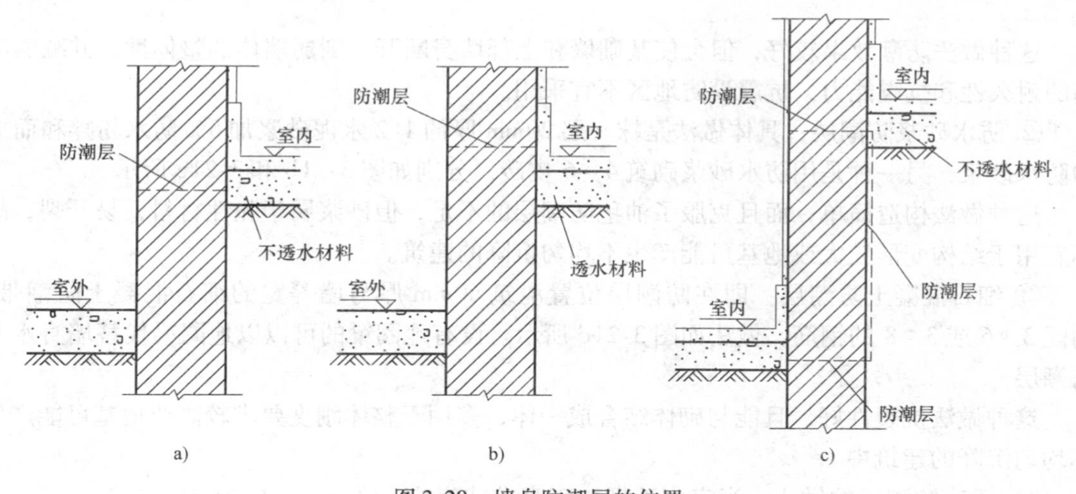

图3-20 墙身防潮层的位置

a）地面垫层为密实材料 b）地面垫层为透水性材料 c）室内地面有高差

1）室内垫层为混凝土等密实材料时，防潮层设在垫层范围内，一般低于室内地坪60mm。

2）室内垫层为三合土或碎石灌浆等透水性材料时，防潮层设在与室内地坪平齐或高于室内地坪60mm处。

3）内墙面两侧出现高差或室内地面低于室外地面时，应在高低两个墙脚处分别设一道水平防潮层，还应在土壤一侧设置垂直防潮层。

（2）防潮层的做法 墙身水平防潮层的做法分为水平防潮层的做法和垂直防潮层的

做法。

1）水平防潮层的做法。

① 油毡防潮层：在防潮层部位先抹20mm厚砂浆找平层，然后干铺油毡一层或用热沥青粘贴油毡一层。油毡的宽度应与墙厚一致，或稍大一些，油毡沿长度方向铺设，搭接长度大于等于100mm。做法如图3-21a所示。

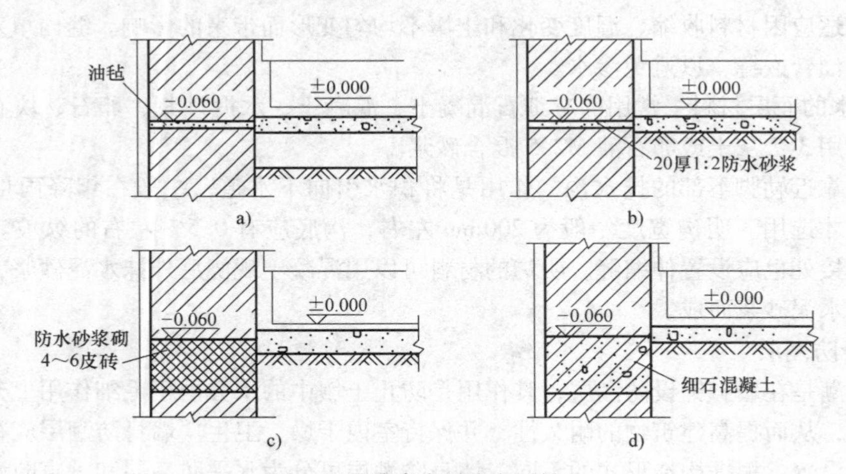

图3-21 墙身水平防潮层做法

a）油毡防潮层 b）防水砂浆防潮层 c）防水砂浆砌砖 d）细石混凝土防潮层

这种做法防潮效果较好，但会使基础墙和上部墙身断开，削弱墙体的整体性，并减弱砖墙的耐久性和抗震能力，抗震设防地区不宜采用。

② 防水砂浆防潮层：具体做法是抹一层20mm厚的1∶2水泥砂浆加5%防水粉拌和而成的防水砂浆，另一种是用防水砂浆砌筑4～6皮砖，分别如图3-21b和3-21c所示。

这种做法构造简单，而且克服了油毡防潮层的不足，但砂浆属于脆性材料，易开裂，故不宜用于结构变形较大或地基可能产生不均匀沉降的建筑。

③ 细石混凝土防潮层：即在防潮层位置浇筑60mm厚与墙等宽的细石混凝土防潮带，内配3Φ6或3Φ8的钢筋，做法如图3-21d所示。设有地圈梁的可以以地圈梁代替墙身水平防潮层。

这种做法抗裂性好，且能与砌体结合成一体，多用于整体刚度要求较高或地基可能产生不均匀沉降的建筑中。

2）垂直防潮层的做法。当室内地坪出现高差或室内地坪低于室外地坪时，除了在相应位置设置水平防潮层外，还应在两道水平防潮层之间靠土壤的垂直墙面上做垂直防潮层。具体做法是：在垂直墙面上先用20mm厚1∶2.5水泥砂浆找平，再外刷冷底子油一道，热沥青两道，或用防水砂浆、防水涂料涂抹，如图3-22所示。

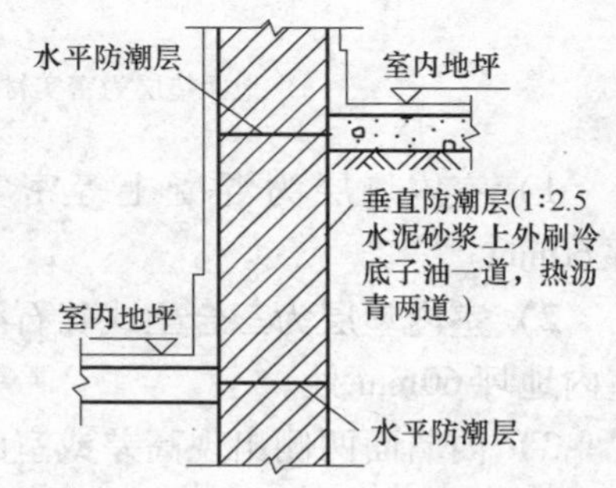

图3-22 墙身垂直防潮层做法

4. 踢脚板

踢脚板是外墙内侧或内墙两侧的下部与室内地坪交接处的构造，作用是防止扫地时污染墙面。踢脚板的高度一般为 80 ~ 150mm，常用的材料有缸砖、木材、水泥砂浆、釉面砖、油漆花岗石、大理石、水磨石等，如图 3-23 所示。材料选用时，一般应与地面材料一致。

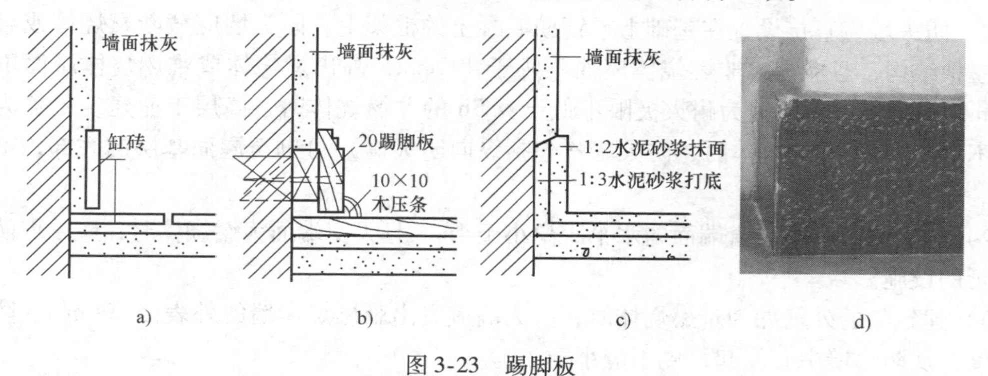

图 3-23　踢脚板

a）缸砖踢脚板　b）木踢脚板　c）水泥砂浆踢脚板　d）釉面砖踢脚板

5. 墙裙

室内墙面有防潮、防水、防污染、防碰撞等要求时，应设置墙裙，高度为 1200 ~ 1800mm。墙裙材料有油漆、釉面砖、涂料、水泥砂浆、大理石、花岗石、胶合板等，如图 3-24 所示。

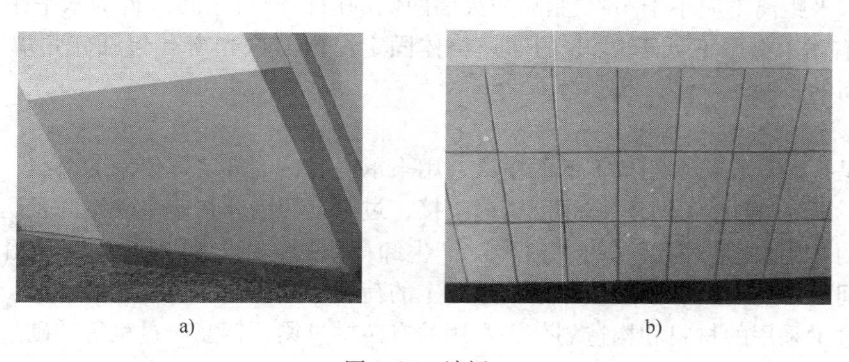

图 3-24　墙裙

a）油漆墙裙　b）釉面砖墙裙

6. 防火墙

为减少火灾的发生或防止其继续扩大，设计时除考虑防火分区、选用难燃烧或不燃烧材料制作构件、增加消防设施等，在墙体构造上，还应考虑设置防火墙，如图 3-25 所示。

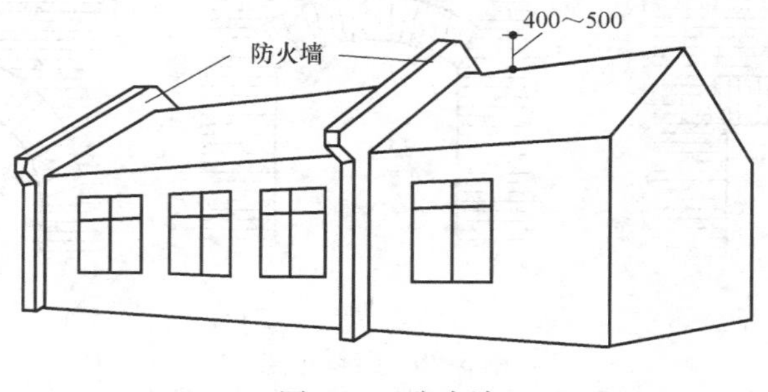

图 3-25　防火墙

防火墙的作用是截断火灾区域，防止火灾蔓延。按现行建筑防火规范规定，防火墙的构造应满足以下要求：

1）防火墙应直接设置在基础上或钢筋混凝土的框架上。防火墙应截断燃烧体或难燃烧体的屋顶结构，且应高出非燃烧体屋面不小于400mm，高出燃烧体或难燃烧体屋面不小于500mm。当建筑物的屋盖为耐火极限不低于0.5h的非燃烧体时、高层工业建筑屋盖为耐火极限不低于1h的非燃烧体时，防火墙（包括纵向防火墙）可砌至屋面基层的底部，不高出屋面。

2）防火墙中心距天窗端面的水平距离小于4m，且天窗端面为燃烧体时，应采取防止火势蔓延的设施。

3）建筑物的外墙如为难燃烧体时，防火墙应突出难燃烧体墙的外表面400mm；防火带的宽度，从防火墙中心线起每侧不应小于2m。

4）防火墙内不应设置排气道，民用建筑如必须设置时，其两侧的墙身截面厚度均不应小于120mm。防火墙上不应开门窗洞口，如必须开设时，应采用甲级防火门窗，并应能自行关闭。甲级防火门是指耐火极限不低于1.2h的防火门。可燃气体和甲、乙、丙类液体管道不应穿过防火墙，其他管道如必须穿过时，应用非燃烧材料将缝隙紧密填塞。

5）建筑物内的防火墙不应设在转角处。如设在转角附近，内转角两侧上的门窗洞口之间最近的水平距离不应小于4m。紧靠防火墙两侧的门窗洞口之间最近的水平距离不应小于2m，如装有耐火极限不低于0.9h的非燃烧体固定窗扇的采光窗（包括转角墙上的窗洞），可不受距离的限制。

7. 门窗过梁

过梁是指设置在门窗洞口上部的横梁，用来承受洞口上部墙体传来的荷载，并将荷载传给窗间墙。试验表明，由于砌体相互错缝咬接，过梁上的墙体在砂浆硬结并且达到一定高度后具有拱的作用。墙体内形成的“内拱”产生卸荷作用，把过梁上的一部分墙重直接传给两边的窗间墙，从而减少了直接作用于过梁上的荷载。

按照过梁采用的材料和构造划分，常用的有砖拱过梁、钢筋砖过梁等砖砌过梁以及钢筋混凝土过梁。

（1）砖拱过梁　砖拱过梁有平拱、弧拱和半圆拱三种，如图3-26所示，工程中多采用平拱。砖砌平拱过梁是将砖竖立侧砌而成，砖应为单数并对称于中心向两边倾斜，灰缝呈上宽（不大于15mm）下窄（不小于5mm）的楔形。过梁宽度与墙厚相同，竖立砌筑部分的高度不小于240mm，过梁计算高度范围的砂浆强度等级不宜低于M5，过梁跨度不应超过1.2m。

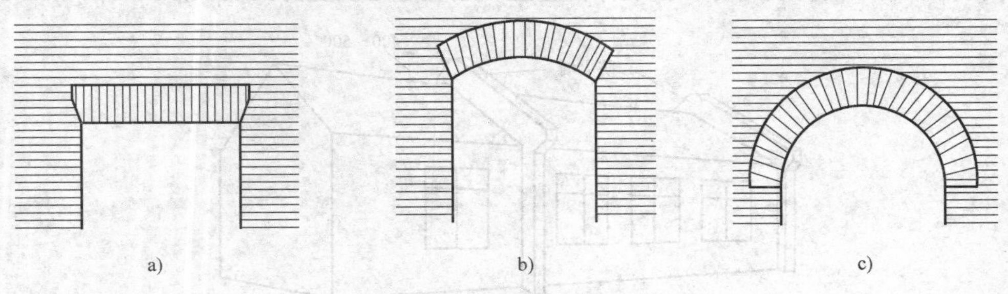

图3-26　砖拱过梁

a）平拱过梁　b）弧拱过梁　c）半圆拱过梁

砖拱过梁节约钢材和水泥，造价低，但施工麻烦，整体性差，不宜用于上部有集中荷载、有较大振动荷载或可能产生不均匀沉降的建筑。

（2）钢筋砖过梁 钢筋砖过梁是在过梁底面设置30mm厚1:3水泥砂浆层，砂浆层内设置过梁受拉钢筋，钢筋直径不小于5mm，间距不大于120mm，钢筋伸入洞边砌体内的长度不小于240mm，且端部做60mm高的垂直弯钩。钢筋砖过梁的高度应经计算确定，一般不少于5皮砖，且不少于洞口跨度的1/5。砂浆层以上砌体的砌筑方法与普通砌体相同，在过梁计算范围内砂浆强度等级不低于M5。钢筋砖过梁的跨度宜小于等于1.5m，不应超过2m，如图3-27所示。

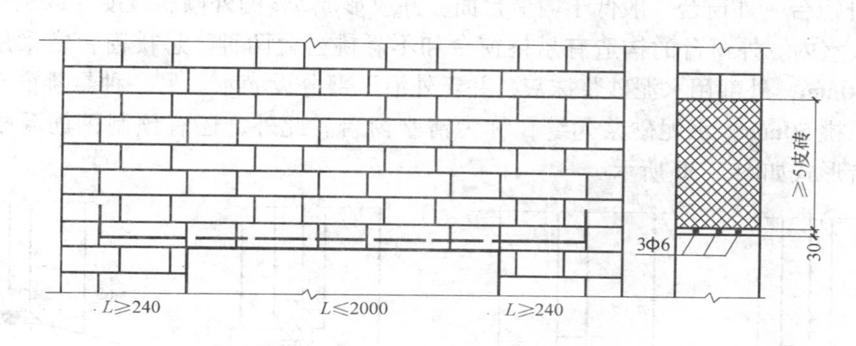

图3-27 钢筋砖过梁

（3）钢筋混凝土过梁 当门窗洞口的跨度超过2m，或有较大振动荷载和可能产生不均匀沉降的房屋，应采用钢筋混凝土过梁。钢筋混凝土过梁有现浇和预制两种，它坚固耐久，施工方便，目前应用广泛。

钢筋混凝土过梁一般不受跨度的限制，过梁宽度一般同墙厚，高度与砖的皮数相适应，常为120mm、180mm、240mm，两端伸入墙内不小于240mm。

钢筋混凝土过梁的截面形状有矩形和L形。矩形截面多用于内墙和外混水墙中，L形截面分为小挑口和大挑口断面，多用于外墙洞口的外侧。如果考虑保温要求，也可以将其放在外墙内侧，此时应注意L口朝向室外，如图3-28、图3-29所示。过梁的选用应根据墙厚度确定过梁数量，根据洞口确定过梁型号。

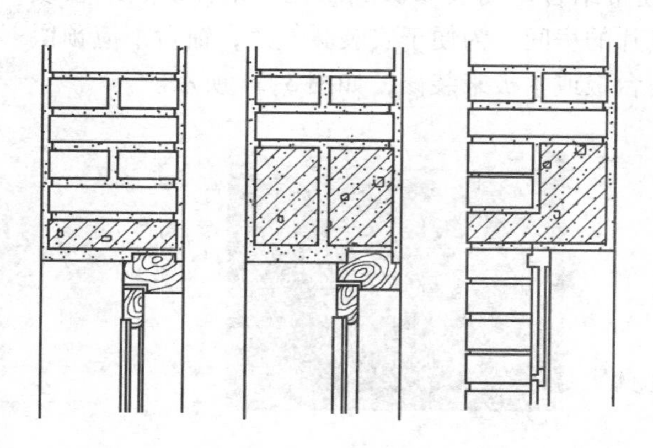

图3-28 过梁断面图

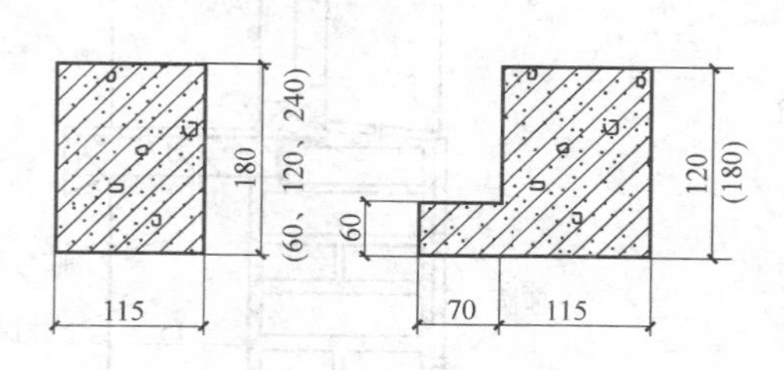

图3-29 过梁矩形和小挑口截面形状和尺寸

8. 窗台

窗台是窗洞下部的构造，根据窗户安装的位置可分为外窗台和内窗台。外窗台防止雨水在窗洞底部积水，并流向室内；内窗台排除窗上凝结水，以保护室内墙面，以及用来存放东西、摆放花盆等。当墙很薄，窗框沿墙内缘安装时，可不设内窗台。

窗台高度为900～1000mm，窗台高度低于800mm（住宅窗台低于900mm）时应采取防护措施。窗台的净高或防护栏杆的高度均应从施工完成面起计算。窗台底面檐口处常做成锐角形或半圆凹槽，称为滴水，其作用是引导上部雨水沿着所设置的位置聚集而下，以防止雨水影响窗下墙体，污染墙面。

（1）外窗台　外窗台一般低于内窗台面，并应形成5%的外倾斜坡度，以利于排水，防止雨水流入室内。外窗台的构造有悬挑窗台和不悬挑窗台两种。悬挑窗台常采用顶砌一皮砖，悬挑60mm，外部用水泥砂浆抹灰，并于外沿下部分设滴水。另一种悬挑窗台是用一砖侧砌，也悬挑60mm，水泥砂浆勾缝，称为清水窗台。此外，还有预制钢筋混凝土悬挑窗台。外窗台形式如图3-30所示。

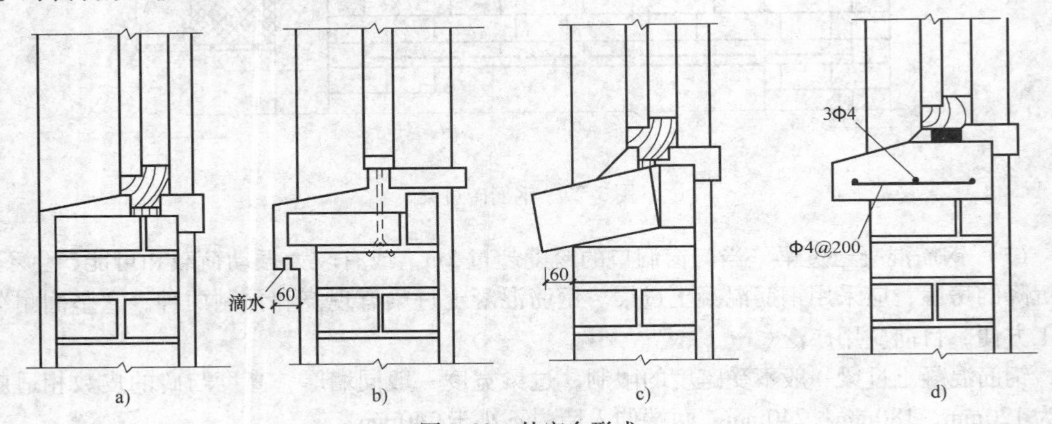

图3-30　外窗台形式

a）不悬挑窗台　b）悬挑滴水窗台　c）侧砌砖窗台　d）预制钢筋混凝土窗台

外窗台的形式根据立面的需要而定，可将所有窗台连起来形成通长腰线，也可以将几个窗台连起来形成分段腰线，或将窗洞口四周挑出做成窗套。

（2）内窗台　内窗台一般为水平放置，通常结合室内装修做成水泥砂浆抹灰、木板或贴面砖等多种饰面形式。对于窗台下设置暖气片的房间，为便于安装暖气片，窗台下应预留凹龛，采用预制水磨石板、预制钢筋混凝土窗台板或木板来装修，如图3-31所示。

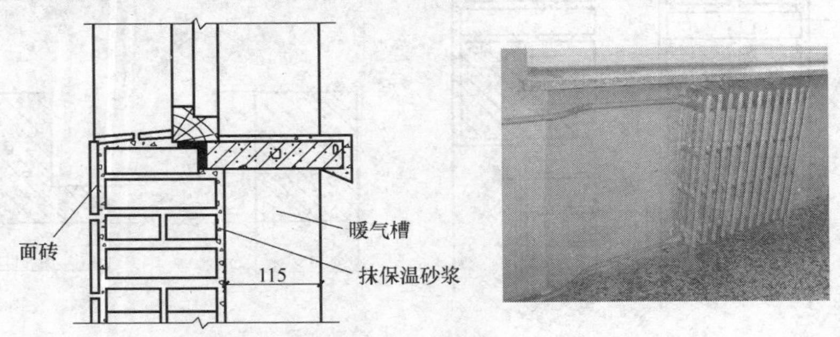

图3-31　带暖气槽内窗台

9. 壁柱和门垛

当墙身承受集中荷载、开洞以及地震作用等因素的影响，致使墙体稳定性有所降低时，需要对墙体采取加固措施。通常采用带壁柱墙和门垛，作用是提高墙体的刚度和稳定性。

带壁柱墙是指沿墙长度方向每隔一定距离将墙体局部加厚形成墙面带垛的加劲墙体。当建筑物窗间墙上有集中荷载，而墙厚不足以承担其荷载时，或墙体的长度超过一定限度时，常在墙身适当位置加设突出于墙面的壁柱，尺寸一般为120(240)mm×370(490)mm，如图3-32所示。240mm厚的砖墙壁柱间隔为6m，180mm厚的砖墙间隔为4.8m，砌块、料石墙间隔为4.8m。

当墙上开设的门窗洞口处在两墙转角处，或丁字墙交接处，为了保证墙体的承载能力及稳定性和便于门框的安装，应设置门垛，门垛的尺寸为120(240)mm×墙厚，如图3-33所示。

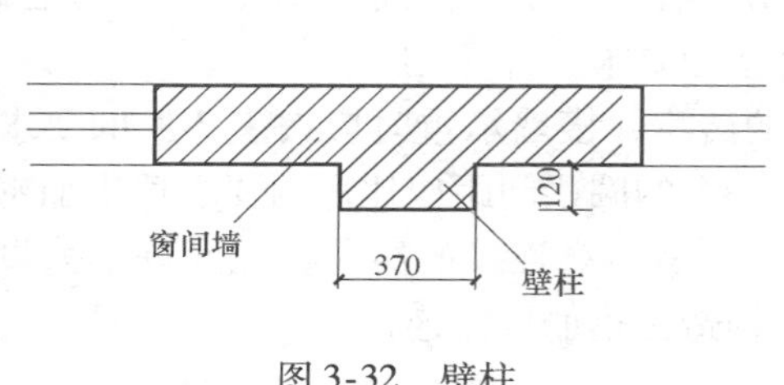

图3-32　壁柱

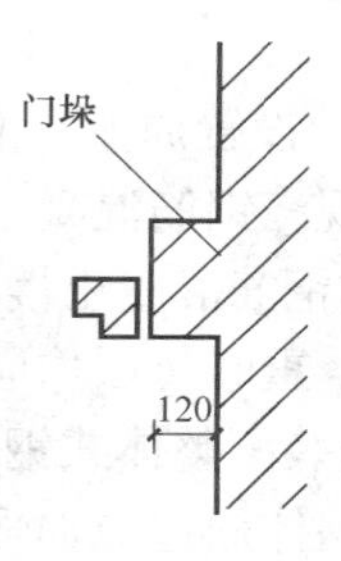

图3-33　门垛

10. 圈梁

圈梁是在房屋的檐口、窗顶、楼层、吊车梁顶或基础顶面标高处，沿砌体墙水平方向设置封闭状的、根据构造配筋的混凝土梁式构件。圈梁的作用是加强房屋的空间刚度和整体性，减少由于基础的不均匀沉降、振动荷载而引起的墙身开裂，并与构造柱一起形成骨架，以提高抗震能力。在抗震设防地区，设置圈梁是减轻震害的重要构造措施。

（1）圈梁的类型　圈梁有钢筋混凝土圈梁和钢筋砖圈梁两种。钢筋砖圈梁的高度为4～6皮砖，在圈梁的底部和顶部的灰缝内铺设钢筋，钢筋不宜少于6Φ6，水平间距不宜大于120mm，砂浆强度不宜低于M5。现浇钢筋混凝土圈梁是主导做法，其特点是在施工现场支模、绑扎钢筋并浇筑混凝土形成圈梁，如图3-34所示。

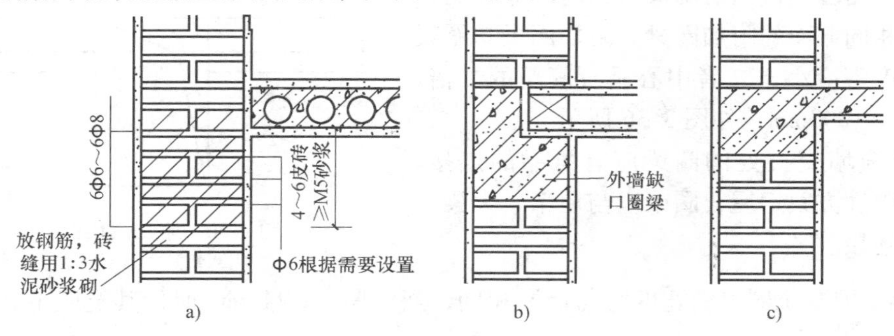

图3-34　圈梁类型

a）钢筋砖圈梁　b）预制板与钢筋混凝土圈梁　c）现浇板与钢筋混凝土圈梁

（2）圈梁在墙中的位置　现浇钢筋混凝土圈梁在墙身上的位置应考虑充分发挥作用并满足最小断面尺寸，一般有板底圈梁（圈梁位于屋盖、楼盖结构层下面）和板平圈梁（圈梁顶面与屋盖、楼盖结构层相平）两种放置方式，如图 3-35 所示。

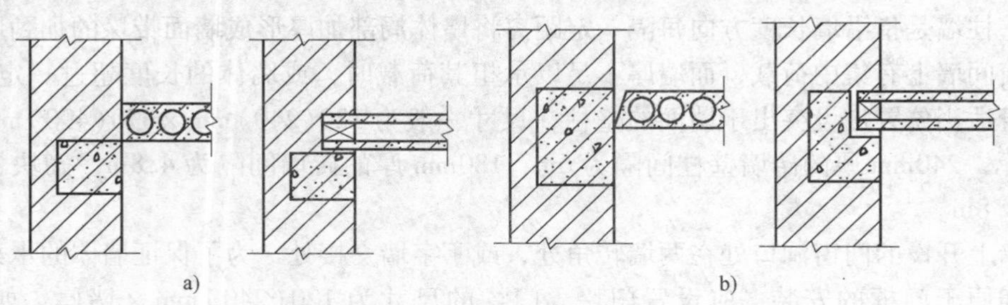

图 3-35　圈梁在墙中的位置
a）板底圈梁　b）板平圈梁

（3）圈梁的设置原则　根据抗震规范对多层砌体结构的抗震构造要求，多层普通砖、多孔砖房屋的现浇钢筋混凝土圈梁设置位置应符合下列要求：

1）装配式钢筋混凝土楼、屋盖或木楼、屋盖的砖房，横墙承重时应按表 3-4 的要求设置圈梁；纵墙承重时每层均应设置圈梁，且抗震横墙上的圈梁间距应比表内要求适当加密。

2）现浇或装配整体式钢筋混凝土楼、屋盖与墙体有可靠连接的房屋，应允许不另设圈梁，但楼板沿墙体周边应加强配筋，并应与相应的构造柱钢筋可靠连接。

表 3-4　砖房现浇钢筋混凝土圈梁设置要求

墙体类别	烈　度		
	6、7	8	9
外墙和内纵墙	屋盖处及每层楼盖处	屋盖处及每层楼盖处	屋盖处及每层楼盖处
内横墙	同上；屋盖处间距不应大于 7m；楼盖处间距不应大于 15m；构造柱对应部位	同上；屋盖处沿所有横墙，且间距不应大于 7m；楼盖处间距不应大于 7m；构造柱对应部位	同上；各层所有横墙

（4）圈梁的构造要求

1）圈梁宜连续地设在同一水平面上，并形成封闭状；当圈梁被门窗洞口截断时，应在洞口上部增设相同截面的附加圈梁。附加圈梁与圈梁的搭接长度不应小于二者中心垂直间距的二倍，且不得小于 1000mm，如图 3-36 所示。

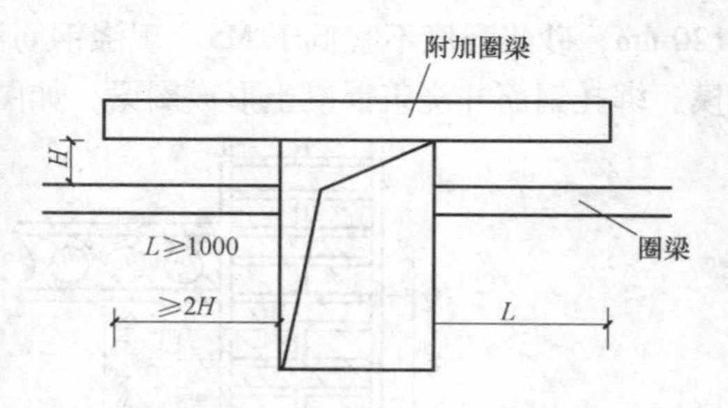

图 3-36　附加圈梁的构造

2）纵横墙交接处的圈梁应有可靠的连接。刚弹性和弹性方案房屋，圈梁应与屋架、大梁等构件可靠连接。

3）钢筋混凝土圈梁的宽度宜与墙厚相同，当墙厚 $h \geqslant 240$mm 时，其宽度不宜小于 $\frac{2}{3}h$。圈梁高度不应小于 120mm。纵向钢筋不应少于 4φ10，绑扎接头的搭接长度按照受拉钢筋考虑，箍筋间距不应大于 300mm。砖房圈梁的配筋要求见表 3-5，如图 3-37、图 3-38 所示。

表 3-5 砖房圈梁配筋

配筋	烈度		
	6、7	8	9
最小纵筋	4Φ10	4Φ12	4Φ14
最大箍筋间距/mm	250	200	150

图 3-37 圈梁中的钢筋

图 3-38 圈梁支模和拆模

4）圈梁兼作过梁时，过梁部分的钢筋应按照计算用量另行增配。

11. 构造柱

混凝土构造柱是在多层砌体房屋墙体规定部位，按构造配筋，并按先砌墙后浇灌混凝土柱的施工顺序制成的混凝土柱，通常称为混凝土构造柱，简称构造柱。构造柱的作用是增加建筑物的整体刚度和稳定性，它与各层圈梁连接，形成空间骨架，加强墙体的抗弯、抗剪能力，提高房屋的延性和抗震能力。

（1）构造柱的设置部位　根据抗震规范要求，多层普通砖、多孔砖房，应按下列要求设置现浇钢筋混凝土构造柱。

1）一般情况下，构造柱设置部位应符合表 3-6 的要求。

表 3-6 砖房构造柱的设置要求

<table>
<tr><th colspan="4">房屋层数</th><th colspan="2" rowspan="2">设置部位</th></tr>
<tr><th>6 度</th><th>7 度</th><th>8 度</th><th>9 度</th></tr>
<tr><td>四、五</td><td>三、四</td><td>二、三</td><td></td><td rowspan="3">外墙四角，错层部位横墙与外纵墙交接处，大房间内外墙交接处，较大洞口两侧</td><td>7、8 度时楼、电梯间的四角；隔 15m 或单元横墙与外纵墙交接处</td></tr>
<tr><td>六、七</td><td>五</td><td>四</td><td>二</td><td>隔开间横墙（轴线）与外墙交接处；山墙与内纵墙交接处；7～9 度时楼、电梯间四角</td></tr>
<tr><td>八</td><td>六、七</td><td>五、六</td><td>三、四</td><td>内墙（轴线）与外墙交接处，内墙的局部较小墙垛处；7～9 度时楼、电梯间四角；9 度时内纵墙与横墙（轴线）交接处</td></tr>
</table>

2）外廊式和单面走廊式的多层房屋，应根据房屋增加一层后的层数，按表 3-6 的要求设置构造柱，且单面走廊两侧的纵墙均应按外墙处理。

3）教学楼、医院等横墙较少的房屋，应根据房屋增加一层后的层数，按表 3-6 的要求设置构造柱；当教学楼、医院等横墙较少的房屋为外廊式或单面走廊式时，应按上一条要求设置构造柱，但6度不超过四层、7度不超过三层和8度不超过二层时，应按增加二层后的层数对待。

（2）多层普通砖、多孔砖房屋的构造柱：

1）构造柱最小截面可采用240mm×180mm，纵向钢筋宜采用4Φ12，箍筋间距不宜大于250mm，且在柱上下端宜适当加密；7度时超过六层、8度时超过五层和9度时，构造柱纵向钢筋宜采用4Φ14，箍筋间距不应大于200mm；房屋四角的构造柱可适当加大截面及配筋。

2）构造柱与墙连接处应砌成马牙槎，并应沿墙高每隔500mm设2Φ6拉结钢筋，每边伸入墙内不宜小于1000mm。

3）构造柱与圈梁连接处，构造柱的纵筋应穿过圈梁，保证构造柱纵筋上下贯通。

4）构造柱可不单独设置基础，但应伸入室外地面以下500mm，或与埋深小于500mm的基础圈梁相连。构造柱如图3-39、图3-40、图3-41所示。

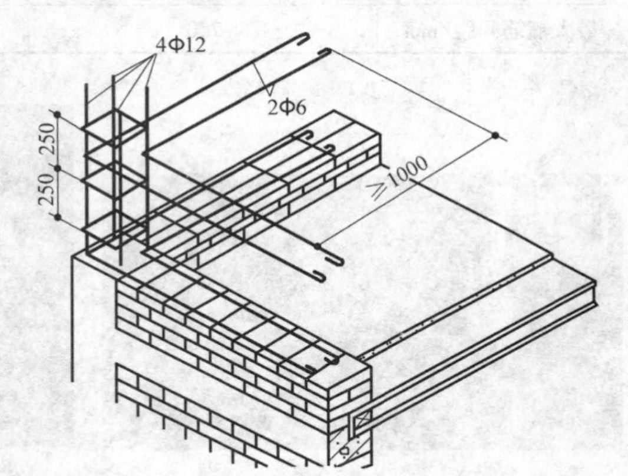

图3-39 钢筋混凝土构造柱中钢筋

图3-40 转角处构造柱图

图3-41 一般位置构造柱

5）房屋高度和层数接近表3-7的限值时，纵、横墙内构造柱间距尚应符合下列要求：

表3-7 屋的层数和高度限值

房屋类别		最小墙厚度/mm	烈度							
			6		7		8		9	
			高度/m	层数	高度/m	层数	高度/m	层数	高度/m	层数
多层砌体	普通砖	240	24	8	21	7	18	6	12	4
	多孔砖	240	21	7	21	7	18	6	12	4
	多孔砖	190	21	7	18	6	15	5	—	—
	小砌块	190	21	7	21	7	18	6	—	—
底部框架-抗震墙		240	22	7	22	7	19	6	—	—
多排柱内框架		240	16	5	16	5	13	4	—	—

① 横墙内的构造柱间距不宜大于层高的两倍；下部 1/3 楼层的构造柱间距适当减小。

② 当外纵墙开间大于 3.9m 时，应另设加强措施。内纵墙的构造柱间距不宜大于 4.2m。

三、烧结多孔砖的细部构造

烧结多孔砖的尺寸与普通砖相似，只是高度符合模数数列的要求。墙身细部构造可参考普通砖墙细部构造要求。烧结多孔砖墙的墙身节点详图如图 3-42 ~ 图 3-44 所示。

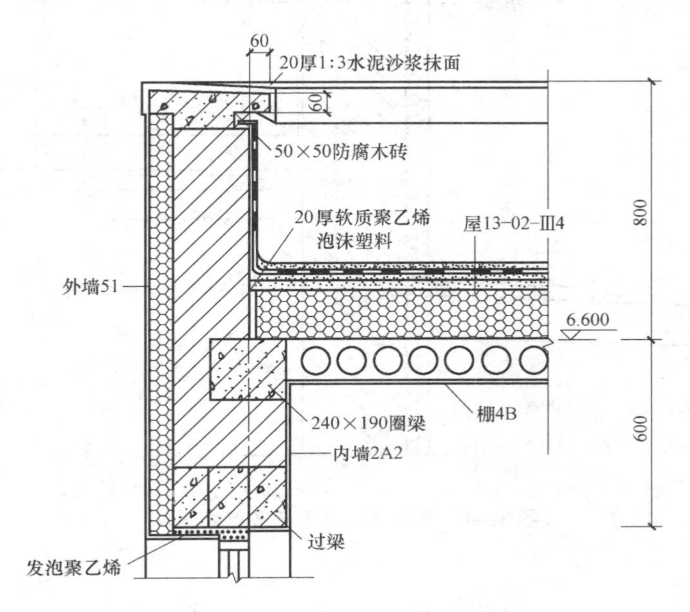

图 3-42　多孔砖墙身上部节点详图 1

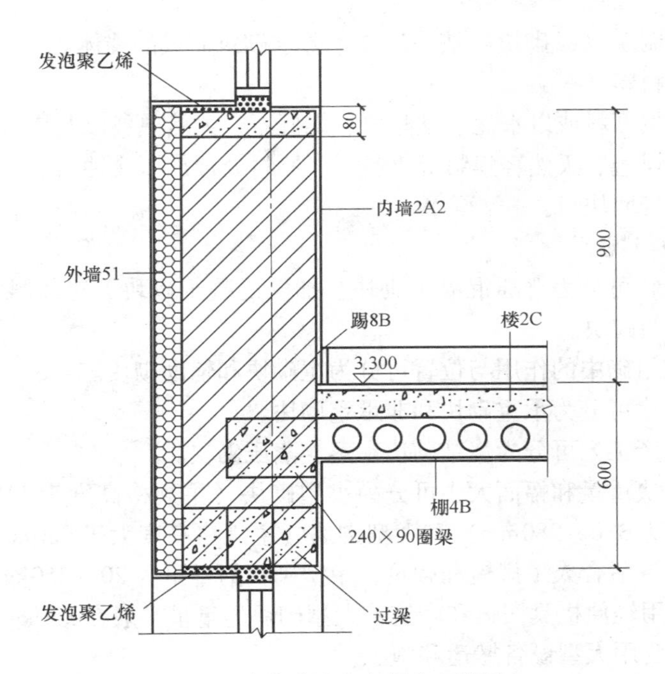

图 3-43　多孔砖墙身中部节点详图 2

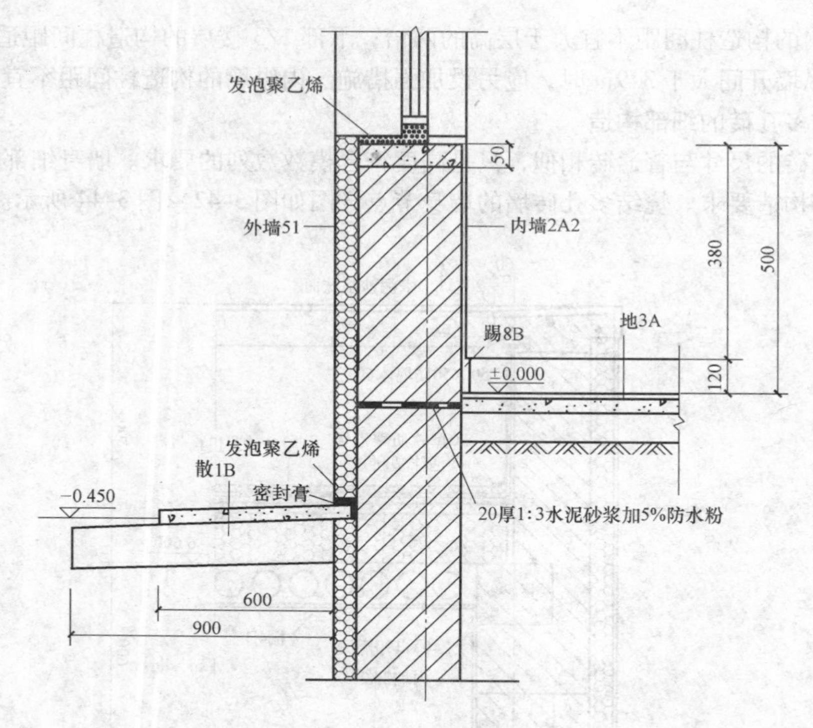

图 3-44 多孔砖墙身下部节点详图 3

第三节 砌块墙构造

砌块墙是将预制块材（砌块）按一定技术要求砌筑而成的墙体。

一、砌块墙的材料

砌块一般为天然石料或以水泥、硅酸岩、煤矸石、天然熟料以及煤灰、石灰、石膏等胶结材料，与砂石、煤渣、天然轻集料等集料，经原料处理加压或冲击、振动成形，再以干或湿热养护而制成的砌墙块材。

1. 砌块的类型与规格

（1）砌块按材料可分为普通混凝土砌块、加气混凝土砌块、轻集料混凝土砌块及利用各种工业废料制成的砌块。

（2）砌块按在组砌中的作用与位置可分为主砌块和辅助砌块。

（3）砌块按用途可分为承重砌块和非承重砌块。

（4）砌块按生产工艺可分为烧结砌块和蒸养蒸压砌块。

（5）砌块按单块重量和幅面大小可分为小型砌块（主规格高度为 115 ~ 380mm）、中型砌块（主规格高度为 380 ~ 980mm）和大型砌块（主规格高度大于 980mm）。小型砌块的重量一般不超过 20kg，适合人工搬运和砌筑；中型砌块的重量为 20 ~ 350kg，有空心砌块和实心砌块之分，需要用轻便机具搬运和砌筑；大型砌块的重量一般在 350kg 以上，是向板材过渡的一种形式，需要用大型设备搬运和施工。

砌块的生产工艺简单，生产周期短；可以充分利用地方资源和工业废渣，有利于环境保护；尺寸大，砌筑效率高，可提高工效；通过空心化，可以改善墙体的保温、隔热性能，是当前大力推广的墙体材料之一。我国各地生产的砌块，其规格、类型极不统一，从使用情况来看，主要以中、小型砌块和空心砌块居多。常用的中、小砌块如下所示：

（1）混凝土小型空心砌块　混凝土小型空心砌块是普通混凝土小型空心砌块和轻集料小型空心砌块的总称，简称小砌块，由普通混凝土或轻集料混凝土制成，空心率为25%～50%，其孔洞有单排孔、双排孔和多排孔之分。单排孔小砌块是指沿厚度方向只有一排孔洞的小砌块，沿厚度方向有双排条形孔洞或多排条形孔洞的小砌块称为双排孔或多排孔小砌块，如图3-45所示。砌块的强度等级为MU5、MU7.5、MU10、MU15和MU20。其中，轻集料有天然轻集料（浮石、火山渣）、工业废渣（煤渣、天然煤矸石）和人造轻集料（粘土陶粒、页岩陶粒、粉煤灰陶粒）。

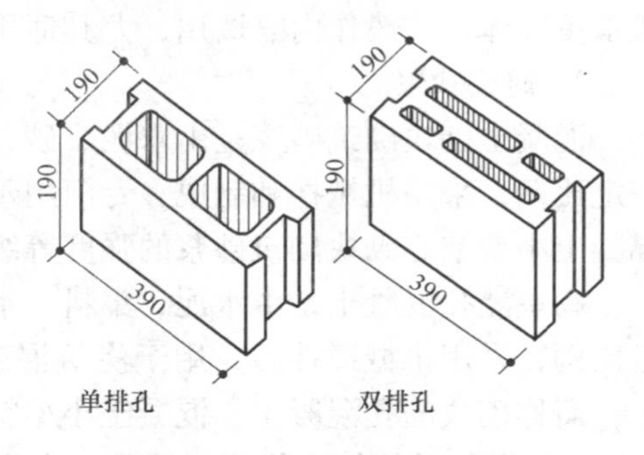

图3-45　混凝土小型空心砌块

混凝土小型空心砌块具有保护耕地，节约能源、充分利用地方资源和工业废渣，劳动生产率高，有利于建筑节能和综合效益，是一种可持续发展的墙体材料，发展前景广阔。

（2）蒸压加气混凝土砌块　加气混凝土砌块是含硅材料（如砂、粉煤灰、尾矿粉等）和钙质材料（如水泥、石灰等）加水并加适量的发气剂和其他外加剂，经混合搅拌，浇铸成形、胚体静停与切割后，再经蒸压或常压蒸气养护制成。

规格有两个系列：

1）系列1：600mm×100mm×200mm，600mm×150mm×200mm，600mm×100mm×250mm，600mm×150mm×250mm，600mm×75mm×250mm，600mm×2000mm×200mm。

2）系列2：600mm×60mm×240mm，600mm×120mm×240mm，600mm×180mm×240mm，600mm×240mm×240mm，600mm×60mm×300mm，600mm×120mm×300mm。

这种砌块具有表观密度小，保温及耐火性好，易于加工，抗震性强，隔声性好等优点，适用于低层建筑的承重墙，多层和高层建筑的非承重墙、隔断墙、填充墙，以及工业建筑物的围护墙体和绝热材料。这种砌块易干缩开裂，必须做好饰面层。若无有效措施不得用于以下部位：建筑物标高±0.000以下；长期浸水或经常受干湿交替作用；受酸碱化学物质腐蚀；制品表面温度高于80℃。

（3）粉煤灰硅酸盐砌块　粉煤灰硅酸盐砌块是以粉煤灰、石灰、石膏和集料为原料，加水搅拌，振动成形，蒸气养护制成的一种密实砌块。硅酸盐砌块是利用工业废料经过加工处理制成，强度比实心砖低。砌块的主规格尺寸为880mm×380mm×240mm和880mm×430mm×240mm。

这类砌块主要用于工业与民用建筑的墙体和基础，但不适用于有酸性侵蚀介质的、密封性要求高的、易受较大震动的建筑物，以及受高温潮湿的承重墙。粉煤灰小型空心砌块是一种新型材料，其性能应符合相关标准的规定，适用于非承重墙和填充墙。

（4）石膏砌块　石膏砌块是以建筑石膏为原料，经料浆搅拌浇筑成形，自然干燥或烘干而制成的轻质块状材料。有时可以加入各种轻集料、填充料、纤维增强材料、发泡剂等辅助材料。

石膏砌块具有特殊的“呼吸”功能。因其表观密度小，孔隙率高，具有良好的蓄热功能和保温、隔热性能，有利于建筑节能。同时，石膏中含有结晶水，在遇火时可以释放结晶水，吸收大量热量，并形成水雾以阻止火势蔓延。石膏砌块适用于框架结构和其他结构中的非承重墙体，一般作内隔墙用，尤其适用于高层建筑和有特殊防火要求的建筑。

2. 砌筑砂浆

混凝土砌块砌筑砂浆是由水泥、砂、水以及根据需要掺入的掺合料和外加剂等组分，按一定比例，采用机械拌和制成，专门用于砌筑混凝土砌块的砌筑砂浆，简称砌块专用砂浆，混凝土小型空心砌块砌筑砂浆的强度等级为 M5、M7.5、M10 和 M15。

砌块灌孔混凝土是由水泥、集料、水以及根据需要掺入的掺合料和外加剂等组分，按一定比例，采用机械搅拌后，用于浇筑混凝土砌块砌体芯柱或其他需要填实部位孔洞的混凝土，简称砌块灌孔混凝土，混凝土小型空心砌块的灌孔混凝土强度等级为 C20、C25 和 C30。

二、框架结构填充轻集料混凝土小型空心砌块墙身构造

轻集料混凝土小型空心砌块是指以浮石、火山渣、煤渣、自然煤矸石、陶粒等为粗集料制作的混凝土小型空心砌块，主规格尺寸为 390mm×190mm×190mm，简称轻集料小砌块。

轻集料混凝土空心砌块的规格按宽度分为 4 个系列：240mm 系列、190mm 系列、140mm 系列和 90mm 系列。其高度均为 190mm，长度有 390mm（代号 4），190mm（代号 2），90mm（代号 1）三种，共 12 种规格。砌块的编号由宽度系列编号和砌块长度代号组成，如 242 表示该砌块宽度为 240mm，长度为 190mm。

轻集料混凝土空心砌块分为“盲孔砌块”和“通孔砌块”，两种砌块在构造上的主要区别是门窗洞口处的做法不同。盲孔砌块采用钢筋混凝土抱框柱及过梁；通孔砌块采用的是芯柱及过梁块做法。小砌块墙体的孔洞内浇灌混凝土称为素混凝土芯柱，小砌块墙体的孔洞内插有钢筋并浇灌混凝土称为钢筋混凝土芯柱。

轻集料混凝土空心砌块适用于抗震设防烈度为 8 度及 8 度以下地区的框架结构的内、外填充墙、隔断墙，及砌体结构、剪力墙结构内填充非承重墙。

1. 砌块墙体的一般构造要求

1）盲孔砌块砌筑时孔洞向下，水平灰缝砂浆饱满度不小于 80%，垂直灰缝需填满，不得有透明缝、瞎缝、假缝。砌块上下皮应错缝搭接，搭接长度不小于 90mm。

2）砌块砌筑时，水平砂浆用坐浆法，竖缝砂浆抹在砌块凹槽面上，再上墙挤紧。灰缝应横平竖直，宽度在 8~12mm 之间，墙面灰缝刮平。

3）混凝土空心砌块的尺寸是符合模数数列要求的，设计时宜使门垛、门窗洞口及标高等尺寸以 100mm 为模数，排列时从门洞口向两边排列。砌块排列尽量采用柱规格砌块，减少品种，减少切割开缝，以保证墙体良好的整体性。

4）通孔砌块排列时，尽量采用长度为 390mm 的主规格砌块，从门洞边开始排列，利用辅块错缝（小于辅块尺寸时可以切割），上下空基本对齐，便于门洞旁芯孔灌混凝土。

5）砌块的砌筑砂浆强度等级不应低于 M5。配筋带和水平系梁采用 C20 混凝土，高度按工程设计。

6）地面以下部分不应采用轻集料混凝土小型空心砌块砌筑。填充墙的底层室内地面以下墙身应采用普通混凝土小型空心砌块或采用非普通烧结砖（如烧结页岩砖等）砌筑，其强度等级及基础形式按工程设计。填充墙中构造柱及门窗洞口的抱框或芯柱应伸入室外地面下 500mm 或与埋深小于 500mm 的基础梁相连，竖向钢筋锚入基础梁内 40d（d 为钢筋直径）。

7）砌体顶层应采用长度为 90mm 的砌块或普通砖斜砌，逐块敲紧、挤实，空隙处用砂浆填满；或用钢筋与上部梁底或板底拉结。当顶层与上部梁或板的间隙小时，可用干硬性砂浆捻入挤实，如图 3-46 所示。

8）施工需要的孔洞、管道竖槽、预埋件等在砌筑时预留好。如果在墙体砌好后再开设，应待砂浆强度达到要求后用机械切割，不得用手工剔凿，并应在槽面上加贴耐碱玻纤网格布，防止开裂。

图 3-46　顶部斜砌

2. 结构构造措施

1）砌块填充墙在平面和竖向的布置，宜均匀对称，避免形成薄弱层或短柱。砌块填充墙与框架柱宜采用柔性连接，避免形成短柱。柔性连接的方法是在填充墙与框架柱之间采用发泡聚氨酯填缝。

2）外墙砌块于窗台下部和窗洞顶高度处，以及填充墙净高超过 4m 时，在墙体半高处（或门窗洞口上皮，当门洞高度大于 3.0m 时，宜在墙体半高处）均应设置高 50～100mm 的通长钢筋混凝土水平系梁。水平系梁配筋 2 Φ10，连系筋Φ 6@300，如图 3-47、图 3-48 所示。

图 3-47　洞口抱框和水平系梁

图 3-48　粘贴耐碱玻纤网格布

3）砌块填充墙应沿框架柱全高每 600mm 设 2 Φ6 拉结筋，当抗震设防烈度为 6、7 度时，拉筋伸入墙内的长度不应小于墙长的 1/5 且不小于 700mm；8、9 度时宜沿墙全长贯通，Φ6 钢筋搭接长度为 300mm。墙体拉结筋、水平系梁钢筋应与框架柱有妥善的连接，一般有柱外套箍、预埋件和预埋钢筋三种做法，工程结构设计时可任选一种，也可自行设计。

4）填充墙上门窗洞口的过梁高度与配筋均由工程结构设计者确定，过梁高度应符合砌块模数；当有水平系梁时，应考虑包括过梁高度在内。

5）填充墙上洞口两侧应设置抱框，抱框沿高度每 600mm 设 2 Φ6 拉结筋，伸入墙内长度同上面的要求。当门宽超过 2100mm 时，抱框应直通到顶部。钢筋上端可在梁、板相应位置上预留埋件与之焊接；钢筋下端与楼地面预留钢筋连接。

6）填充墙长度大于 5m 时，墙顶部与梁或板要有拉结措施，可以采用胀锚螺栓与梁板拉结，缝内设 2 Φ6 钢筋与螺栓绑扎在一起，然后用豆石混凝土填实，顶部用干硬性砂浆捻实；或用固定件与梁或板底拉结，顶部用干硬性砂浆捻实。

7）砌块用于内隔墙时有 90mm、140mm 和 190mm 三种宽度（即墙厚），墙高应符合《砌体结构设计规范》中高厚比的要求。否则，设计者应采取相应的技术措施。当砌体填充墙的长度大于层高的 2 倍时，应在填充墙中设置构造柱。

构造柱是指按构造要求设置在砌块房屋中的钢筋混凝土柱，并按照先砌墙后浇灌混凝土的顺序施工。构造柱的截面不宜小于 190mm×墙厚，纵筋不宜小于 4ϕ12。纵筋上下端应锚入梁或板内 500mm。拉结筋为 2ϕ6，沿墙竖向间距为 600mm 且埋置于水平灰缝内，伸入墙内的长度同前文所述。砌体填充墙设芯柱做法仅用于通孔砌块填充墙门窗洞口两侧，其他部位设置构造柱或按工程结构设计。填充墙构造柱或芯柱混凝土应在墙体砌筑完成后再浇筑。混凝土强度等级不低于 C20，浇筑时宜分段、定量浇筑，以保证构造柱或芯柱混凝土灌实。女儿墙及悬挑砌块外墙中构造柱间距不应大于 3.6m，主筋应锚入框架柱或梁内。当女儿墙较高时，应验算构造柱和压顶混凝土带的配筋。

轻集料混凝土空心砌块墙体构造详图，如图 3-49、图 3-50 所示。

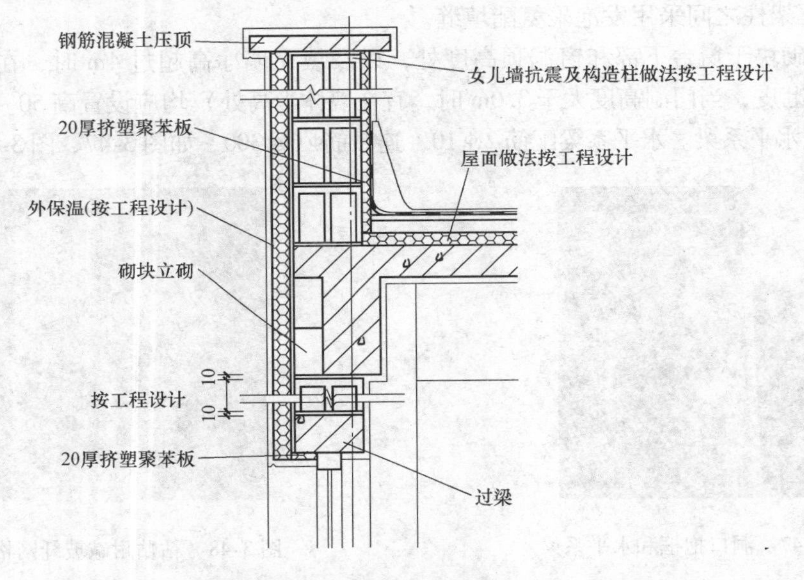

图 3-49 轻集料混凝土空心砌块墙身上部节点详图（盲孔）

三、普通混凝土小型空心砌块墙体构造

普通混凝土小型空心砌块的主规格按宽度有 190mm 和 90mm 两个系列。宽度为 190mm 系列的主砌块尺寸为 390mm×190mm×190mm 和 390mm×190mm×90mm。此外，为解决墙体转角、丁字接头部位的变化，还有辅助砌块和配套系列砌块。宽度为 90mm 系列的主砌块尺寸为 390mm×90mm×190mm 和 390mm×90mm×90mm，也有辅助砌块和配套系列砌块。

普通混凝土小型空心砌块有承重和非承重两种，适用于地震设防烈度为 8 度及以下地区的低层和多层混凝土小型空心砌块住宅建筑，以及相近的民用建筑承重墙体与隔墙墙体。

1. 小砌块的平面及竖向建筑设计要求

1）平面设计宜以 2M 为基本模数，特殊情况下可采用 1M；竖向设计及墙的分段净长度应以 1M 为模数。砌块墙在砌筑前，必须进行砌块排列设计，宜采用主规格砌块，减少辅助

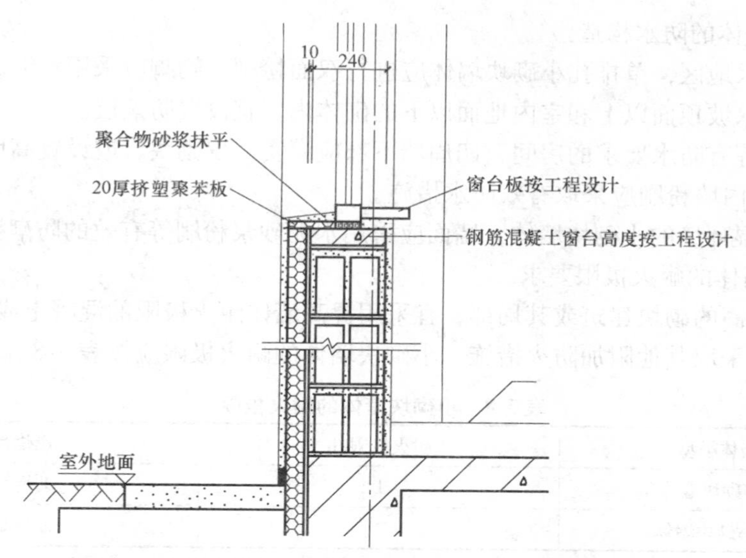

图 3-50 轻集料混凝土空心砌块墙身下部节点详图（盲孔）

规格砌块的种类及数量。尽量提高主块的使用率，避免镶砖或少镶砖。砌块的排列应使上下皮错缝，搭接长度一般为砌块长度的 1/4，并且不应小于 150mm。当无法满足搭接长度要求时，应在灰缝内设Φ4 钢筋网片连接，如图 3-51 所示。

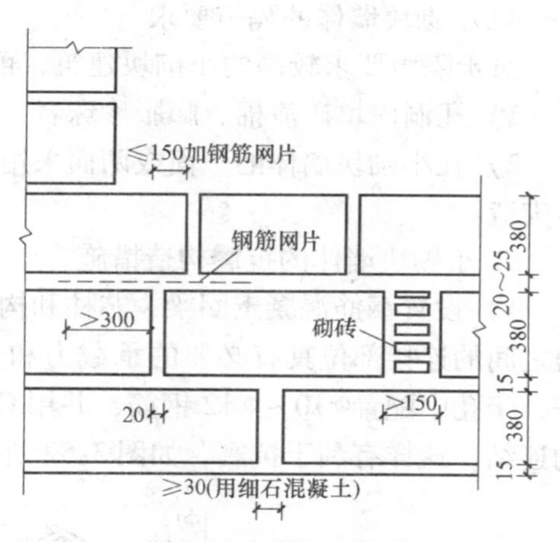

图 3-51 砌块的排列

2）砌块墙的灰缝宽度一般为 10 ~ 15mm，用 M5 砂浆砌筑。当垂直灰缝大于 30mm 时，则需用 C10 细石混凝土灌实。由于砌块的尺寸大，一般不存在内外皮间的搭接问题，因此，更应注意保证砌块墙的整体性，在纵横交接处和外墙转角处均应咬接。

3）设计预留孔洞、管线槽口以及门窗、设备等固定点和固定件，应在墙体排块图上详细标注。施工时应采用混凝土填实各固定点范围内的孔洞。

4）平面应简洁，体形不宜凹凸转折过多。小砌块住宅建筑的体形系数不宜大于 0.3。体形系数是指建筑物与室外大气接触的外表面积与其所包围的体积的比值。外表面积中不包括地面和不采暖楼梯间隔墙和户门的面积。

5）墙体宜设控制缝，并做好室内墙面的盖缝粉刷。控制缝是指设置在墙体应力比较集中的部位，或与墙的垂直灰缝相一致的部位，并允许墙身自由变形和对外力有足够抵抗能力的构造缝。

6）在小砌块住宅建筑的门厅和楼梯间内，应安排好竖向水、电管线用的管道井，以及各种表盒的位置，并保证表盒安装后的楼梯及通道的尺寸符合有关规范要求。

7）下水管道的主管、支管或立管、横管均宜明管安装。管径较小的管线，可预埋于墙体内。

2. 小砌块墙体的防水构造

1）在多雨水地区，单排孔小砌块墙体应进行双面粉刷，勒脚应采用水泥砂浆粉刷。

2）室外散水坡顶面以上和室内地面以下的砌体内，宜设置防潮层。

3）卫生间等有防水要求的房间，四周墙下部应灌实一皮砌块，或设置高度为200mm的现浇混凝土带。内墙粉刷应采取有效防水措施。

4）处于潮湿环境的小砌块墙体，墙面应采用水泥砂浆粉刷等有效的防潮措施。

3. 小砌块墙体的耐火极限要求

对防火要求高的砌块建筑或其局部，宜采用提高墙体耐火极限的混凝土或松散材料灌实孔洞的方法，或采取其他附加防火措施。小砌块墙体的耐火极限应按表3-8采用。

表3-8 小砌块墙体的耐火极限

小砌块墙体类型	耐火极限/h	燃烧性能
90mm厚小砌块墙体	1	非燃烧体
190mm厚小砌块墙体	2	非燃烧体

注：墙体两面无粉刷。

4. 小砌块墙体的隔声要求

对于隔声要求较高的小砌块建筑，可采用下列措施提高其隔声性能：

1）孔洞内填矿渣棉、膨胀珍珠岩、膨胀蛭石等松散材料。

2）在小砌块墙体的一面或两面采用纸面石膏板或其他板材等做带有空气隔层的复合墙体构造。

5. 小砌块墙体的抗震构造措施

1）设置钢筋混凝土圈梁、芯柱和构造柱，或采用配筋砌体等，使墙体之间、墙体与楼盖之间的连接部位具有必要的承载力和变形能力。构造柱多利用空心砌块将其上下孔洞对齐，于孔中配置Φ10～Φ12钢筋，并用C20细石分层填实。构造柱与圈梁、基础必须有较好的连结，这样有利于抗震，如图3-52所示。

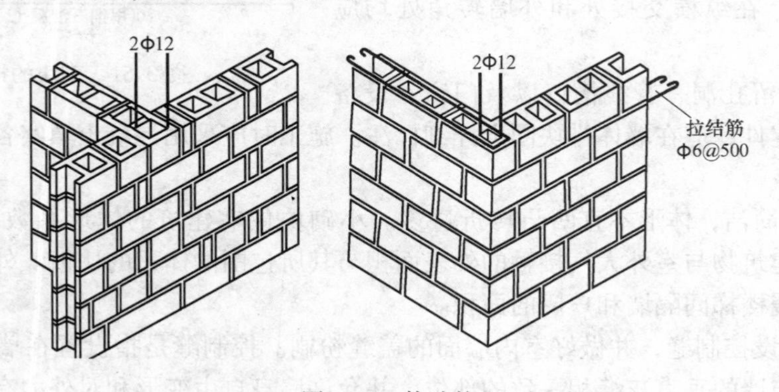

图3-52 构造柱

砌块建筑每层应设圈梁，用以加强砌块墙的整体性。当圈梁与过梁位置接近时，圈梁与过梁往往合二为一。圈梁有现浇和预制两种。现浇圈梁整体性强，对加固墙身较为有利，但施工支模较麻烦。不少地区用U形预制砌块代替模板，然后在凹槽内配置钢筋，并现浇混凝土，如图3-53所示。

2）房屋墙体的局部尺寸限值满足表3-9的要求。

3）小砌块的强度等级不应低于MU7.5，其砌筑砂浆强度等级不应低于M7.5。

4）应采用横墙承重或纵横墙承重的结构体系，纵横墙的布置宜均匀对称，沿平面内宜对齐，沿竖向应上下连续；同一轴线上的窗间墙的宽度宜均匀。

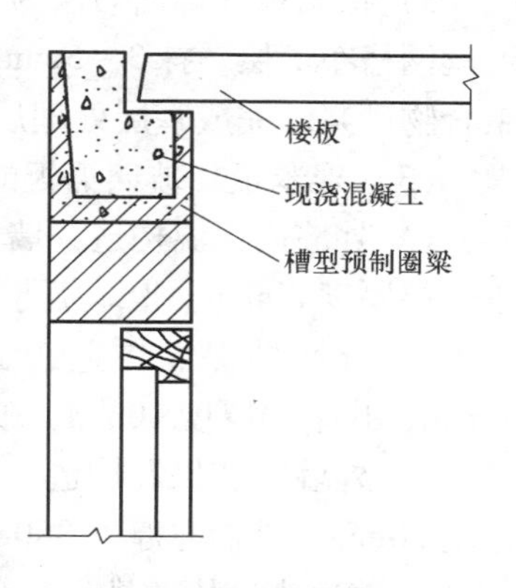

图3-53　砌块墙圈梁

6. 小砌块墙体的保温、节能构造

墙体的节能技术为墙体外保温、内保温、夹芯保温构造，主要采用形式为500～600级强度为3～4MPa的加气混凝土砌块外保温；250～350级强度为1.0～1.5MPa的保温砌块外保温；以及采用聚苯板、玻璃棉板的墙体外保温、内保温和夹芯保温。

表3-9　小砌块房屋的局部尺寸限值　（单位：m）

部　　位	6度	7度	8度
承重窗间墙最小宽度	1.0	1.0	1.2
非承重外墙尽端至门窗洞边的最小距离	1.0	1.0	1.0
内墙阳角至门窗洞边的最小距离	1.0	1.0	1.5
无锚固女儿墙的最大高度	0.5	0.5	0.5

注：局部尺寸不满足时应采取局部加强措施弥补；出入口处的女儿墙应有锚固。

（1）加气混凝土砌块外保温做法：

1）外墙混凝土小型空心砌块应与加气混凝土保温砌块在砌筑外墙时同时砌筑，不得将保温砌块在主体结构完成后再外贴，加气混凝土保温块应由各层圈梁分层承托。

2）加气混凝土保温砌块，应采用AM-1或BJ-1专用砂浆或其他专用砂浆砌筑，并与混凝土空心砌块贴砌。保温砌块竖缝灰缝的饱满度不得低于80%，水平缝灰缝的饱满度不得低于90%。专用砂浆是一种外加剂，在现场配制和搅拌，应符合产品说明书中的各项技术要求。

3）在砌块水平灰缝内每隔3皮高度（600mm）位置应配置3Φ4拉结钢筋网片（两根放在砌块部位，另一根放置在保温块部位），施工时不得漏放。在混凝土空心砌块部位放置的钢筋网片，应注意有足够的砂浆保护层。

4）加气混凝土砌块的外表面抹灰，应严格按做法表选材并按有关顺序操作。

（2）轻质板材（如聚苯水泥板或珍珠岩保温板等）外保温做法：

1）外墙混凝土小型空心砌块与保温板之间的连接构造，可随砌随贴，也可在主体结构完工后外贴（一般为后贴）。

2）保温板与主体结构的构造原则：一是应由圈梁部位分层承托，二是保温板应用专用砂浆与混凝土空心砌块墙粘贴（粘贴为点粘，上下间距约150～200mm），三是每隔3皮砌块高度，应在水平灰缝内放3Φ4钢筋拉结（分布筋为Φ4中距300mm，拐角处Φ4中距200mm；如保温板后贴，墙外应露出Φ4中距300mm分布筋，纵向放一根Φ4钢筋），在混凝土空心砌块部位的钢筋应注意有足够的砂浆保护层。

3）保温板外饰面做法为先做基层处理：用EC胶涂刷板表面，用EC-1型胶满贴涂塑玻璃丝网格布1层，抹3～5mm厚EC聚合物砂浆刮平，再粘贴玻璃丝网格布1层，表面抹EC聚合物砂浆。完成基层处理后，外饰面具体做法可按88J1工程做法。

（3）聚苯板、玻璃棉板的墙体外保温、内保温和夹芯保温做法：

1）外墙内保温构造：墙体从外向内的构造层次为外面层厚度20mm，砌块厚度190mm，空气层厚度20mm，聚苯板厚度40mm，内面层厚度8mm，外墙总厚度278mm。

2）外墙外保温构造：墙体从外向内的构造层次为外面层厚度10mm，聚苯板厚度50mm，找平层厚度10mm，砌块厚度190mm，内面层厚度20mm，外墙总厚度280mm。

3）外墙夹芯保温构造：砌块厚度90mm，聚苯板厚度50mm，砌块厚度190mm，内面层厚度20mm，外墙总厚度350mm。

7. 普通小砌块的排列组合

砌块的排列尽量采用390mm长的主砌块，少用辅助砌块，应上、下皮对孔、错缝搭砌，一般搭接长度为200mm，每两皮为一循环，当墙体长度为奇数时，采用290mm长的辅助砌块，此时搭接长度为100mm，并保证上下皮对孔。

8. 门窗框与墙体的连接

门窗框与砌块墙一般采用如下连接方法：用4号钉每隔500mm钉入门窗框，然后打弯钉头，置于砌块端头竖向槽内，从门窗框嵌入砂浆，如图3-54a所示；将木楔打入空心砌块的孔洞中代替木砖，用钉子将门窗框与木楔钉接，如图3-54b所示；在砌块内或灰缝内窝木榫或铁件连接，如图3-54c所示；在加气混凝土砌块埋胶粘圆木或塑料管来固定门窗，如图3-54d所示。

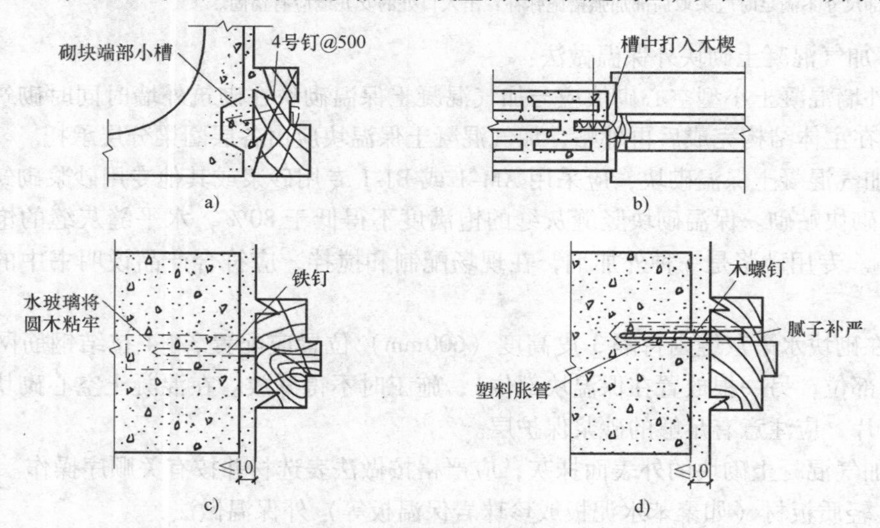

图3-54 门窗框与墙体的连接
a）砂浆钉接 b）木楔钉接 c）木榫或铁件连接 d）圆木或塑料连接

第四节 隔墙与隔断构造

一、隔墙的要求及分类

隔墙不是建筑承载系统的组成部分，属于非承重墙。它既不承受建筑结构水平承重构件传来的竖向荷载，也不承受风荷载、地震荷载等水平荷载，甚至连隔墙本身的自重荷载也是由水平的结构构件（楼板、梁、地坪层等）来承担。

隔墙的主要作用是分隔室内空间。在墙承载结构体系的建筑中，隔墙都是内墙，不可能成为外墙。由于隔墙不承受任何外来荷载，且本身的重量还要由楼板或梁承担，因此对隔墙的要求是：自重轻，以便减轻楼板的荷载；厚度薄，增加建筑的有效空间；便于拆卸，可以随使用要求的改变而变化；具有一定的隔声能力；根据使用位置不同，满足防潮、防水、防火等使用功能的要求。

常见的隔墙按其构造方式可分为块材隔墙、轻骨架隔墙和板材隔墙三类。

二、常用隔墙构造

1. 块材隔墙

块材隔墙是指利用烧结普通砖、多孔砖、陶粒混凝土空心砌块、加气混凝土砌块以及其他各种轻质砌块等砌筑的墙体，常用的有普通砖隔墙和砌块隔墙。

（1）普通砖砌隔墙　普通砖隔墙有半砖（120mm 厚）和 1/4 砖（60mm 厚）两种。

1/4 砖隔墙用烧结普通砖侧砌而成，砌筑砂浆强度等级不低于 M5。因稳定性差，一般用于不设门窗的部位，如厨房、卫生间之间的隔墙，并采取加固措施。

半砖隔墙用烧结普通砖采用全顺式砌筑而成，砌筑砂浆强度等级不低于 M5，构造措施与 1/4 砖墙基本相同。半砖墙的稳定性优于 1/4 砖墙，故可以砌筑较大面积的墙体，长度超过 6m 时应设砖壁柱，高度超过 4m 时应在门过梁处设通长钢筋混凝土带。隔墙两端的承重墙须留出马牙槎，并沿墙高度每隔 500mm 砌入 2 Φ6 的拉结钢筋，深入隔墙不小于 500mm；还应沿隔墙高度每隔 1200mm 设一道 30mm 厚水泥砂浆层，内放 2 Φ6 钢筋。为保证砖隔墙不承重，在砖墙砌到楼板底或梁底时，将立砖斜砌一皮，或在空隙塞木楔打紧，然后用砂浆填缝，如图 3-55 所示。

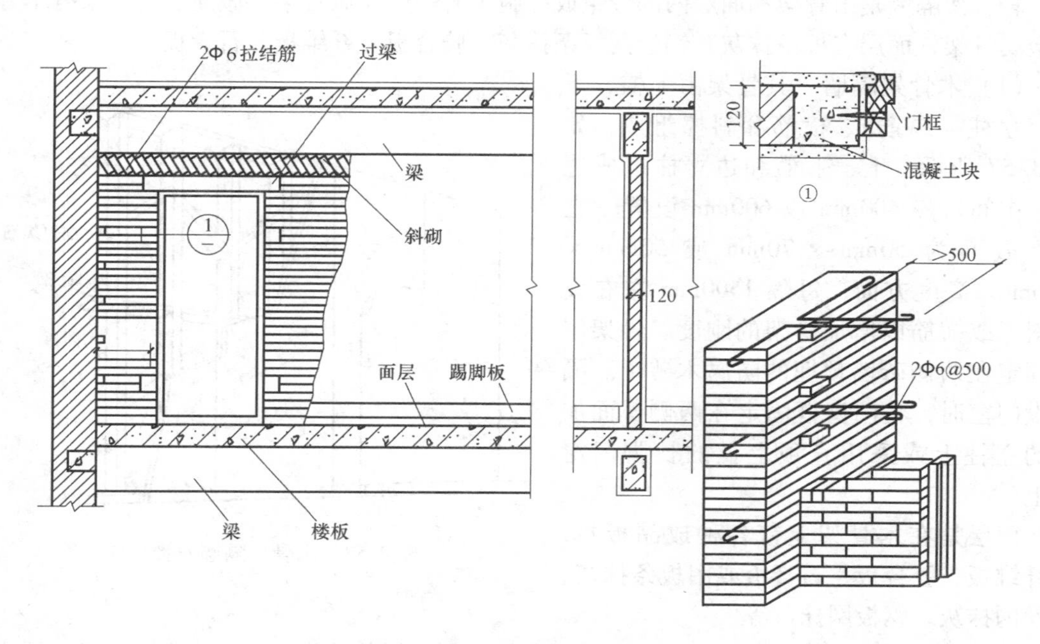

图 3-55　砖砌隔墙的构造

砖砌隔墙具有取材方便、造价较低、隔声效果好的优点，缺点是自重大、墙体厚、湿作业多、拆移不便。

（2）砌块隔墙　为减轻隔墙自重，可采用轻质砌块，墙厚一般为90～120mm，加固措施同半砖隔墙的做法。砌块不够整块时宜用烧结普通砖填补。隔墙的上部与楼板或梁的交接处，不宜过于填实或使砖及砌块直接顶住楼板或梁，应留有约30mm的空隙，并沿墙长度方向每隔1m用一组木楔对口打紧，其余空隙处用砂浆填充；或者将最上两皮砖斜砌，以避免因楼板结构产生的挠度将隔墙压坏。各种轻质砌块的孔隙率大、吸水量大，防潮性能比较差，一般可在墙身下部改砌3～5皮烧结普通砖，以避免墙身直接受潮，如图3-56所示。

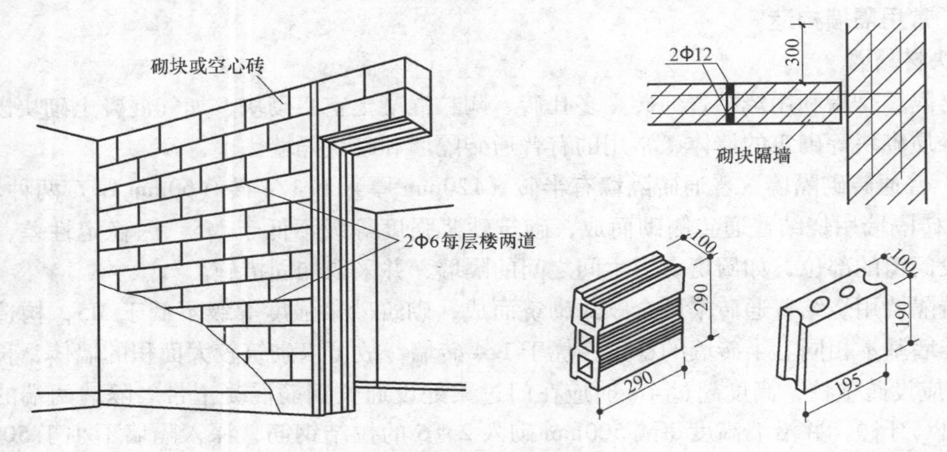

图3-56　砌块隔墙

2. 轻骨架隔墙（立筋式隔墙）

轻骨架隔墙是由骨架和面层两部分组成，施工时一般先做骨架再做面层。骨架有木骨架和金属骨架，面层有板条抹灰、钢丝网板条抹灰、胶合板、纤维板、石膏板。

（1）木骨架隔墙　其骨架由上槛、下槛、立柱（纵筋）、横筋和斜撑组成，如图3-57所示。上、下槛和边立柱组成边框，中间每隔400mm或600mm设置一立柱，截面为50mm×70mm或50mm×100mm。高度方面，每隔1500mm左右设一斜撑或横筋以增加骨架的刚度。骨架用钉固定在两侧砖墙预埋的防腐木砖上。隔墙设门窗时，将门窗框固定在两侧截面加大的立柱上或采用直顶上槛的长脚门窗框上。

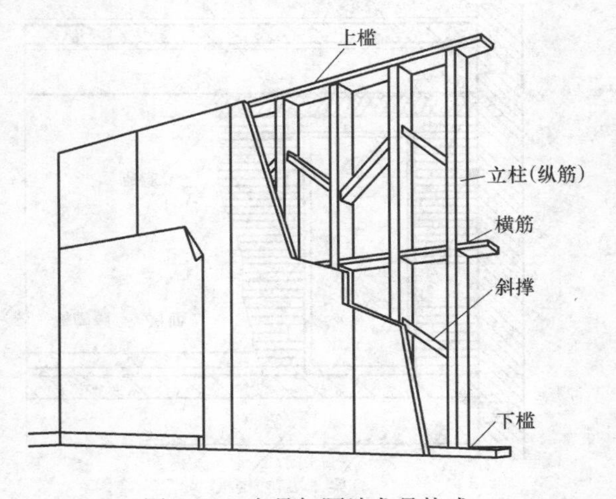

图3-57　木骨架隔墙龙骨构成

面层是在木骨架上钉各种成品板材，如纤维板、胶合板、石膏板或用板条抹灰、钢丝网抹灰、钢板网抹灰等。

木骨架隔墙具有重量轻、厚度小、施工方便和便于拆装等优点，但防水、防潮、隔声性能较差，且耗费木材。

1）板条抹灰隔墙。板条抹灰隔墙是指在木骨架的两侧钉板条，然后抹灰。先在木骨架两侧横钉 1200mm×24mm×6mm 或者 1200mm×38mm×9mm 的木板条，视立柱间距而定，立柱中距为 400mm 时采用前者，立柱中距为 600mm 时采用后者。木板条间留缝，缝宽 9mm 左右，以方便抹灰层挤入，增强抹灰层与木板条之间的握裹力。木板条的接缝应错开，避免形成过长的通缝，以防抹灰层开裂或脱落。为使抹灰层与木板条粘接牢固并避免墙面开裂，通常采用纸筋灰或麻刀灰抹面。隔墙下一般加砌 2～3 皮砖，并做出踢脚板。在两侧墙内应预埋间距 600mm 的防腐木砖，固定边框墙筋。隔墙内设门窗时，门窗框的两边或四边必须设墙筋。为提高耐火、防潮性能，在板条上面钉上钢丝网，再抹灰，如图 3-58 所示。

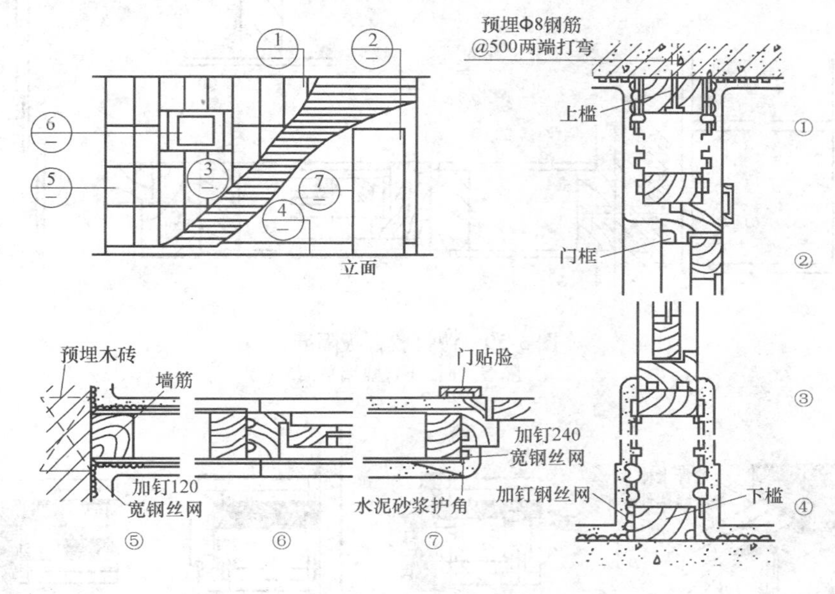

图 3-58 板条抹灰隔墙

2）钢丝（板）网抹灰隔墙。为提高隔墙的防火、防潮能力并节约木材，可在木骨架两侧钉以钢丝网或钢板网，再做抹灰面层。由于钢丝（板）网变形小、强度高，因而抹灰层开裂的可能性小，有利于防潮、防火。

3）钉面板隔墙。骨架两侧铺设胶合板、纤维板、石膏板或其他轻质薄板构成的隔墙。这种隔墙施工简便，属于干作业，便于拆装。为提高隔声能力，可在面板间填岩棉等轻质有弹性的材料或做双层面板，如图 3-59、图 3-60 所示。

（2）金属骨架隔墙　这是一种在金属骨架两侧铺钉各种装饰面板构成的隔墙。骨架由沿顶龙骨、沿地龙骨、竖向龙骨、横撑龙骨、加强龙骨和各种配套件等组成，如图 3-61 所示。骨架通常由厚度为 0.6～1.5mm 的薄钢板经冷轧成形为槽型截面，其尺寸为 100mm×50mm 或 75mm×45mm，因此也称为轻钢龙骨。

金属骨架隔墙的装饰面板一般采用胶合板、纤维板、纸面石膏板和其他薄型装饰板，其中以纸面石膏板应用最为普遍。纸面石膏板借自攻螺钉固定于金属骨架上，纸面石膏板之间接缝处除用石膏胶泥堵塞刮平外，还需粘贴接缝带。接缝带应选用玻璃纤维织带，粘贴在两遍胶泥之间。

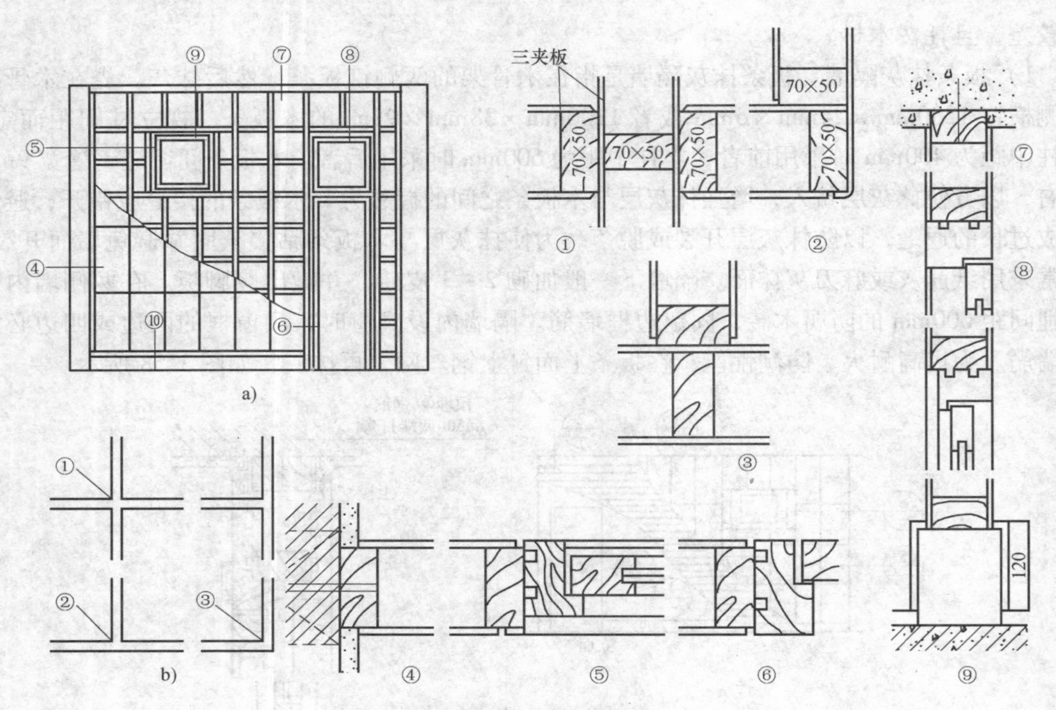

图 3-59 镶钉胶合板隔墙

a）隔墙立面 b）隔墙平面

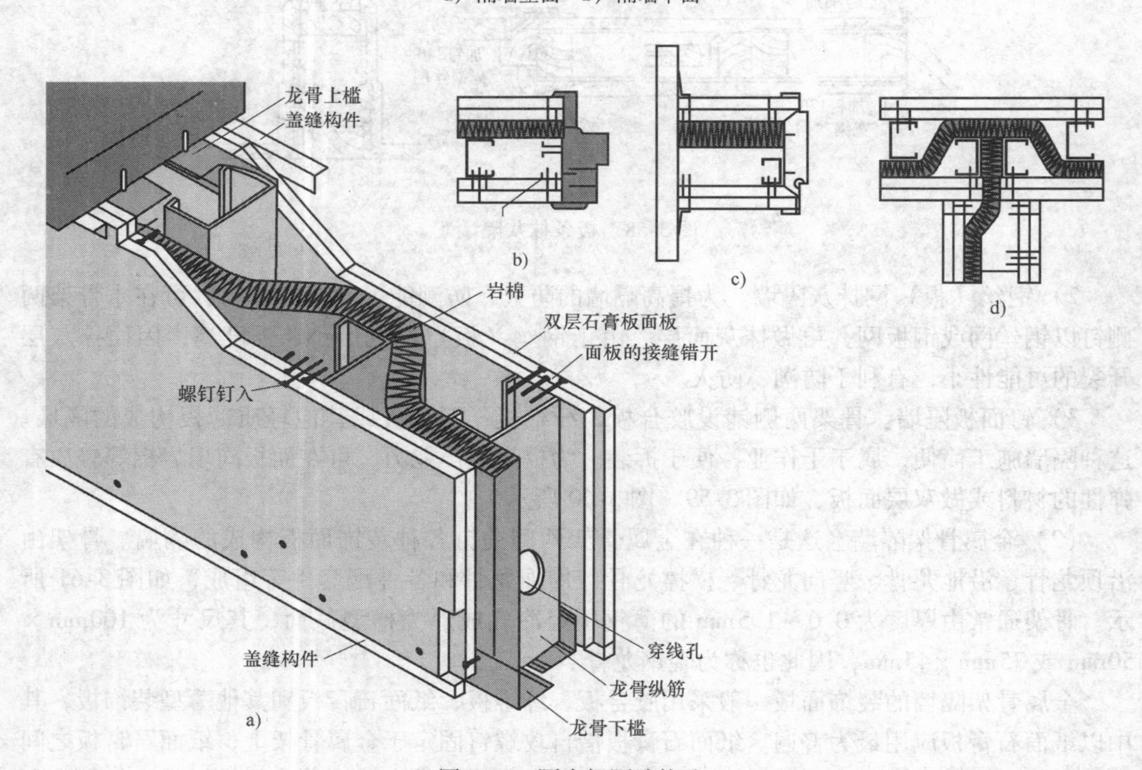

图 3-60 隔声轻隔墙构造

a）隔声石膏板隔墙剖面图 b）隔墙与木门连接 c）隔墙与钢门连接 d）隔墙丁字交接

金属骨架隔墙自重轻、厚度小、防火、防潮、易拆装，且均为干作业，施工方便，速度快。为提高其隔声能力，可采用铺钉双层面板、错开骨架或在骨架间填以岩棉、泡沫塑料等弹性材料的措施。

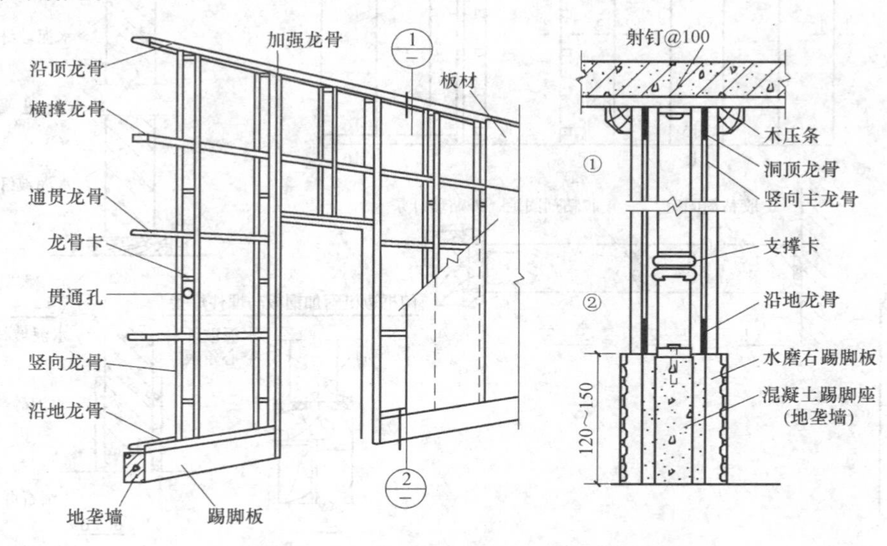

图 3-61 金属骨架墙的龙骨组成

3. 板材隔墙

板材隔墙是采用将各种轻质竖向通长条板用各类胶粘剂拼合在一起形成的隔墙，如图 3-62 所示。材料具有一定的厚度和刚度，安装时不需要内骨架来支撑，目前多采用条板。板材隔墙一般有加气混凝土条板隔墙、石膏条板隔墙、水泥玻纤空心条板、碳化石灰条板隔墙和蜂窝纸板隔墙等。为减轻自重，板材常制成空心板，且以圆孔居多。水泥玻纤空心板及隔墙构造如图 3-63 所示。

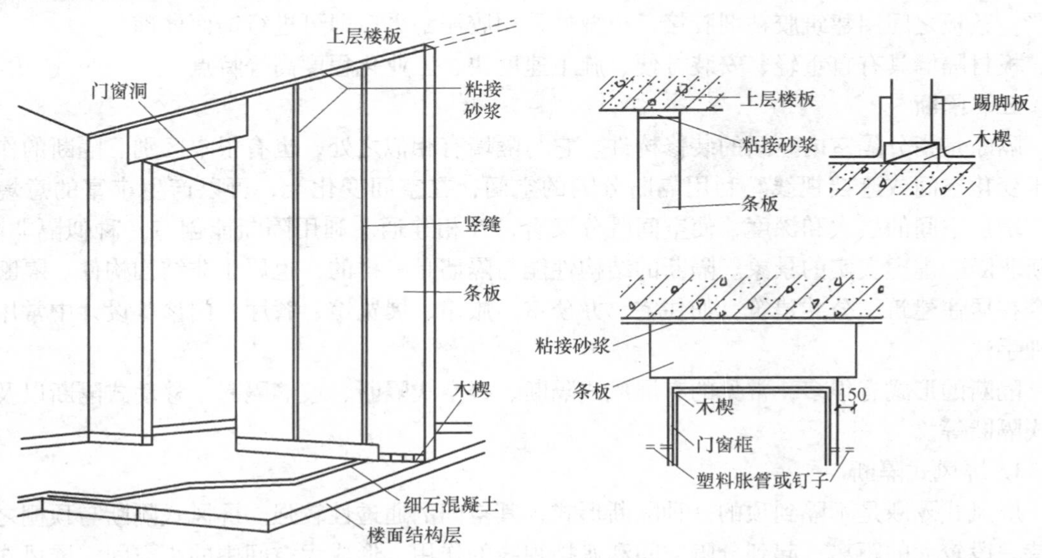

图 3-62 板材隔墙的构造

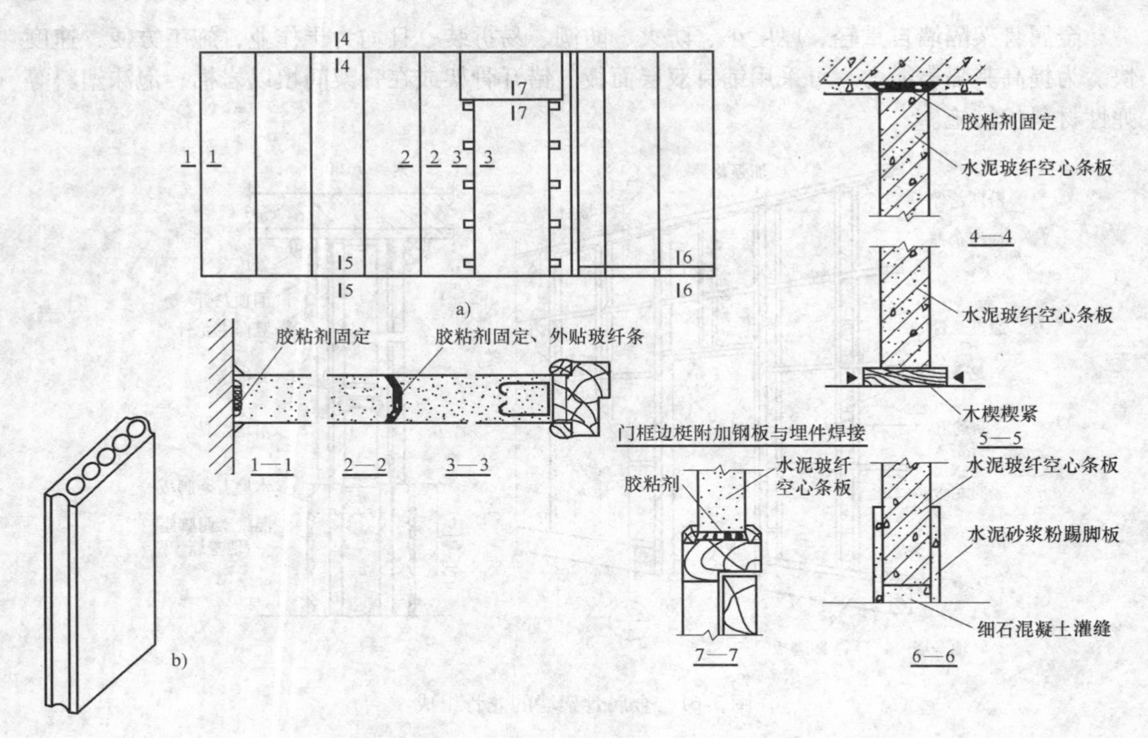

图 3-63 水泥玻纤空心条板及隔墙构造

a）水泥玻纤空心条板隔墙 b）水泥玻纤空心条板

为提高隔声性能，可采用双层条板隔墙。如果用于卫生间等有水房间，应采用防水条板，其构造与饰面做法也应考虑防水要求，隔墙下端应做高出地面 50mm 以上的混凝土墙垫。条板厚度大多为 60～100mm，宽度为 600～1200mm。为便于安装，条板高度应略小于房间净高。安装时，条板下留 20～30mm 的缝隙，用小木楔顶紧，条板下缝隙用细石混凝土堵严。条板之间用建筑胶粘剂胶接，板缝处采用胶泥刮平后即可进行饰面处理。

板材隔墙具有自重轻、安装方便、施工速度快、工业化程度高等特点。

三、隔断

隔断是指分隔室内空间的装修构件。它与隔墙有相似之处，也有根本区别。隔断的作用在于变化空间或遮挡视线。利用隔断分隔的空间，在空间变化上，可以产生丰富的意境效果，增加空间的层次和深度，使空间既分又合，互相连通。利用隔断能创造一种似隔非隔、似断非断、虚虚实实的景象。隔断的结构性能与隔墙是一样的，也属于非结构构件。隔断是现今在居住建筑、公共建筑，如住宅、办公室、旅馆、展览馆、餐厅、门诊等设计中常用的处理手法。

隔断的形式有很多，常见的有屏风式隔断、镂空式隔断、玻璃隔断、移动式隔断以及家具式隔断等。

1. 屏风式隔断

屏风式隔断是不隔到顶的一种隔断形式，其空间的通透性较强。屏风式隔断与顶棚之间保持一段较大的距离，起到分隔空间和遮挡视线的作用，形成大空间中的小空间。屏风式隔断常用于办公室、餐厅、展览馆以及医院的诊室等公共建筑中。另外，厕所、淋浴间等也多采用这种形式进行分隔。屏风式隔断的高度一般在 1050 ~ 1800mm 之间，具体可根据不同使用要求进行确定，如图 3-64、图 3-65 所示。

图 3-64　固定式屏风隔断

图 3-65　办公室屏风隔断

屏风式隔断的安装有固定式和活动式两种。

固定式做法又有立筋骨架式和预制板式之分。预制板式隔断借预埋件与周围结构墙体、楼（地）层固定；而立筋骨架式隔断则与骨架隔墙相似，它可以在骨架两侧铺钉面板，也可以镶嵌玻璃，玻璃可以采用磨砂玻璃、彩色玻璃、棱花玻璃等。

活动式屏风隔断可以随意移动放置。最常见的构造方式是在屏风隔断下安装一金属支架，支架可以直接放在地面上，也可以在支架下安装橡胶滚动轮或滑动轮，这样移动起来更加方便。

2. 镂空式隔断

镂空式隔断是公共建筑门厅、客厅等处分隔空间常用的一种形式。从材料上分，有竹制的、木制的，也有钢筋混凝土预制构件的，形式多种多样，且一般都是隔到顶的。镂空式隔断与周围结构墙体以及上、下楼（地）层的连接固定，根据隔断材料的不同，可采用钉、粘及埋件焊接等方式进行，如图 3-66、图 3-67 所示。

图 3-66　竹子镂空式隔断

图 3-67　木质镂空式隔断

3. 玻璃隔断

玻璃隔断有透空玻璃隔断和玻璃砖隔断两种，一般也是隔到顶的。

透空玻璃隔断是采用普通平板玻璃、磨砂玻璃、刻花玻璃、压花玻璃、彩色玻璃以及各种颜色的有机玻璃等嵌入木制或金属的骨架中，具有透光性。当采用普通玻璃时，还具有可视性。透空玻璃隔断主要用于幼儿园、医院病房、精密车间走廊以及仪器仪表控制室等处。采用彩色玻璃、压花玻璃或彩色有机玻璃，除能遮挡视线外，还具有丰富的装饰性，可用于餐厅、会客厅、会议室等处，如图 3-68 所示。

玻璃砖隔断是采用玻璃砖砌筑而成（从构造方式上看，它也可以看成是砌筑隔墙），如图 3-69 所示。玻璃砖隔断既能分隔空间，又可透光，常用于公共建筑的接待室、会议室等处。

图 3-68 无框玻璃隔断

图 3-69 玻璃砖隔断

4. 移动式隔断

移动式隔断是一种可以随意闭合、开启，使相邻的空间随之变化成各自独立或合而为一的空间的隔断形式，具有灵活多变的特点。移动式隔断可以分为拼装式、滑动式、折叠式、悬吊式、卷帘式和起落式等多种形式，多用于宾馆饭店的餐厅、宴会厅、会议中心、展览中心的会议室和活动室等，如图 3-70 所示。

5. 家具式隔断

家具式隔断是利用各种实用的室内家具来分隔空间的一种设计处理方式。这种处理方式把室内空间分隔与功能使用以及家具配套巧妙地结合起来，既节约费用，又节省面积；既提高空间组合的灵活性，又使家具布置与空间相协调。这种形式多用于住宅的室内设计以及办公室的分隔等，如图 3-71 所示。

图 3-70 移动式隔断

图 3-71 家具式隔断（百宝格）

第五节 幕墙构造

幕墙是指由金属构架与板材组成的，不承担主体结构荷载与作用的建筑外围护结构。建筑幕墙是建筑物外围护墙的一种新形式。幕墙一般不承重，距建筑物有一定距离，形似悬挂在建筑物外墙表面的一层帷幕，又称为悬挂墙。幕墙的装饰效果好，通透感强，质量轻，安装施工速度快，是外墙标准化、轻型化、装配化较理想的一种形式。幕墙作为优化建筑设计的重要手段，其丰富多彩的立面造型，已成为世界性的新潮流。幕墙将使用功能和装饰作用结合于一身，色彩和光泽别具一格，在现代多层建筑、高层建筑和超高层建筑中得到广泛的应用，如图3-72、图3-73所示。

图3-72 中央电视台玻璃幕墙

图3-73 上海环球金融中心玻璃幕墙

一、幕墙的类型与特点

1. 幕墙的类型

常见的幕墙根据材料分类，有玻璃幕墙、金属板幕墙、石材板幕墙和彩色混凝土挂板幕墙等几种类型。

（1）玻璃幕墙　玻璃幕墙装饰于建筑物的外表，如同罩在建筑物外的一层薄薄的帷幕，可以说是传统的玻璃窗被无限扩大，以至形成整个外壳的结果，以原来采光、保温、防风雨等较为单纯的功能发展为多功能的装饰品。其主要部分的构造可分为两方面，一是饰面的玻璃，二是固定玻璃的骨架。将玻璃与骨架连结，玻璃的自身荷载及墙体所受到的风荷载及其他荷载传递给主体结构，使之与主体结构成为一体。

玻璃幕墙一般由结构框架、幕墙玻璃和其他填衬材料组成，根据其组合形式和构造方式的不同可分为框支承玻璃幕墙、全玻式玻璃幕墙和点支承玻璃幕墙。

1）框支承玻璃幕墙：框支承玻璃幕墙是指玻璃面板周边由金属框架支承的玻璃幕墙，主要包括下列类型：

① 按幕墙形式，可将其分为明框玻璃幕墙（金属框架的构件显露于面板外表面的框支承玻璃幕墙）、半隐框玻璃幕墙（金属框架的横向或竖向构件显露于面板外表面的框支承玻璃幕墙）和隐框式玻璃幕墙（金属框架的构件完全不显露于面板外表面的框支承玻璃幕墙），如图3-74所示。

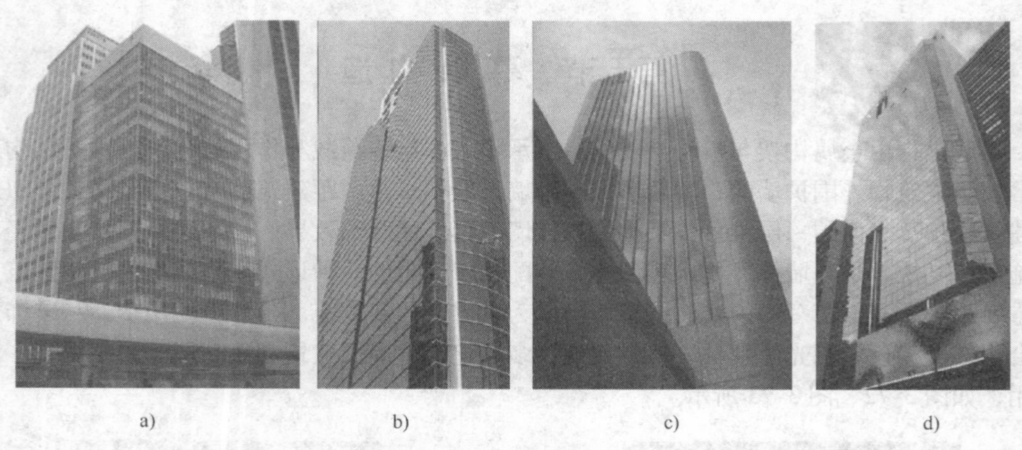

a) b) c) d)

图 3-74 框支承玻璃幕墙
a）明框玻璃幕墙 b）横显竖隐玻璃幕墙 c）横隐竖显玻璃幕墙 d）隐框玻璃幕墙

② 按幕墙安装施工方法，可将其分为单元式玻璃幕墙和构件式玻璃幕墙。单元式玻璃幕墙是指将面板和金属框架（横梁、立柱）在工厂组装为幕墙单元，以幕墙单元形式在现场完成安装施工的框支承玻璃幕墙。构件式玻璃幕墙是指在现场依次安装立柱、横梁和玻璃面板的框支承玻璃幕墙。

2）全玻式玻璃幕墙：由玻璃肋和玻璃面板构成的玻璃幕墙，如图 3-75 所示。

3）点支承玻璃幕墙：由玻璃面板、点支承装置和支承结构构成的玻璃幕墙。支承装置是玻璃面板与支承结构之间的连接装置。支承结构是点支承玻璃幕墙中，通过支承装置支承玻璃面板的结构体系，如图 3-76 所示。

图 3-75 全玻式玻璃幕墙

图 3-76 点支承玻璃幕墙

（2）金属板幕墙 金属幕墙类似于玻璃幕墙，是由折边金属薄板作为外围护墙面，与窗一起组合而成的幕墙，形成色彩绚丽、闪闪发光的金属墙面，有着独特的现代艺术效果。从结构体系上可划分为型钢骨架体系、铝合金型材骨架体系及无骨架金属板幕墙体系等。

（3）石材板幕墙 石材板幕墙是一种独立的围护结构体系，它利用金属挂件将石材饰面板直接悬挂在主体结构上。当主体结构为框架结构时，应先将专门设计的独立金属骨架体系悬挂在主体结构上，然后通过金属挂件将石材饰面板吊挂在金属骨架上。

石材幕墙也是一个完整的围护结构体系，它应该具有承受重力荷载、风荷载、地震荷载和温度应力的作用，还应能适应主体结构位移的影响，所以必须按照有关设计规范进行计算和刚度验算。另外，石材幕墙还应满足建筑热工、隔声、防水、防火和防腐蚀等要求。

石材板幕墙的分格要满足建筑立面设计的要求，同时也应注意石板的尺寸和厚度应保证在各种荷载作用下的强度要求，同时分格尺寸应尽量符合建筑模数化，应尽量减少规格尺寸的数量，方便施工。

在我国，目前应用较多的是干挂花岗石板幕墙。

（4）彩色混凝土挂板幕墙　混凝土挂板幕墙是一种装配式混凝土墙轻板体系。这种体系利用混凝土的可塑性，用加工制作成的较复杂的钢模盒，浇筑出有凹凸的甚至带有窗框的混凝土墙板。为了加强墙面的质感，也可以在钢模底部衬上刻有各种花纹的橡胶模，用正打或反打工艺制作出花纹墙板。依据色彩理论，在幕墙工程中，为获得较好的装饰效果，幕墙应设计和生产加工成彩色混凝土、装饰混凝土、彩色石渣混凝土条形挂板。

在我国，目前大型建筑外墙装饰多采用玻璃幕墙、金属板幕墙及干挂石板，且经常采用其中两种或三种的组合形式，共同完成装饰及围护功能。

2. 幕墙的特点

（1）艺术效果好　幕墙所产生的艺术效果是其他材料不可比拟的。它打破了传统的窗与墙的界限，巧妙地将其融为一体。它使建筑物从不同角度呈现出不同的色调，随阳光、月光、灯光和周围景物的变化给人以动态的美。这种独特光亮的艺术效果与周围环境有机融合，避免了高大建筑的压抑感，并能改变室内外环境，使内外景色融为一体。

（2）质量轻　玻璃幕墙相对于其他墙体来说质量轻，相同面积的情况下，玻璃幕墙的质量约为砖墙粉刷的1/12～1/10，是干挂大理石、花岗石幕墙质量的1/15，是混凝土挂板的1/7～1/5。使用玻璃幕墙能大大减轻建筑物质量，显著减少地震对建筑的影响。

（3）安装速度快　由于幕墙主要由型材和各种板材组成，用材规格标准可工业化，施工简单无湿作业，操作工序少，因而施工速度快。

（4）更新维修方便　可改造性强，易于更换。由于它的材料单一、质量轻、安装简单，因此，幕墙常年使用损坏后，改换新立面非常方便快捷，维修也简单。

（5）温度应力小　采用玻璃、金属、石材等以柔性材料与框体连接，减少了温度变化对结构产生的温度应力，并且能减轻地震力造成的损害。

二、框支承玻璃幕墙构造

1. 玻璃幕墙的材料

（1）框材　框材由型钢、铝合金型材立柱和横档构成。

（2）玻璃　玻璃包括钢化玻璃、半钢化玻璃、夹层玻璃、中空玻璃、镀膜玻璃（热反射玻璃）。工程中使用较多的是钢化玻璃、夹层玻璃和镀膜玻璃。

框支撑玻璃幕墙，宜采用安全玻璃，单片玻璃的厚度不应小于6mm，夹层玻璃的单片厚度不宜小于5mm，夹层玻璃和中空玻璃的单片玻璃的厚度相差不宜大于3mm。全玻幕墙中的玻璃肋应采用钢化夹层玻璃，点支承玻璃幕墙的面板玻璃应采用钢化玻璃。

（3）密封材料　密封材料包括三元乙丙橡胶、硅橡胶、硅酮建筑密封胶等建筑密封材料和硅酮结构密封胶。

硅酮建筑密封胶是指幕墙嵌缝用的硅酮密封材料，又称为耐候胶。硅酮结构密封胶是指幕墙中用于板材与金属构架、板材与板材、板材与玻璃肋之间的结构用硅酮粘接材料，简称硅酮结构胶。

（4）其他材料　其他材料包括填充材料（聚乙烯泡沫棒）、双面胶带、保温材料（岩棉）等。双面胶带是指幕墙中用于控制结构胶位置和截面尺寸的双面涂胶的聚氨基甲酸乙酯或聚乙烯低发泡材料。

2. 构件式玻璃幕墙

构件式玻璃幕墙（现场安装）一般以竖梃作为龙骨柱，以横档作为梁，组合成幕墙的框架，然后将窗框、玻璃、衬墙等按顺序安装。竖梃用连接件和楼板固定。横档与竖梃通过角形铝合金件进行连接。上下两根竖梃的连接必须设在楼板连接件位置附近，且须在接头处插入一截断面小于竖梃内孔的铸铝内衬套管作为加强措施。上下竖梃在接头端应留出 15 ~ 20mm 的伸缩缝，缝须用密封胶堵严，以防止雨水进入，如图 3-77、图 3-78 所示。

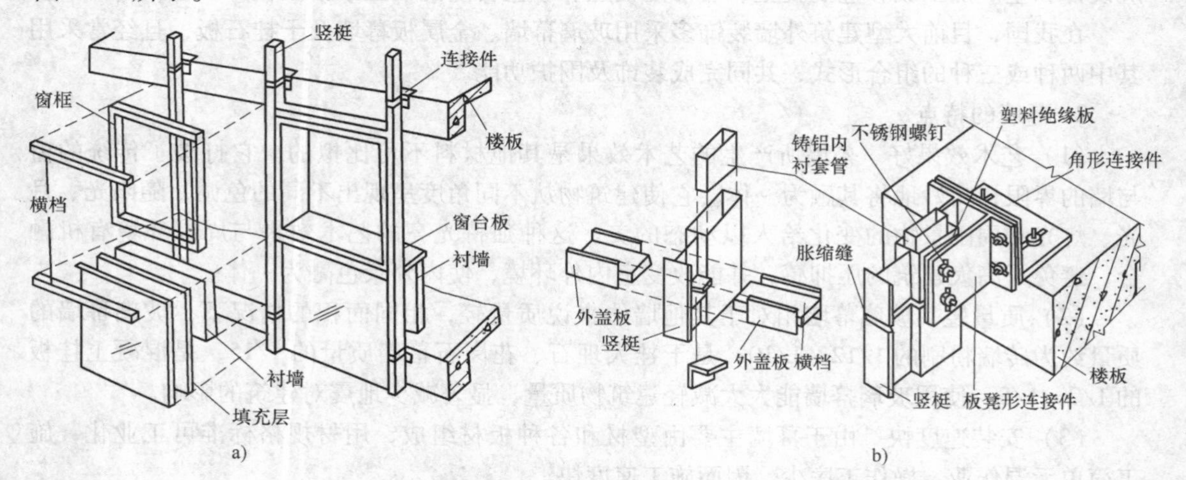

图 3-77　构件式玻璃幕墙
a）分件式玻璃幕墙构造做法　b）竖梃连接构造

3. 单元式玻璃幕墙

单元式玻璃幕墙的幕墙板块须设计成定形单元，在工厂预制，每一单元一般由 3 ~ 8 块玻璃组成，每块玻璃尺寸不宜超过 1500 × 3500mm，为了便于室内通风，在单元上可设计成上悬窗式的通风扇，通风扇的大小和位置根据室内布置要求来确定。

同时，预制板块还应与建筑结构的尺寸相配合。当幕墙预制板悬挂在楼板上时，板的高度尺寸同层高；当幕墙预制板以柱子为连接点时，板的长度尺寸则与柱距尺寸相同。为了便于幕墙预制板的

图 3-78　构件式玻璃幕墙施工

固定和板缝密封操作，上下预制板的横向接缝应高于楼面标高200~300mm，左右两块板的竖向接缝宜与框架柱错开，如图3-79所示。

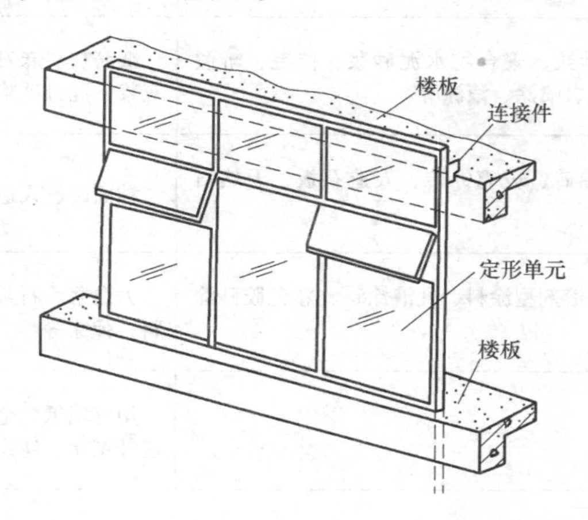

图3-79 单元式玻璃幕墙

第六节 墙面装修

一、墙面装修的作用

1. 保护墙体

墙体材料本身存在着许多微小孔隙，施工时也会留下许多缝隙，使得墙体的吸水性增大，从而影响墙体的耐久性和强度。因此，要对墙体表面进行装修处理，防止墙体直接受到风、霜、雨、雪的侵袭，从而保护墙身，增强墙体的坚固性、耐久性，延长墙体的使用年限。

2. 改善墙体的使用功能

墙体中的孔隙会增加墙体的透气性，进而影响墙体的热工和隔声性能。同时，粗糙的墙面难以保持清洁，也会降低墙面的反光能力，不利于室内采光。因此，对墙面进行装修处理，堵塞微小孔隙，增加墙体的厚度和平整度。通过改善墙体的物理性能和环境条件，满足房屋各种使用功能的要求。

3. 提高建筑的艺术效果，美化环境

建筑物外观设计中，既要对其进行体型处理，又要用墙面装修来增加建筑立面的艺术效果。这些可以通过材料质感、色彩和线形等来表现，以达到提高建筑艺术效果、美化环境的目的。

二、墙面装修的分类

1. 按装修所处部位

墙面装修分为室外装修和室内装修。

2. 按材料和施工方式的不同

墙面装修分为清水勾缝、抹灰类、贴面类、涂料类、裱糊类、铺钉类。墙面装修的分类及适用范围见表3-10。

表 3-10 墙面装修的分类及适用范围

类型	室外装修	室内装修
抹灰类	水泥砂浆、混合砂浆、聚合物水泥砂浆、拉毛、斩假石、拉假石、假面砖、喷涂、滚涂等	纸筋灰、麻刀灰粉、石膏粉面、膨胀珍珠岩灰浆、混合砂浆、拉毛、拉条等
贴面类	外墙面砖、陶瓷锦砖、玻璃锦砖、人造石板、天然石板等	釉面砖、人造石板、天然石板等
涂料类	石灰浆、水泥浆、溶剂型涂料、乳液涂料、彩色胶砂涂料、彩色弹涂等	大白浆、石灰浆、油漆、乳胶漆、水溶性涂料、弹涂等
裱糊类	—	塑料墙纸、金属面墙纸、木纹壁纸、花纹玻璃纤维布、纺织面墙纸及锦缎等
铺钉类	各种金属饰面板、石棉水泥板、玻璃	各种木夹板、木纤维板、石膏板及各种装饰面板等

三、墙面装修构造

1. 清水勾缝

由于清水砖墙不作抹灰和饰面处理，为了美观和防止雨水浸入墙身，可用1∶1或1∶2的水泥砂浆勾缝。勾缝的形式有平缝、平凹缝、斜缝、弧形缝，如图3-80所示。

2. 抹灰类墙面装修

抹灰类墙面装修是以水泥、石灰或石膏等为胶接材料，加入砂或石渣，用水拌和成砂浆或石渣浆，然后将其涂抹在墙体表面上的一种装修做法。

（1）抹灰层的组成与构造　抹灰按构造层次分为底层抹灰、中层抹灰和面层抹灰；按位置分为内墙抹灰、外墙抹灰和顶棚抹灰。外墙抹灰的总厚度一般为20～25mm，内墙抹灰的总厚度一般为15～20mm，顶棚抹灰的总厚度一般为12～15mm。

施工时应严格按照抹灰的层次操作。抹灰层次如图3-81所示。抹灰层的组成与构造见表3-11。

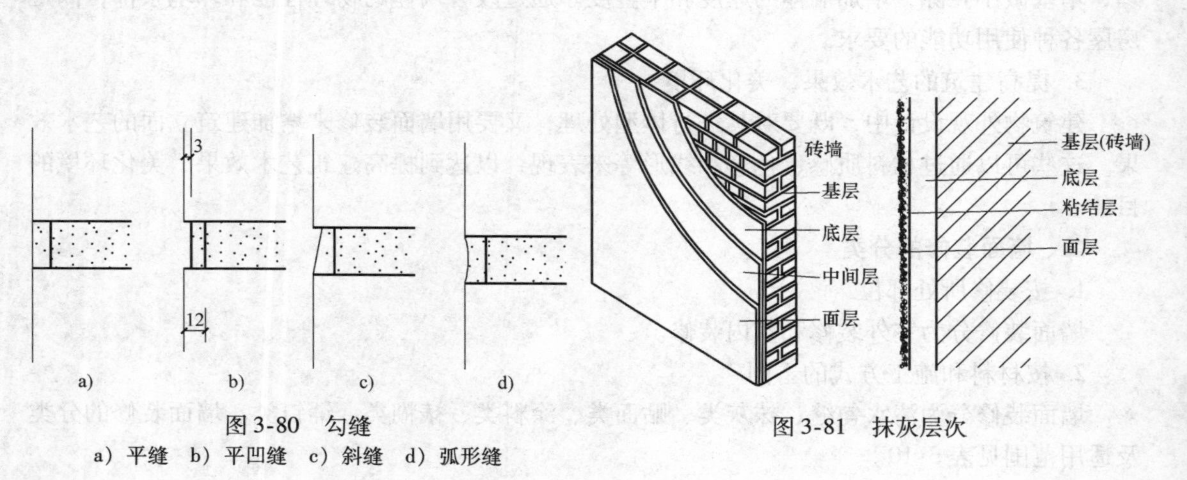

图3-80　勾缝
a）平缝　b）平凹缝　c）斜缝　d）弧形缝

图3-81　抹灰层次

表 3-11　抹灰层的组成与构造

灰层	作用	基层材料	厚度/mm	一般做法
底层抹灰	与基层粘接和初步找平	砖墙基层	10～15	1）内墙一般采用石灰砂浆、石灰炉渣浆打底 2）外墙、勒脚以及室内有防水防潮要求，采用水泥砂浆打底
		混凝土、加气混凝土基层		采用混合砂浆和水泥砂浆打底
		木板条、苇箔、钢丝网基层		1）宜用混合砂浆或麻刀石灰浆、玻璃丝灰打底 2）需将灰浆挤入基层缝隙内，以加强拉结
中层抹灰	主要起找平作用	与底层基本相同	5～12	根据施工质量要求，可一次抹成，也可分遍进行
面层抹灰	主要起装饰作用	—	3～5	1）要求表面平整、色彩均匀无裂纹，可以做成光滑、粗糙等不同质感的表面 2）室内一般采用麻刀灰、纸筋灰，室外常用水泥砂浆、水刷石、斩假石等

（2）抹灰的分类　根据面层所用材料的不同，抹灰可分为一般抹灰和装饰抹灰两类。

1）一般抹灰的材料有石灰砂浆、混合砂浆、水泥砂浆等。

2）装饰抹灰的材料有水刷石、干粘石、斩假石、水磨石等。常用装饰抹灰的构造见表 3-12，装饰抹灰具体如图 3-82、图 3-83、图 3-84 所示。

表 3-12　常用装饰抹灰的构造

面层名称	构造层次与施工工艺
水刷石	15mm 厚 1:3 水泥砂浆打底，水泥纯浆一道，10mm 厚 1:1.2～1:1.4 水泥石渣粉面，凝结前用清水自上而下洗刷，使石渣露出表面
干粘石	15mm 厚 1:3 水泥砂浆打底，水泥纯浆一道，4～6mm 厚 1:1 水泥砂浆 +803 胶（或水泥聚合物砂浆）粘接层，3～5mm 彩色石渣面层（用甩或喷的方法施工）
斩假石	15mm 厚 1:3 水泥砂浆打底，水泥纯浆一道，10mm 厚 1:1.2～1:1.4 水泥石渣粉面，用剁斧斩去表面层水泥浆或石尖部分，使其显出凿纹
水磨石	15mm 厚 1:3 水泥砂浆打底，分格固定金属或玻璃嵌条，1:1.5 水泥石渣粉面，表面分遍磨光后用草酸清洗，晾干打蜡

图 3-82　水刷石

图 3-83　斩假石

(3) 抹灰的标准

1) 普通抹灰：一层底层抹灰，一层面层抹灰。

2) 中级抹灰：一层底层抹灰，一层中层抹灰，一层面层抹灰，适用于住宅、办公楼、学校、旅馆等。

3) 高级抹灰：一层底层抹灰，多层中层抹灰，一层面层抹灰，适用于公共建筑、纪念性建筑，如剧院、展览馆。

(4) 护角　在内墙阳角位置，宜用1:2水泥砂浆护角，高度不应小于2m，每侧宽度不应小于50mm，如图3-85所示。

图3-84　水磨石

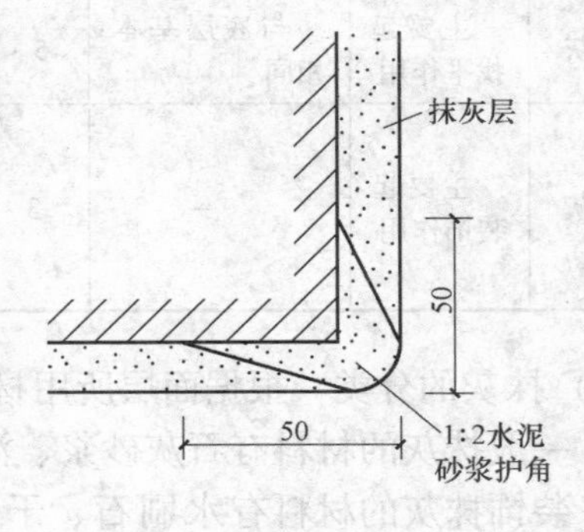

图3-85　护角

(5) 引条线　外墙大面积抹灰，由于材料干缩和温度变化，容易产生应力集中，使得墙体表面产生裂缝。因此，需要将饰面分成小块进行，这些分格的线称为引条线。引条线的划分要考虑门窗的位置，四周一般拉通，竖向到勒脚。引条线的做法是在底灰上埋放不同形式的木引条，面层抹灰完毕后及时取下引条，再用水泥砂浆勾缝，一般采用凹缝，以提高抗渗能力，如图3-86所示。

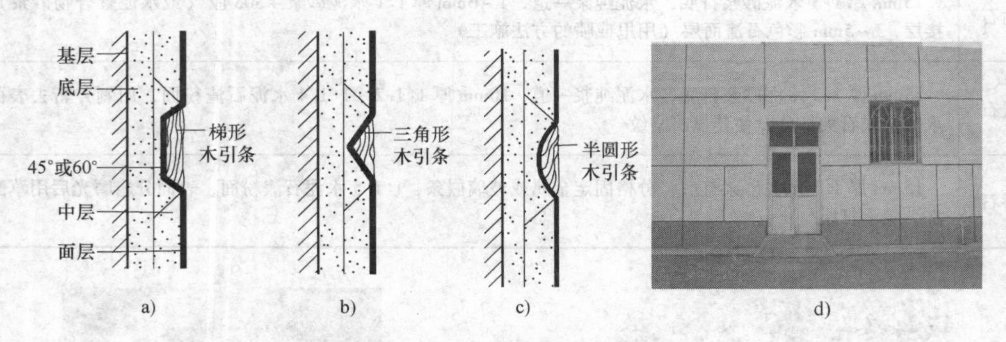

图3-86　外墙抹灰引条线构造

a) 梯形引条线　b) 三角形引条线　c) 半圆形引条线　d) 外墙引条线

3. 贴面类墙面装修

贴面类装修是指将各种天然石材、人造石板、块材，通过绑挂或直接粘贴于基层表面的装修做法。常用的贴面材料有花岗石、大理石、面砖、瓷砖、陶瓷锦砖等。

(1) 面砖、陶瓷锦砖墙面装修

1) 面砖：多数以陶土和瓷土为原料，压制成形后煅烧而成。面砖分挂釉和不挂釉、平滑和有一定纹理质感等类型。施工方法：面砖应先放入水中浸泡，安装前取出晾干或擦干。安装面砖前，应先将墙面清洗干净，安装时先用15mm厚1:3水泥砂浆打底找平，再用5mm厚1:1水泥细砂浆将面砖粘贴于墙上，如图3-87a所示。

2）陶瓷锦砖（马赛克）：以优质陶土烧制而成，有挂釉和不挂釉之分。陶瓷锦砖生产时，先按设计的图案将小块材正面向下贴在300mm×300mm的牛皮纸上，粘贴前先用15mm厚1:3水泥砂浆打底找平，然后用3~4mm厚1:1水泥细砂浆将马赛克贴于饰面基层上（牛皮纸面向外），用木板压平，待半凝后将纸洗掉，同时修整饰面，如图3-87b所示。

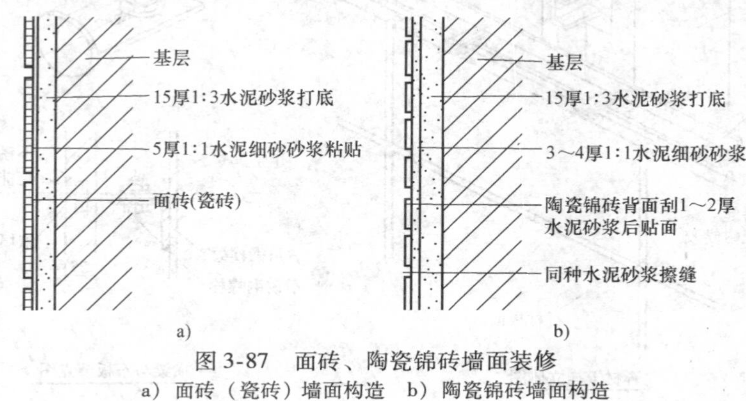

图3-87　面砖、陶瓷锦砖墙面装修
a）面砖（瓷砖）墙面构造　b）陶瓷锦砖墙面构造

（2）天然石材和人造石材墙面装修

常见的天然石板有花岗石板、大理石板。它们强度高、结构密实、不易污染、装修效果好，但是加工复杂、价格昂贵，多用于高级墙面装修中。

人造石板是由指人造大理石和人造花岗石等，一般由白水泥、彩色石子、颜料等配合而成，具有天然石材的花纹和质感、重量轻、表面光洁、色彩多样、造价较低等优点。人造石材墙面装修按照施工方法分干挂法和湿挂法。

1）石材湿挂法：先在墙内或柱内预埋Φ6铁箍，间距依石材规格而定，然后在铁箍内立Φ6~Φ10竖筋，在竖筋上绑扎横筋，形成钢筋网，将天然石板上、下边钻小孔，然后用钢丝绑扎固定在钢筋网上。上下两块石板用不锈钢卡销固定，板与墙面之间预留20~30mm缝隙，上部用定位活动木楔做临时固定，校正无误后，在板与墙之间浇筑1:3水泥砂浆，待砂浆初凝后，取掉定位活动木楔，继续上层石板的安装，如图3-88所示。

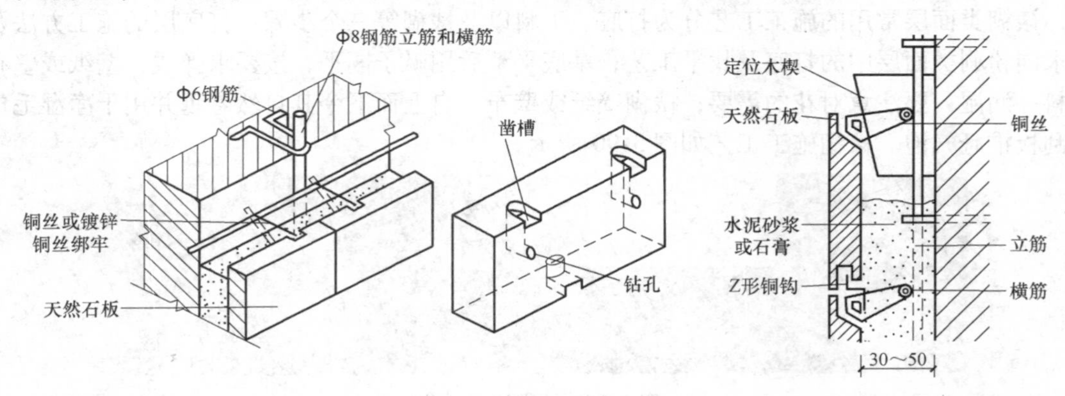

图3-88　石材湿挂法构造

2）干挂石材法（连接件挂接法）：用型钢做骨架，板材侧面开槽，用专用的不锈钢或铝合金挂件连接于型钢上，因而将饰面石材与结构可靠地连接，其间形成空气间层不作灌浆处理，可在缝中垫泡沫条打硅酮条密封，如图 3-89 所示。

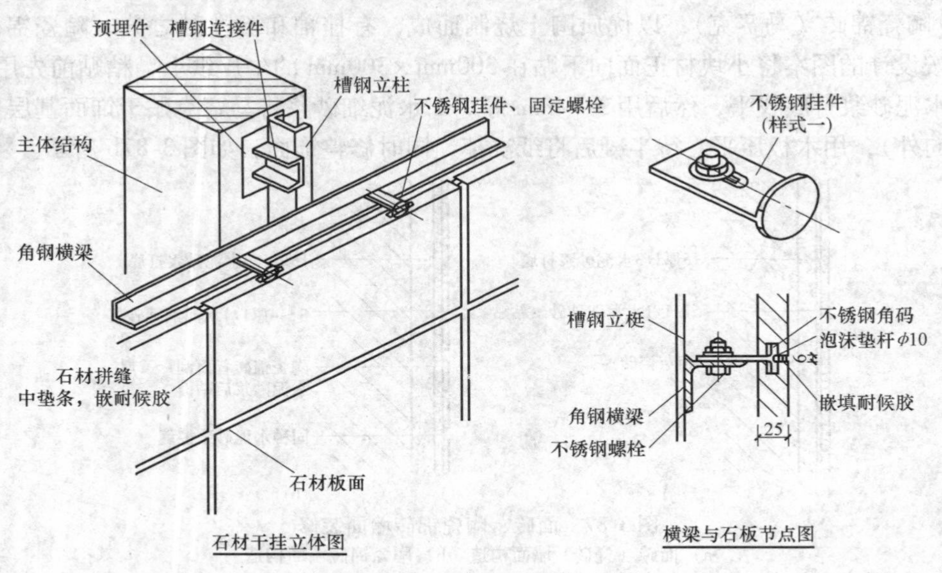

图 3-89　石材干挂法构造

4. 涂料类墙面装修

涂料类墙面装修是指将各种涂料喷涂、刷于基层表面而形成完整和牢固的保护膜的装修做法。涂料按其主要成膜物的不同，可以分为有机涂料和无机涂料两大类。常用的有机涂料有油漆、乳胶漆、过氯乙烯涂料、聚乙烯醇涂料等。常用的无机涂料有石灰浆、大白浆、可赛银浆、无机高分子涂料等。施涂方法有刷涂、滚涂、喷涂、弹涂等方法。施涂的基层主要是抹灰层，有时也可以是砖、混凝土、木材等。

5. 裱糊类墙面装修

裱糊类墙面装修是将各种装饰性的墙纸、墙布、织锦等材料裱糊在墙面上的一种装修做法。墙纸品种很多，目前国内使用最多的是 PVC 塑料墙纸、纺织物面墙纸、金属墙纸，墙布有玻璃纤维墙布、锦缎等。

裱糊类面层常用的施工工艺分为打底、下料以及裱糊等三个步骤：打底层的施工方法及要求同粉刷类面层中的打底及找平工艺；基底平整后用腻子嵌平，按要求弹线；壁纸或壁布下料并润湿，要注意对花的需要；裱糊壁纸或壁布，自上而下令其自然悬垂并用干净湿毛巾或刮板推赶气泡。裱糊施工工艺如图 3-90 所示。

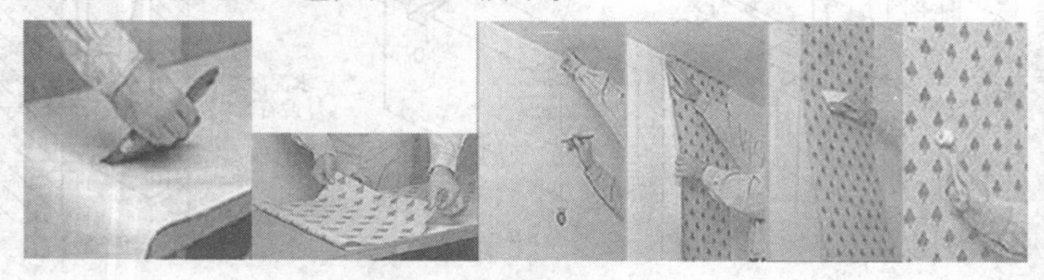

图 3-90　裱糊施工工艺

6. 铺钉类墙面装修

铺钉类装修是将各种天然或人造薄板镶钉在墙面上的饰面作法。由于它不需要对墙面进行抹灰，属于干作业施工，工效较高，多用于宾馆、大型公共建筑大厅，如候机厅、候车室及商场等。

铺钉类装修与隔墙构造相似，由骨架、面板两部分组成。骨架有木骨架和金属骨架之分，木骨架可借埋在墙上的木砖固定在墙身上，金属骨架可借埋入墙内的膨胀螺栓固定。目前多用更为简单的射钉枪固定方法，用钢钉直接将木或金属龙骨钉在砖或混凝土墙上。为防止骨架和面板因受潮而受损或变形，可在墙基上涂刷热沥青两道作防潮层。

（1）木质板墙面　木质板墙面是用各种硬木板、胶合板、纤维板以及各种装饰面板等作的装修，如图3-91所示。

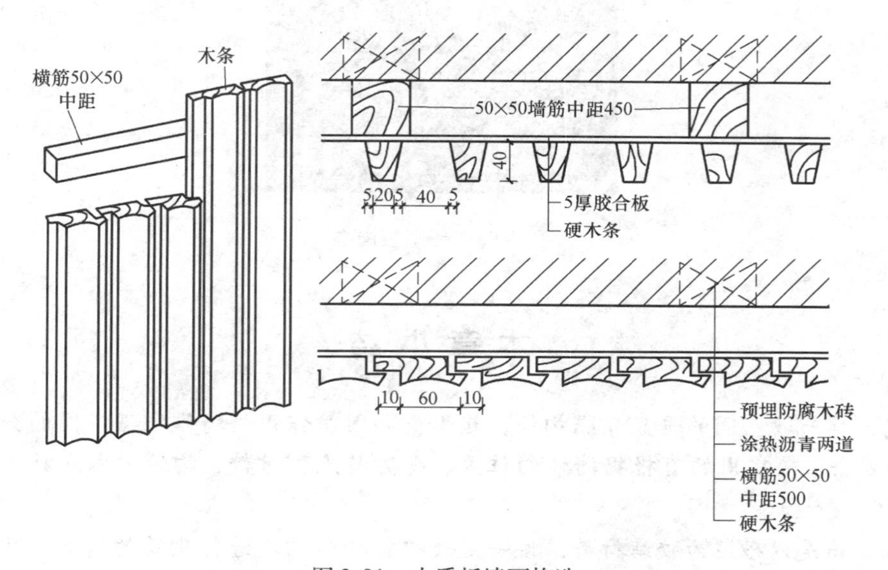

图3-91　木质板墙面构造

（2）石膏板墙面　石膏板墙面是指先在墙体上涂刷防潮涂料，然后在墙体上铺设龙骨，将石膏板钉在龙骨上，最后进行板面修饰，如图3-92所示。

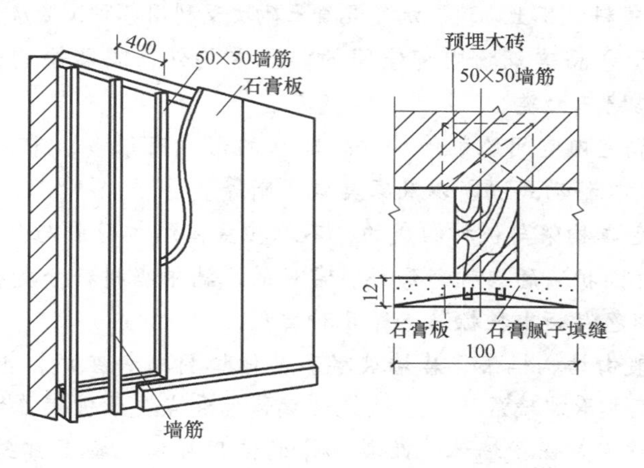

图3-92　石膏板墙面构造

（3）金属薄板墙面　金属薄板墙面是指利用薄钢板、不锈钢板、铝板或铝合金板作为墙面装修材料。金属薄板墙面装修构造，也是先立墙筋，然后外钉面板。墙筋用膨胀铆钉固定在墙上，间距为60～90mm。金属板用自攻螺钉或膨胀铆钉固定，也可先用电钻打孔后用木螺钉固定，如图3-93所示。

图3-93　铝塑板岗亭

本章小结

1. 墙是建筑物空间的垂直分隔构件，起承重和围护作用。墙体依据不同的分类标准有很多划分方法，较常用的有根据墙体的位置、受力特点、材料、构造方式和施工方法进行分类。

2. 砌体墙是以砂浆为胶结材料，按一定规律将砖和砌块进行砌筑的墙体。砌体墙的细部构造包括勒脚、散水和明沟、墙身防潮层、踢脚板、墙裙、过梁、窗台、壁柱和门垛、圈梁、构造柱等。

3. 砌块墙是将预制块材（砌块）按一定技术要求砌筑而成的墙体。按砌块材料分，砌块有普通混凝土砌块、轻集料混凝土砌块、加气混凝土砌块及利用各种工业废料制成的砌块。

4. 隔墙是指用于分隔建筑物内部空间的非承重构件，隔墙按构造方式分为块材隔墙、轻骨架隔墙和板材隔墙三大类。

5. 隔断是指分隔室内空间的装修构件。隔断的形式有很多，常见的有屏风式隔断、镂空式隔断、玻璃隔断、移动式隔断以及家具式隔断等。

6. 幕墙是指由金属构架与板材组成的，不承担主体结构荷载与作用的建筑外围护结构。建筑幕墙是建筑物外围护墙的一种新形式。常见的幕墙根据材料分类有玻璃幕墙、金属板幕墙、石材板幕墙和彩色混凝土挂板幕墙等几种类型。

7. 玻璃幕墙一般由结构框架、幕墙玻璃和其他填衬材料组成，根据其组合形式和构造方式的不同可分为框支承玻璃幕墙、全玻式玻璃幕墙和点支承玻璃幕墙。

8. 墙面装修的作用是保护墙体，改善墙体的使用功能，提高建筑的艺术效果、美化环境。墙面装修分为清水勾缝、抹灰类、贴面类、涂刷类、裱糊类、铺钉类。

思考与练习题

一、填空题

1. 墙体保温做法我们推荐采用__________做法，保温材料可以采用聚苯板、发泡聚氨酯。

2. 砌体结构的抗震能力是通过在墙体中加设__________和__________实现。

3. 幕墙根据支撑方式不同可以分为__________、__________、__________。

4. 框架结构的填充墙是__________墙（承重、非承重），柱子基础的构造形式采用__________基础。

5. 幕墙根据面板材料的不同可分为__________、__________、__________、__________。

二、选择题

1. ±0.000 以下部位的砌筑砂浆应该采用（　　）。

A. 水泥砂浆　　B. 混合砂浆　　C. 石灰砂浆　　D. 都可以

2. 裱糊类面层的粘贴顺序为（　　）。

A. 自下而上　　B. 自上而下　　C. 都可以

3. ±0.000 以下应该采用（　　）。

A. 多孔砖　　B. 空心砌块　　C. 实心砖　　D. 灰砂砖

4. 玻璃幕墙的玻璃采用镀膜玻璃的目的是（　　）。

A. 防止透视　　B．保温　　C. 反射太阳光　　D. 安全

5. 构造柱的截面尺寸宜采用（　　）。

A. 240mm×180mm　　B. 120 mm×240mm　　C. 240mm×240mm

6. 下列哪种做法不是墙体的加固做法（　　）。

A. 当墙体长度超过一定限度时，在墙体局部位置增设壁柱

B. 设置圈梁

C. 设置钢筋混凝土构造柱

D. 在墙体适当位置用砌块砌筑

7. 下列哪种砂浆既有较高的强度又有较好的和易性（　　）。

A. 水泥砂浆　　B. 石灰砂浆　　C. 混合砂浆　　D. 粘土砂浆

8. 图 3-94 中砖墙的组砌方式是（　　）。

A. 梅花丁　　B. 多顺一丁　　C. 一顺一丁　　D. 全顺式

9. 图 3-95 中砖墙的组砌方式是（　　）。

A. 梅花丁　　B. 多顺一丁　　C. 全顺式　　D. 一顺一丁

图　3-94

图　3-95

三、名词解释

1. 幕墙

2. 隔墙和隔断

3. 勒脚

4. 过梁

四、简答题

1. 墙身防潮层的位置及常用做法是什么？

2. 实体砖墙有哪些砌筑方式？组砌的原则是什么？

3. 圈梁和构造柱的作用是什么？

4. 简述构造柱的构造要点。

5. 墙面装修的分类有哪些？

6. 抹灰的层次及作用是什么？

7. 隔墙的要求及种类是什么？

五、设计作图题（外墙身构造设计）

1. 设计条件

一个两层建筑物，外墙采用24厚砖墙，墙上有窗。室内外高差为450mm。室内地坪层次分别为素土夯实，3:7灰土厚100mm，C10素混凝土层厚80mm，水泥砂浆面层厚20mm。采用钢筋混凝土楼板。

2. 设计内容

要求沿外墙窗部位纵剖，直至基础以上，绘制墙身剖面，比例为1:10，包括：楼板与砖墙结合节点、过梁、窗台、勒脚及其防潮处理、明沟或散水。

3. 图纸要求

用一张A3图样完成。图中线条、材料等，一律按建筑制图标准表示。

4. 说明

1）如果图纸尺寸不够，可在节点与节点之间用折断线断开，也可将五个节点分为两部分布图。

2）图中必须注明具体尺寸，注明所用材料。

3）要求字体工整，线条粗细分明。

第四章　楼　地　层

知识要点

知 识 要 点	权重
楼板层与地坪层的设计要求和构造组成	5%
钢筋混凝土楼板的类型、特点、结构布置和连接构造，楼板与墙或梁的拉结方式	35%
楼地面的防水、隔声构造措施	15%
楼地面的类型、作用及设计要求，常见楼地面的构造方法	15%
顶棚的类型、作用及各种顶棚的构造要求	15%
雨篷与阳台的类型及构造做法	15%

行动导向教学任务单

工作任务单一　用 CAD 或 SolidWorks 建模软件建立楼板、墙体、梁的连接节点模型。

工作任务单二　掌握有水房间楼地面的防水构造，制作模型，以图示表达。

工作任务单三　以小组为学习单位，根据本书附录中工程案例的楼层结构施工图并结合钢筋表，识读图样中每块楼板配筋的直径、长度、间距、端部弯勾形式，以及受力筋、各种构造筋的配置方式，并选取其中一块楼板，用细铁丝等材料制作楼板的模型图及楼板与墙体、梁连接处的节点模型图，要求制作的模型符合真实尺寸比例。

工作任务单四　抄绘阳台板与栏杆、栏杆（或栏板）与墙体的构造节点图。

工作任务单五　参观在建楼层的结构工程，用图样表达楼板层构造，并制作 PPT 演示文稿进行汇报。

推荐阅读资料

1. 中国建筑东北设计研究院. GB 50003—2001　砌体结构设计规范〔S〕. 北京：中国标准出版社，2002.

2. 中国建筑科学研究院. GB 50010—2010　混凝土结构设计规范〔S〕. 北京：中国建筑工业出版社，2011.

3. 中国建筑科学研究院. GB 50327—2001　住宅装饰装修工程施工规范〔S〕. 北京：中国建筑工业出版社，2001.

4. 中国建筑科学研究院. GB 50011—2010　建筑抗震设计规范〔S〕. 北京：中国建筑工业出版社，2010.

第一节 楼板层概述

一、楼板层的作用及设计要求

1. 楼板层的作用

楼板层是建筑物的重要组成部分。楼板层既是用来分隔建筑物垂直方向室内空间的水平构件，又是承重构件，承受着自重和作用在它上部的各种荷载，并将这些荷载传递给下面的墙或柱；另外，楼板层又是墙或柱在水平方向的支承构件，以减小风力和地震发生时对墙体水平方向的推力，加强建筑墙体抵抗水平方向变形的刚度。同时，楼板层还提供了敷设各类水平管线的空间，如电缆、水管、暖气管道、通风管等。此外，楼板层还应具有一定程度的隔声、防火、防水等能力。

2. 楼板层的设计要求

为保证建筑物的使用安全和质量，并根据楼板层所处位置和使用功能的不同，设计时应满足下列要求：

1）应具有足够的强度和刚度。楼板必须具有足够的强度，以保证在各种荷载作用下的使用安全，不发生任何破坏，同时楼板又必须具有足够的刚度，在荷载作用下，楼板变形不超过容许范围，以保证正常使用。

2）应具有一定的隔声能力。为了避免楼层间的相互干扰，楼板层应有一定的隔声能力。不同的使用房间，对隔声要求也不同。对建筑标准较高的房间，应对楼板层做必要的构造处理，以提高其隔绝撞击声的能力。

3）应具有防水、防潮能力。对于有水房间，如厨房、厕所、卫生间等房间的地面，一定要做好防水、防潮处理，以免渗漏或水侵入墙体，而影响建筑物的正常使用和使用寿命。

4）应具有一定的防火能力。根据不同的使用要求和建筑质量等级，楼板层应具有一定的防火能力，所以要正确地选择材料和构造做法，使其燃烧性能和耐火极限符合国家防火规范中的相关规定。

5）应具有一定的保温、隔热性能。楼板须具备一定的保温、隔热性能，施工时应正确地选择材料和相应的构造做法，以保证室内温度适宜，居住舒适。

6）应满足敷设各种管线的要求。在现代建筑中，通常要借助楼板层来敷设各种管线。另外，为保证室内平面布置的灵活性和使用空间的完整性，在楼板层的设计中，必须仔细考虑各种设备管线的走向。

7）应考虑经济效益和建筑工业化等方面的要求。

二、楼板层的组成

为满足多种要求，楼板层都由若干层次组成，各层有着不同的作用。楼板层主要由面层、结构层和顶棚三个基本层次组成，有时为了满足某些特殊要求，还需要加设附加层，如图 4-1 所示。

1. 面层

面层是楼板层上表面的铺筑层，也是室内空间下部的装饰层，又称为楼面或地面。面层是楼板层中与人和家具设备直接接触的部分，起着保护楼板、分布荷载的作用，使结构层免受损坏，同时也起装饰室内环境的作用。

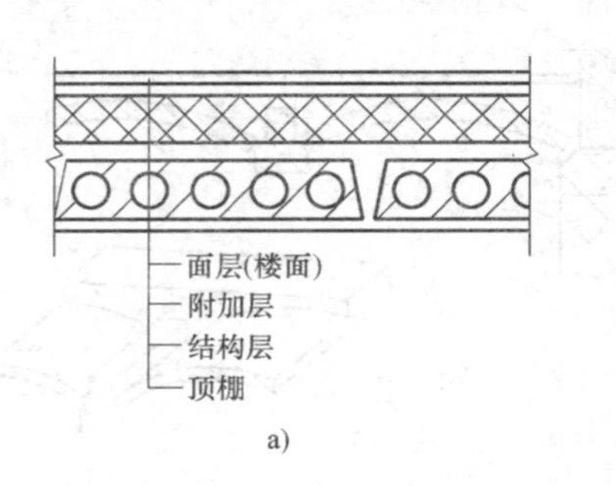

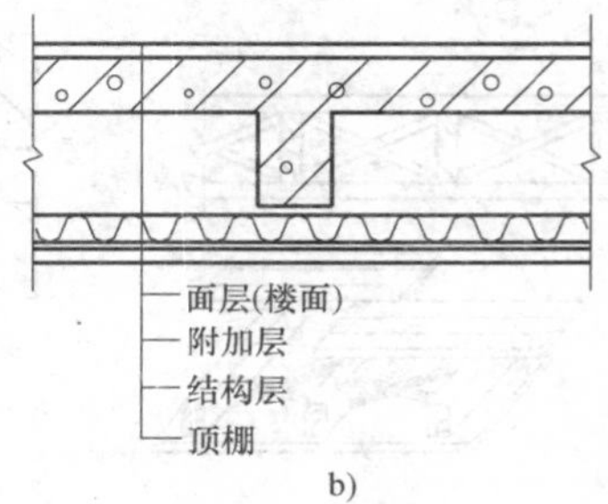

图 4-1　楼板层的构造
a）预制钢筋混凝土楼板构造　b）现浇钢筋混凝土楼板构造

2. 结构层

结构层位于面层和顶棚之间，是楼板层的承重部分，包括板和梁。结构层承受着整个楼板层的全部荷载，并把这些荷载传递给其下墙或柱，同时对墙体起着水平方向的拉结作用，还对楼板层的隔声、防火等起着主要作用。

3. 附加层

附加层又称为功能层。它是为满足楼板层的特殊需要而设置的，如隔声、保温、隔热、防水、防潮、防腐蚀等。附加层有时可和面层或吊顶合二为一。

4. 顶棚

顶棚位于楼板层的最下面，起着保护楼板、安装灯具、敷设管线、装饰室内环境等作用。

三、楼板层的类型

楼板根据其所用材料的不同，可分为木楼板、砖拱楼板、钢筋混凝土楼板、压型钢板组合楼板等，如图 4-2 所示。

1. 木楼板

木楼板是我国传统的楼板形式，用木梁承重，上面铺木地板，下面的顶棚进行板条抹灰。木楼板施工简单，重量轻，保温性能好，但木材易燃，且容易受潮变形，耐久性差，造价较高，破坏自然环境，现在已很少使用。有时在一些风景区，为突出与自然环境相融合，在某些小型艺术性的建筑中还会用到。

2. 砖拱楼板

砖拱楼板自重大、施工复杂，对技术性要求高，楼板厚度大，而且对抗震不利，现在已不使用。

3. 钢筋混凝土楼板

钢筋混凝土楼板具有强度高、刚度大、耐久性好、防火，还具有良好的可塑性，并且有利于实现建筑工业化，所以在建筑施工中得到广泛的应用。

4. 压型钢板组合楼板

压型钢板组合楼板是一种新型的楼板形式，它利用钢板作永久性模板且又起受弯构件的作用，既提高了楼板的强度和刚度，又加快了施工进度，同时还可利用压型钢板的肋间空隙敷设管线等，是现在大力推广的一种新型建筑楼板。

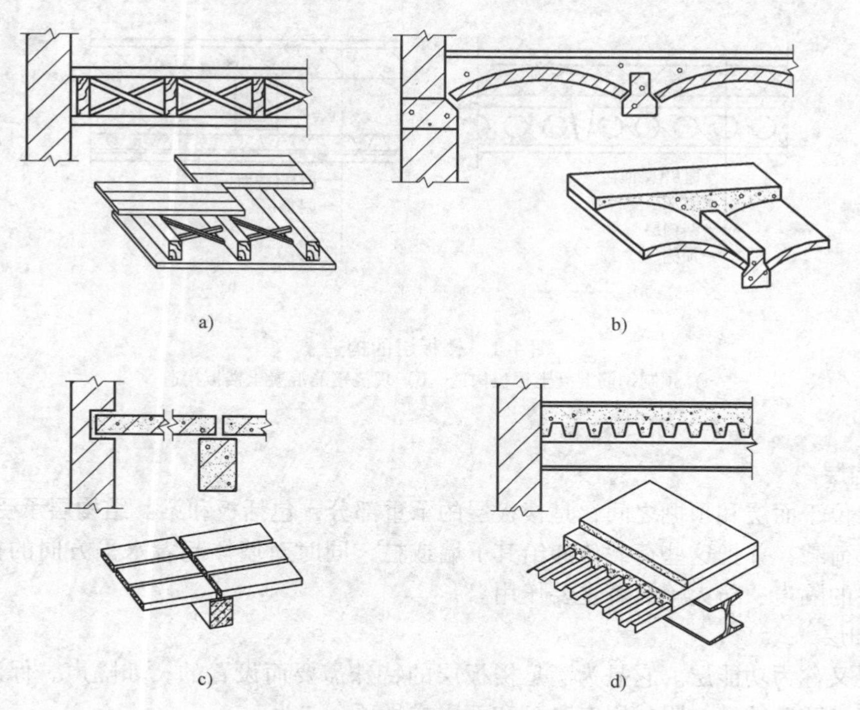

图 4-2　楼板的类型
a）木楼板　b）砖拱楼板　c）钢筋混凝土楼板　d）压型钢板组合楼板

第二节　钢筋混凝土楼板

钢筋混凝土楼板按施工方式不同可分为现浇式、预制装配式和装配整体式三种类型。

一、现浇式钢筋混凝土楼板

现浇式钢筋混凝土楼板是在施工现场制作的。它具有整体性好、抗震能力强、刚度高，且容易适应各种形状或尺寸不符合建筑模数要求的楼层平面等优点；但它有模板用量大、工序繁多、需要养护、施工期长、劳动强度高、湿作业量大等缺点。现浇式钢筋混凝土楼板主要用于平面形状复杂、整体性要求高、管道布置较多、对防水防潮要求高的房间。

现浇式钢筋混凝土楼板按受力和支承情况分为板式楼板、梁式楼板、无梁楼板。

1. 板式楼板

房间的尺寸较小时，楼板层直接现浇成一块矩形的板，并直接支承在四周的墙体上，这样的板称为板式楼板。楼板上荷载直接由板传给墙体，不需另设梁。板式楼板底面平整、厚度一致、易于支模浇筑。板式楼板的经济跨度为 2 ~ 3m，厚度在 80mm 左右。它主要适用于开间小的房间，多用于住宅中的厨房、厕所、盥洗室、走廊、楼梯休息平台等处。

2. 梁式楼板

当房间的尺寸较大时，若采用板式楼板，板的厚度会因跨度较大而增加，这样很不经济，且板的自重加大。为使楼板的受力和传力更为合理，常在楼板下设梁作为板的支承点，以减少板的跨度和厚度，这种楼板称为梁式楼板（或肋梁楼板），如图 4-3 所示。

梁式楼板根据受力特点和支承情况，可分为单向板和双向板。

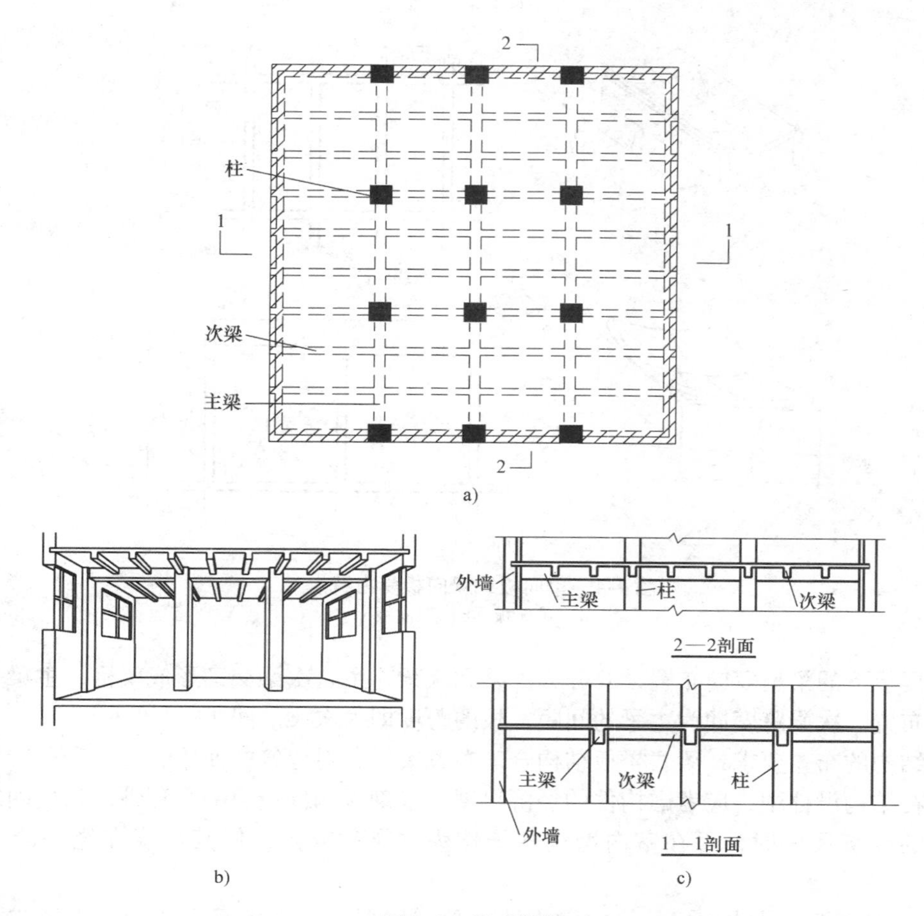

图4-3 梁式楼板

a）梁式楼板平面图 b）梁式楼板透视图 c）梁式楼板剖面图

（1）单向板 当板的长边尺寸（L）与短边尺寸（B）的比值L/B大于等于3时，为单向板。单向梁式板由主梁、次梁、板组成。板内受力筋沿短边方向布置（在板的外侧），分布筋沿长边方向布置（在板的内侧），受力与传力方式为：楼板将所受荷载传给次梁，由次梁传给主梁，主梁再传给下面的墙或柱。梁板结构的经济尺寸见表4-1。

表4-1 梁板结构的经济尺寸

构件名称	经济跨度(L)/m	高度(H)/mm		宽度(B)/m
主梁	6~9	(1/14~1/8)L		梁宽为(1/3~1/2)H
次梁	4~7	(1/18~1/12)L		梁宽为(1/3~1/2)H
板	1.8~3	单向板	一般为(1/35~1/30)L，70~100	—
		双向板	一般为(1/40~1/35)L，80~160	—

（2）双向板 L/B小于或等于2时为双向板，双向板内受力筋沿板双向配置（短边方向的受力筋放在板的外侧）；当L/B大于2且小于3时，宜按照双向板计算配筋，双向板由板、肋梁组成。双向板比单向板受力和传力更加合理，能充分发挥构件材料的作用，如图4-4所示。

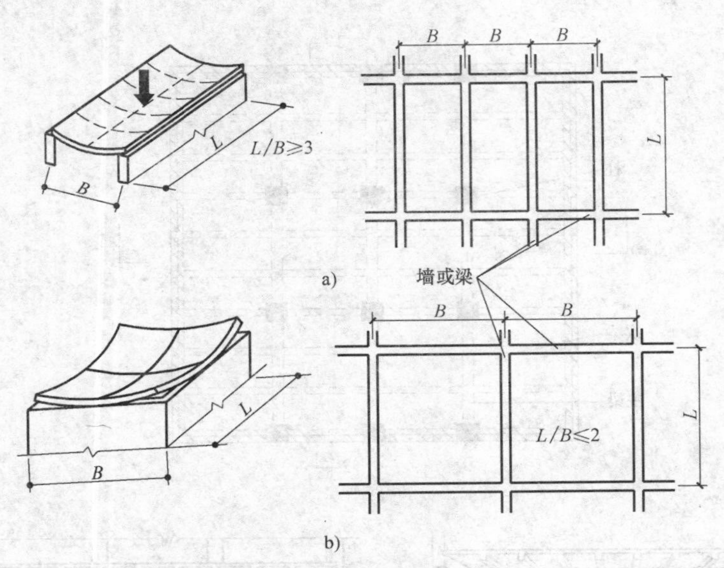

图 4-4 单向板或双向板受力特点

a）单向板 b）双向板

梁式楼板下的梁呈双向布置，并分为主梁和次梁，主、次梁交叉形成梁格，主梁一般沿房间短向布置。次梁跨度即为主梁的间距，板的跨度即为次梁的间距。

楼板结构的布置要求：梁式楼板结构合理布置梁格，对建筑的使用、造价和美观等有很大影响。在结构设计中，应考虑构件的经济尺度，以确保构件受力的合理性。当房间的尺度超出构件的经济尺度时，可在室内增设柱子作为主梁的支点，使其尺度在经济跨度范围以内。

（3）井式楼板　井式楼板是梁式楼板的一种特殊形式。当房间形状为正方形或近于正方形（长宽之比≤1.5 的矩形平面）且跨度在 10m 或 10m 以上时，可将两个方向的梁等间距布置，采用相同的梁高，不分主次，形成井格式梁板结构，这种楼板称为井式楼板，如图 4-5 所示。井格一般布置成正交正放、正交斜放或斜交斜放三种，如图 4-6 所示。它可用于较大的无柱空间，如门厅、大厅、会议厅、餐厅、舞厅等处。

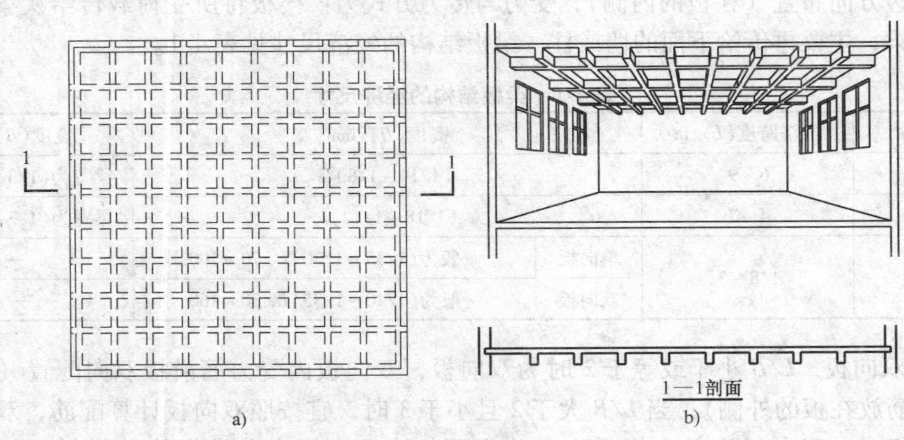

图 4-5 井式楼板

a）井式楼板平面图 b）井式楼板透视图

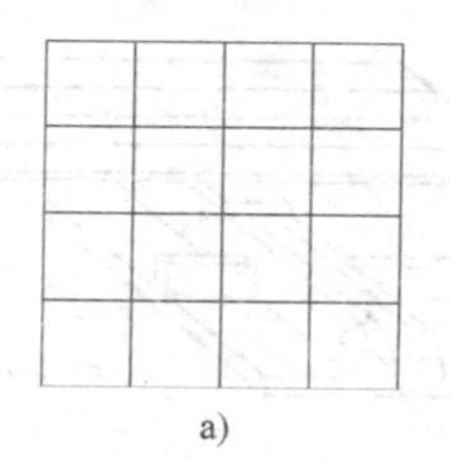

a)

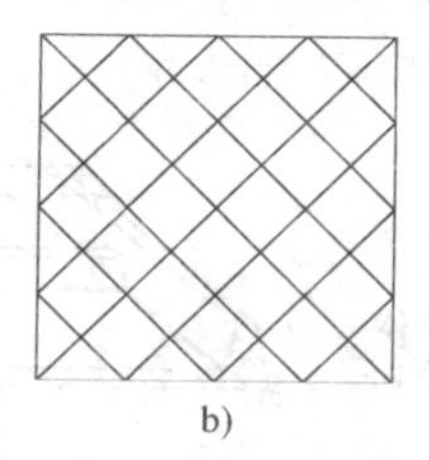

b)

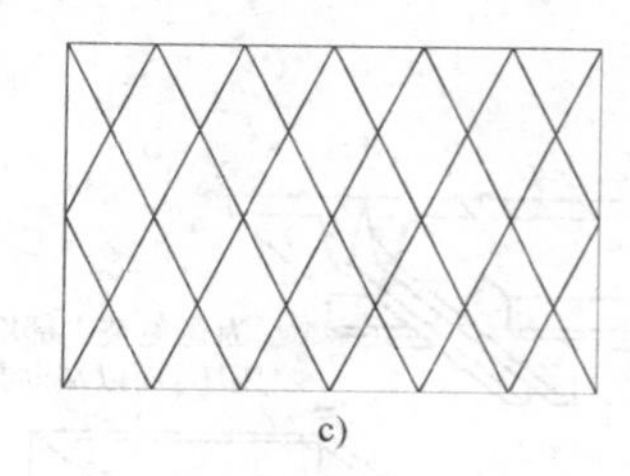

c)

图 4-6　井格形式

a）正交正放　b）正交斜放　c）斜交斜放

3. 无梁楼板

当房间的空间较大时，可不设梁，而将板直接支承在柱上，这种楼板称为无梁楼板。无梁楼板通常是框架结构中的承重形式。楼板的四周可支承在墙上，也可支承在边柱的圈梁上，或是悬臂伸出边柱以外。无梁楼板分为柱帽式和无柱帽式两种。当荷载较大时，一般在柱的顶部设柱帽或托板，如图 4-7 所示。

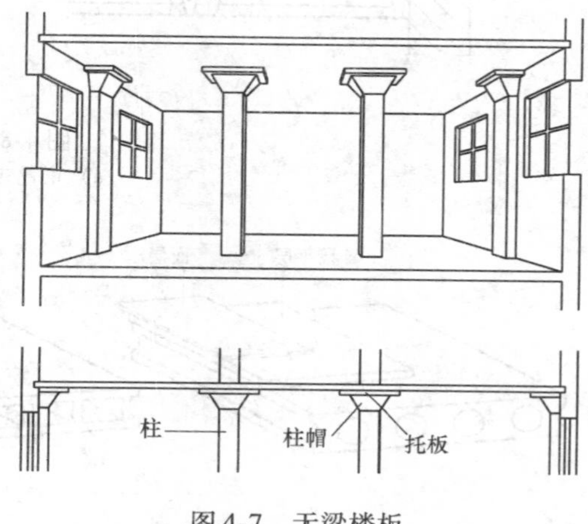

图 4-7　无梁楼板

无梁楼板柱网一般为正方形或矩形，以正方形柱网最为经济，跨度一般在 6m 左右，板厚通常不小于 150mm，一般在 160 ~ 200mm 之间。

无梁楼板具有顶棚平整、增加室内的净空高度、采光通风条件好等特点，多用于商店、仓库、展览馆和多层工业厂房等建筑。

二、预制装配式钢筋混凝土楼板

预制装配式钢筋混凝土楼板具有节约模板、简化操作程序、减轻劳动强度、加快施工进度、大幅度缩短工期、建筑工业化施工水平高的优点，但预制钢筋混凝土楼板整体性差、抗震性能不好。

预制钢筋混凝土楼板有预应力和非预应力两种。预应力楼板与非预应力楼板相比，减轻了自重，节约了钢材和混凝土，降低了造价，也为采用高强度材料创造了条件，因此在建筑施工中优先采用预应力构件。

1. 预制钢筋混凝土楼板的类型

（1）实心平板　实心平板上下板平整，制作简单。实心平板的跨度小，一般用于建筑物的走廊板、楼梯的平台板、阳台板，也可用作架空搁板、沟盖板等。

（2）槽形板　槽形板是一种梁板合一的构件。为方便搁置并提高板的刚度，可在板的横向两端也设肋封闭，当板跨达到 6m 时，每隔 500 ~ 700mm，设横肋一条，以进一步增加板的刚度，满足承载的需要。

槽形板的放置方式分为正置式和倒置式，如图 4-8 所示。

（3）空心板　空心板上下板面平整，便于作楼面和顶棚，比实心平板经济省料，且隔声性能也优于实心板和槽形板。空心板上不能随便开洞，故不适用于管道穿越较多的房间，如图 4-9 所示。

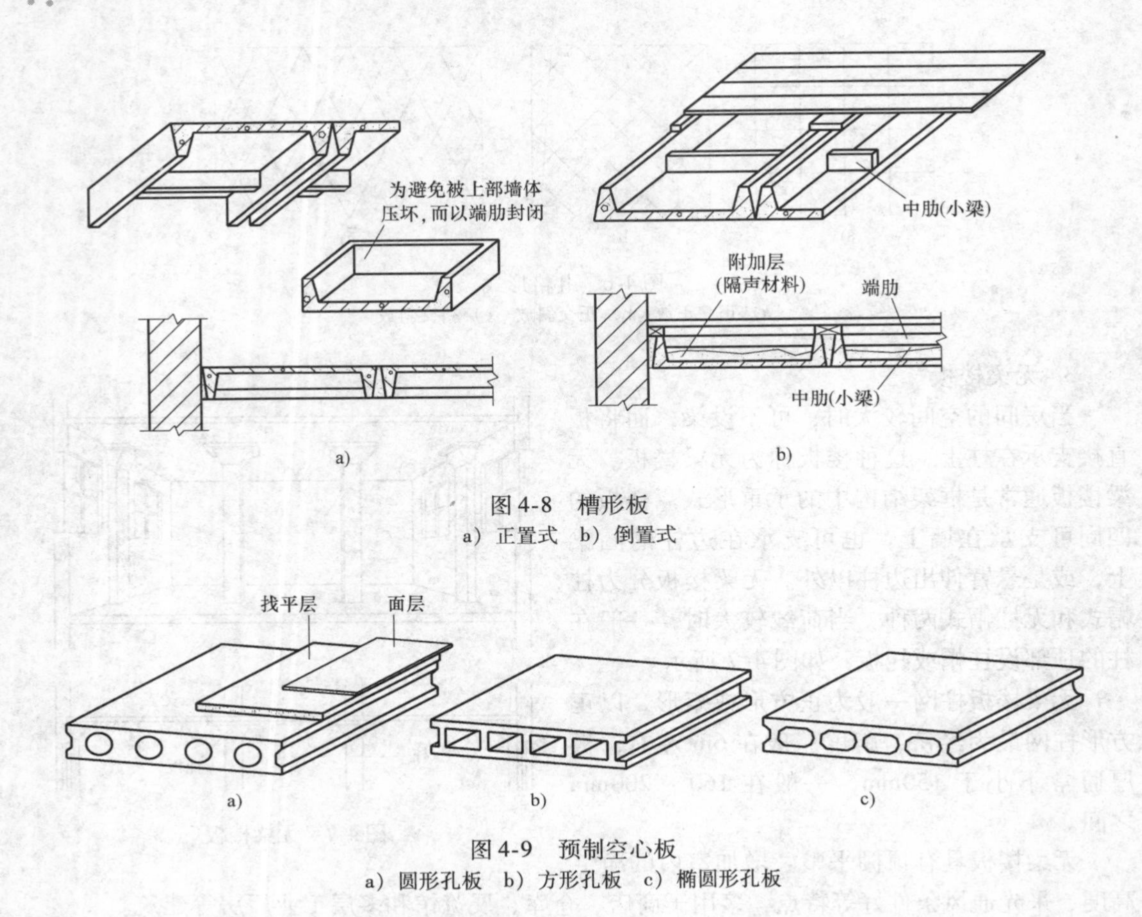

图 4-8 槽形板
a）正置式 b）倒置式

图 4-9 预制空心板
a）圆形孔板 b）方形孔板 c）椭圆形孔板

空心板在安装时，有时为了避免混凝土灌缝时漏浆，确保板端上部墙体不至于压坏板端，并将上部荷载均匀传至下部墙体，板端的孔洞应用细石混凝土制作的圆台堵塞（称为堵头），这样还可增强隔声的能力。

2. 预制装配式钢筋混凝土楼板的布置和连接构造

1）板在墙上必须有足够的搁置长度，《砌体结构设计规范》（GB 50003—2001）规定：预制钢筋混凝土板的支承长度，在墙上不宜小于 100mm，在钢筋混凝土圈梁上不宜小于 80mm；当利用板端伸出钢筋拉结和混凝土灌缝时，其支承长度可为 40mm，但板端缝宽不小于 80mm，灌缝混凝土不宜低于 C20。在地震设防区，当圈梁与板未设在同一标高时，板在外墙上的搁置长度应不小于 120mm，在内墙上的搁置长度不应小于 100mm。另外，在布板时，应先在墙上垫 10 ~ 20mm 厚 M5 的水泥砂浆层（坐浆），以使板与墙体很好地连接，板上的荷载可均匀传递给墙体。

为增加建筑物的整体刚度，可用钢筋将板与墙之间进行拉结，这种钢筋称为锚固筋，也叫拉结钢筋。拉结钢筋的配置应根据抗震要求和建筑物对整体刚度的要求来确定。板与墙的拉结构造如图 4-10 所示。

2）当建筑物的进深和开间比较大时，楼板可搁置在梁上，而梁支承在墙或柱子上，形成梁板式结构。板在梁上的支承长度一般不小于 80mm。板搁置时，先在梁上设水泥砂浆（坐浆），砂浆的厚度在 10 ~ 20mm，强度等级为 M5。梁板式结构多用于教学楼等开间、进

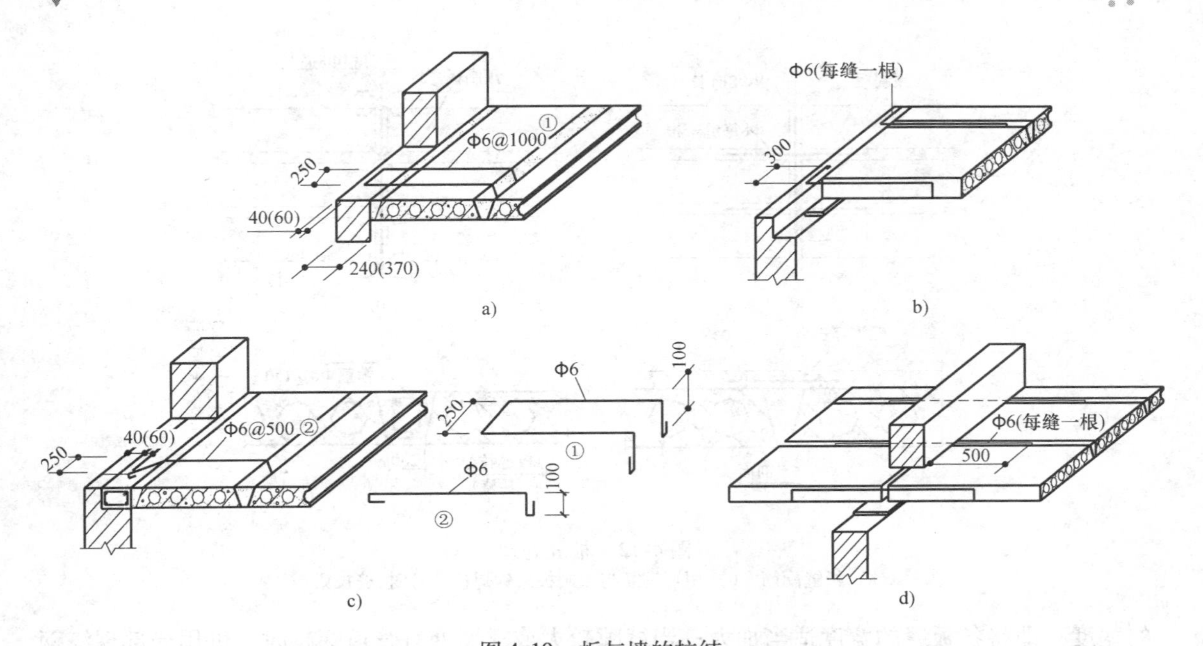

图 4-10 板与墙的拉结

a）空心板平行于外墙 b）空心板搁置在外墙上 c）外墙有圈梁 d）空心板搁置在内墙上

深尺寸都较大的建筑中。

此外，为了加强梁板的拉结，常用钢筋锚固。板与梁的拉结构造如图 4-11 所示。图中的板梁锚固方式适用于地震高防裂度为 6 ~9 度地区。

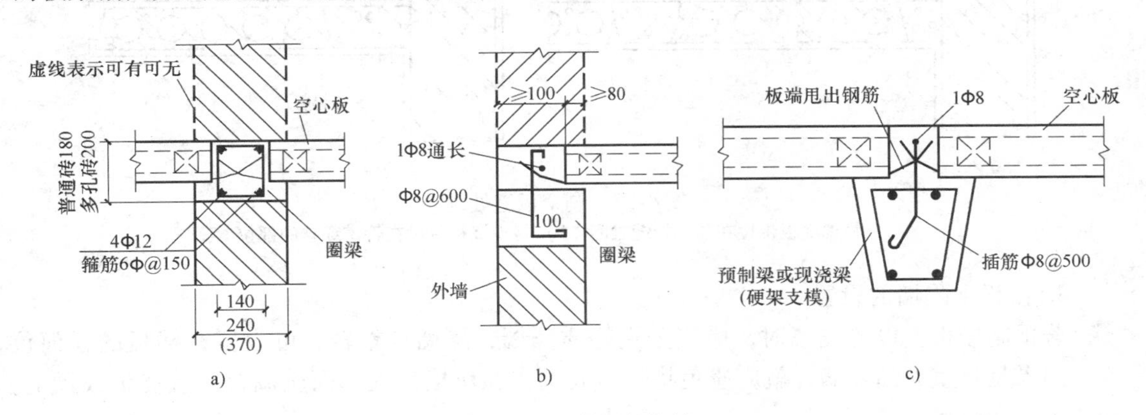

图 4-11 板与梁的拉结

a）板与内墙圈梁拉结 b）板与外墙圈梁拉结 c）板与梁拉结

3）板缝处理。预制板安装时，为了增加整体性，要求板与板之间应留出一定的间隙，以便填实细石混凝土。对于抗震设防裂度大的地区或整体性要求较高的建筑，在板缝中应配置相应的钢筋，并与预制板的吊钩焊接，如图 4-12 所示。

4）剩余板缝处理。在进行布板时，为了施工方便，一般要求板的规格类型越少越好，通常一个房间的预制板宽度类型不超过两种。这样在布置房间楼板时，板宽方向的尺寸（即板在宽度方向的总和）与房间的平面尺寸之间可能会出现差额，不足以排开一块板，这时可根据剩余缝隙的大小不同采取相应的措施来灌缝。当剩余缝隙较小时，可调整板间侧缝

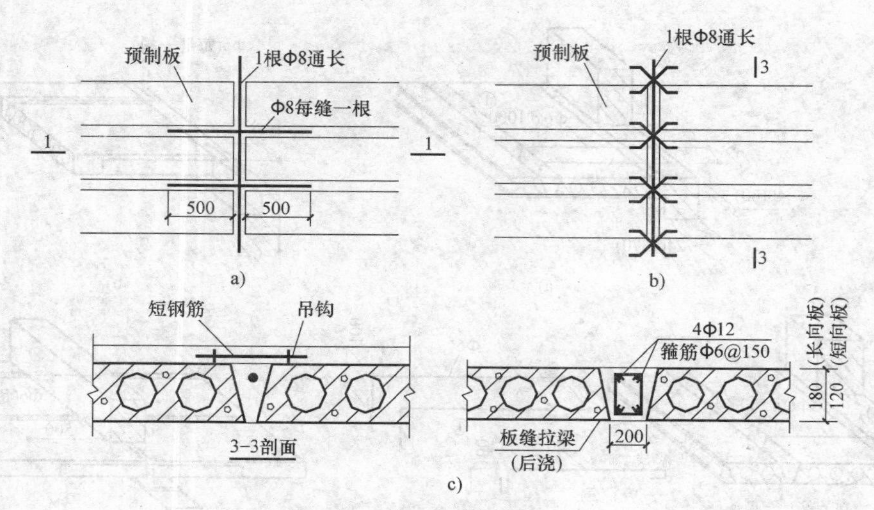

图 4-12 板缝处理

a）板缝配筋 b）用短钢筋与预制板吊钩焊接 c）板缝拉梁

的宽度，即将各板缝的宽度适当加大；当缝隙较大或靠墙处有管道穿越时，可用局部现浇钢筋混凝土板带的办法来补板缝，若没有管道穿过时，现浇板带也可安排在两块预制板之间，如图 4-13 所示。

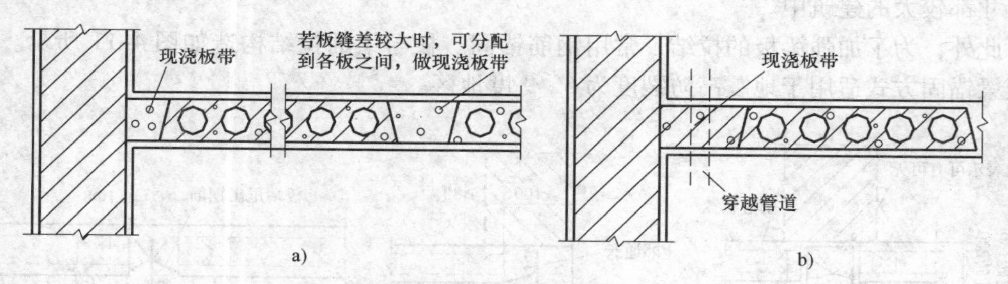

图 4-13 剩余板缝处理

a）将现浇板带设在预制板缝之间 b）将现浇板带设在管道穿越的部位

3. 楼板上隔墙的设置

若预制楼板上设置隔墙时，应当采用轻质隔墙，隔墙自重轻，可设置在楼板的任何位置。如果是自重大的隔墙，就应避免将隔墙放置在一块楼板上，而应搁置在现浇带或梁上，如图 4-14 所示。

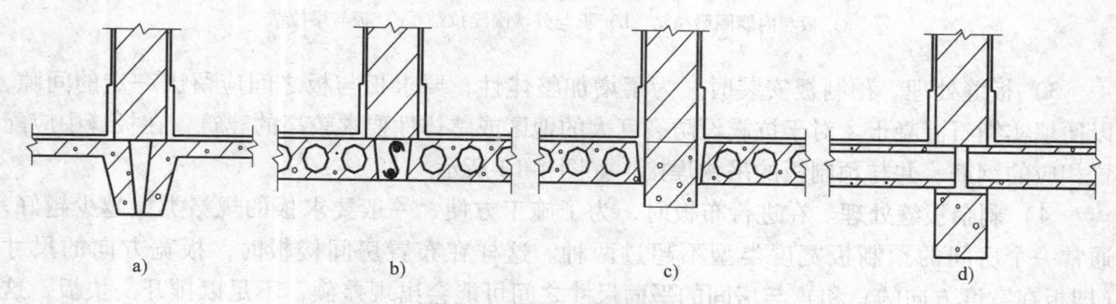

图 4-14 楼板上隔墙的设置

a）隔墙支承在板的边肋上 b）隔墙支承在现浇带上 c）隔墙支承在梁上 d）隔墙支承在圈梁或梁上

三、装配整体式钢筋混凝土楼板

装配整体式钢筋混凝土楼板是将预制的部分构件在安装过程中用现浇混凝土的方法将其连成一体的楼板结构。它综合了现浇式楼板整体性好和预制装配式楼板施工简单、工期短、节约模板的优点，又避免了现浇式楼板湿作业量大、施工复杂和装配式楼扳整体性差的缺点。常用的装配式楼板有密肋填充块楼板、预制薄板叠合楼板和钢衬板组合楼板三种。

1. 密肋填充块楼板

密肋填充块楼板的密肋小梁有现浇和预制两种。

（1）现浇密肋填充块楼板　现浇密肋填充块楼板是以陶土空心砖、矿渣混凝土空心块和玻璃钢等作为肋间填充块来现浇密肋小梁和面板而成。填充块与肋和面板相接触的部位带有凹槽，用来与现浇的肋与板相咬接，使楼板的整体性更好。密肋宽 60 ~ 120mm，肋高 200 ~300mm，肋的间距视填充块的尺寸而定，一般为 300 ~ 600mm，面板的厚度一般为 40 ~ 50mm。由于填充块一般尺寸都较小，所以楼板通常可为单向或双向密肋形。

（2）预制小梁填充块楼板　预制小梁填充块楼板是在预制小梁之间填充陶土空心砖、矿渣混凝土空心块、煤渣空心砖等填充块上面现浇混凝土面层而成。预制密肋填充块楼板中的密肋有预制倒 T 形小梁、带骨架芯板等。

密肋填充块楼板底面平整，有很好的隔声、保温、隔热性能，力学性能好，整体性较好，可充分利用材料的性能，且有利于敷设管道。这种楼板能适应不同跨度和不规整的楼板，常用于学校、住宅、医院等建筑，但不适用于有振动的建筑。密肋填充块楼板如图 4-15所示。

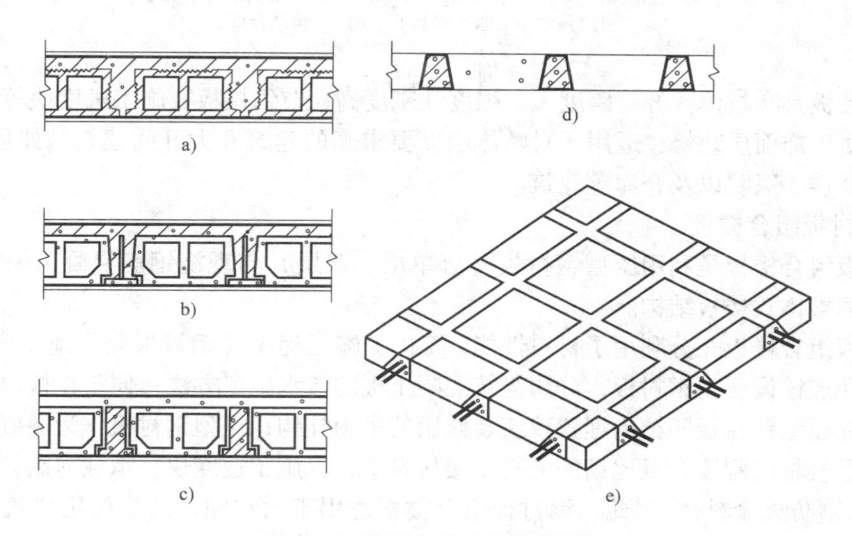

图 4-15　装配整体式密肋楼板

a）陶土空心块密肋楼板　b）带骨架芯板填充块密肋楼板　c）预制小梁填充块密肋楼板　d）加气混凝土密肋楼板　e）双向钢筋混凝土密肋楼板

2. 预制薄板叠合楼板

预制薄板叠合楼板是将预制薄板和现浇钢筋混凝土层叠合而成的装配整体式楼板。它可分为普通钢筋混凝土薄板和预应力混凝土薄板两种。

预应力薄板板厚在 50 ~ 70mm 之间，板宽在 1100 ~ 1800mm 之间，叠合板的总厚度视板的跨度而定，一般为150~250mm，以大于或等于预制薄板厚度的2倍为宜。叠合楼板的跨度在4~6m之间，预应力叠合楼板的跨度最大可达9m，但在5.4m以内较为经济。

为了使预制薄板与现浇叠合层牢固地结合为一体，可将预制薄板表面作刻槽处理，或者在薄板表面露出较规则的三角形结合筋等，如图4-16所示。叠合楼板的预制部分，也可采用钢筋混凝土空心板。

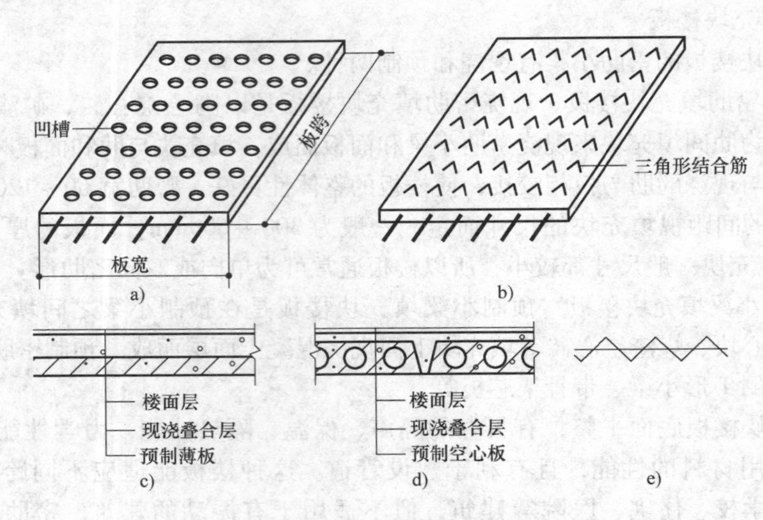

图4-16 预制薄板叠合楼板
a) 板面做凹坑 b) 板面预埋结合筋 c) 预制薄板叠合楼板
d) 预制空心板叠合楼板 e) 三角结合筋

叠合楼板具有整体性好、跨度大、强度和刚度高、节约模板、施工进度快等优点，其表面平整，便于饰面层装修，适用于对整体刚度要求高的建筑和大开间建筑，如住宅、宾馆、学校、办公楼、医院以及仓库等建筑。

3. 钢衬板组合楼板

钢衬板组合楼板是利用压型钢衬板（分单层、双层）与现浇钢筋混凝土一起支承在钢梁上形成的整体式楼板结构。

钢衬板组合楼板充分利用了材料性能，简化了施工程序（钢衬板兼作施工模板），还可采用多个楼层铺设压型钢衬板，分层浇筑混凝土板的流水施工方法；便于在板内铺设各类管线，并可在压型钢衬板凹槽内埋置建筑装修用的吊顶挂钩；压型钢衬板作为混凝土的受拉钢筋，提高了楼板的刚度，且比钢筋混凝土楼板自重轻，施工速度快，承载力高，防火性能好（钢板底涂刷防火涂料）。因此，钢衬板组合楼板适用于大空间、高层民用建筑和大跨度工业厂房中。

压型钢衬板板宽为500~1000mm，肋或肢高为35~150mm，为了防腐，板的表面除镀14~15μm的一层锌外，板的背面可再涂一层塑料或油漆，予以保护。

钢衬板混凝土组合楼板是由压型钢衬板、现浇混凝土和钢梁三部分组成，如图4-17所示。

钢衬板组合楼板有单层钢衬板组合楼板和双层钢衬板组合楼板两种类型，如图4-18、图4-19所示。

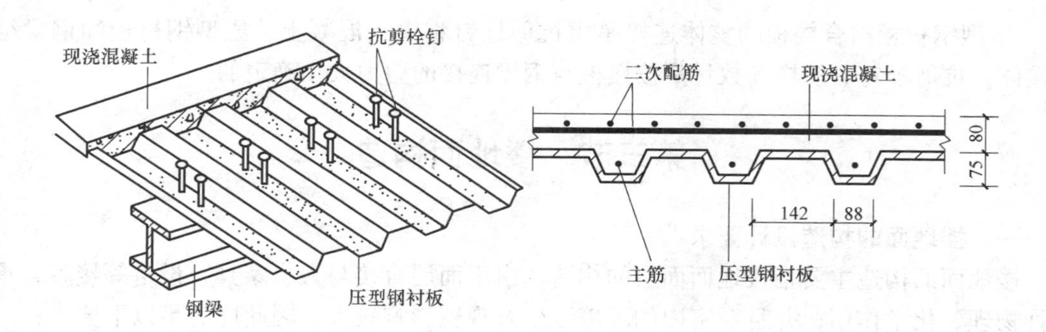

图 4-17　钢衬板组合楼板基本组成

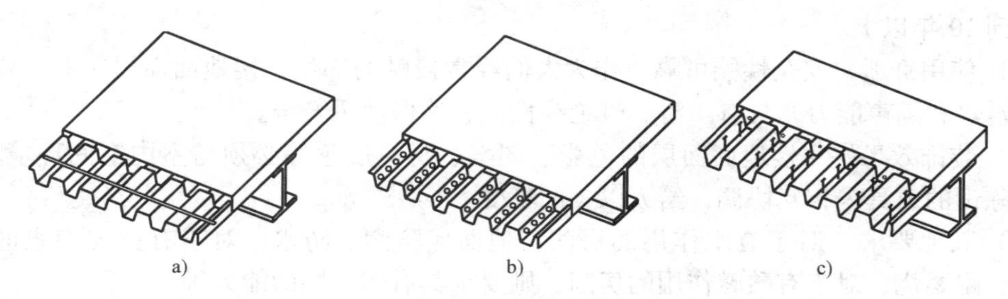

图 4-18　单层钢衬板组合楼板
a）焊接横向钢筋的板　b）带压痕的板　c）板端焊接焊钉

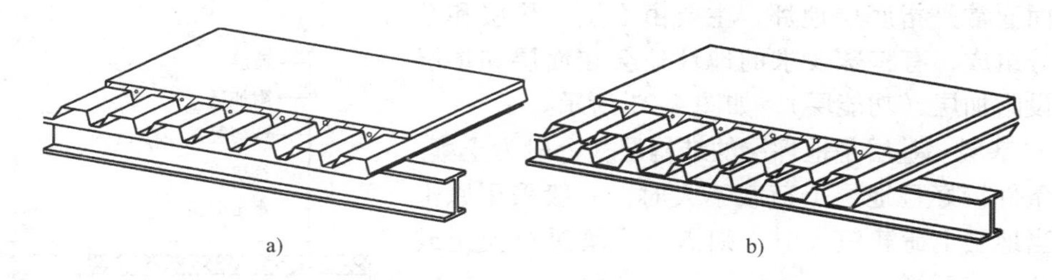

图 4-19　双层钢衬板组合楼板
a）压型钢衬板与钢衬板　b）双层压型钢衬板

压型钢衬板之间和钢板与钢梁之间常采用焊接、自攻螺钉、膨胀铆钉和压边咬接等方式进行连接，如图 4-20 所示。

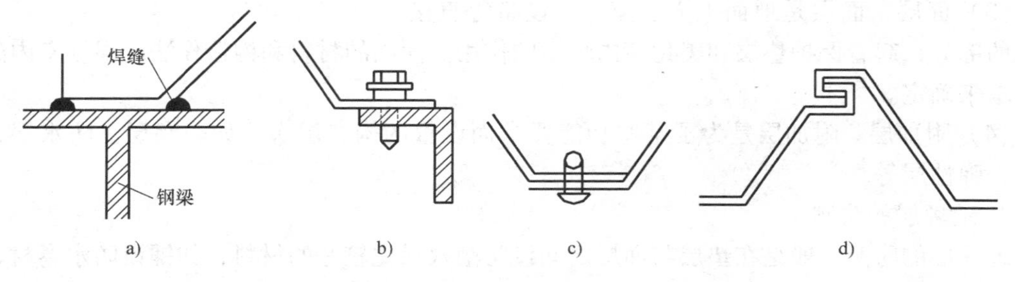

图 4-20　压型钢板各组件间的连接
a）焊接　b）自攻螺钉　c）膨胀铆钉　d）压边咬接

压型钢衬板组合楼板的整体连接是由抗剪栓钉将钢筋混凝土、压型钢衬板和钢梁组合成整体，抗剪栓钉的规格和数量是按楼板与钢梁连接的剪力大小确定的。

第三节　楼地面构造

一、楼地面的构造设计要求

楼地面的构造主要指楼地面面层的构造。由于面层直接与人、家具、设备等接触，承受各种物理、化学作用，并且对室内的环境卫生及观感影响较大，因此应满足以下要求：

（1）具有足够的坚固性、耐久性　要求面层在各种外力作用下不易磨损、破坏，且要求表面平整、光洁、易清洁和不起灰，耐久性是由具体使用状况及面层材料决定的，一般要求能达到10年以上。

（2）使用舒适、安全性能可靠　作为人们经常接触的部位，楼地面面层应有一定弹性、足够的蓄热和隔声能力，具有防滑、电绝缘性能，确保使用安全。

（3）装饰效果好　楼地面面层的色彩、图案、材料质感等必须与室内空间环境、房间功能、陈设的家具等相互协调，给人以美的享受。

（4）其他要求　对于有水作用的房间，地面应防潮、防水；对于有火灾隐患的房间，应防火、耐燃烧；对于有酸碱作用的房间，则要求具有耐腐蚀的能力等。

二、地坪层的构造

1. 地坪层的组成

地面通常是指底层地坪，主要由面层、垫层和基层三部分组成，有特殊要求的地坪还会在面层和垫层之间增设附加层（功能层），如图4-21所示。

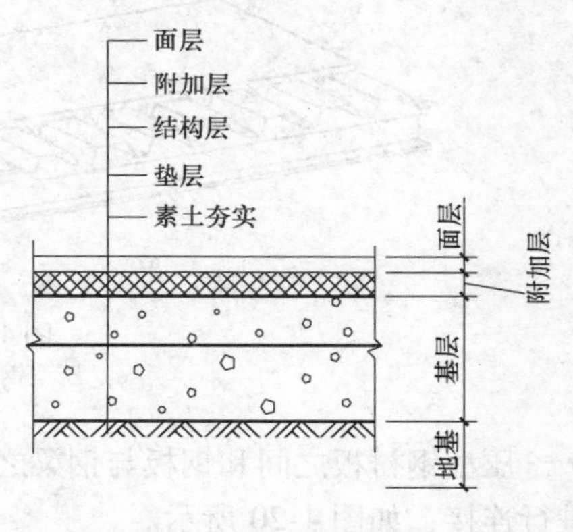

图4-21　地坪层的构造

（1）基层　基层是地坪层的结构层，一般为土壤。当土壤条件较好且地层上荷载不大时，一般采用原土夯实；当地层上荷载较大时，则需对土壤进行换土或加入碎砖、碎石等。

（2）垫层　垫层为基层各面层之间的填充层，一般起着找平和传递荷载的作用。通常因为土壤强度较低，所以垫层一般较厚且强度刚度都大，垫层一般采用C10混凝土或焦渣混凝土等，厚度一般为100mm。

（3）面层　面层是地面上人、家具、设备等直接接触的部分，起着保护垫层和美化室内环境的作用。面层的材料和构造作法应根据室内的具体要求来确定。

（4）附加层　附加层是为了某些功能要求而设置的构造层次，如防潮层、防水层、保温层、弹性层等。

2. 地坪层的防潮

地坪层的防潮一般是在垫层与面层之间设防潮效果比较好的材料，如铺设防水卷材、防水砂浆、热沥青等，也可以在垫层下铺设一层卵石、碎石等，以阻止地下水的毛细管作用，如图4-22所示。

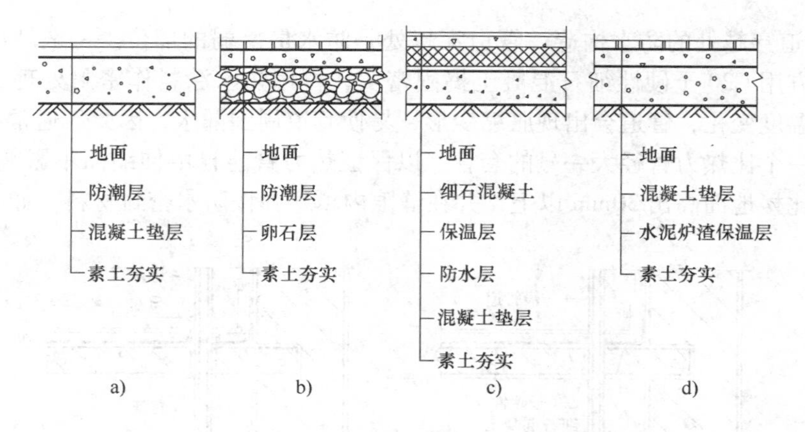

图 4-22 地坪层的防潮

a）混凝土垫层地坪 b）卵石垫层地坪 c）保温和防水地坪 d）保温地坪

三、楼地面的防水构造

在建筑构造设计中，楼地面的防水构造是非常重要的。对于一般房间的地面，只要在楼板上浇筑 C20 细石混凝土并使之密实，且将板缝填实密封，即可解决防水问题。但对于用水房间，如厨房、厕所、盥洗室等房间的楼地面，必须采取必要的防水措施，否则会影响建筑物的使用寿命，破坏建筑结构。楼地面的防水主要从以下两个方面解决。

1. 楼地面排水

为便于排除楼地面积水，楼地面应设地漏，并起一定的坡度，坡度值一般为 1% ~ 1.5%，便于水自然导向地漏。另外，为防止地面积水外溢，应使有水房间楼地面的标高比其他房间地面标高低 20 ~ 30mm，或设门槛，门槛应高出地面 20 ~ 30mm。

2. 楼地面防水构造

楼地面的防水构造应该解决以下几个问题：

（1）楼板防水　有水房间的楼板最好采用现浇钢筋混凝土。面层通常用防水性能好的材料，如水泥地面、水磨石地面、马赛克地面或缸砖地面等。防水质量较高的房间应在楼板层与面层之间设置防水层。常用的防水层可用防水卷材、防水砂浆、防水涂料等。为防止水沿房间四周侵入墙身，应将防水层沿墙身向上延伸到踢脚板超出地面 100 ~ 150mm。在门口处，防水层还应伸出门外至少 250mm。楼地面防水构造如图 4-23 所示。

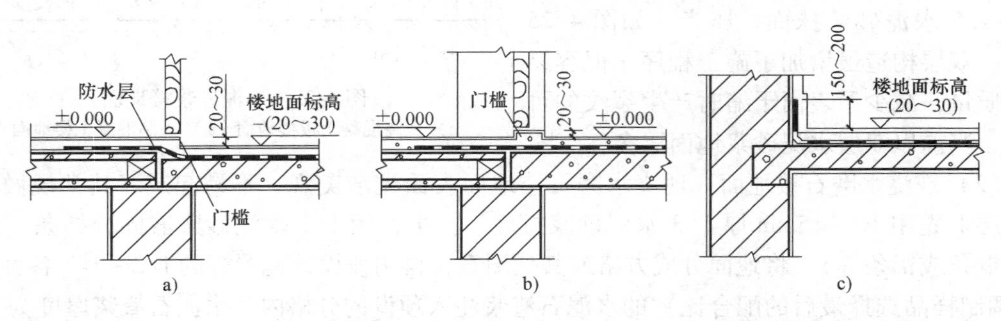

图 4-23 楼地面防水构造

a）降低用水房间地面 b）设门槛 c）用水房间地面及墙面处理

（2）管道穿越处的防水构造　管道穿越处是防水最薄弱的部位。一般情况下，冷水管道穿过的地方用C20干硬性细石混凝土捣固密实，再用防水涂料作密封处理。热水管道穿越处，由于温度变化，管道会出现胀缩变形，易使管道周围漏水，因此，通常在管道穿越位置预先埋置一个比热力管径大一号的套管，以保证热力管能自由伸缩而不影响混凝土开裂。套管设置要比楼地面高出30mm以上，并在缝隙内填塞弹性防水密封材料，如图4-24所示。

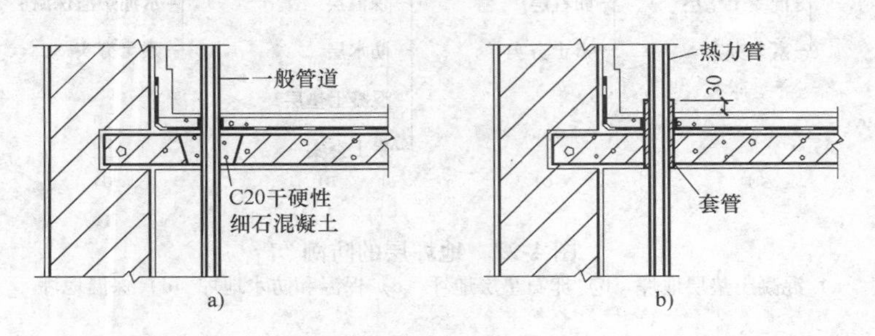

图4-24　管道穿越处的防水构造
a）普通管道穿越处构造　b）热力管道穿越处构造

四、楼地面的类型及常见楼地面构造

楼地面按所用材料和施工方式的不同，可分为整体楼地面、块材楼地面、卷材楼地面和涂料楼地面四大类。

1. 整体地面

用现场浇筑的方法做成整片的地面称为整体楼地面。常用的整体楼地面有水泥砂浆楼地面、现浇水磨石楼地面、细石混凝土滚压楼地面等。

（1）水泥砂浆楼地面　水泥砂浆楼地面是应用普遍的一种楼地面，构造简单、坚固耐磨。水泥砂浆楼地面有单层和双层之分。单层做法是在基层较平整的情况下，先将基层用清水清洗干净，再刷素水泥砂浆结合层一道，然后用15～20mm厚1:2或1:2.5水泥砂浆抹面，待水泥砂浆终凝前至少进行两次压光，在常温湿润条件下养护。双层做法是在洗干净的基层上，先以15～20mm厚1:3水泥砂浆打底、找平，再以5～10mm厚1:2或1:1.5水泥砂浆抹面、压光，如图4-25所示。双层构造虽增加了施工程序，但容易保证质量，减少了表面干缩时产生裂纹的可能性，当前以双层水泥砂浆地面居多。

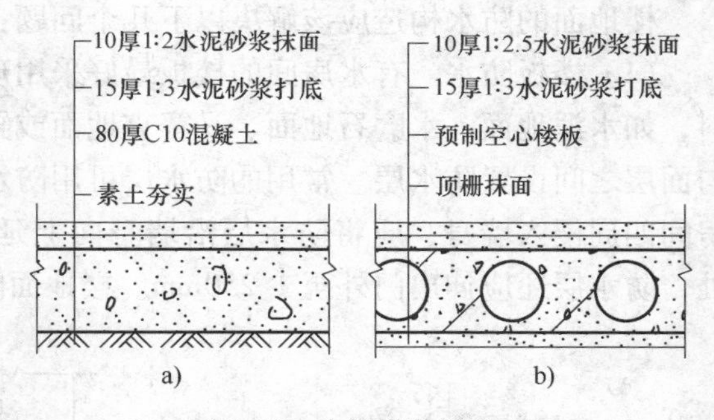

图4-25　水泥砂浆楼地面
a）现浇混凝土板楼地面　b）预制混凝土楼地面

（2）现浇水磨石楼地面　现浇水磨石楼地面表面光洁美观、不易起灰。其常规做法是在基层上先用10～15mm厚1:3水泥砂浆打底、找平，用1:1水泥砂浆嵌固分格条（玻璃条、铜条或铝条等），将地面分成方格或其他图案，再用按设计配置好的1:2～1:3各种颜色（经调制样品选择最后的配合比）的水泥石渣浆注入预设的分格内，水泥石渣浆厚度为12～15mm（高于分格条1～2mm），并均匀撒一层石渣，用滚筒压实，直至水泥浆被压出为止。浇水养护约一周后，用磨石机三次打磨，在最后一次打磨前用草酸清洗、修补、抛光，最后打蜡保护。水磨石地面分格的作用是将地面划分成面积较小的区格，以减少开裂的可能，且分格条形成的图案增加了地面的美观，同时也方便了维修，如图4-26所示。

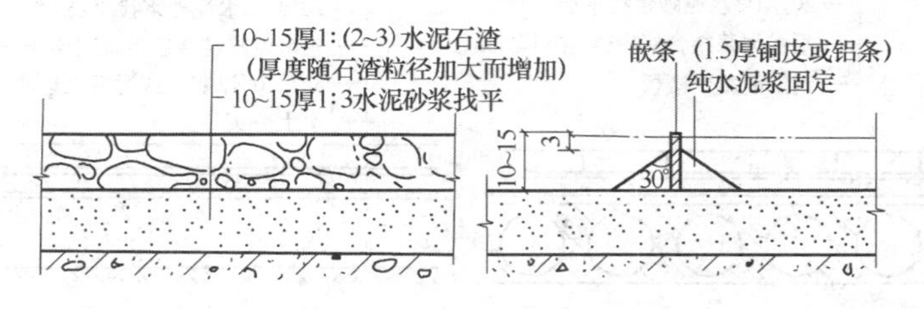

图4-26　现浇水磨石楼地面

（3）细石混凝土滚压楼地面　细石混凝土滚压楼地面的适用范围同水泥砂浆地面，多用在对楼地面装饰要求比较低的房间。其做法是在基层上浇筑30~40mm厚的等级不低于C20的细石混凝土，待混凝土初凝后用铁滚滚压出浆，待终凝前撒少量干水泥，再用铁抹子进行不少于两次的压实、抹光。

2. 块材楼地面

块材楼地面通常是指用人造或天然的预制块材、板材镶铺在基层上的楼地面。

（1）地面砖、缸砖、陶瓷锦砖楼地面　此类楼地面表面密实光洁、耐磨、防水、耐酸碱，一般用于有防水要求的房间，其做法是在基层上用15~20mm厚1:3水泥砂浆打底、找平；再用5mm厚的1:1水泥砂浆（掺适量108胶）粘贴地面砖、缸砖陶瓷锦砖，用橡胶锤锤实，以保证粘贴牢固，避免空鼓，再用白水泥擦缝（陶瓷锦砖还应用清水洗去牛皮纸），如图4-27、图4-28、图4-29所示。

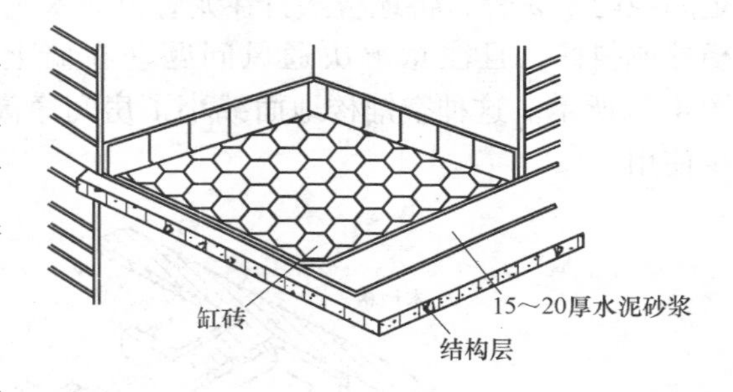

图4-27　缸砖楼地面构造

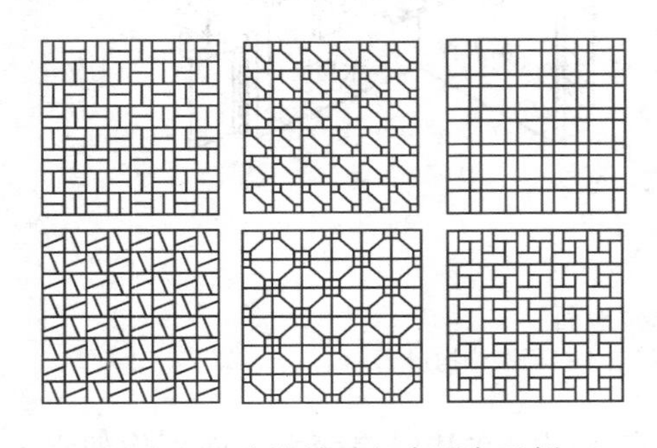

图4-28　陶瓷锦砖组合图案示例

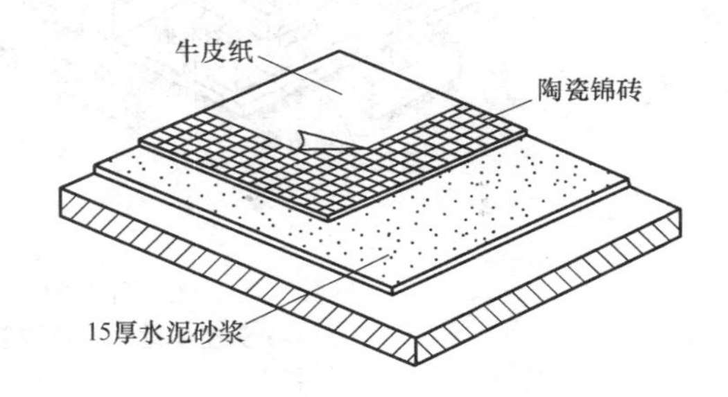

图4-29　陶瓷锦砖构造

（2）石板楼地面　石板楼地面包括天然石楼地面和人造石楼地面，如花岗石、大理石、预制水磨石等楼地面。此类块材自重大，具体做法是在基层上洒水湿润，刷一层水泥浆，铺20~30mm厚1:3干硬性水泥砂浆结合层，用5~10mm厚的1:1水泥砂铺粘在面层石板的背面，再将石板铺贴在结合层上，用橡胶锤锤实石板，以保证粘接牢固，最后用水泥浆灌缝，如图4-30所示。

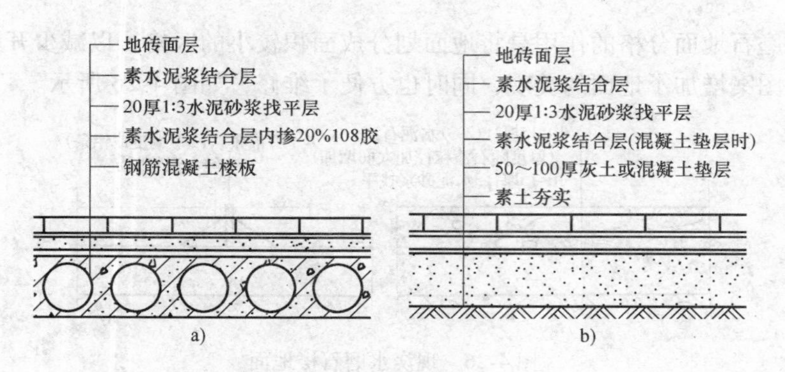

图 4-30 地面砖楼地面构造
a）楼地面 b）地坪

(3) 木制或竹制楼地面 木制或竹制楼地面用于无防水要求的房间，具有易清洁、弹性好、热导率小、保温性能好、与房间家具设备等质地色彩易统一的优点，是目前应用广泛的一种装饰要求比较高的楼地面做法。其构造方式有空铺式和实铺式两种。

1）空铺木、竹制楼地面。其构造做法是先按设计高度及间距砌垄墙，在垄墙上铺设一定间距的木龙骨，将地板条钉在龙骨上。木龙骨与墙之间留 30mm 的缝隙，木龙骨之间加钉横撑或斜撑，且注意解决通风问题（在墙上适当位置，一般在踢脚处，设通风口），如图 4-31所示。这种空铺楼地面减小了房间净高，且浪费材料，除有特殊要求的房间外，很少使用。

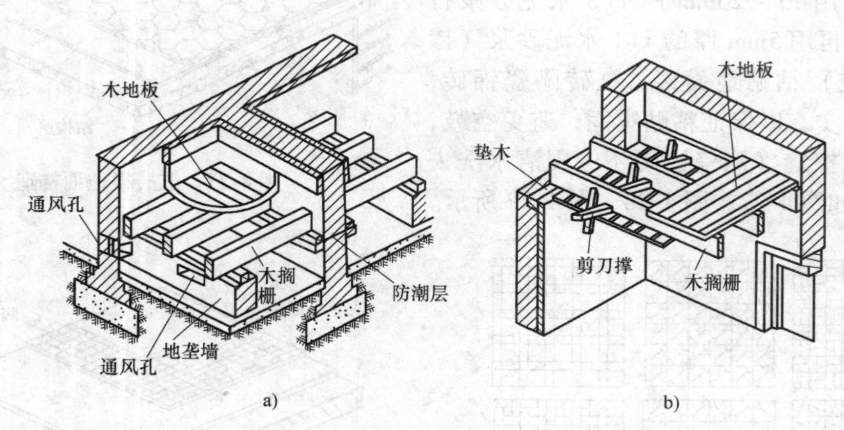

图 4-31 空铺木楼地面
a）架空木地面装饰构造 b）架空木楼面装饰构造

2）实铺木、竹制楼地面。实铺式是将木搁栅直接固定在基层表面上，而不像架空式木基层那样，需用地垄墙（或砖墩），底层地面应设防潮层，如图 4-32 所示。其做法分为龙骨式和粘贴式两种。

① 龙骨式木地板楼地面是铺设 30mm×40mm 木搁栅（龙骨），其间距根据面层材料尺寸而定，面层钉一定厚度的带企口的地板条。对于高标准的房间地面，在面层与龙骨间加铺一层斜向毛木板；若采用半成品木地板条，应打磨光洁平整后喷刷漆面。木板条的拼缝形式如图 4-33所示。

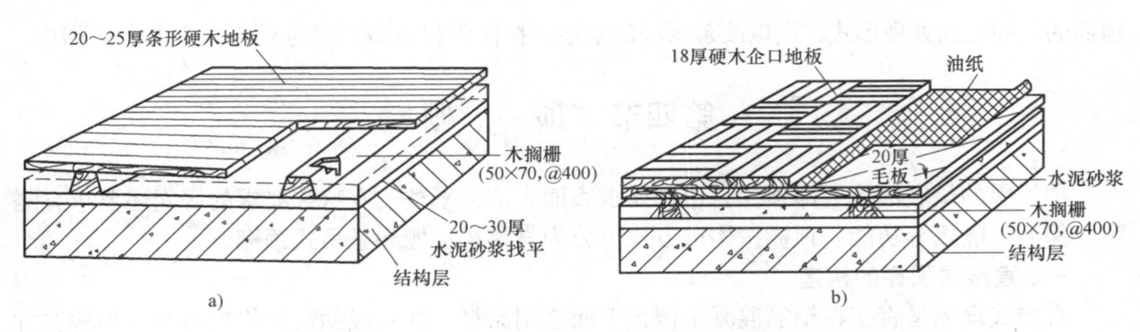

图4-32 单层实铺式木楼地面装饰构造
a）单层木地面 b）双层木地面

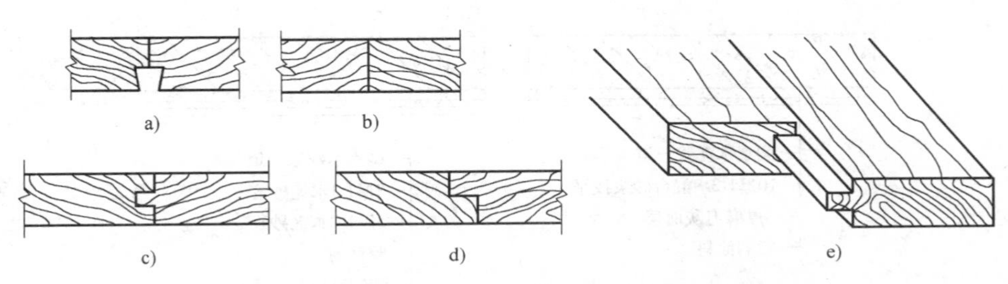

图4-33 木地板的拼缝形式
a）裁口缝 b）平头接缝 c）企口接缝 d）错口缝 e）板条接缝

为达到防腐耐久的目的，木搁栅在使用之前应进行防腐处理，可采用浸润防腐剂或在表面涂刷防腐剂的办法。

随着木材加工技术和高分子材料应用的快速发展，复合地板作为一种新型的地面装饰材料，得到了广泛的应用。

实木复合地板一般为三层结构：表层4～7mm，选用珍贵树种，如榉木、橡木、枫木、樱桃木、水曲柳等的锯切板；中间层7～12mm，选用一般木材如松木、杉木、杨木等；底层（防潮层）2～4mm，选用各种木材旋切单板。

② 粘贴式木地板楼地面是在钢筋混凝土结构层上（或底层地面的素混凝土结构层上）做好找平层，再用粘接材料将木板直接贴上而成。粘贴式硬木地板构造要求铺贴密实、防止脱落，为此要控制好木板含水率（10%），基层要清洁。此外，木板还应做防腐处理。粘贴式硬木地板占空间高度小，较经济，但弹性较差；若选用软木地板，则地面弹性较好。粘贴式木地面目前多用于大规格的复合地板，这种地板具有耐磨、防水、防火、耐腐蚀等优点，如图4-34所示。

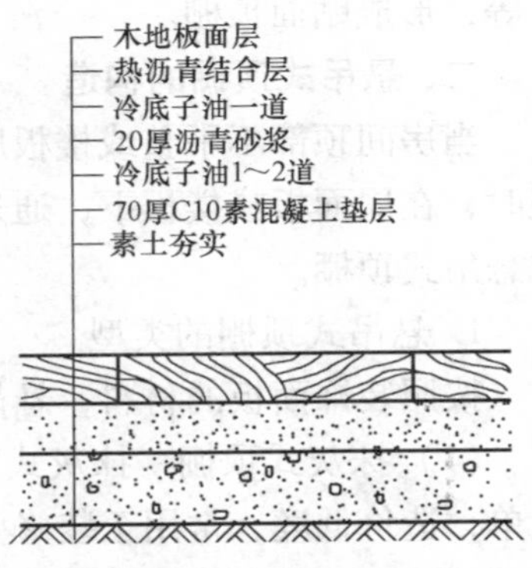

图4-34 粘贴式木楼地面构造

3. 卷材楼地面

卷材楼地面是用成卷的铺材铺贴而成。常见卷材有塑料地毡、橡胶地毡、化纤地毯、麻纤维地毯及纯羊毛地毯等。

4. 涂料楼地面

涂料楼地面是利用涂料涂刷或涂刮而成。它是水泥砂浆地面的一种表面处理形式，用以改善水泥砂浆地面在使用和装饰方面的不足，目前较少采用。

第四节 顶 棚

楼板层的最底部构造即顶棚。顶棚要求表面光洁、平整，有特殊要求的房间还要求有隔声、保温、隔热等功能。顶棚按构造方式可分为直接式顶棚和悬吊式顶棚。

一、直接式顶棚的构造

直接式顶棚是直接在钢筋混凝土楼板下面喷刷涂料、抹灰或粘贴装修材料的一种构造方式。直接式顶棚构造简单、造价低廉、房间净空高、效果好，用于装饰要求一般的房间，如图4-35所示。直接式顶棚可分为以下三类：

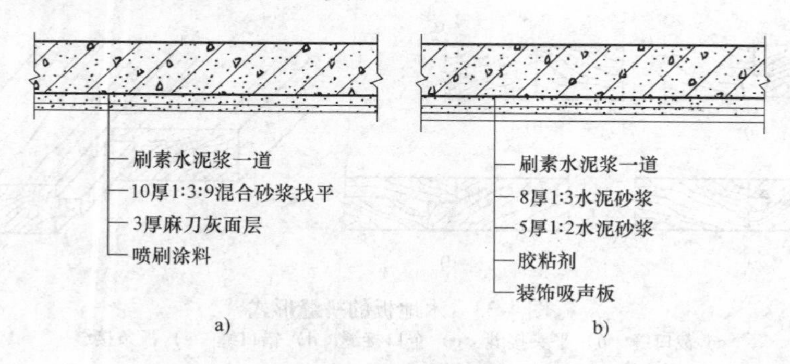

图4-35 直接式顶棚构造
a）抹灰顶棚 b）粘贴顶棚

1. 直接喷刷涂料顶棚

直接喷刷涂料顶棚是在楼板底面填缝刮平后，直接喷刷大白浆、石灰浆、乳胶漆等涂料，以增加顶棚的反射光照作用。

2. 抹灰顶棚

顶棚抹灰可用纸筋灰、水泥砂浆和混合砂浆等，其中，纸筋灰应用最为普遍。

3. 粘贴顶棚

某些有保温、隔热、吸声要求的房间，以及楼板底不需要敷设管线而装修要求又高的房间，可于楼板底面用砂浆打底找平后，用胶粘剂粘贴墙纸、泡沫塑料板、铝塑板或装饰吸声板等，形成贴面顶棚。

二、悬吊式顶棚的构造

当房间顶部不平整或楼板底部需敷设导线、管线、其他设备，或建筑本身要求平整、美观时，在屋面板或楼板下，通过吊筋将主、次龙骨形成的骨架固定，骨架下固定各类面板组成悬吊式顶棚。

1. 悬吊式顶棚的类型

按照装饰面板的材料，悬吊式顶棚可分为抹灰式顶棚和板材式顶棚。

（1）抹灰式顶棚 抹灰式顶棚即板条抹灰顶棚，是传统做法，一般采用木龙骨，构造简单，造价低廉，常用于装修要求较低的建筑。有时为了避免抹灰层由于干缩或结构变形而脱落，可以在板条抹灰的基础上加钉一层钢板网，形成板条钢板网抹灰顶棚，以提高顶棚的防火性、抗裂性和耐久性。

（2）板材式顶棚　板材式顶棚是在龙骨下面钉一层板材面层而成。面层材料有木质板材、矿物板材、金属板材等。

2. 悬吊式顶棚的组成

悬吊式顶棚一般由吊筋、龙骨和面层组成，如图 4-36 所示。

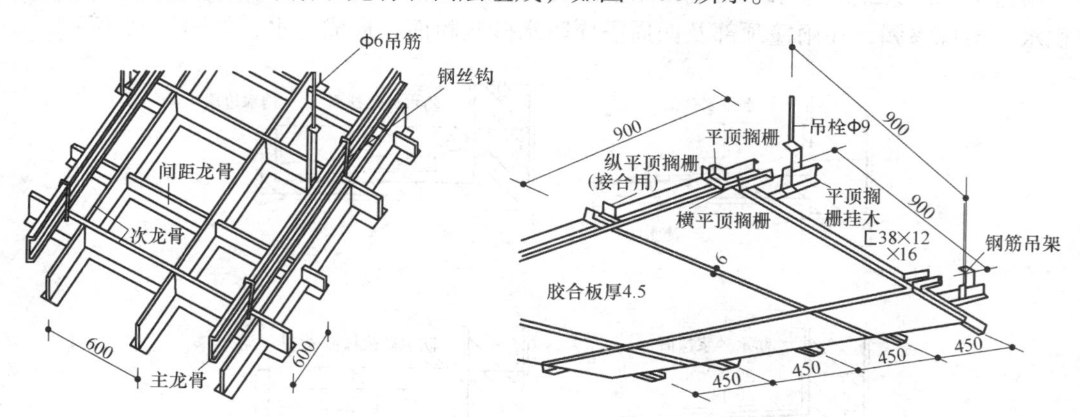

图 4-36　悬吊式顶棚

（1）吊筋　吊筋又称为吊杆，顶棚应具有足够的净空高度，以便敷设各种管线，一般是借助吊筋将饰面层悬挂在梁、板或墙上。吊筋通常有金属吊筋和木吊筋，具体选择应考虑基层骨架的类型、顶棚及其附属件的重量。吊筋与楼板或梁的固定如图 4-37 所示。

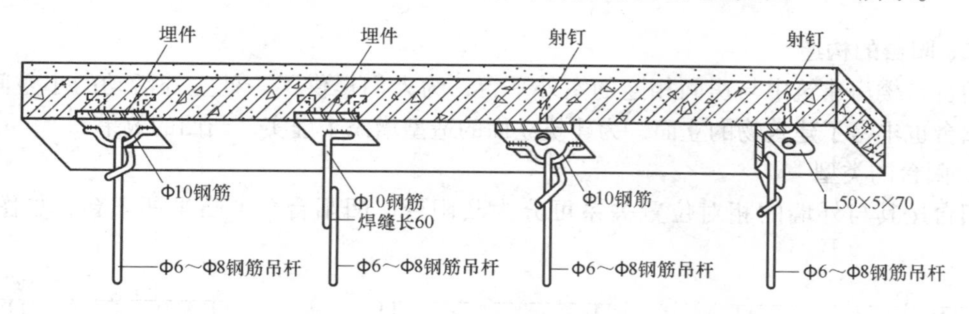

图 4-37　吊筋与楼板或梁的固定

（2）龙骨　龙骨用以固定饰面层，承受面层重量，一般由主龙骨和次龙骨组成。饰面层固定在次龙骨上，次龙骨固定有主龙骨上，主龙骨与吊筋相连。龙骨可用木材、轻钢、铝合金等材料制作，其间距可视面层材料尺寸而定。

（3）面层　面层是顶棚最下面的部分，常用的有抹灰面层、金属板材面层、木板面层、石膏板面层等。面层要求美观、耐用。

第五节　雨篷与阳台

一、雨篷的构造

雨篷是建筑物入口处和顶层阳台上部用以遮挡雨水、保护外门免受雨水侵蚀的水平构件，多采用现浇钢筋混凝土悬挑构件。大型雨篷下常加立柱形成门廊。

当雨篷较小时，可采用挑板式，挑出长度一般以1～1.5m为宜。挑板式雨篷常做成变截面形式，一般板根部厚度不小于70mm，板端部厚度不小于50mm。若挑出长度较大时，常用挑梁式，梁从门厅两侧墙体挑出或室内进深梁直接挑出。为使底面平整，可将挑梁上翻。雨篷多采用无组织排水，梁端留出泄水孔或伸出水舌。为视觉美观和防止水舌阻塞而上部积水，出现渗漏，在雨篷顶部及四周需作防水砂浆粉面，形成泛水，如图4-38所示。

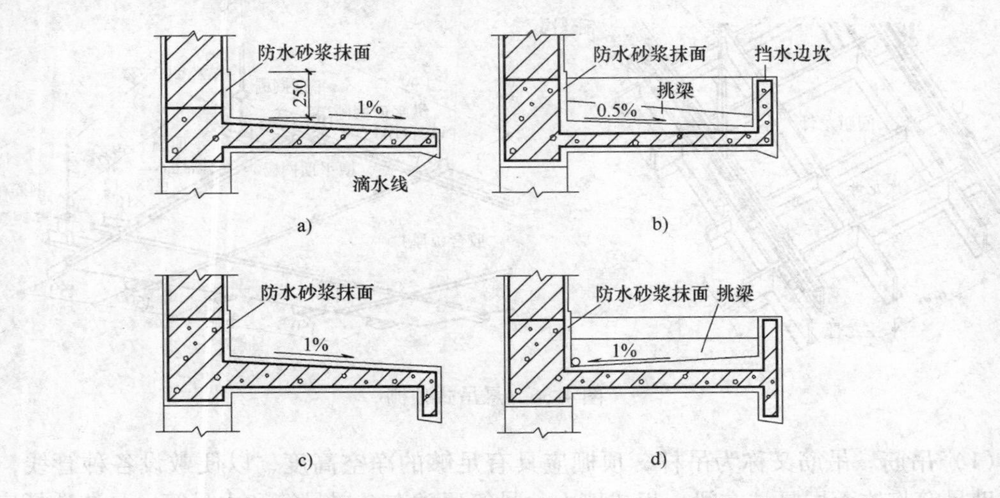

图4-38 雨篷

a）墙梁挑板式 b）上翻口式 c）下翻口式 d）上下翻口式

二、阳台的构造

阳台是楼房建筑中与房间相连的室外平台，为人们提供了一处室外活动的小空间。另外，阳台也丰富了建筑物的立面，为建筑立面的造型增添了虚实、凸凹的效果。

1. 阳台的类型

阳台按其与外墙的相对位置关系可分为凸阳台、凹阳台、半凸半凹阳台，如图4-39所示。

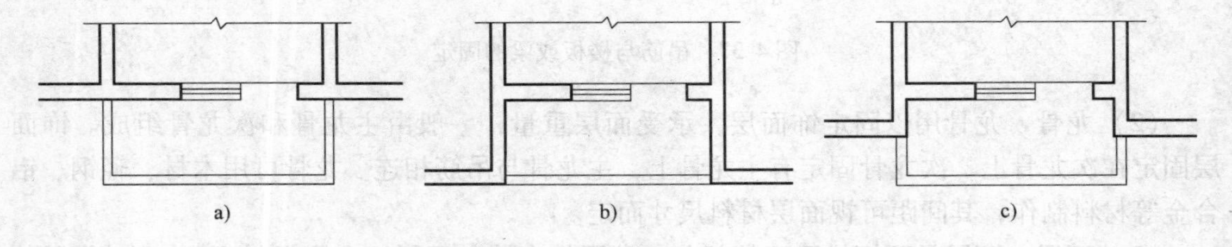

图4-39 阳台的平面形式

a）凸阳台 b）凹阳台 c）半凸半凹阳台

2. 阳台的结构布置

阳台的结构形式及其布置，应与建筑楼板的结构布置统一考虑，如图4-40所示。

（1）搁板式阳台 当阳台为搁板式时，阳台板（可以是预制或现浇）搁置在两端凸出来的墙体上，阳台板的板型和尺寸与楼板一致，施工方便。

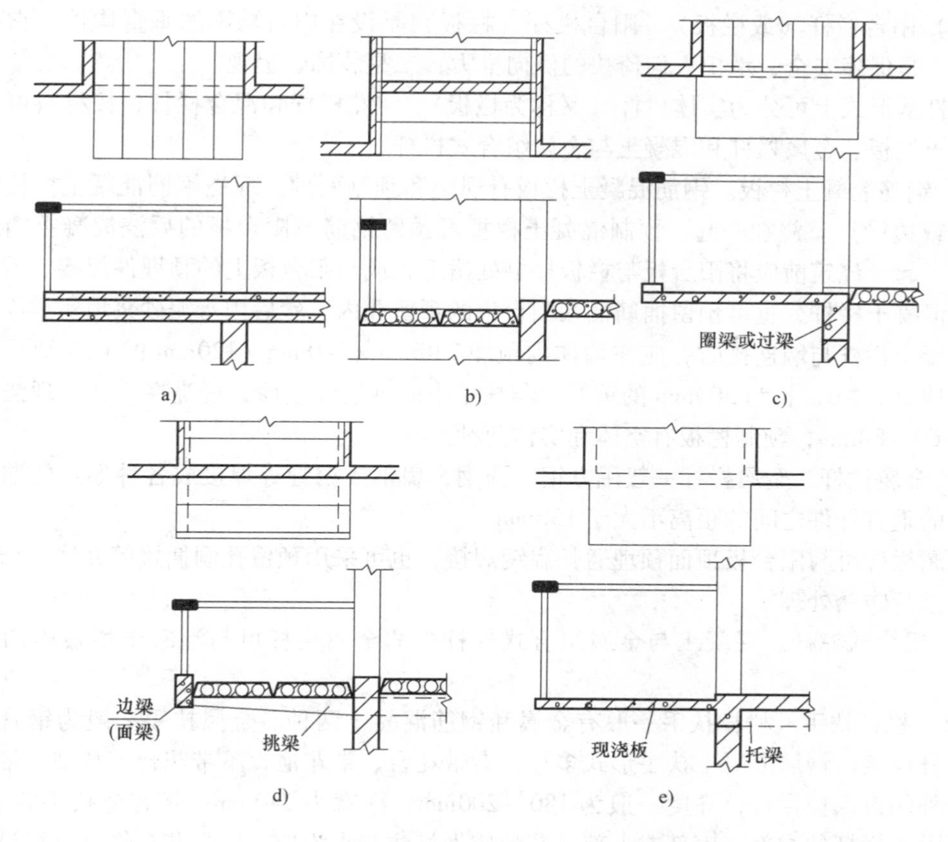

图4-40 阳台的承重形式
a）悬挑楼板式 b）搁板式 c）圈梁或过梁挑板式 d）挑梁式 e）现浇板悬挑阳台

（2）挑板式阳台 当阳台为挑板式时，有两种做法：

1）当阳台板的底面标高与圈梁或过梁的底面标高相同或相近时，可将阳台板和圈梁或过梁现浇在一起，利用其上部的墙体或楼板来平衡阳台板，以防止阳台板倾覆。这种结构的阳台板底面平整，阳台宽度不受房间开间的限制，但圈梁受力复杂，阳台悬挑长度受限制，一般不超过1.2m。若悬挑长度较大时，可将圈梁或过梁的断面局部加大或加长，以达到平衡。

2）将楼板直接向外悬挑形成阳台板。这种结构简单，底面平整，但板的受力复杂，构件类型增多，而且阳台地面与室内地面相平，不利于排水。

在寒冷地区采用挑板式阳台时，要注意加设保温构造，以避免冷桥。

（3）挑梁式阳台 当阳台板为挑梁式时，阳台板放置在从横墙上悬挑出来的梁上。挑梁压入墙壁内的长度一般不小于悬挑长度的1.5倍。这种阳台板底面不平整，影响美观，因此常在阳台板外侧设边梁（也称为面梁）。这种结构的阳台板类型和跨度通常与房间的楼板一致。挑梁式阳台也会造成冷桥，不适用于寒冷地区。

3. 阳台的构造

阳台的构造主要包括阳台的栏杆（或栏板）、扶手与阳台板、墙体之间的连接及排水、保温的构造方法。

(1) 阳台栏杆（或栏板） 阳台栏杆（栏板）是设在阳台周围的垂直构件，它有两个作用：一是保障安全，承担人们倚扶的侧向推力；二是装饰、美观。

栏杆从形式上可分为实体栏杆（又称为栏板）、空花栏杆和混合栏杆；按材料可分为钢筋混凝土栏板、金属栏杆和混凝土与金属组合式栏杆。

1）钢筋混凝土栏板。钢筋混凝土栏板有现浇和预制两种。现浇钢筋混凝土栏板通常与阳台（或边梁）整浇在一起。预制混凝土栏板可预留钢筋与阳台板的后浇混凝土挡水边坎浇筑在一起，浇筑前应将阳台板与栏板接触处凿毛，或与阳台板上的预埋件焊接。若是预制的钢筋混凝土栏杆，也可预留插筋插入阳台板的预留孔内，然后用水泥砂浆填实牢固。现浇钢筋混凝土栏杆与墙连接时，应在墙体内预埋 240mm×240mm×120mm 的 C20 细石混凝土块，并伸出 2Φ6，长为 300mm 的钢筋，与扶手中的钢筋焊接后，现浇在一起。现浇栏板厚一般为 60～80mm，预制栏板有空体和实体两种。

2）金属栏杆。金属栏杆一般用方钢、圆钢、扁钢或钢管等焊接成各种形式的漏花。空花栏杆的垂直杆件之间的距离不大于 130mm。

金属栏杆可与阳台板顶面预埋通长扁钢焊接，也可采用预留孔洞插接等办法。金属栏杆要注意进行防锈处理。

3）组合式栏杆。混凝土与金属组合式栏杆中的金属栏杆可与混凝土栏板内的预埋件焊接。

(2) 栏杆扶手 栏杆扶手一般有金属和钢筋混凝土两种。金属扶手一般为钢管，它与金属栏杆焊接。钢筋混凝土扶手形式多样，有带花台、带花池、不带花台等类型。带花台扶手应在外侧设保护栏杆，高度一般为 180～200mm，净宽为 240mm；带花池扶手施工麻烦，花池可设在栏杆的中部、底部或上部，花池应做好防漏水构造；不带花台扶手直接设在栏杆顶部，宽度有 80mm、120mm、160mm。扶手的高度一般不低于 1000mm，高层建筑不应低于 1100mm。

阳台栏杆（栏板）与扶手的构造如图 4-41 所示。

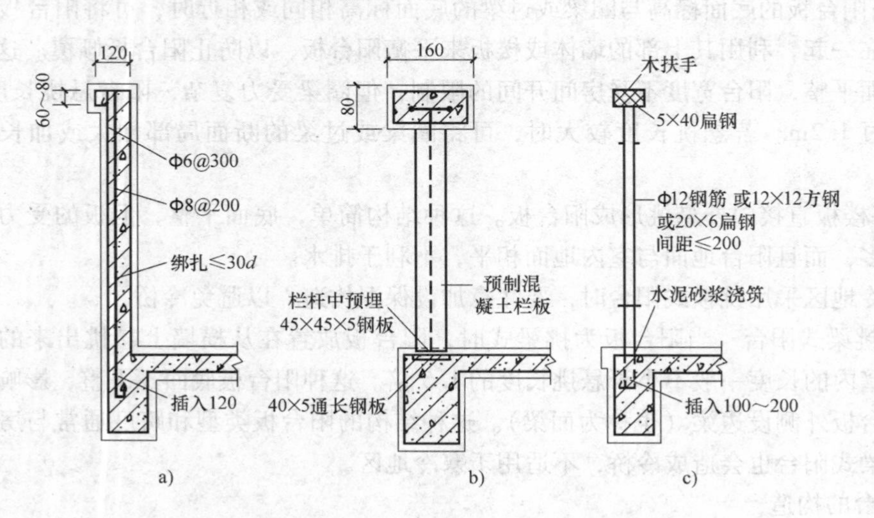

图 4-41 阳台栏杆（栏板）与扶手的构造
a）现浇混凝土栏板 b）预制钢筋混凝土栏板 c）金属栏杆

1）预埋件焊接：在扶手与栏杆上设预埋件，安装时焊接在一起。它具有坚固安全，施工简单的特点。

2）整体现浇扶手：预制栏杆预留插筋与混凝土扶手现浇成整体。它坚固安全，整体性好，但湿作业施工，需支模，施工速度慢。

3）扶手与墙体的连接：将扶手或扶手中的钢筋伸入外墙的预留孔内，用细石混凝土或水泥砂浆填实牢固，或在装配式墙板上设预埋件，与扶手的预埋件焊接，如图4-42所示。

4. 阳台排水与保温

（1）阳台排水　为防止雨水进入室内，要求阳台地面低于室内地面30mm以上。阳台排水有外排水和内排水两种。采用外排水时，在阳台一侧或两侧栏板下设排水孔，阳台抹面向排水口找坡0.5%～1%，将水导向排水口排除，孔内埋设ϕ40或者ϕ50镀锌钢管或塑料管的水舌，水舌向外伸出至少80mm，以防止排水时水落到下面的阳台，也可将排水口通入雨水管内。若采用内排水，则在阳台内侧设置排水立管和地漏，将雨水直接排入地下管道网。内排水一般用于高层建筑中。阳台排水的方式如图4-43所示。

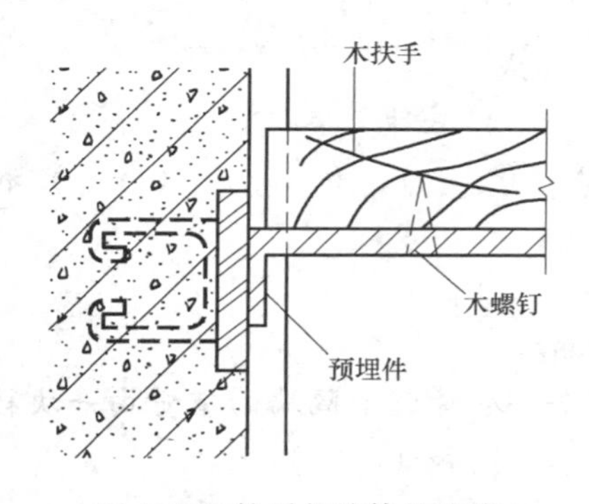

图4-42　扶手与墙体的连接

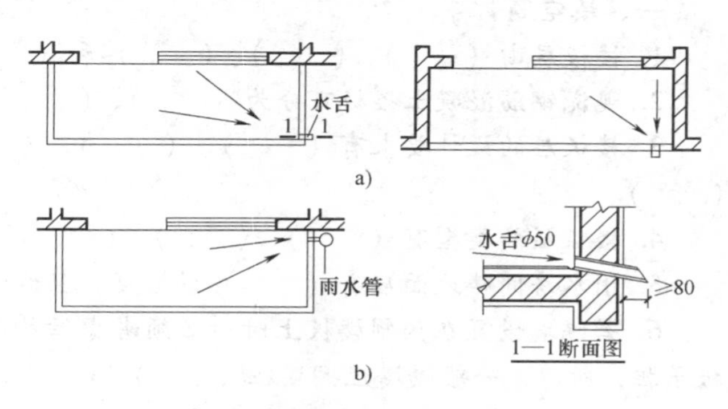

图4-43　阳台排水
a）水舌排水　b）雨水管排水

（2）阳台保温　在寒冷地区，居住建筑宜将阳台周边用塑钢窗、断桥铝窗等围护，且玻璃采用中空玻璃，形成封闭式阳台。

阳台板常是墙体内导热系数较大的嵌入构件，是墙内形成冷桥的主要部位之一。严寒地区宜采取分离式阳台，将阳台与主体结构分离，即将阳台板支承在两侧独立的侧墙上或柱梁组成的独立框架上等。

阳台保温的另一措施是阳台栏板的保温，在做墙体保温前要先给阳台做好防水，再填充一些保温材料，填充完毕后进行封闭。阳台栏板的保温多采用与外墙相同的保温系统，有聚苯板薄抹灰、胶粉聚苯颗粒浆料、聚苯板现浇混凝土、钢丝网架聚苯板等。

本 章 小 结

1. 为满足多种要求，楼板层的构造组成都由若干层次组成，各层有着不同的作用。楼板层主要由面层、结构层和顶棚层三个基本层次组成，有时为了满足某些特殊要求，必须还需要加设附加层。

2. 现浇式钢筋混凝土楼板按受力和支承情况分为板式楼板、梁式楼板、无梁楼板。预制装配式钢筋混凝土楼板有预应力和非预应力两种。装配整体式钢筋混凝土楼板主要有密肋填充块楼板和叠合式楼板两种。

3. 楼地面的构造主要指楼面、地面面层的构造。楼地面的防水构造是非常重要的。对隔声要求较高的房间，对楼层应做隔声构造，以避免撞击传声。楼地面按所用材料和施工方式不同，可分为整体类楼地面、块材类楼地面、卷材类楼地面、涂料类楼地面四大类。

4. 楼板层的最底部构造即是顶棚。顶棚要求表面现象光洁、平整、有特殊要求的房间还要求有隔声、保温、隔热等功能，顶棚按构造方式可分为直接式顶棚和悬吊式顶棚。

5. 雨篷是建筑物入口处和顶层阳台上部用以遮挡雨水、保护外门免受雨水侵蚀的水平构件。多采用现浇钢筋混凝土悬挑构件。大型雨篷下常加立柱形成门廊。

6. 阳台的结构形式及其布置应与建筑楼板的结构布置统一考虑，常见的有搁板式阳台和挑板式阳台。

思考与练习题

一、填空题

1. 楼板层由（　　）、（　　）、（　　）和（　　）组成。

2. 现浇钢筋混凝土楼板可分为（　　）、（　　）、（　　）三种。

3. 楼板层的设计要求有（　　）、（　　）、（　　）、（　　）、（　　）、（　　）和（　　）。

4. 楼板层的类型有（　　）、（　　）、（　　）和（　　）。

5. 用水房间楼地面应有（　　）的坡度，且坡向地漏。

6. 若隔墙设置在预制楼板上时，必须考虑结构的安全，尽量避免隔墙的重量由一块楼板承担，所以，一般隔墙应搁置在（　　）、（　　）、（　　）和（　　）上。

7. 顶棚根据构造做法的不同，可分为（　　）顶棚和（　　）顶棚。

8. 地坪层一般由（　　）、（　　）、（　　）和（　　）组成。

二、选择题

1. 对于四边支承的板，当长边与短边之比大于等于（　　）时为单向板；当长边与短边之比小于等于（　　）时，为双向板。

A. 1　　B. 1.5　　C. 2　　D. 2.5

2. 用水房间墙角处应将防水层向上卷起不低于（　　）mm 的高度，开门处防水层应铺出门外至少（　　）mm。

A. 100　　B. 150　　C. 200　　D. 250

三、名词解释

1. 板式楼板
2. 梁式楼板
3. 无梁楼板
4. 阳台
5. 单向板
6. 双向板

四、简答题

1. 楼板层的设计要求是什么？
2. 现浇钢筋混凝土楼板的特点和适用范围是什么？
3. 预制钢筋混凝土楼板的特点和类型各有哪些？
4. 为什么预制楼板不宜出现三边支承？
5. 装配整体式楼板有什么特点？
6. 压型钢板组合楼板由哪些部分组成？各起什么作用？
7. 简述用水房间地面的防水构造。
8. 楼地面有哪几种类型，各有什么特点？
9. 顶棚的作用是什么？有哪几种形式？
10. 阳台分类有哪些？
11. 雨篷的作用是什么？
12. 阳台的结构布置形式有哪些？各有什么特点？
13. 阳台如何做保温？

五. 绘图题

1. 图示楼层和地层的构造组成。
2. 图示说明楼板在梁上如何搁置可增加房间净高。

第五章　屋　顶

知识要点

知 识 要 点	权重
屋顶的作用及设计要求	10%
屋顶的类型及其构造组成	10%
平屋顶防水、保温、隔热的构造措施	40%
坡屋顶防水的构造措施	40%

行动导向教学任务单

工作任务单一　用 CAD 或 SolidWorks 建模软件建立平屋顶、坡屋顶模型。

工作任务单二　掌握平屋顶与坡屋顶的防水特点，制作屋顶模型，重点展示屋顶的各构造层次。

工作任务单三　抄绘各泛水部位构造节点图。

工作任务单四　参观在建屋顶结构工程，撰写实习报告。

推荐阅读资料

1. 中国建筑装饰协会 . GB 50327—2001　住宅装饰装修工程施工规范〔S〕. 北京：中国建筑工业出版社，2002.

2. 山西建筑工程（集团）总公司. GB 50345—2004　屋面工程技术规范〔S〕. 北京：中国建筑工业出版社，2004.

3. 山西建筑工程集团总公司. GB 50207—2002　屋面工程质量验收规范〔S〕. 北京：中国建筑工业出版社，2002.

第一节　屋 顶 概 述

一、屋顶的作用

屋顶首要功能是围护、抵御自然界的风、雨、雪、霜、太阳辐射、气温变化和其他不利因素，使屋顶所覆盖的空间有一个良好的使用环境；其次，屋顶还要承受着屋面的一切荷载，而且对屋面板起着水平方向的拉结作用，以提高房屋的整体刚度；另外，屋顶是建筑物的重要组成部分，在建筑的外部造型上起着丰富立面、美化立面的效果。

二、屋顶的类型

1. 按功能划分

（1）保温屋顶 屋顶设置保温层，以减少室内热量向外散失，达到冬季节能保暖的目的。

（2）隔热屋顶 屋顶设置隔热层，以阻止室外热量进入室内，达到夏季降温的目的。

（3）采光屋顶 屋顶采用透光材料，以满足室内的采光要求。

（4）蓄水屋顶 屋顶上做蓄水池，即可起到隔热、降温的作用，又可起到一定的景观效果。

（5）上人屋顶 上人屋顶可以为人们提供室外休闲的活动场所。

2. 按屋面坡度及结构选型划分

按屋面坡度及结构选型的不同，可分为平屋顶、坡屋顶及其他形式的屋顶三大类。

（1）平屋顶 平屋顶一般是指屋面坡度小于 10% 的屋顶，常用坡度为 2% ~5%，如图 5-1 所示。

（2）坡屋顶 坡屋顶是指屋面坡度大于 10% 的屋顶，常用坡度范围为 10% ~60%，如图 5-2 所示。

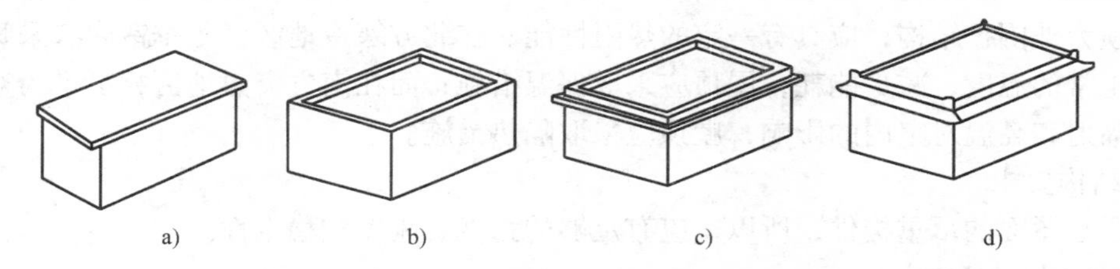

图 5-1 常见的平屋顶形式
a）挑檐 b）女儿墙 c）挑檐女儿墙 d）盝顶

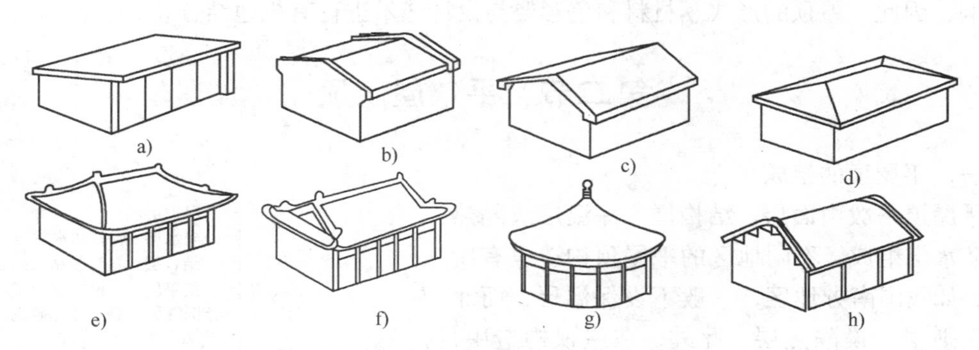

图 5-2 常见的坡屋顶形式
a）单坡屋顶 b）硬山双坡屋顶 c）悬山双坡屋顶 d）四坡屋顶
e）庑殿式屋顶 f）歇山式屋顶 g）攒尖式屋顶 h）卷棚式屋顶

（3）其他屋顶 随着使用要求的变化和科学技术的发展，出现了许多新的屋顶结构形式，如拱结构、薄壳结构、悬索结构等。这些结构受力合理，能充分发挥材料的力学性能，节约材料，但施工复杂，造价较高，常用于大跨度的大型公共建筑当中，如图 5-3 所示。

三、屋顶的设计要求

1. 防水要求

屋顶防水是屋顶构造设计最基本的功能要求。屋顶防水首先要求有足够的排水坡度及相应的一套排水高度，将屋面上的积水顺利排除，其次要考虑屋顶的结构形式、防水材料、屋面构造处理等各方面的因素，采取“导”与“堵”相结合的原则，防止屋顶渗漏。

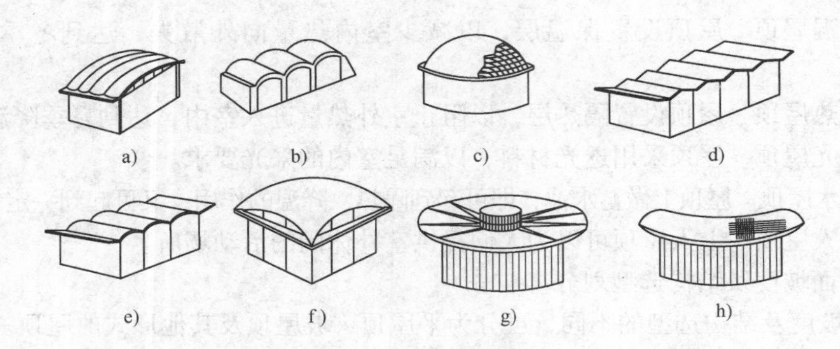

图 5-3 其他形式的屋顶
a）双曲拱屋顶 b）砖石拱屋顶 c）球形网壳屋顶 d）V 形网壳屋顶
e）筒壳屋顶 f）扁壳屋顶 g）车轮形悬索屋顶 h）鞍形悬索屋顶

2. 保温、隔热要求

屋顶为外围护结构，应具有一定的热阻性能。在北方寒冷地区，冬季室内有采暖，为保持室内正常的温度，减少能耗，屋顶应采取保温措施；而在南方炎热地区，夏季为避免强烈的太阳辐射和高温对室内的影响，屋顶应采取隔热措施。

3. 结构要求

屋顶是屋面的承重构件，所以，应有足够的强度、刚度和稳定性。

4. 建筑艺术要求

屋顶是建筑外部形体的重要组成部分，屋顶的形式对建筑的外形特征、视觉美感有很大的影响，因此，屋顶的形式、材料和色彩要与设计艺术进行有机地结合。

第二节 平屋顶

一、平屋顶的组成

平屋顶一般由面层、结构层、保温层或隔热层、防水层组成。不同地区的平屋顶构造也有所区别，如我国南方地区，一般不设保温层，而北方地区则很少设隔热层。此外，在屋顶构造中，还有因建筑特殊性要求而设置的隔汽层和保护层，以及起过渡作用的找平层等，如图 5-4 所示。

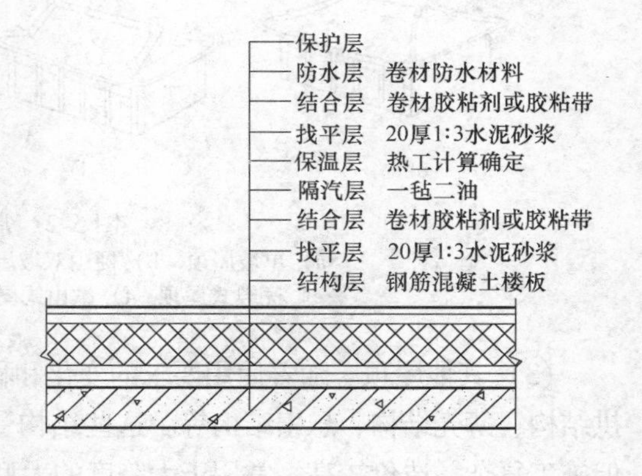

图 5-4 平屋顶构造组成

1. 面层

屋顶面层暴露在大气中，直接承受自然界各因素的长期作用，因此，屋顶面层必须有良好的防水性能和抵御外界因素侵蚀的能力。平屋顶坡度较小，排水缓慢，要加强屋面的防水构造处理。对于非上人屋面，往往面层即防水层及其上的保护层（可用铝箔、彩砂及涂料等），而上人屋面面层则可在防水层上面再浇筑一层 30～50mm 厚混凝土，或是用水泥砂浆或沥青砂浆铺贴缸砖、大阶砖等。

2. 结构层

平屋顶的结构层承担屋顶的所有重量，其构造与楼盖相似，主要采用钢筋混凝土结构，按施工方法一般有现浇、预制和装配整体式等结构形式。

3. 保温层

屋顶设置保温层或隔热层的目的是防止冬季及夏季顶层房间过冷或过热。保温层常采用的保温材料有散料类（矿渣、炉渣等）、整体类和板块类。

4. 隔热层

隔热层与保温层功能相反，是防止和减少室外的太阳辐射传入室内，起到降低室内温度作用，一般在我国南方地区的建筑中设置。隔热层主要有架空通风、实体材料、反射降温等形式。

5. 找平层

卷材防水要求铺设在坚固平整的基层上，以防止卷材凹陷和断裂，因此，在松散材料上和不平整的楼板上应做找平层，找平层一般用20～30mm厚的1∶2.5～1∶3水泥砂浆。找平层应留分格缝，以防止收缩产生裂缝。

6. 隔离层

为减少结构变形和温度变化对防水层产生的不利影响，在防水上干铺一层塑料膜、土工布或卷材，也可铺抹一层低强度砂浆或石灰砂浆作为隔离层。

二、平屋顶的排水

为迅速排除屋面上的雨水，保证水流畅通，则需要进行周密的排水设计，选择合适的排水坡度，确定排水方式，做好屋顶排水组织设计。

1. 屋顶的坡度及影响因素

屋顶的坡度大小是由很多因素决定的，主要与屋面选用的材料、屋顶构造做法、当地的气候条件、建筑造型要求以及经济因素等有关。确定屋顶坡度时要综合考虑各方面因素。不同的屋面材料适宜的坡度范围如图5-5所示。

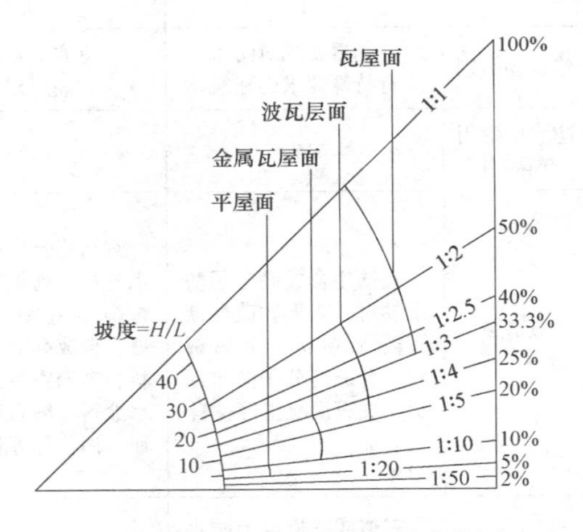

图5-5 常用不同材料屋面坡度范围

屋顶坡度的表示方法有以下几种：

（1）坡度。坡度是高度尺寸与水平尺寸的比值，常用“i”作标记，如$i=5\%$、$i=25\%$等，或用比值来标定，如1∶2、1∶3等。

（2）角度。角度是高度尺寸与水平尺寸所形成的斜线与水平尺寸之间的夹角，常用“α”作标记，如$\alpha=26°34''$、$\alpha=45°$等。当屋面坡度较大时，采用角度来表示。

2. 平屋顶坡度的形成

平屋顶坡度的形成一般有垫置坡度和搁置坡度两种形式。

（1）垫置坡度 垫置坡度也称为材料找坡或填坡。在屋顶结构层上采用轻质的材料，如焦渣混凝土、炉渣水泥或炉渣石灰等来垫置，但垫置坡度不要太大，宜为2%，以形成屋面的排水坡度，其上再做找平层和防水层，如图5-6a所示。

（2）搁置坡度 搁置坡度也称为结构找坡。屋顶的结构层根据排水坡度搁置成倾斜的

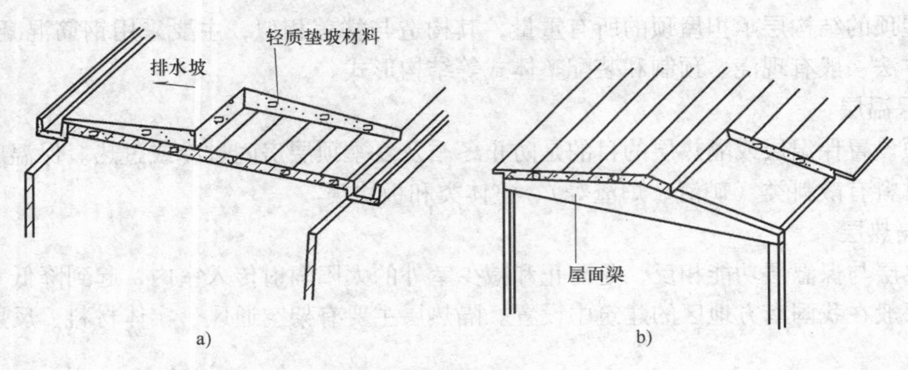

图5-6 坡度形成方式
a）垫置坡度 b）搁置坡度

位置，这种做法不需要另加找坡层，荷载轻、施工简便、造价低，但室内顶棚是倾斜的，室内空间高度不相等，需设悬挂式顶棚，如图5-6b所示。

3. 屋面排水

（1）屋面的防水等级 为了使屋面防水经济合理，我国根据建筑物的性质、重要性程度、使用功能要求、防水屋面耐用年限等，将屋面防水分为四个等级，屋面防水应按照所要求的等级进行设防，见表5-1。

表5-1 屋面防水等级和设防要求

项目	屋面防水等级			
	Ⅰ	Ⅱ	Ⅲ	Ⅳ
建筑物类别	特别重要或对防水有特殊要求的建筑	重要的建筑和高层建筑	一般的建筑	非永久性的建筑
防水层耐用年限/年	25	15	10	5
防水层选用材料	宜选用合成高分子防水卷材，高聚物改性沥青防水卷材、金属板材、合成高分子防水涂料、细石混凝土等材料	宜选用合成高分子防水卷材、高聚物改性沥青防水卷材、金属板材、合成高分子防水涂料、高聚物改性沥青防水涂料、细石混凝土平瓦、油毡瓦等材料	宜选用合成高分子防水卷材、高聚物改性沥青防水卷材、金属板材、合成高分子防水涂料、高聚物改性沥青防水涂料、三毡四油沥青防水卷材、细石混凝土、平瓦、油毡瓦等材料	三毡四油沥青防水卷材、高聚物改性沥青防水涂料等
设防要求	三道或三道以上防水设防，其中，应有一道合成高分子防水卷材，且只能有一道厚度不小于2mm的合成高分子防水涂膜	两道防水设防，其中应有一道卷材；也可采用压型钢板进行一道设防	一道防水设防或两种防水材料复合使用	一道防水设防

（2）排水方式 平屋顶坡度较小，排水较困难，为尽快将雨水排出屋面，需要组织好屋面的排水系统。屋面排水有两种方式：无组织排水和有组织排水。

1）无组织排水。无组织排水又称为自由落水，是屋面的雨水由檐口自由滴落到室外地面的一种排水方式。这种排水方式不需设天沟，构造简单、造价低，但雨水下落时会溅湿外墙面，影响外墙的坚固耐久性。无组织排水主要适用于少雨地区或一般低层建筑，临街建筑或高度较大的建筑不宜采用。

2）有组织排水。有组织排水是指将屋面划分成若干个汇水区域，按一定的排水坡度把屋面雨水有组织地排到檐沟或雨水口，再经雨水管流到散水上或明沟中的排水方式。它与无组织排水相比有显著的优点，但有组织排水构造复杂、造价较高，如图 5-7 所示。

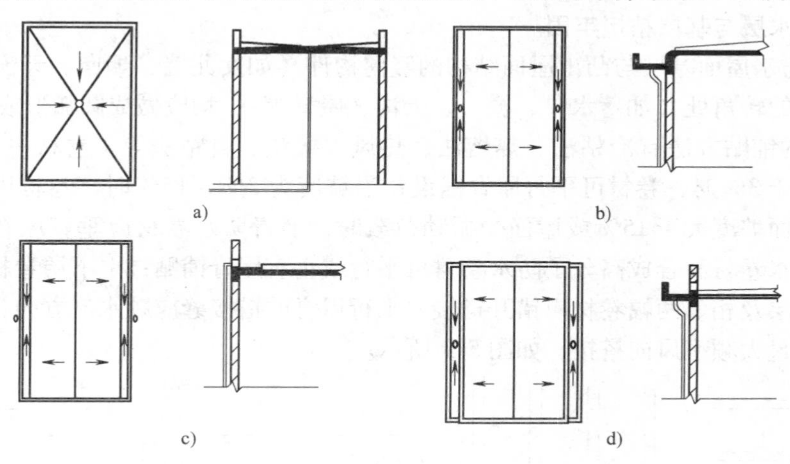

图 5-7 有组织排水

a）有组织内排水 b）挑檐沟外排水 c）女儿墙外排水 d）挑檐沟女儿墙外排水

有组织排水根据雨水管的位置可分为内排水和外排水。内排水：雨水管在室内，主要用于多跨建筑、高层建筑或立面有特殊要求的建筑，以及严寒地区的建筑。外排水：雨水管在室外，包括挑檐沟外排水、女儿墙外排水和挑檐沟女儿墙外排水。

屋顶排水方式的选择应综合考虑结构形式、气候条件、使用特点，并应优先选择外排水。

三、平屋顶的防水构造

1. 卷材防水屋面

卷材防水屋面又称为柔性防水屋面，是将柔性的防水卷材或片材用胶结材料粘贴在屋面上，形成一个大面积的封闭防水覆盖层。这种防水层具有一定的延伸性，能适应屋面和结构的温度变形。卷材防水屋面构造层次如图 5-8 所示。

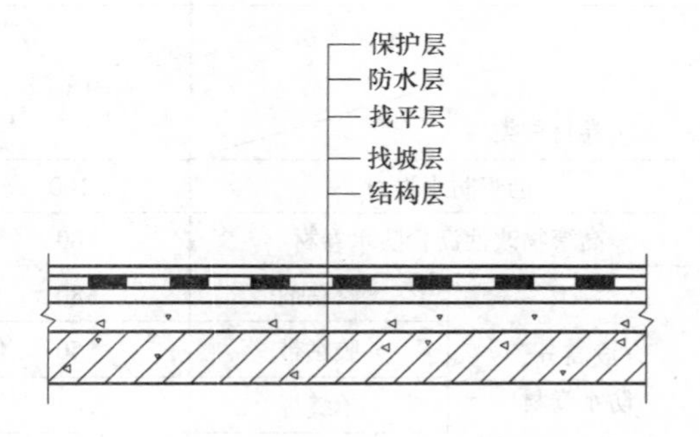

图 5-8 卷材防水屋面构造层次

（1）防水卷材的种类 过去一直沿用的沥青油毡防水材料，造价低、防水性能好，但须加热施工，污染环境，低温易脆裂，高温易流淌，使用寿命短。近些年，一批新型屋面防水卷材涌现出来，一是高聚物改性沥青卷材，如 APP 改性沥青卷材、OMP 改性沥青卷材等；二是合成高分子卷材，如三元乙丙橡胶、氯化聚乙烯类、改性再生胶等；三是沥青玻璃布油毡、沥青玻璃纤维油毡等。它们的优点是冷施工、弹性好、抗腐蚀、耐低温、寿命长，有很好的发展前景。

(2) 卷材防水层构造要点

1) 防水层是由防水卷材和相应的卷材胶粘剂分层粘接而成，要根据地基变形程度、结构形式、当地历年最高及最低气温、年温差、日温差、卷材的暴露程度、屋面坡度等使用条件选用相应的卷材；卷材层数或厚度由防水等级和材料种类确定。

2) 卷材铺设前，基层必须干净、干燥，并涂刷与卷材配套使用的基层处理剂作为结合层，以保证防水层与基层粘接牢固。

3) 卷材防水屋面基层与凸出屋面结构的竖向构件（如女儿墙、烟囱、天窗等）的交接处，以及基层的转角处（如落水口、檐口、天沟、屋脊等），均应做成圆弧形或45°角。

4) 卷材的铺贴方法有冷粘法、热熔法、热风焊接法、自粘法等。卷材一般分层铺设，当屋面坡度小于3%时，卷材可平行屋脊铺设；当坡度为3%～15%时，卷材可平行或垂直屋脊铺贴。屋面坡度大于15%或屋面受振动荷载时，沥青防水卷材应垂直屋脊铺贴，高聚物改性沥青防水卷材和合成高分子防水卷材可平行或垂直屋脊铺贴；上下层卷材不得相互垂直铺贴；上下层及相邻两幅卷材应错开搭接。平行屋脊的搭接缝应顺水流方向，垂直屋脊的搭接缝应顺年最大频率风向搭接，如图5-9所示。

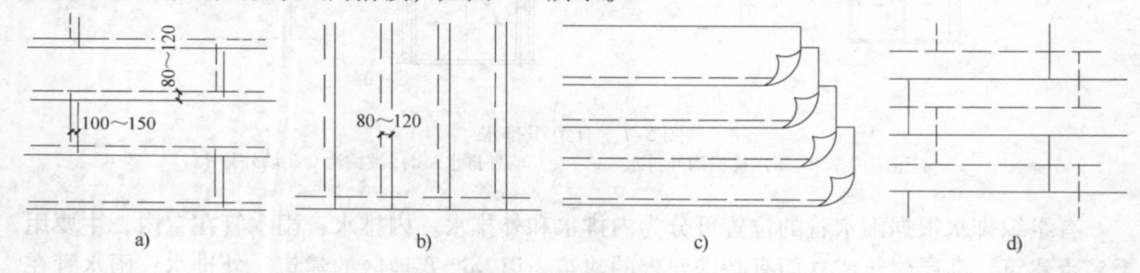

图5-9 油毡铺贴方法

a) 平行屋脊铺设 b) 垂直屋脊铺设 c) 层叠搭接平行屋脊铺设 d) 双层平行屋脊铺设

卷材搭接时，搭接宽度依据卷材种类和铺贴方法确定，见表5-2。

表5-2 卷材搭接宽度 （单位：mm）

搭接方向 / 铺贴方法 / 卷材种类		短边搭接宽度 满粘法	短边搭接宽度 空铺法 点粘法 条粘法	长边搭接宽度 满粘法	长边搭接宽度 空铺法 点粘法 条粘法
沥青防水卷材		100	150	70	100
高聚物改性沥青防水卷材		80	100	80	100
合成高分子防水卷材	胶粘剂	80	100	80	100
	胶粘带	50	60	50	60
	单缝焊	60，有效宽度不小于25			
	双缝焊	80，有效焊接10×2+空腔宽度			

5) 当卷材防水层上有重物覆盖或基层变形较大时，应采用空铺法、点粘法和条粘法，但距屋面周边800mm内及叠层铺贴的各层卷材之间应满粘。空铺法是铺贴防水卷材时，卷材与基层在周边一定宽度内粘接，其余部分不粘接；点粘法是铺贴防水卷材时，卷材或打孔

卷材与基层采用点状粘接；条粘法是铺贴防水卷材时，卷材与基层采用条状粘接的方法。点粘法和条粘法如图 5-10 所示。

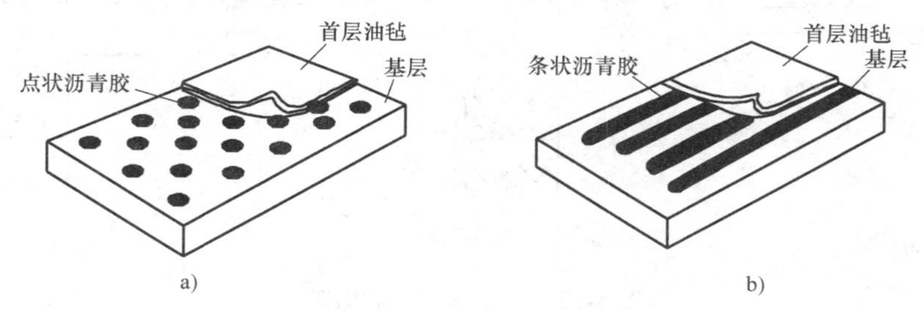

图 5-10　卷材铺粘法
a）点粘法　b）条粘法

6）屋面防水薄弱部位，如泛水等处，应附加防水层加强。

7）卷材接缝用与卷材配套的专用胶粘剂，接缝口用密封材料封严。

8）卷材的收头及金属泛水的固定均采用金属压条加钉的方法，用水泥钉直接钉入砖墙内或混凝土基层中。

（3）卷材防水屋面细部构造

1）泛水构造。泛水是指屋面与墙面等交接处的防水构造处理，如女儿墙与屋面、烟囱与屋面、高低屋面之间的墙与屋面等的交接处防水构造。泛水高度自保护层算起，一般不小于 250mm。屋面与墙面交接处用水泥砂浆或轻质混凝土做成弧形或 45°斜面，以防止在粘贴油毡时直角转弯而使油毡折断或空鼓，油毡在垂直墙面上的粘贴高度不宜小于 250mm，为防止该部位漏水，做防水层时应在该处多加一层油毡。油毡卷材粘贴在墙面的收口处，极易脱口渗水，应做好泛水上口的卷材收头固定，以防止卷材在垂直墙面下滑，通常的做法有钉木条、压铁皮等。卷材防水屋面的泛水构造如图 5-11 所示。

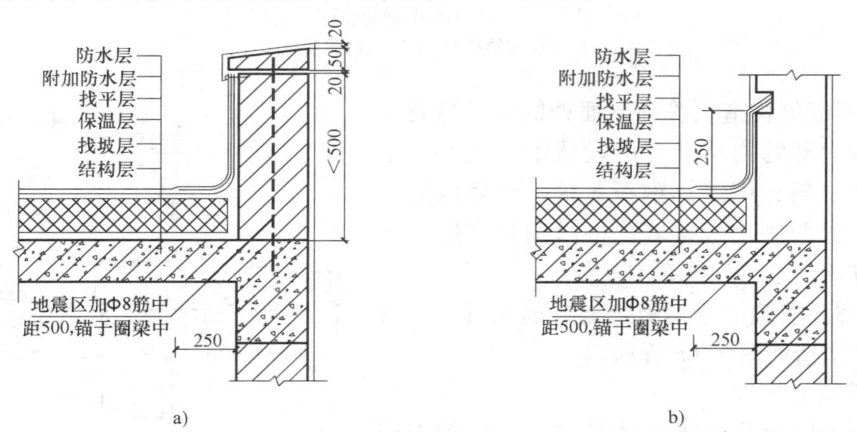

图 5-11　卷材防水屋面的泛水构造
a）泛水收头压在女儿墙压顶下　b）泛水收头压在凹槽里

2）檐口构造。油毡防水屋面的挑檐一般有自由落水、挑檐沟、女儿墙带檐沟、女儿墙外排水、女儿墙内排水等形式。其构造处理的关键是油毡在檐口处的收头处理和雨水口处理构造。自由落水挑檐构造如图 5-12 所示。

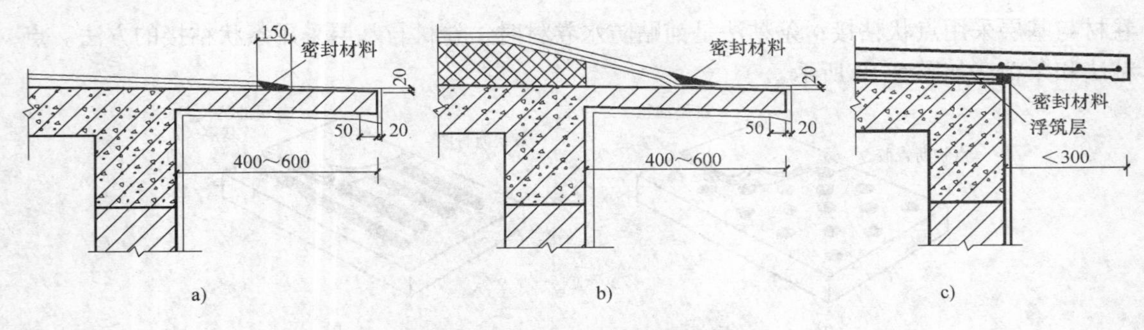

图 5-12 自由落水挑檐构造
a）由屋面板挑檐 b）带有保温层的挑檐 c）挑檐

在有组织排水檐口中，卷材防水屋面的天沟应解决好卷材收头及与屋面交接处的防水处理，天沟与屋面的交接处应做成弧形，并增铺 200mm 宽的附加层，且附加层应空铺，如图 5-13 所示。

女儿墙檐口处构造如图 5-14、图 5-15 所示。

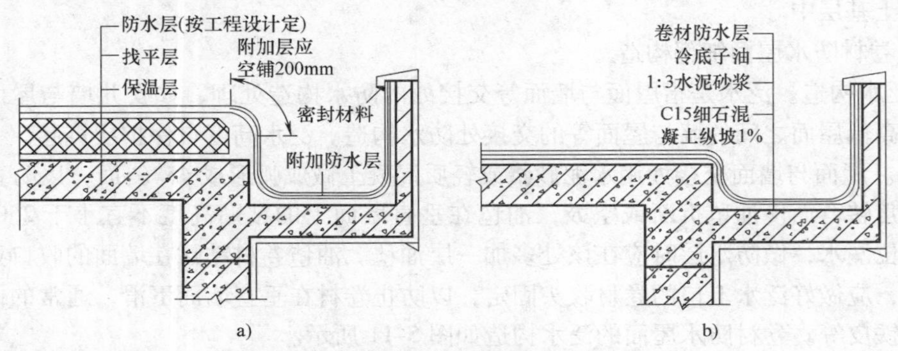

图 5-13 卷材防水挑檐天沟构造
a）有保温层檐口 b）无保温层檐口

3）变形缝处构造。等高屋面处的变形缝要采用平缝构造，即缝内填沥青麻丝或泡沫塑料，上部填放衬垫材料，用镀锌钢板盖缝，然后做防水层；也可在缝两侧砌筑矮墙，将两侧防水层采用泛水构造方式处理，如图 5-16 所示。

4）出屋面管道。管道有烟囱、通风管等，管道处的防水构造如图 5-17 所示。

2. 刚性防水屋面

刚性防水屋面是以防水砂浆或密实的细石混凝土等刚性材料作为防水面层。其主要优点是施工方便、构造简单、造价较低、维修方便。但刚性防水屋面对温度变化和结构变形较为敏感，易产生裂缝而渗漏，对施工技术要求较高。刚性防水屋面多用于南方地区，因为南方地区日温差相对较小，刚性防水屋面受温度变化影响不大。

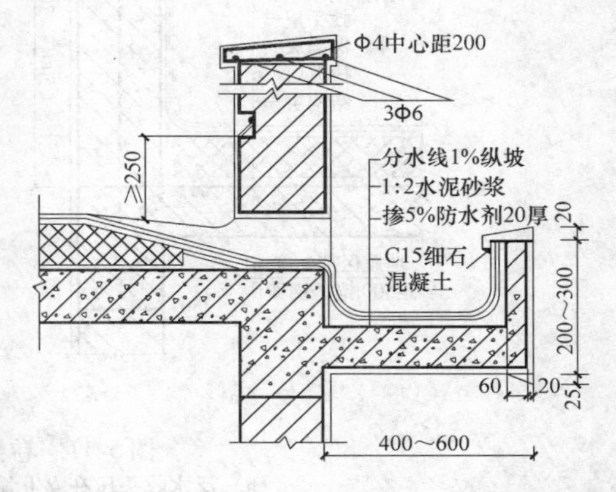

图 5-14 女儿墙檐口防水构造

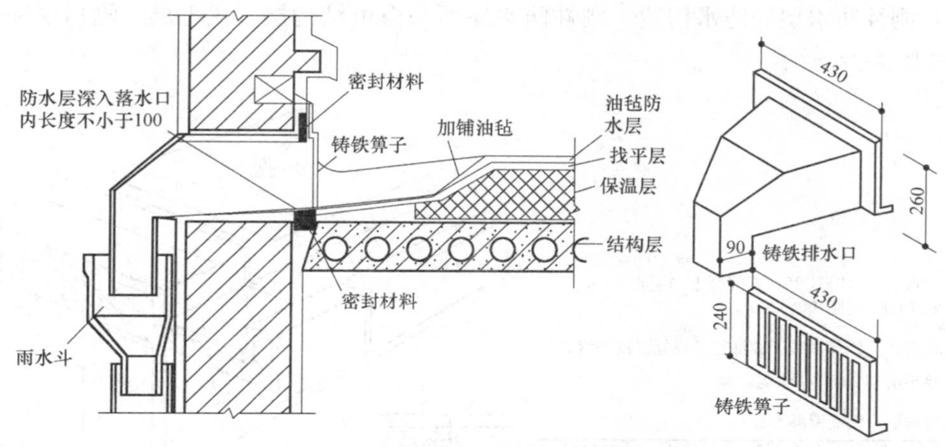

图 5-15 卷材防水女儿墙落水口构造

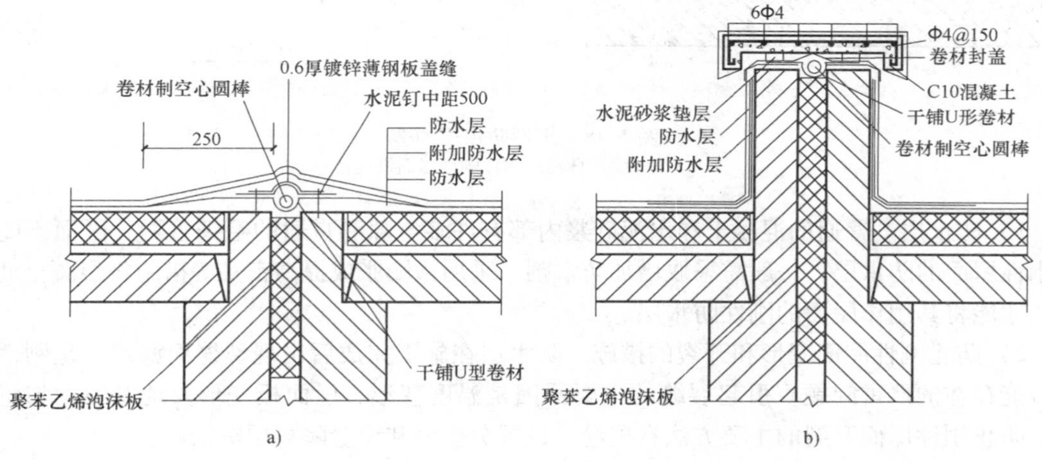

图 5-16 变形缝处泛水构造

a）平缝 b）高缝

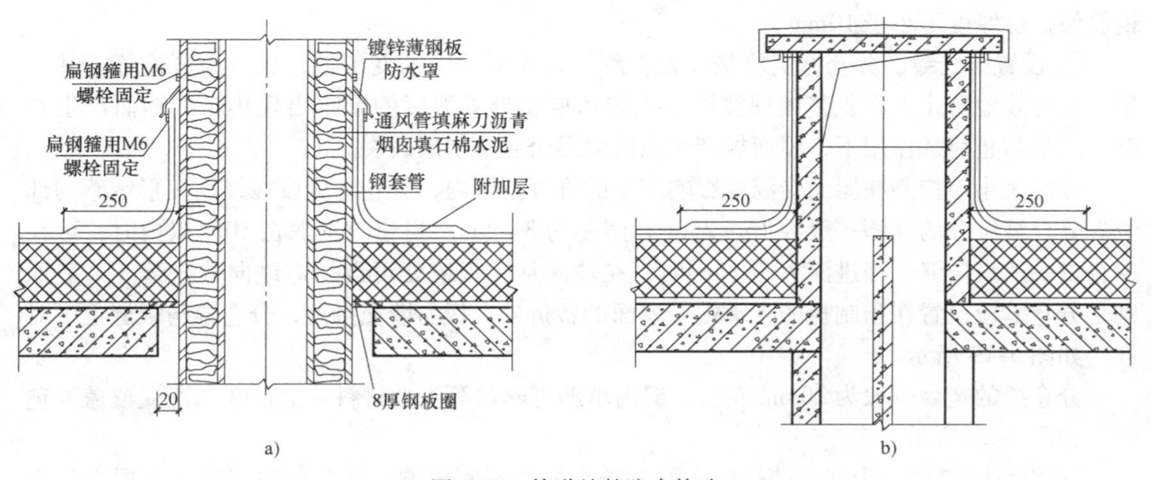

图 5-17 管道处的防水构造

a）金属管道 b）混凝土通风道

（1）刚性防水层的防水构造　刚性防水屋面一般由结构层、找平层、隔离层和防水层组成，如图5-18所示。

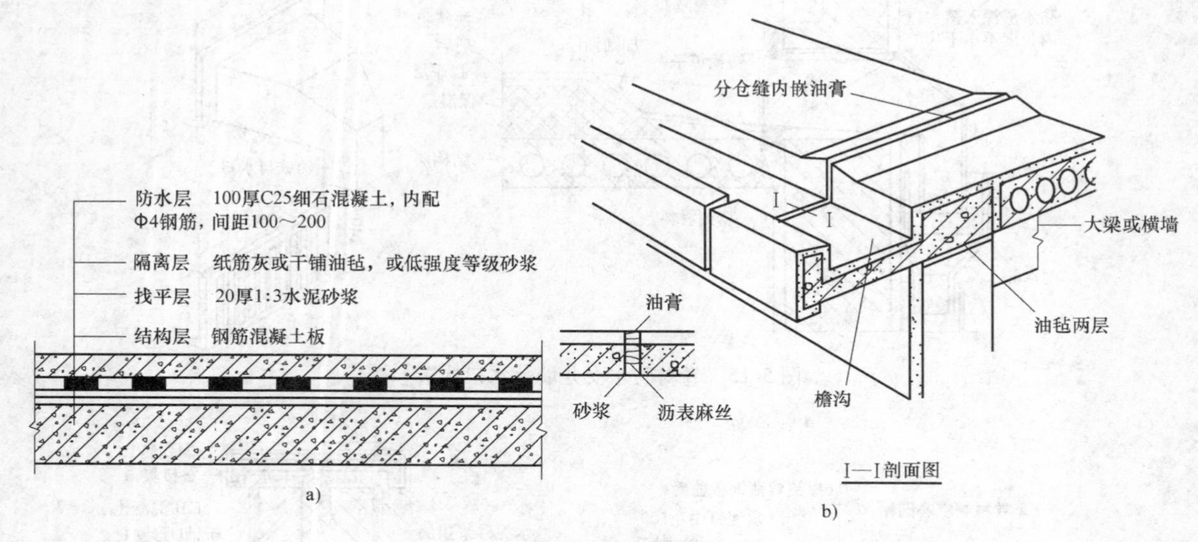

图5-18　刚性防水层构造
a）刚性屋面构造　b）刚性屋面檐沟

1）防水层。普通的混凝土和水泥砂浆内部有许多空隙和贯通的毛细管网，因而不能作为刚性屋面的防水层。一般需采取增加防水剂、采用微膨胀或提高密实等措施将混凝土处理后，才能将其用作屋面的刚性防水层。

2）防止刚性屋面变形和开裂的措施。防水层在施工完成后出现裂缝而漏水，是刚性屋面可能存在的严重问题。引起裂缝的主要原因是温度变形、屋面板变形及地基不均匀沉降等。防止刚性屋面开裂的主要方法有配筋、设置分仓缝和设置隔离层等措施。

① 配筋。混凝土防水层一般采用不低于C25的细石混凝土整体现浇刚性防水层，厚度不小于40mm，在其中配置Φ4@100～200mm的双向钢筋网片，钢筋布置在中层偏上的位置，钢筋保护层厚度不小于10mm。

② 设置分仓缝。分仓缝实质是设置在刚性防水屋面上的变形缝，也称为分格缝。其作用一是有效地防止大面积整体现浇混凝土防水层受外界温度的影响出现热胀冷缩而产生裂缝，二是防止荷载作用下，屋面板产生挠曲变形引起防水层破裂。

分格大小应控制在屋面受温度影响产生的许可范围内，分仓缝应设在结构变形敏感的部位。分仓缝服务的面积一般为15～25m^2，间距为3～5m。当建筑进深在10m以内时，可在屋脊设一道纵向缝；当进深大于10m时，在坡面某一板缝处再设一道纵向分仓缝。一般原则是分仓缝应设置在预制板的支承端、屋面的转折处、板与墙交接处，分仓缝与板缝上下对齐，如图5-19所示。

分仓缝的宽度一般为20mm左右，缝内填沥青麻丝等弹性材料，上口嵌油膏或覆盖油毡条，如图5-20所示。

③ 设置隔离层。为减少结构层变形对防水层的不利影响，宜在结构层和防水层之间设置隔离层，也称为浮筑层。隔离层可采用纸筋灰、强度等级较小的砂浆，或在薄砂层上干铺

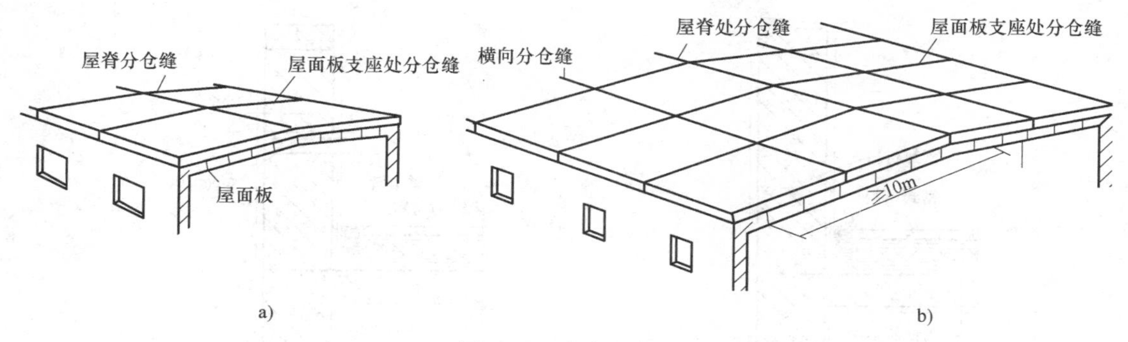

图 5-19 分仓缝位置

a）进深在 10m 以内 b）进深在 10m 以上

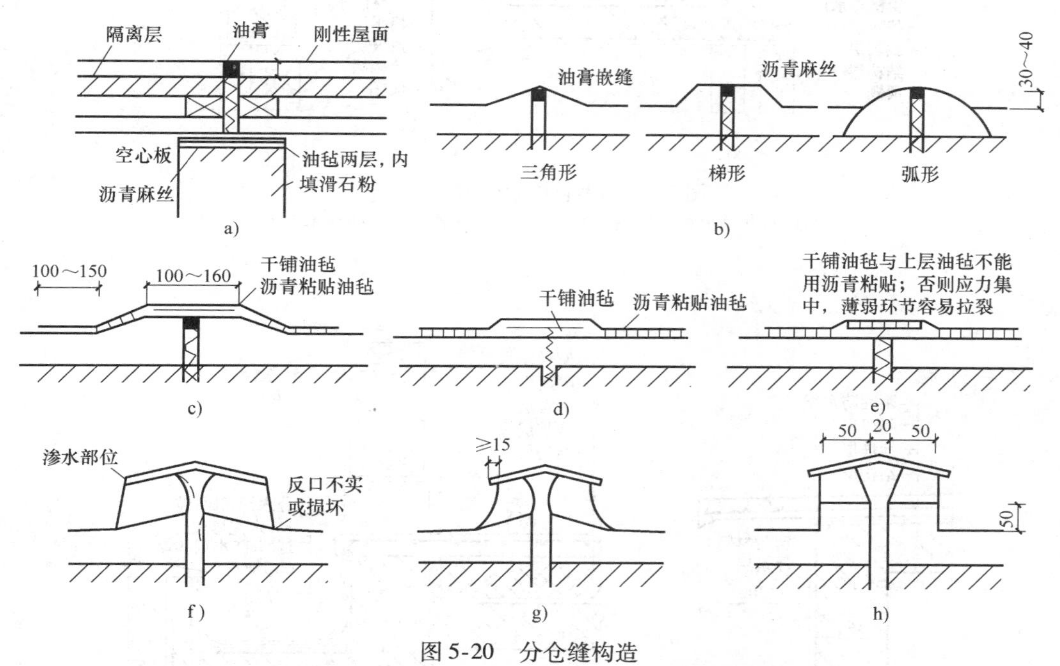

图 5-20 分仓缝构造

a）平缝油膏嵌缝 b）凸形缝油膏嵌缝 c）凸缝油毡盖缝 d）平缝油毡盖缝 e）贴油毡错误的方法 f）坐浆不正确引起爬水渗水 g）正确做法：坐浆缩进 h）做出反口、坐浆正确

一层油毡等做法，也可用沥青、粘土、纸筋灰等。当防水层抗裂性能较好时，也可不设隔离层。设置隔离层后，结构层在荷载作用下产生的挠曲变形或在温度作用下产生的伸缩变形，对防水层的影响程度会降低。

（2）刚性防水屋面的细部构造

1）泛水。刚性防水屋面的泛水构造与油毡防水屋面类似，一般是将细石混凝土防水层直接引到垂直墙面，且不留施工缝，转角处做成圆弧形或45°转角。刚性防水屋面泛水与垂直墙面之间必须设分仓缝，防止两者变形不一致而使泛水开裂，缝内用沥青麻丝等嵌实，如图 5-21 所示。

2）檐口。自由落水挑檐，可用细石混凝土防水层直接支模挑出，抹出滴水线，挑出长度不宜过大，应设负弯矩钢筋，如图 5-22 所示。

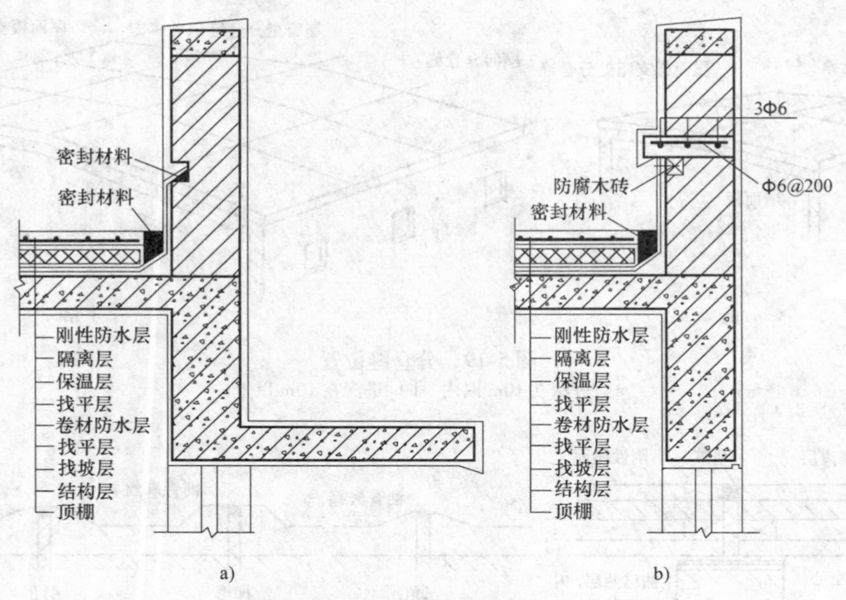

图 5-21 刚性防水屋面泛水构造

a）女儿墙上留槽做卷材收头 b）卷材收头钉在防腐木砖上

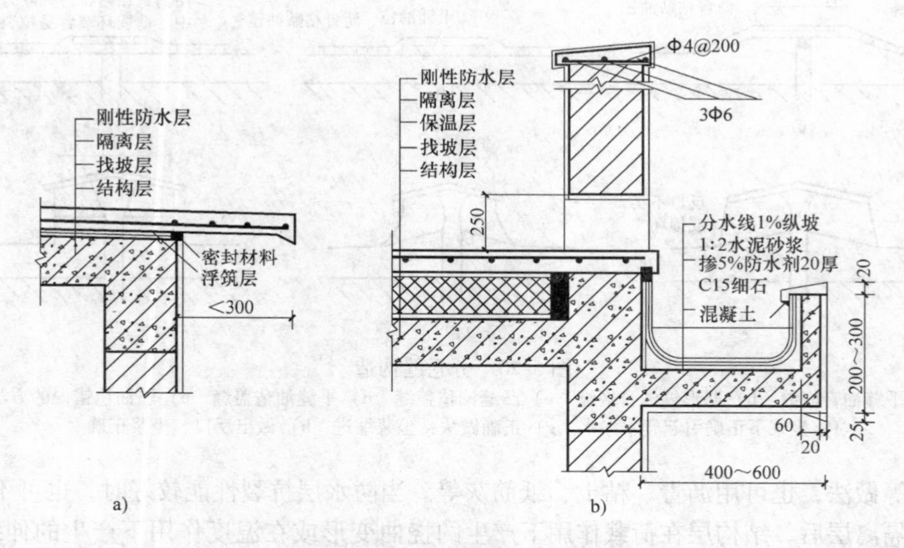

图 5-22 刚性防水屋面檐口构造

a）刚性防水自由落水挑檐口 b）刚性防水女儿墙檐口

3）变形缝。刚性防水屋面一般在变形缝两侧砌墙，其构造如图 5-23 所示。

3. 涂膜防水屋面

涂膜防水是将可塑性和粘结力较强的高分子防水涂料直接涂刷在屋面基层上，形成一层满铺的不透水薄膜层。防水材料主要有乳化沥青、氯丁橡胶类、丙烯酸树脂类等，根据涂膜防水原理，通常分为两大类，一是用水或溶剂溶解后在基层上涂刷，通过水或溶剂蒸发而干燥硬化；二是通过材料的化学反应而硬化。涂膜防水的细部构造如图 5-24、图 5-25 所示。

四、平屋顶的保温、隔热构造

1. 平屋顶的保温

冬季室内采暖时，为防止室内热量过多地散失到室外，需要在外围护构件中设置保温层，来提高建筑的热工性能，从而达到节能环保的目的。

（1）保温材料　保温材料一般有散料类、整体类和板块类等形式。

1）散料类：散料类保温材料有炉渣、矿渣等工业废料、膨胀陶粒、膨胀蛭石、膨胀珍珠岩等。

2）整体类：整体类保温材料是以散料为集料，掺入一定量的胶结材料，现场浇筑而成，如水泥炉渣、水泥膨胀蛭石、水泥膨胀珍珠岩及沥青膨胀蛭石和沥青膨胀珍珠岩等。

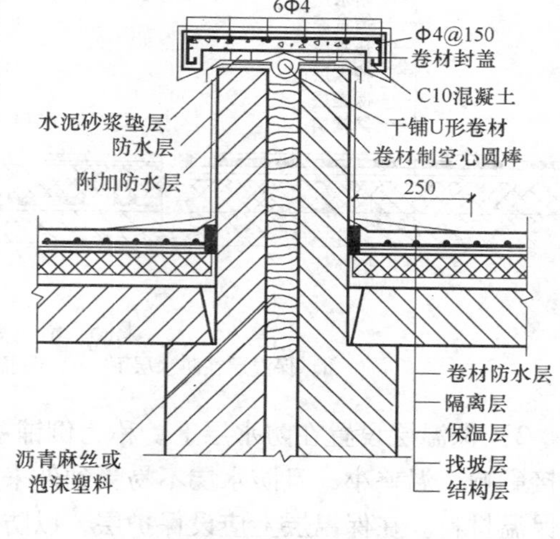

图 5-23　刚性防水屋面变形缝构造

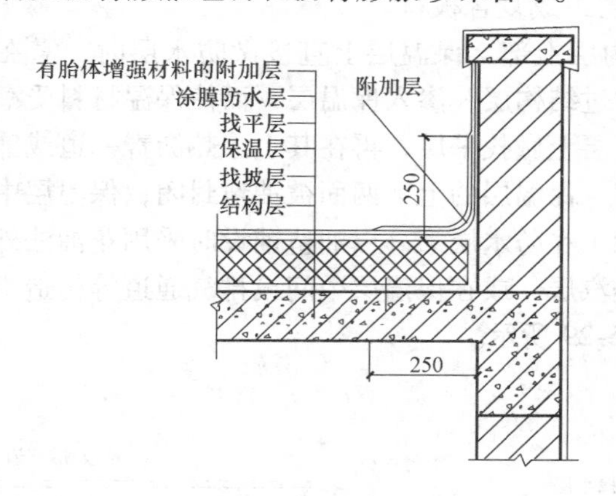

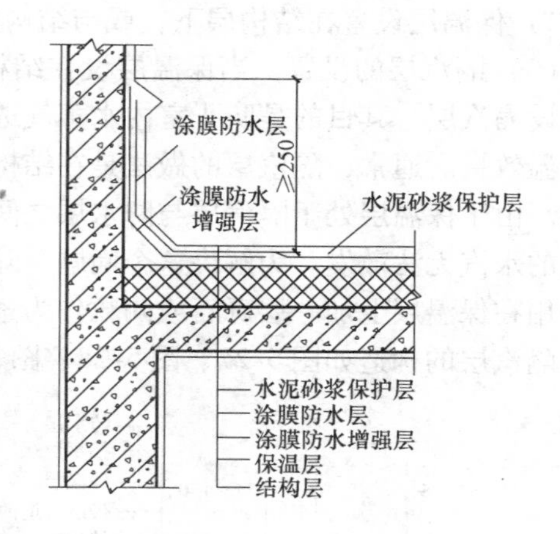

图 5-24　涂膜防水屋面泛水处构造

3）板块类：板块类保温材料是以集料和胶结材料由工厂制作而成的板块状材料，如加气混凝土、泡沫混凝土、膨胀蛭石、膨胀珍珠岩、泡沫塑料等块材或板材。

（2）保温层的设置　根据保温层在屋顶各层次中的位置，有三种设置方式，如图 5-26 所示。

1）保温层设置在防水层下，这种构造称为正铺法。该做法符合热工学原理，若保温层是散料时，保温层还可兼作找坡层。

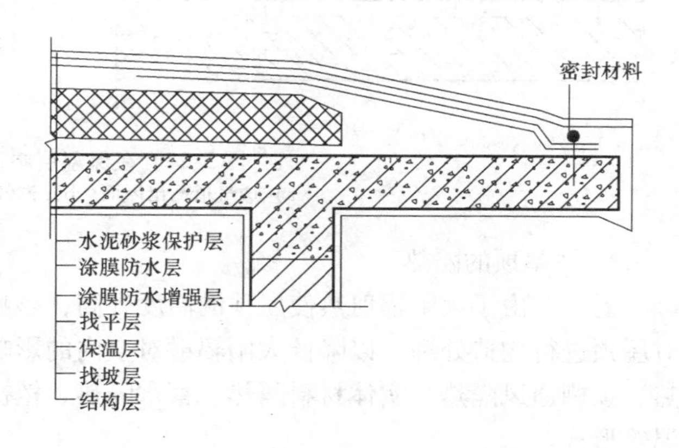

图 5-25　涂膜防水屋面自由落水檐口处构造

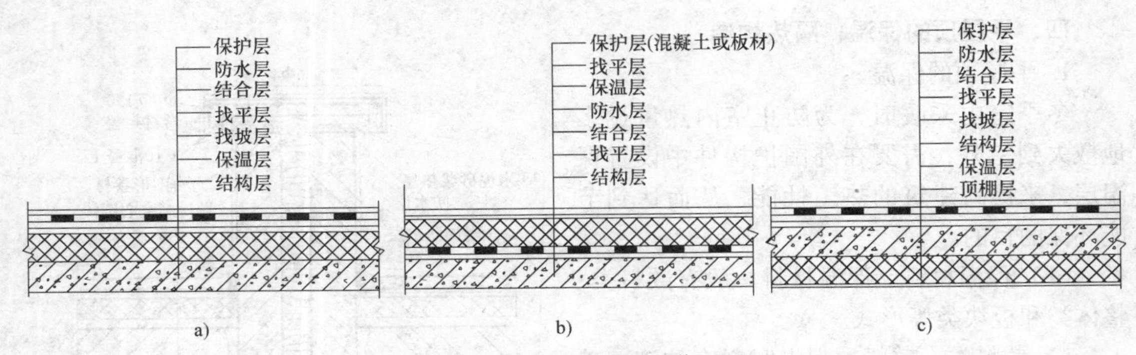

图5-26 保温层的设置位置
a）保温层在防水层下 b）保温层在防水层上 c）保温层在结构层下

2）保温层设置在防水层上，称为倒铺法，其优点是防水层不受阳光辐射和气候变化的直接影响，温差小，且防水层不易受到外来因素的损伤，但是必须选用吸湿性低、耐候性强的保温材料。在保温层上应设保护层，以防止表面破损。保护层应选择有一定重量、足以压住保温层的材料，常用较大粒径的石子或混凝土保护层，但不能用绿豆砂保护层。

3）保温层设置在结构层下，或与结构层组成复合板材。

(3) 隔汽层的设置　当保温层设在结构层上部，保温层上直接做防水层时，需在保温层下设隔汽层，其目的是防止室内水蒸气透过结构层，渗入保温层，而使保温材料受潮，降低保温效果。通常，隔汽层的做法是在结构层上做找平层，再在其上涂热沥青一道或铺一毡二油。由于保温层处于隔汽层与防水层之间，保温层的上下两面被油毡封闭，保温层中存有一定的水汽无法散发。为解决这个问题，除了在防水层第一层油毡铺设时采用花油法外，还可采用在保温层上加一层砾石或陶粒作为透汽层，或在保温层中间设排气通道等构造措施。

隔汽层的构造如图5-27、图5-28、图5-29所示。

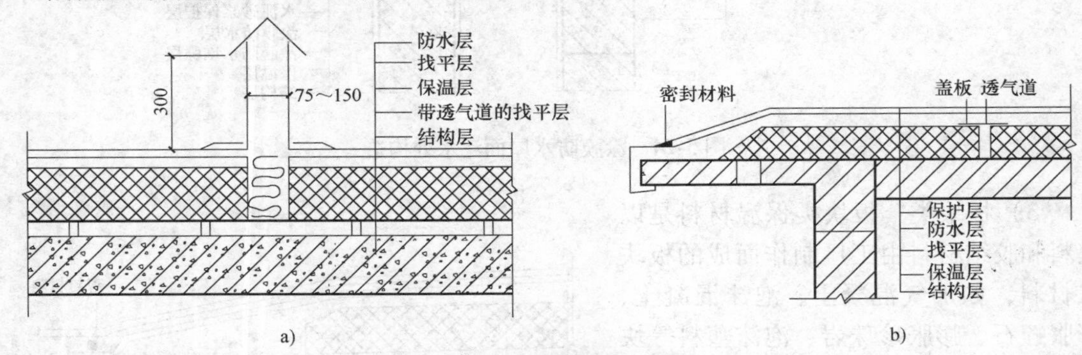

图5-27 在保温层中设排气道
a）透气道凸出屋面 b）透气道与屋面平齐

2. 平屋顶的隔热

夏季，由于太阳辐射热使屋顶的温度升高，影响到室内的生活和工作条件，因此，要求对屋顶进行构造处理，以降低太阳辐射对室内的影响。平屋顶的隔热方式主要有架空通风隔热、顶棚通风隔热、实体材料隔热、蓄水隔热、植被种植隔热、反射降温隔热、蒸发散热降温等形式。

(1) 架空通风隔热屋面　这种做法是在屋面防水层上用适当的材料或构件制品（如预

制板、大阶砖等）作架空隔热层，架空层应有适当的净高，一般为180～240mm。架空层周边应设置一定数量的通风孔，以利于空气流通。当女儿墙不宜开洞时，应在距女儿墙500mm范围内铺架空板。隔热板的支点可做成砖垄墙或砖墩，间距根据隔热板尺寸而定，如图5-30所示。

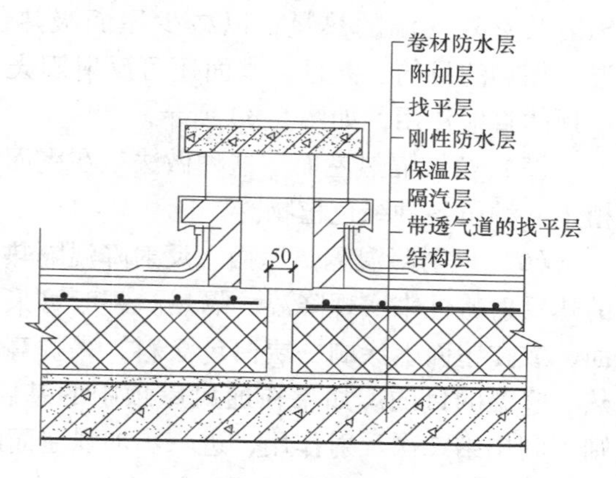

图5-28　屋面排气孔

（2）顶棚通风隔热屋面　这种做法是利用顶棚与屋顶之间的空间作隔热层，如图5-31所示。

（3）实体材料隔热屋面　实体材料隔热屋面是利用材料的蓄热性、热稳定性和传导过程中的时间延迟性来做隔热屋面。在太阳辐射下，实体材料隔热屋面内表面温度比外表面温度有较大降低，使内表面出现高温的时间能延迟3～5h，但这种材料自重大、蓄热大，晚间气温降低后，屋顶内蓄存的热量开始向室内散发，一般只适用于夜间不使用的房间。如图5-32所示。

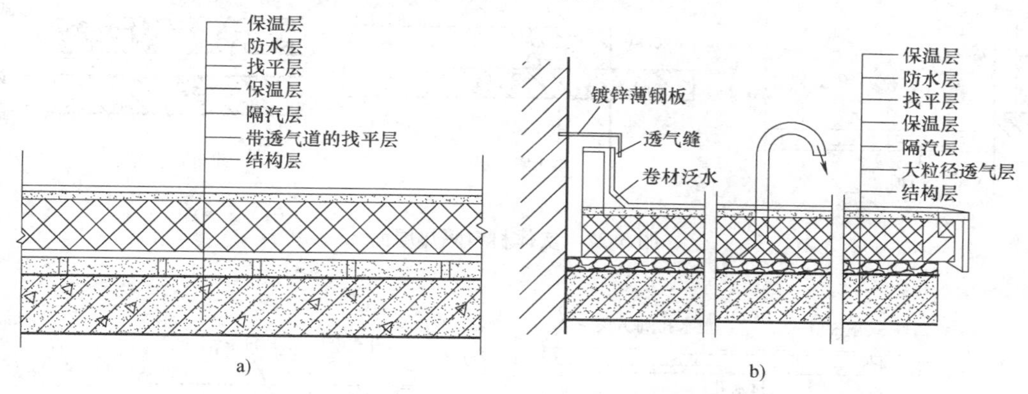

图5-29　在隔汽层下设透气层及出气口构造
a）设带透气道的找平层　b）设透气缝和透气道

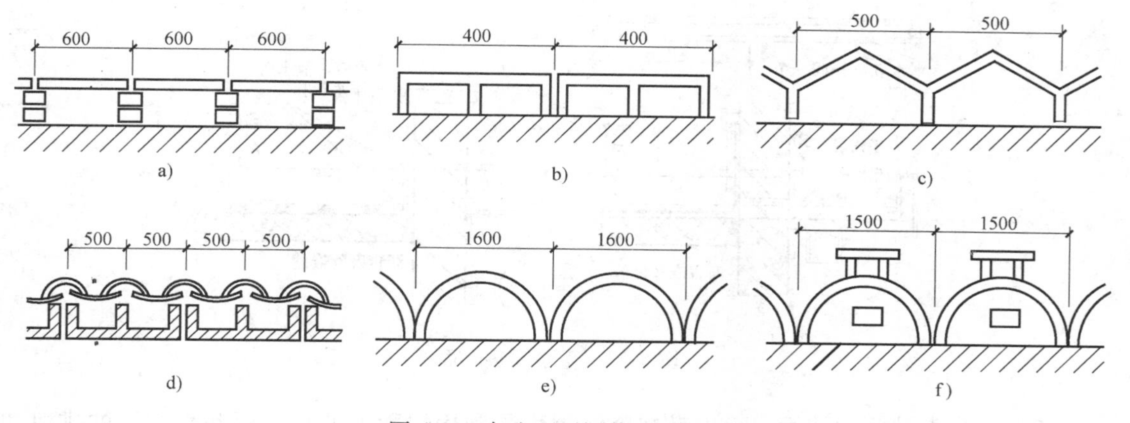

图5-30　架空通风隔热屋面形式
a）架空预制板或大阶砖　b）架空混凝土山形板　c）架空钢丝网水泥折板
d）倒檐板上铺小青瓦　e）钢筋混凝土半圆拱　f）14mm厚的砖拱

（4）蓄水隔热屋面　蓄水隔热屋面是指在屋顶蓄积一层水，利用水蒸发吸收大量太阳辐射及室外气温的热量，以减少屋面吸热能，从而达到降温、隔热的目的。并且，水面还可反射阳光，以减少阳光对屋顶的直射作用，如图5-33所示。

（5）植被隔热屋面　这种做法是在屋面防水层上覆盖种植土，种植各种绿色植物。

（6）反射降温隔热屋面　反射降温隔热屋面是利用材料的热反射特性来实现降温、隔热。一般可采用浅色的砾石铺面，或在屋面上涂刷一层白色涂料，来提高反射率，起到隔热、降温的目的。如果在通风屋顶中的基层加铺一层铝箔，则可利用第二次反射作用，进一步加强屋面的隔热性。

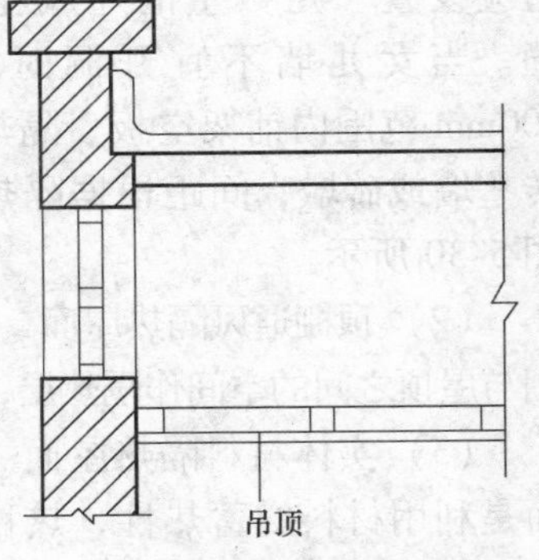

图5-31　架空通风隔热屋面

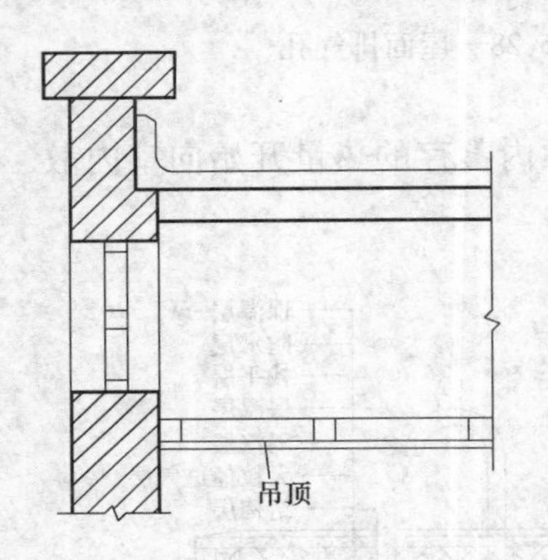

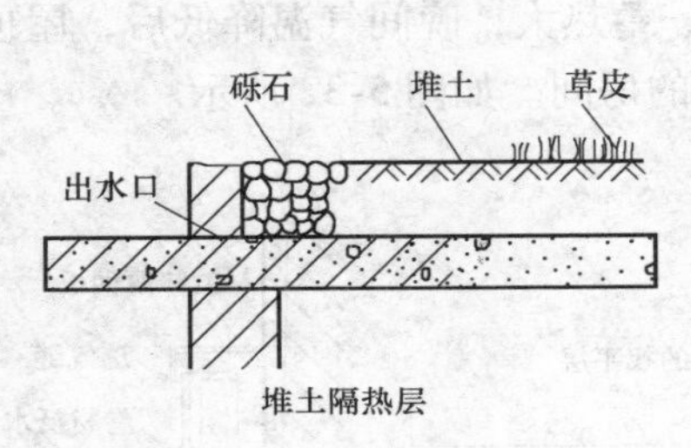

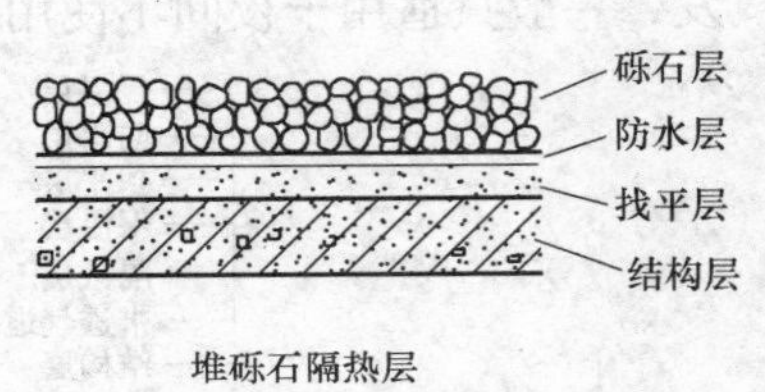

图5-32　实体材料隔热屋面

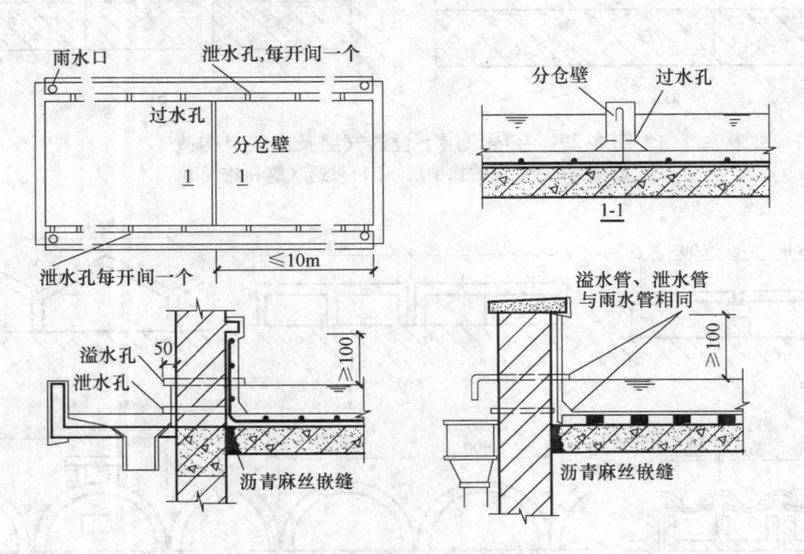

图5-33　蓄水隔热屋面

（7）蒸发散热降温屋面　蒸发散热降温屋面是利用屋面上的流水层和水雾层的排泄和蒸发，来降低屋面温度，常用的有淋水屋面和喷雾屋面。

五、平屋顶的节能概述

据统计，建筑采暖和空调能耗占建筑总能耗的50% ~70%。所以，建筑外围护结构的节能构造尤为重要。在外围护结构中，设置保温、隔热的构造是建筑节能的重要环节，要结合各地区的实际情况，因地制宜、合理构造。

建筑屋顶节能一般是对屋顶热量的阻隔，即通过控制热量的内外传递，来降低建筑使用中的能耗。保温、隔热是建筑屋顶节能的重点内容。在寒冷的地区屋顶设保温层，以阻止室内热量散失；在炎热的地区屋顶设置隔热、降温层，以阻止太阳的辐射热传至室内，或设置通风层来降低室内温度；而在冬冷夏热地区（黄河至长江流域），建筑节能则要冬、夏兼顾。常用的保温技术措施是在屋顶防水层下设置导热系数小的轻质材料用于保温，如膨胀珍珠岩、玻璃棉等（此为正铺法）；也可在屋面防水层以上设置聚苯乙烯泡沫（此为倒铺法）。目前国外有一种保温层做法是，采用回收废纸制成纸纤维，这种纸纤维生产能耗极小，保温性能优良，纸纤维经过硼砂阻燃处理，也能防火。施工时，先将屋顶的钉层夹层，再将纸纤维喷吹入内，形成保温层。以上做法都能不同程度地满足屋顶节能的要求，但目前最受推崇的是利用智能技术、生态技术来实现建筑节能的愿望，如太阳能集热屋顶和可控制的通风屋顶等。保温节能屋面和隔热节能屋面的做法分别如图5-34、图5-35所示。

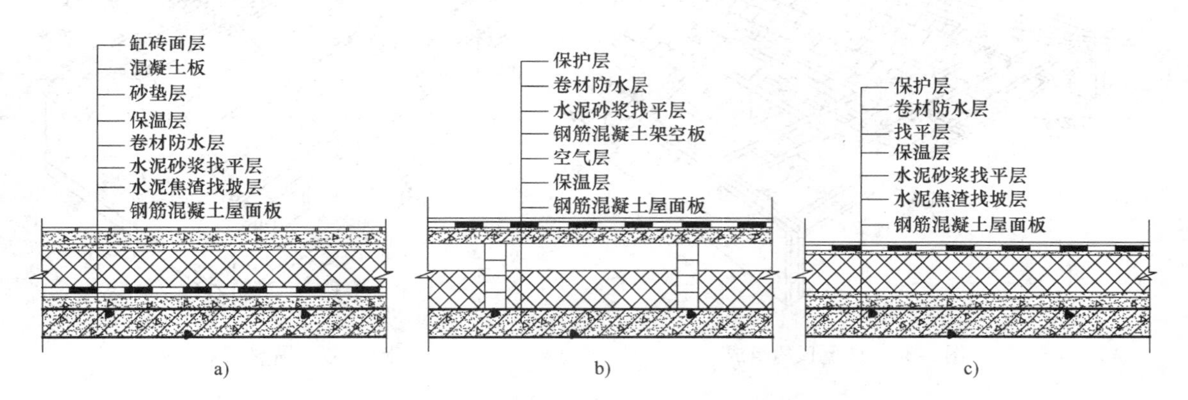

图5-34 保温节能屋面

a）防水层在保温层下 b）设空气层 c）防水层在保温层上

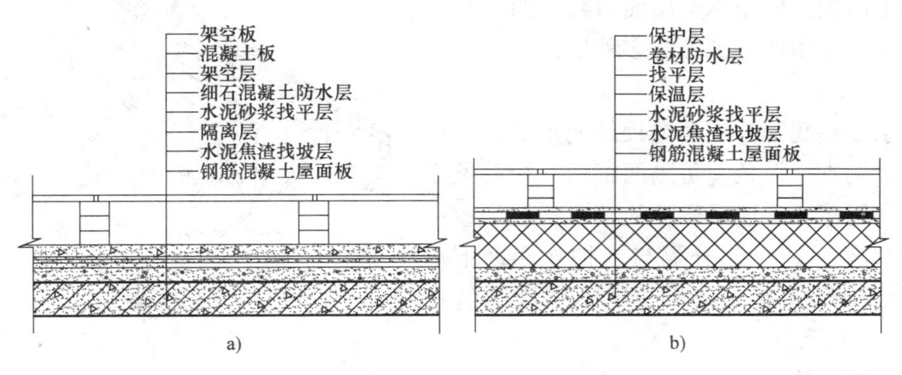

图5-35 隔热节能屋面

a）无保温材料的隔热屋面 b）有保温材料的隔热屋面

第三节 坡 屋 顶

一、坡屋顶的组成

坡屋顶是我国的一种传统的屋面形式，主要由屋面、承重结构、顶棚组成。屋面由挂瓦条、油毡层、屋面盖料等组成，屋面盖料有平瓦、油毡瓦、金属板瓦、压型钢板瓦、玻璃板、PC 板等；承重结构由屋架、檩条、椽子等组成。坡屋顶的组成如图 5-36 所示。

二、坡屋顶的承重结构形式

坡屋顶的承重方式主要有横墙承重、屋架承重和梁架承重三类。

1. 横墙承重

当横墙间距较小且具有分隔和承重功能时，可将横墙上部砌成三角形，将檩条直接支承在横墙上，这种承重方式称为横墙承重或硬山搁檩。横墙承重结构体系做法简单、造价低，适用于多开间并列的房屋，如宿舍、办公室等，如图 5-37 所示。

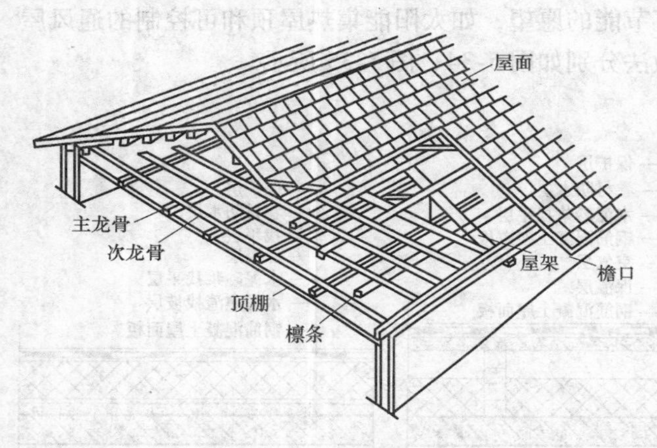

图 5-36 坡屋顶的组成

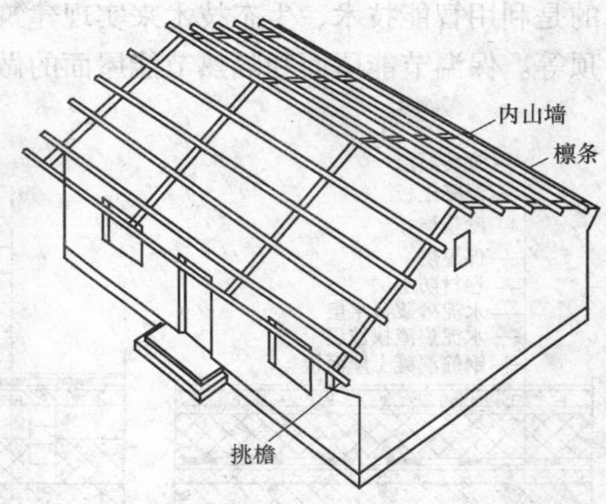

图 5-37 横墙承重结构

2. 屋架承重

屋架承重是将屋架搁置在建筑物的外墙或柱上，屋架上面架设檩条承受屋面荷载，如图 5-38 所示。屋架有三角形、梯形等多种形式。

3. 梁架承重

梁架承重是我国传统的屋顶结构形式，由柱和梁形成梁架支承檩条，每隔两根或三根檩条立一柱，并利用檩条和连系梁，使整个房屋形成一个整体的骨架，墙只起分隔与围护作用，不承重。这种结构形式有“墙倒，屋不坍塌”的特点，如图 5-39 所示。

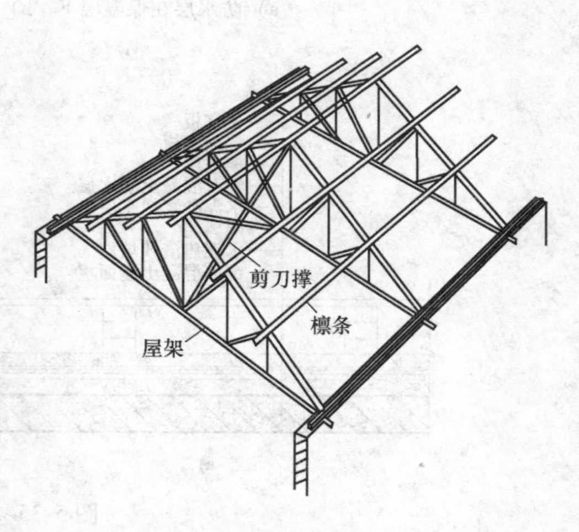

图 5-38 屋架承重结构

三、坡屋顶的构造

坡屋顶的构造主要指屋面的构造。屋面一般

是利用各种瓦材作为屋面防水材料，靠瓦与瓦之间的搭接盖缝来达到防水的目的。

在各种瓦材中以平瓦屋面最为常见，平瓦有黏土平瓦和水泥平瓦之分。常见的平瓦屋面构造如图5-40所示。平瓦屋面的坡度一般为20%～50%，瓦下有挂钩，可以挂在挂瓦条上；在地震区及风大的地区，当屋面坡度大于50%时，为防止下滑，瓦上穿有小孔，可以用钢丝把瓦捆扎在挂瓦条上，或用圆钉钉牢。平瓦屋面根据基层的不同，有冷摊平瓦屋面、实铺平瓦屋面和钢筋混凝土挂瓦板平瓦屋面。

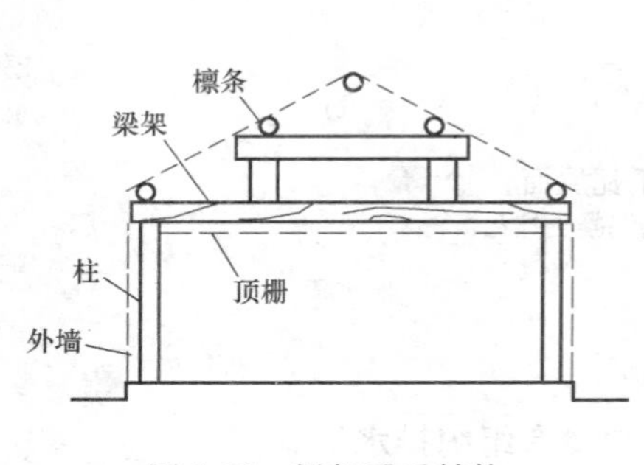

图5-39 梁架承重结构

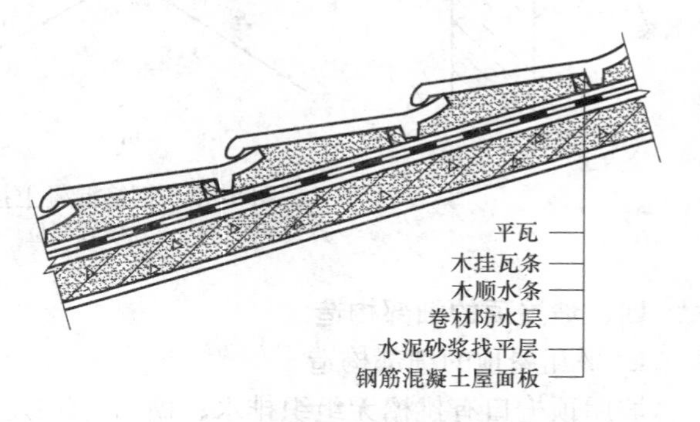

图5-40 常见的平瓦屋面构造

1. 冷摊平瓦屋面

冷摊平瓦屋面是平瓦屋面最简单的做法。它是在椽子上钉挂瓦条后直接挂瓦形成的，如图5-41所示。挂瓦条尺寸根据椽子间距而定。这种做法构造简单，但雨雪易从瓦缝中飘入室内。

2. 实铺平瓦屋面

实铺平瓦屋面的做法是在檩条或椽子上铺一层20mm厚的木望板（也称为望板），木望板可采取密铺法（不留缝）和稀铺法（板间有10～20mm宽的缝隙），在木望板上铺一层平行于屋脊的油毡，从檐口到屋脊，毡条铺设方向与檐口垂直，搭接长度不小于100mm，然后用30mm×10mm的压毡条（又称顺水条）将卷材压钉在基层上，顺水条的间距为500mm，再在顺水条上铺钉挂瓦条，并铺平瓦，如图5-42所示。

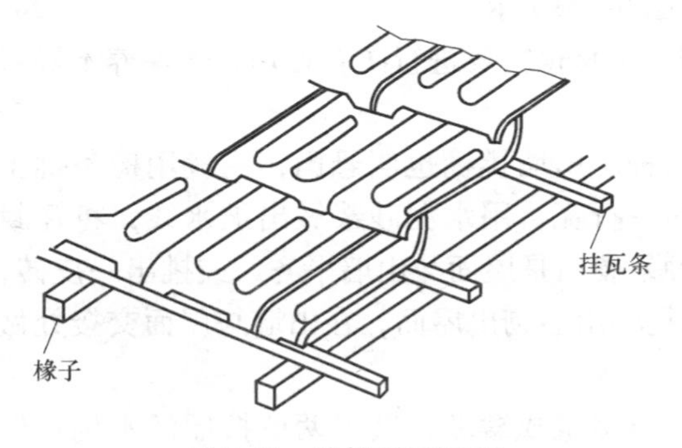

图5-41 冷摊平瓦屋面

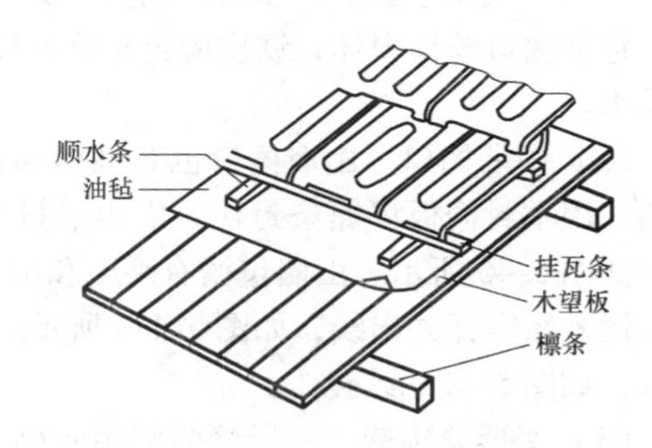

图5-42 实铺平瓦屋面

3. 钢筋混凝土挂瓦板平瓦屋面

钢筋混凝土挂瓦板平瓦屋面的做法是用预应力或非预应力钢筋混凝土挂瓦板直接搁置在横墙或屋架上，取代冷摊瓦屋面和实铺平瓦屋面中的基层、木望板和挂瓦条，在挂瓦板上直接挂瓦。该做法的缺点是瓦缝渗水不易处理，渗入的雨水易在挂瓦板的缝处渗漏，如图 5-43 所示。

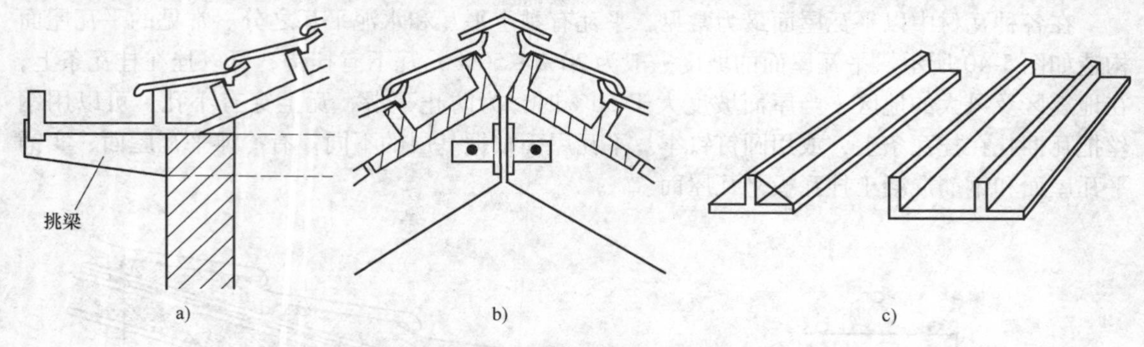

图 5-43 钢筋混凝土挂瓦板平瓦屋面
a）挑檐部位 b）屋脊部位 c）钢筋混凝土挂瓦板

四、坡屋顶的细部构造

1. 平瓦屋顶的细部构造

坡屋顶檐口有挑檐无组织排水、檐沟有组织排水、包檐有组织排水等。

（1）檐口 坡屋顶的纵墙檐口有挑檐和包檐两种形式。

1）挑檐是屋面挑出外墙的部分，常用的做法有砖砌挑檐、屋面板挑檐、挑檐木挑檐、挑椽挑檐、钢筋混凝土屋面板挑檐、挂瓦板挑檐、挑檐沟挑檐等，如图 5-44 所示。

以上挑檐除砖砌挑檐外，均可做檐口顶棚，常用做法有露缝板条、硬质纤维板、板条抹灰等。它们的基层做法是在靠封檐板一边，利用托木、挑木或挑椽，钉一条顶棚龙骨，在靠外墙一侧砌入的木砖上再钉一条顶棚龙骨；在两龙骨间钉横向板条或先横向小龙骨再钉纵向板条，即可做檐口顶棚的面层露缝或抹灰。为避免檐口屋面板挠曲不平，保证檐口外形挺直，可封闭檐口顶棚。

2）包檐檐口是将檐墙砌出屋面形成女儿墙，将檐口包在女儿墙内侧的构造做法。在包檐内应解决好排水问题，一般均要做水平天沟式檐沟。天沟采用钢筋混凝土槽形天沟板，沟内铺卷材防水层，并一直铺到女儿墙上形成泛水；也可用镀锌薄钢板放在木底板上，薄钢板天沟一侧伸入油毡层上，靠墙一侧做成泛水，如图 5-45 所示。

包檐檐口较易损坏，铁皮应经常刷油以防锈，木材也需要进行防腐处理，若保养不好将会漏水。

（2）山墙檐口 山墙檐口也有挑檐和包檐两种。山墙挑檐也叫悬山，一般用檩条挑出山墙，用木封檐板将檩条封住，沿山墙挑檐边的一行瓦，用水泥砂浆做出披水线，将瓦封固，如图 5-46 所示。山墙包檐有硬山和出山两种，硬山是屋面与山墙平齐，或挑出一皮砖，用水泥砂浆窝瓦并出线，如图 5-47a 所示。出山是将山墙砌出屋面，在山墙与屋面交接处做泛水，如图 5-47b 所示。

（3）变形缝构造 变形缝两侧用砖砌或混凝土浇筑成矮墙，矮墙两侧按照泛水构造做法即可。如图 5-48 所示。

（4）屋脊与斜天沟处构造 斜天沟一般用镀锌薄钢板制成，镀锌薄钢板两边包钉在木条上，也可用弧形瓦或缸瓦作斜天沟，搭接处要用麻刀灰窝牢，如图 5-49 所示。平瓦屋面的屋脊可用 1∶3 水泥砂浆铺贴脊瓦，如图 5-50 所示。

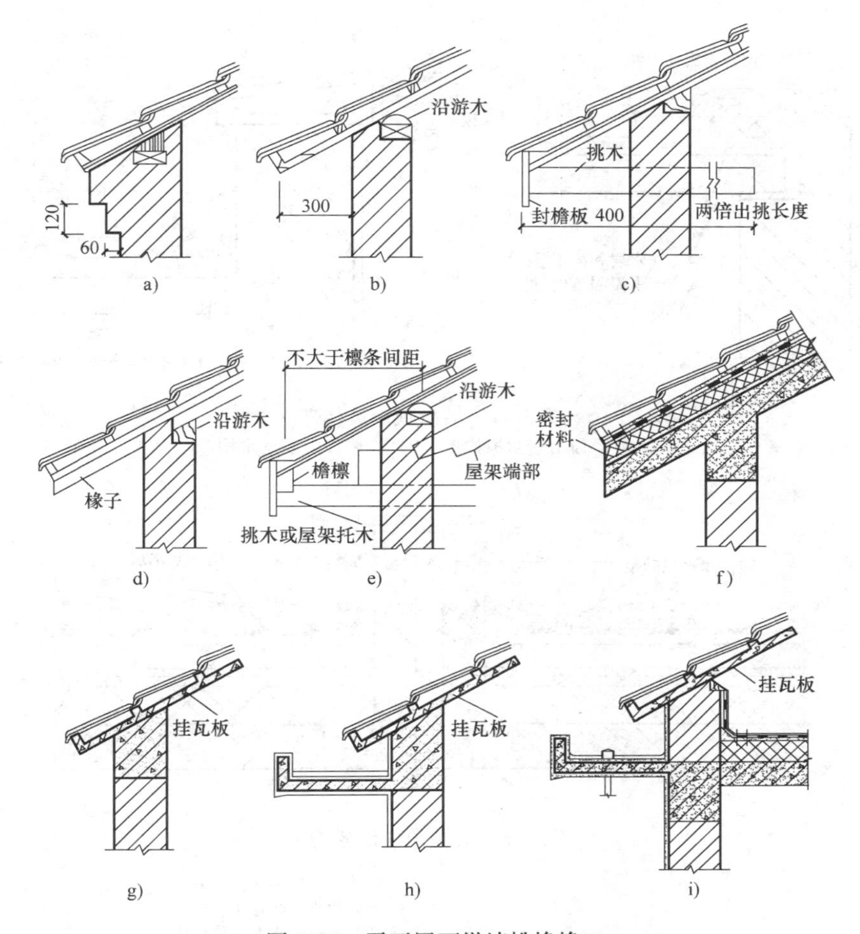

图 5-44 平瓦屋面纵墙挑檐檐口

a）砖砌挑檐 b）屋面板挑檐 c）挑檐木挑檐一 d）挑檐木挑檐二 e）挑椽挑檐
f）钢筋混凝土屋面板挑檐 g）挂瓦板挑檐 h）挑檐沟挑檐 i）挑檐沟挑檐

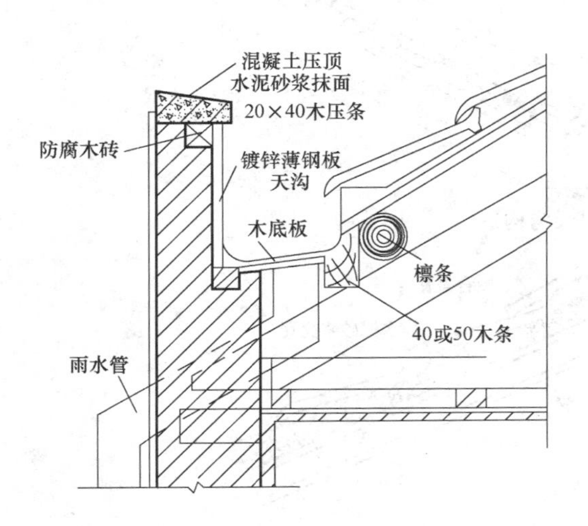

图 5-45 平瓦屋面纵墙檐口包檐构造

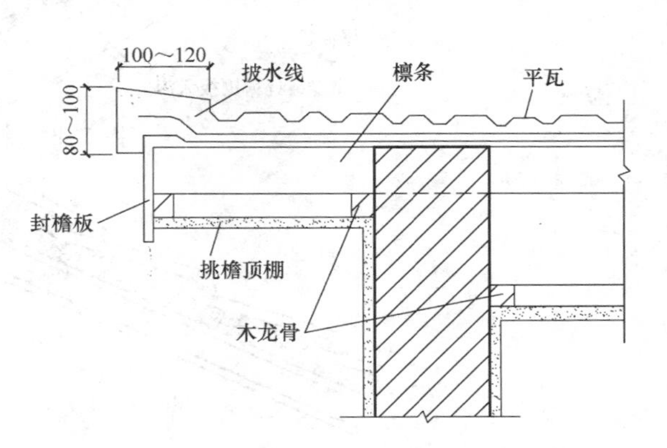

图 5-46 坡屋顶山墙挑檐口构造

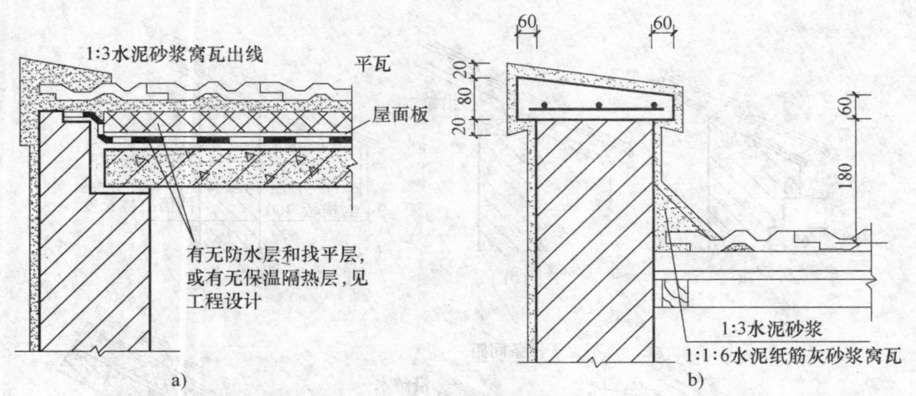

图5-47 坡屋顶山墙构造
a）坡屋顶山墙封檐构造 b）坡屋顶山墙泛水构造

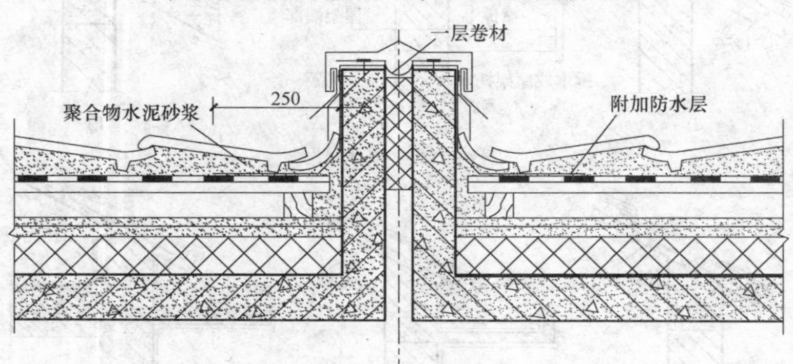

图5-48 坡屋顶变形缝构造

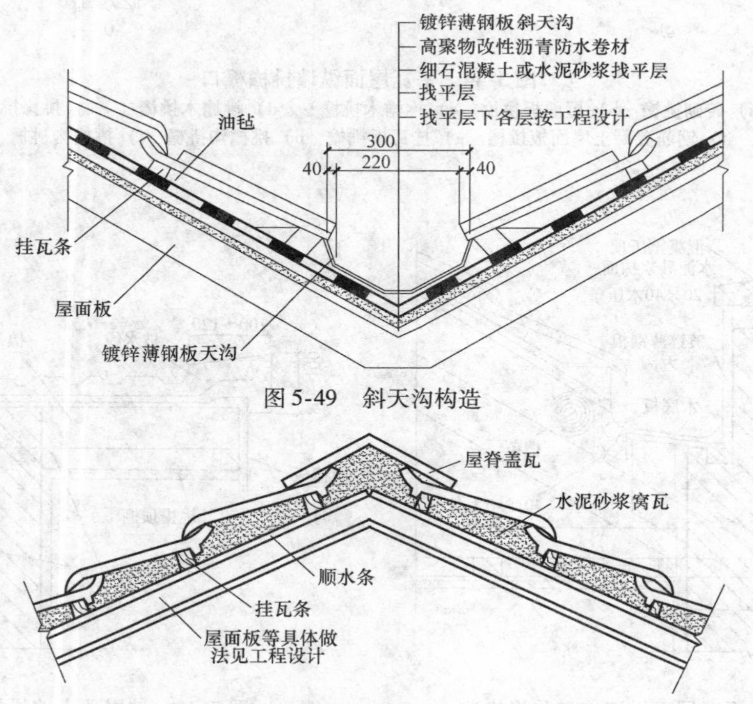

图5-49 斜天沟构造

图5-50 屋脊构造

2. 平瓦屋顶的保温与隔热构造

(1) 坡屋顶的保温 在寒冷地区，为减少室内热气的散失，并达到节能的目的，坡屋顶也需设置保温层。设置方法一般有两种，一种是不设顶棚的坡屋顶的保温，可将保温层设在屋顶面层中，如草屋面、麦秸青灰顶屋面等，还可将保温层放在檩条之间或在檩条下钉保温板材；另一种是有顶棚的屋顶的保温，可将保温层设在吊顶上，其做法是在顶棚搁栅上铺板，板上铺一层油毡作隔汽层，在油毡上铺设保温材料，保温材料可选用无机散状材料，如矿渣、膨胀珍珠岩、膨胀蛭石等，如图 5-51 所示。

(2) 坡屋顶的通风隔热 在炎热地区，在坡屋顶中设置进气口和排气口，利用屋顶内外的热压差和迎背风面的压力差，组织空气对流，形成屋顶内的自然通风，以减少由屋顶传入室内的辐射热，改善室内气候环境，如图 5-52 所示。

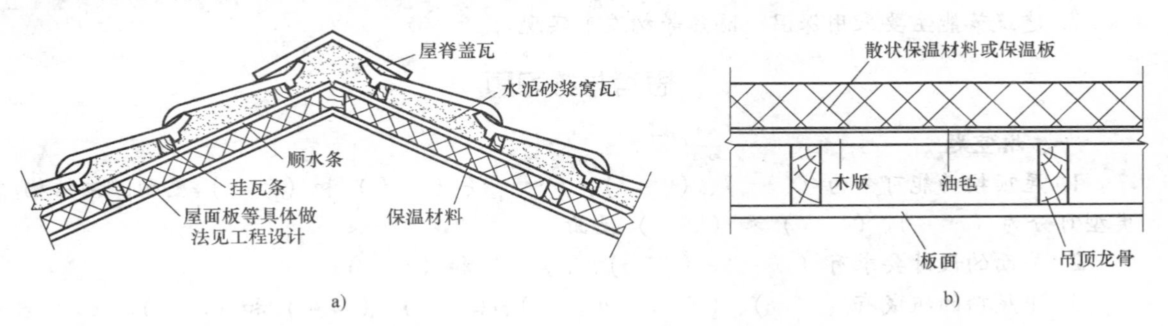

图 5-51 平瓦屋面保温构造
a) 保温材料在檩条下 b) 保温材料在吊顶上

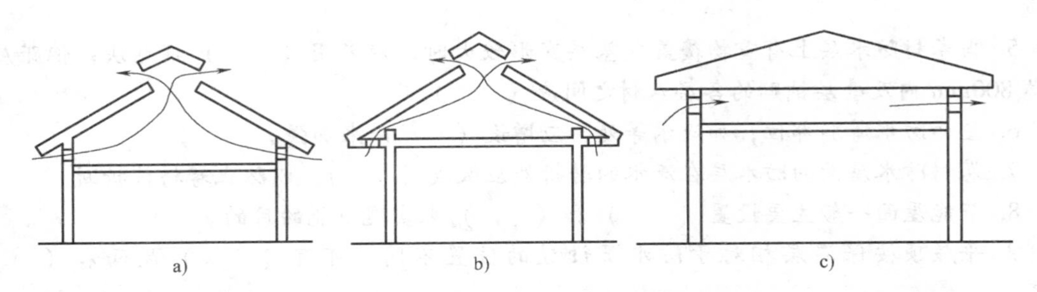

图 5-52 坡屋顶的通风隔热
a) 在外墙和天窗设通风孔 b) 在檐口和天窗设通风孔 c) 在山墙上设通风孔

另外，还可通过采用低辐射材料或屋面材料的反射性能来降低屋面的辐射热，从而达到隔热的效果。

本章小结

1. 屋顶是建筑物的重要组成部分，起着围护和承担荷载的作用。屋顶必须满足坚固耐久、防水、保温、隔热等要求，并有足够的强度、刚度和整体稳定性。

2. 屋顶有平屋顶、坡屋顶和其他形式的屋顶，其结构形式和构造做法各不相同，适用于不同类型的建筑物。

3. 平屋顶的防水按其材料分为柔性防水屋面、刚性防水屋面和涂膜防水屋面。柔性防水屋面能较好地适应屋面温度变形和结构的荷载等变形；刚性防水屋面施工方便、构造简单，但对温度变化和结构变形较敏感；涂膜防水层具有防水性能好、粘接力强、整体性好、耐腐蚀、耐老化、弹性好、冷作业、施工方便的特点。

4. 平屋顶屋面细部防水构造主要有：檐口处、泛水处、变形缝、出屋面管道等处，这些部位都是防水的薄弱环节，一定要做好防水，以免渗漏。

5. 坡屋顶有横墙承重、屋架承重和梁架承重的形式，其屋面主要有冷摊瓦屋面、实铺瓦屋面和钢筋混凝土挂瓦板平瓦屋面等。

6. 屋面可根据需要，采取保温、隔热措施，平屋顶与坡屋顶的保温、隔热做法不同，但其原理基本相同。

7. 建筑节能主要采用保温、隔热等构造来实现。

思考与练习题

一、填空题

1. 屋顶按功能可分为（　　）、（　　）、（　　）、（　　）和（　　）屋面；按结构类型可分为（　　）、（　　）和（　　）屋面。

2. 屋面的设计要求有（　　）、（　　）、（　　）和（　　）。

3. 平屋顶的组成有（　　）、（　　）、（　　）、（　　）、（　　）和（　　）。

4. 当屋面坡度小于3%时，卷材宜（　　）屋脊铺设；当屋面坡度在3%～15%时，卷材可（　　）屋脊铺设；当屋面坡度大于15%时或有振动荷载时，卷材应（　　）屋脊铺设。

5. 当卷材防水层上有重物覆盖或基层变形较大时，应采用（　　）铺贴法，但距屋面周边800mm内及叠层铺贴的各层卷材之间应（　　）。

6. 屋面防水薄弱部位，如泛水等处，应增设（　　）来加强。

7. 卷材防水屋面的防水层在泛水的转折处应做成（　　），以防止卷材被折断。

8. 节能屋面一般主要设置（　　）和（　　）来实现节能的目的。

9. 平屋顶按保温层相对于防水层设置的位置不同，可有（　　）屋面和（　　）屋面。

二、选择题

1. 平屋顶的常用坡度为（　　）。

A. 1%～2%　　B. 2%～3%　　C. 2%～4%　　D. 2%～5%

2. 刚性防水屋面为了减少结构变形和温度变化对防水层产生不利影响，在防水层的下面要设置（　　）。

A. 找平层　　B. 隔汽层　　C. 隔离层　　D. 保护层

3. 屋面上垂直凸出屋面的泛水部位的防水层应上卷，其上卷高度不小于（　　）。

A. 100mm　　B. 150mm　　C. 200mm　　D. 250mm

4. 涂膜防水主要适用于防水等级为（　　）和（　　）的屋面防水，也可用作（　　）（　　）级屋面多道防水设防中的一道。

A. Ⅰ级　　B. Ⅱ级　　C. Ⅲ级　　D. Ⅳ级

三、名词解释

1. 平屋顶
2. 坡屋顶
3. 刚性防水屋面
4. 有组织排水
5. 垫置坡度
6. 搁置坡度

四、简答题

1. 屋顶由哪几部分组成？它们的作用各是什么？
2. 屋顶设计应满足哪些要求？
3. 影响屋顶坡度的因素有哪些？屋顶坡度的形成有几种？
4. 屋顶排水方式有哪几种？各有什么特点？
5. 卷材防水屋面的构造层有哪些？各层的作用是什么？
6. 什么是刚性防水屋面？刚性防水屋面的构造层有哪些？为什么要设隔离层？
7. 什么是分仓缝？分仓缝应设在哪些部位？
8. 平屋顶保温材料有哪些类型？
9. 根据保温层在屋顶各层次中的位置，保温层有哪几种做法？它们各自的特点是什么？
10. 为什么要在屋顶设隔汽层？
11. 坡屋顶常用的承重方式有哪些？
12. 平屋顶的隔热措施有哪些？

五、绘图题

1. 绘制卷材防水屋面的构造示意图。
2. 绘制平瓦屋面的檐口、天沟处的典型构造图。

第六章　楼　　梯

知识要点

知识要点	权重
楼梯的作用及设计要求，楼梯的组成，楼梯的类型，楼梯的尺度	40%
钢筋混凝土楼梯的分类和一般构造，及其细部构造	40%
台阶与坡道，电梯及自动扶梯	20%

行动导向教学任务单

工作任务单一　以小组为学习单位，抄绘现浇钢筋混凝土楼梯构造详图，书面总结现浇钢筋混凝土楼梯的构造要点。

工作任务单二　以小组为学习单位，识读本书附录中工程案例的楼梯施工图，并制作ppt演示文稿讲解图样中相关内容，要求将本章节中的主要知识要点，如本案例中的楼梯的类型和设计要求、楼梯的组成和尺度、钢筋混凝土楼梯的构造、楼梯的细部构造等内容讲解清楚。

工作任务单三　根据教师给定的工程条件，设计平行双跑楼梯，并绘制图样。

推荐阅读资料

1. 中国建筑标准设计研究院．国家建筑标准设计图集　06J403—1：楼梯　栏杆　栏板（一）〔S〕．北京：中国建筑工业出版社，2006.

2. 建筑设计资料集编委会．建筑设计资料集〔M〕．北京：中国建筑工业出版社，1996.

第一节　楼梯概述

一、楼梯的作用及设计要求

1. 楼梯的作用

楼梯作为建筑物的竖向交通设施，主要起联系上下层空间和紧急疏散之用。

建筑物的竖向交通设施除楼梯外，还有电梯、自动扶梯、台阶、坡道等，其位置、数量、形式应符合有关规范和标准的规定，以满足人们竖向交通及紧急安全疏散的要求。

2. 楼梯的设计要求

1）楼梯应具有足够的通行能力。楼梯应有足够的宽度、适宜的坡度、通畅的流线，便于人们方便到达且行走舒适。

2）楼梯应满足安全性要求。楼梯应具有足够的强度、刚度和整体稳定性。

3）楼梯的形式和材料的选择要得当，构造措施要合理。楼梯应满足防火、防烟、防滑、采光和通风等方面的要求。

4）楼梯造型要美观。楼梯对建筑具有装饰作用，因此应在经济合理的前提下，考虑楼梯对建筑整体空间效果的影响。

5）楼梯出入口的设置要合理。楼梯在建筑中的位置应明显，楼梯间的门应开向人流疏散方向，底层应有直接对外的出口。在北方地区，当楼梯间兼作建筑物出入口时，要注意防寒，一般可设置门斗或双层门。

二、楼梯的组成

楼梯一般由梯段、平台和栏杆扶手三部分组成，如图6-1所示。

1. 楼梯段

楼梯段（可简称为梯段）是联系两个不同标高平台的倾斜构件，由若干踏步构成。每个踏步一般由两个相互垂直的平面组成，供人们行走时脚踏的水平面称为踏面，与踏面垂直的平面称为踢面，踏面和踢面之间的尺寸关系决定了楼梯的坡度。为减少人们上下楼梯时的疲劳感及适应人们行走的习惯，一个梯段的踏步数一般不宜超过18级，也不宜少于3级。当公共建筑楼梯井净宽大于200mm，住宅的楼梯井净宽大于110mm时，必须采取安全措施。

2. 楼梯平台

平台是联系两个楼梯段的水平构件，可以使人们在上楼时得到短暂的休息，故又称为休息平台。平台有楼层平台和中间平台之分，与楼层标高一致的平台称为楼层平台，位于两个楼层之间的平台称为中间平台。

3. 栏杆和扶手

栏杆和扶手是设置在梯段和顶层平台临空边缘的构件，要求其必须坚固可靠，并有保证安全的高度。为确保使用安全，应在楼梯段的临空边缘设置栏杆或栏板。栏杆或栏板必须坚固可靠，并有保证安全的高度。栏杆、栏板上部，供人们用手扶持的连续斜向配件称为扶手。

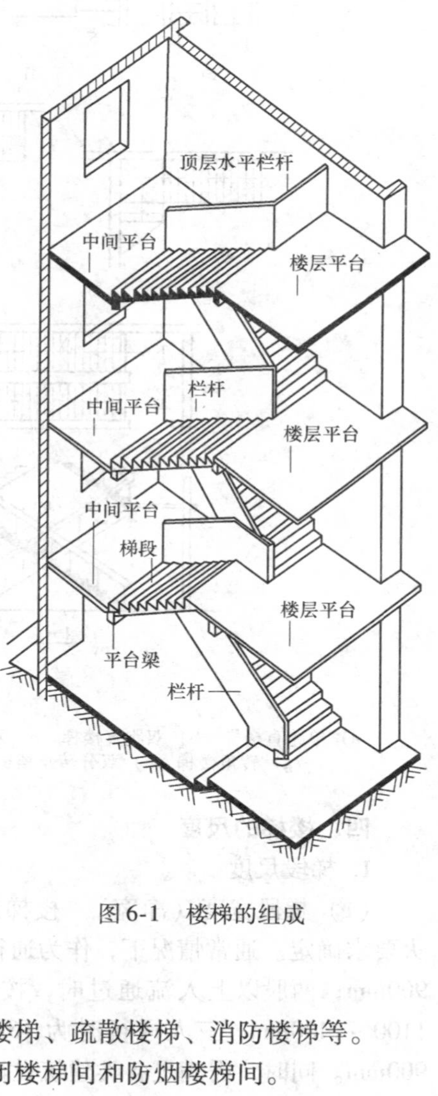

图6-1　楼梯的组成

三、楼梯的类型

楼梯有多种形式，可从不同的角度进行分类。

按照使用性质的不同，楼梯可分为主要楼梯、辅助楼梯、疏散楼梯、消防楼梯等。

按消防要求的不同，楼梯间可分为开敞楼梯间、封闭楼梯间和防烟楼梯间。

按照所处位置的不同，楼梯可分为室内楼梯和室外楼梯。

按照所用材料的不同，楼梯可分为钢筋混凝土楼梯、钢楼梯、木楼梯及组合材料楼梯。

按照楼梯间平面形式的不同，楼梯可分为单跑直楼梯、双跑直楼梯、双跑平行楼梯、三跑楼梯、双分平行楼梯、双合平行楼梯、转角楼梯、双分转角楼梯、弧线楼梯、螺旋楼梯、交叉楼梯、剪刀楼梯等，如图 6-2 所示。

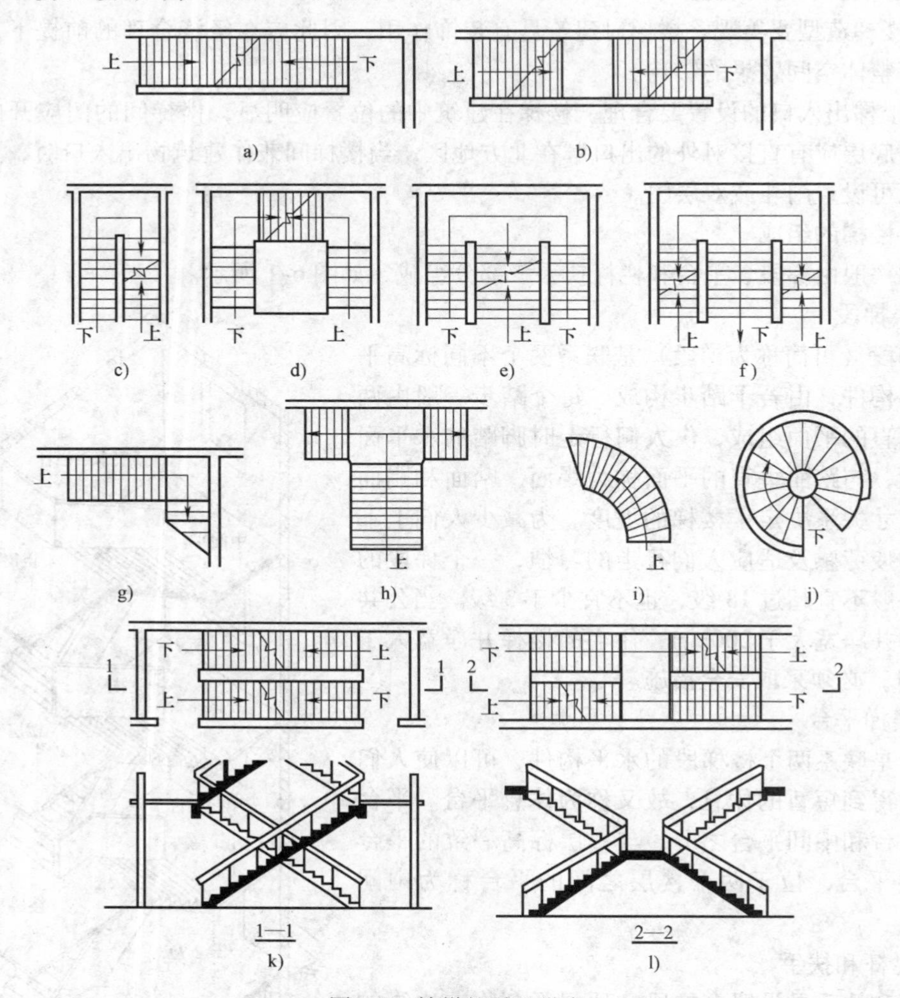

图 6-2 楼梯的平面形式
a）单跑直楼梯 b）双跑直楼梯 c）双跑平行楼梯 d）三跑楼梯 e）双分平行楼梯 f）双合平行楼梯 g）转角楼梯 h）双分转角楼梯 i）弧线楼梯 j）螺旋楼梯 k）交叉楼梯 l）剪刀楼梯

四、楼梯的尺度

1. 梯段尺度

（1）梯段宽度（净宽） 楼梯段的宽度应根据使用性质、通行人流的股数和建筑的防火要求确定。通常情况下，作为通行用的主要楼梯，供单人通行时，其梯段的宽度应不小于900mm；两股以上人流通过时，按每股人流 550mm +（0 ~ 150）mm 考虑，双人通行时为1100 ~ 1400mm，三人通行时为 1650 ~ 2100mm，依次类推。室外疏散楼梯的最小宽度为900mm。同时，需满足各类建筑设计规范中对梯段宽度的限定，如医院病房楼、居住建筑及其他建筑的防火疏散楼梯，楼梯的最小净宽应不小于 1300mm、1100mm、1200mm。

（2）楼段长度(L) 其值为 $L = b \times (N-1)$。式中，b 为每个踏步的宽度，N 为梯段的踏步数。

2. 平台宽度

（1）中间平台宽度　为确保通过楼梯段的人流通行顺畅和搬运家具设施的方便，楼梯中间平台应保证足够的宽度。对于平行和折行多跑等类型楼梯，其转向后中间平台宽度应不小于梯段宽度，并且不小于1100mm；对于不改变行进方向的平台，其宽度可不受此限。医院建筑的中间平台宽度不小于1800mm。

（2）楼层平台宽度　应比中间平台尺度更宽松一些。对于开敞式楼梯间，楼层平台同走廊连在一起，一般可使梯段的起步点自走廊边线后退一段距离（≥500mm）即可。

3. 楼梯的坡度

楼梯的坡度指梯段的倾斜程度，用斜面与水平面的夹角表示。楼梯的坡度小，踏步相对平缓，行走较舒适，但占地面积大，会造成投资增加；反之，楼梯的坡度过大，将会使人行走较为吃力。

楼梯的允许坡度范围在23°～45°之间。普通楼梯的坡度不宜超过38°，30°是楼梯的适宜坡度，如图6-3所示。当坡度小于20°时，采用坡道；当坡度大于45°时，则采用爬梯。

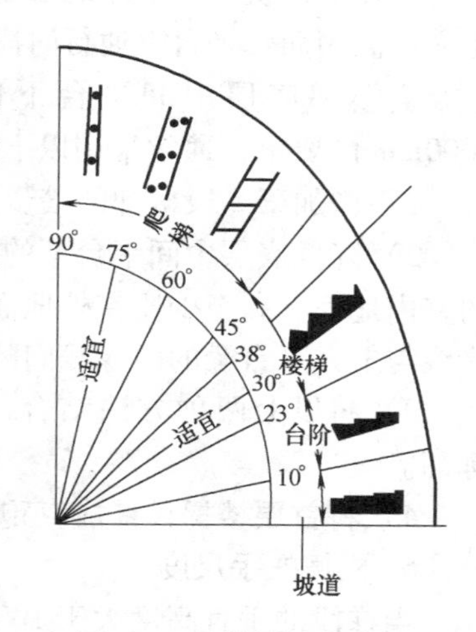

图6-3　楼梯的坡度范围

4. 踏步尺寸

楼梯踏步由踏面和踢面组成，踏步尺寸包括踏步宽度和踏步高度。踏步的宽度和高度决定了楼梯的坡度，反过来，梯段坡度的确定限制了踏步尺寸的选择。

为保证人们行走时舒适，踏面的宽度应以成年男子的脚全部落到踏面为基准。计算踏步的高度和宽度可利用下面的经验公式：

$$S = 2h + b = 600 \sim 620\text{mm}$$

式中　S——踏面宽度；

h——踏步高度；

b——踏步宽度；

600～620mm——人的平均步距。

踏步尺寸一般根据建筑的使用功能、使用者的特征及楼梯的通行量综合确定。常用的踏步尺寸见表6-1。

表6-1　常用踏步尺寸　（单位：mm）

建筑类别	住宅公用楼梯	幼儿园、小学	剧院、体育馆、商场、医院、旅馆和大中学校	其他建筑	专用疏散梯	服务楼梯、住宅套内楼梯
最小宽度值	260	260	280	260	250	220
最大高度值	175	150	160	170	180	200

在设计踏步宽度时，当楼梯间进深受到限制，踏面宽度不能满足最小尺寸要求时，为保证踏面宽有足够尺寸而又不增加总进深，可采用出挑踏口或将踢面向外倾斜的方法。一般踏口挑出长度不超过25mm。

5. 楼梯的净空高度

楼梯的净空高度包括楼梯段的净高和平台过道处的净高。楼梯段的净高是指梯段空间的最小高度，即踏步前缘至上方梯段下表面的垂直距离。平台过道处的净高是指平台过道地面至上部结构最低点（平台梁下表面）的垂直距离。

楼梯的净空高度与人体尺度有关。为保证通行或搬运物件时不受空间高度的影响，我国规定，楼梯段净高不应小于2200mm，平台过道处净高不应小于2000mm。起止踏步前缘与顶部凸出物内边缘线的水平距离不应小于300mm，如图6-4 所示。

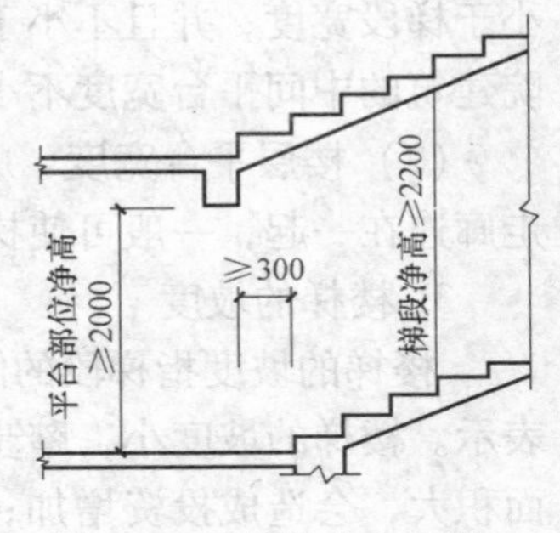

图 6-4 楼梯的净空高度

在住宅建筑中，房屋的层高往往较低，且常利用楼梯间作为出入口。因而，平台下通行时净高的设计非常重要。

当楼梯底层中间平台下做通道时，为满足净高不小于2000mm 的要求，通常采用以下几种方法：

1）增加第一段楼梯的踏步数，将一层楼梯设计成长短跑。

2）降低底层中间平台下的地面标高，即将部分室外台阶移至室内。但应注意，降低后的室内地面标高至少比室外地面高出一个台阶的高度（150mm），另外，移至室内的踏步前缘线与上方平台梁的内缘线间的水平距离应不小于500mm。

3）将以上两种方法结合，即增加第一梯段的踏步数又降低首层中间平台下的地面标高。

4）将首层楼梯设计成直跑楼梯。

6. 栏杆扶手尺度

当梯段的垂直高度大于1000mm 时，应在梯段的临空面设置栏杆。楼梯至少应在梯段临空面一侧设置扶手，梯段净宽达三股人流时应两侧设扶手，四股人流时应加设中间扶手。

楼梯栏杆扶手的高度指踏步前缘至扶手顶面的垂直距离。其值一般根据人体重心高度和楼梯坡度大小等因素确定。一般情况下，室内楼梯栏杆高度不应小于900mm；靠近楼梯井一侧的水平扶手长度超过500mm 时，其高度不应小于1050mm；室外楼梯栏杆高度不应小于1050mm；中小学和高层建筑室外楼梯栏杆高度不应小于1100mm；供儿童使用的楼梯应在500～600mm 的高度增设扶手。

楼梯栏杆应采用坚固、耐久的材料制作，并具有足够的抵抗侧向推力的能力。同时，还应充分考虑到栏杆对建筑室内空间的装饰效果，尽量做到美观。

扶手应选用坚固、光滑、耐磨、美观的材料制作。

第二节 钢筋混凝土楼梯的构造

一、钢筋混凝土楼梯的分类和一般构造

钢筋混凝土楼梯根据施工方式的不同，可分为现浇整体式和预制装配式两类。

现浇钢筋混凝土楼梯是指楼梯段和楼梯平台整体浇筑在一起的楼梯。这种楼梯整体性好、刚度大、抗震较为有利，且不需要大型起重设备，但现浇楼梯有施工进度慢、耗费模板多、施工程序较复杂的缺点。现浇楼梯广泛用于大量性建筑中，且对形状复杂的楼梯，如螺旋楼梯、弧形楼梯等，采用现浇的方式则容易实现。

预制装配式钢筋混凝土楼梯施工进度快，受气候影响小，构件由工厂生产，质量容易保证，但施工时需要配套的起重设备、投资较多。

1. 现浇整体式钢筋混凝土楼梯

现浇钢筋混凝土楼梯根据楼梯段的传力与结构形式的不同，有板式楼梯和梁式楼梯两种。

（1）板式楼梯　这种楼梯的梯段分别与两端的平台梁整浇在一起，由平台梁支承。楼段相当于是一块斜放的现浇板，平台梁是支座，如图6-5a所示。为保证平台过道处的净空高度，可在板式楼梯的局部位置取消平台梁，形成折板式楼梯，如图6-5b所示。板式楼梯的特点是受力简单，底面平整光洁，施工方便。当梯段板的跨度大或梯段上的使用荷载大时，会使梯段板的截面高度增大，所以它适用于荷载较小、建筑层高较小的情况（建筑层高对梯段长度有直接影响），如住宅、宿舍等建筑中，板式楼梯的梯段水平投影长度一般不大于3m。

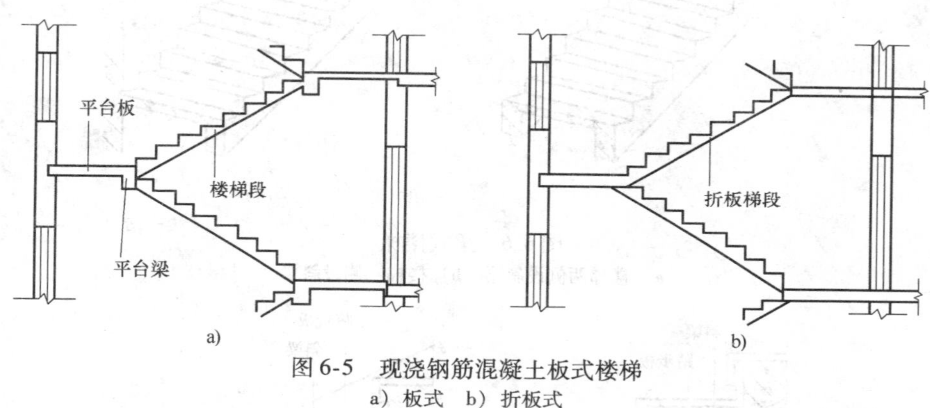

图6-5　现浇钢筋混凝土板式楼梯

a）板式　b）折板式

（2）梁式楼梯　这种楼梯由踏步板、楼梯斜梁、平台梁和平台板组成，其踏步板搁置在斜梁上，斜梁由上下两端的平台梁支承，如图6-6所示。梁式楼梯踏步上的荷载由踏步传给斜梁，斜梁将荷载传给支撑它的平台梁。梁式楼梯的特点是传力较复杂，底面不平整，支模施工难度大，不易清扫，但可节约材料、减轻自重。所以它适用于荷载较大、梯段跨度较大的情况。

按照斜梁与踏步板相对位置的不同，梁式楼梯可分为明步楼梯与暗步楼梯。明步楼梯的斜梁在踏步板下，踏步露明，如图6-7a所示；暗步楼梯的斜梁在踏步板上面，梯段下面平整，踏步包在梁内，如图6-7b所示。

上述板式楼梯和梁式楼梯的梯段都是支撑在平台梁上的，所以可通称为现浇梁承式钢筋混凝土梯段，如图6-8所示。

2. 预制装配式钢筋混凝土楼梯

预制装配式钢筋混凝土楼梯是指构件在工厂预制加工，在工地安装组合而成的楼梯。其特点是施工进度快，受气候影响小，构件由工厂生产，质量易保证，但施工时需要配套的起重设备、投资较多。预制构件的型号有小型构件和大型构件两种。

（1）小型构件装配式楼梯　这种楼梯构件尺寸小、重量轻、数量多，一般把踏步板作为基本构件。它具有构件生产、运输、安装方便的优点，同时也存在着施工较复杂、施工进度慢、往往需要现场湿作业配合的缺点。

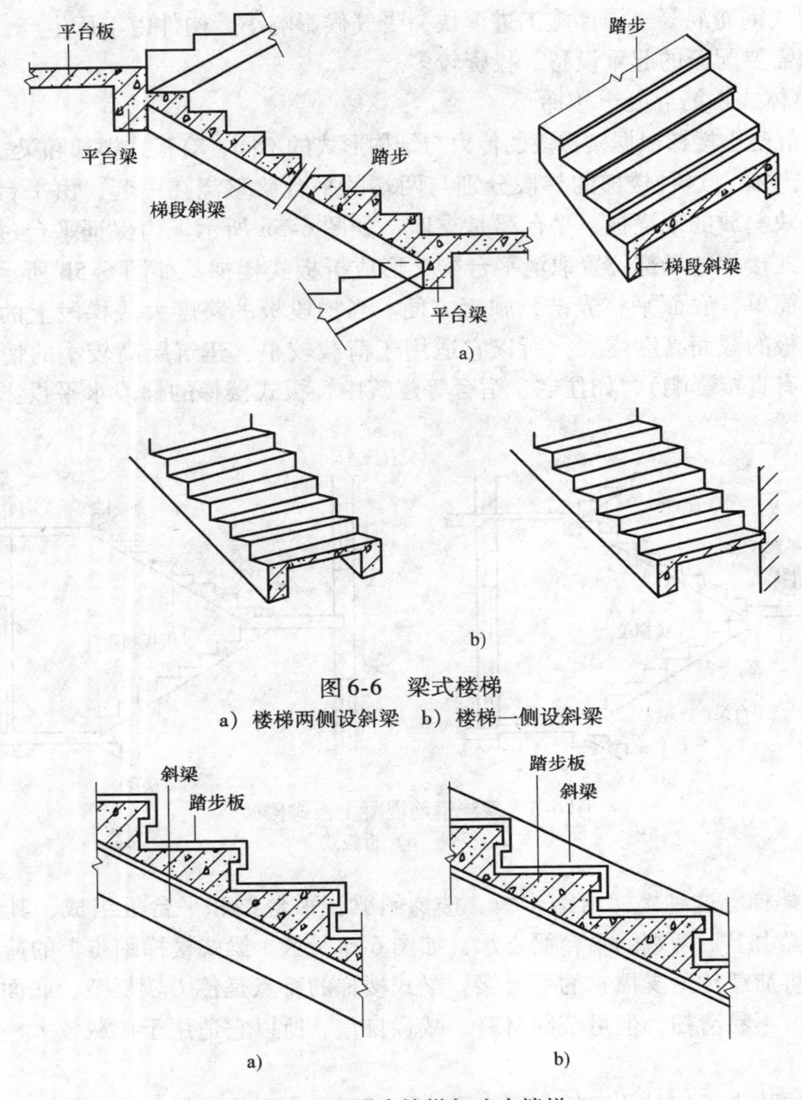

图 6-6　梁式楼梯

a）楼梯两侧设斜梁　b）楼梯一侧设斜梁

图 6-7　明步楼梯与暗步楼梯

a）明步楼梯　b）暗步楼梯

预制踏步的断面形式有一字形、L 形、三角形这三种形式。

小型构件装配式楼梯的支承方式主要有墙承式、悬臂式和梁承式三种。

1）墙承式楼梯是把预制的踏步板搁置在两侧的墙体上，由墙体代替斜梁承重的楼梯。墙承式楼梯要依靠两侧墙体为支座，与通常至少一侧临空的楼梯段在空间上有较大的不同。墙承式楼梯适用于直跑楼梯和与电梯组合设计的三跑楼梯。若用于双跑楼梯，由于中间有承重墙阻挡了视线、光线，因而会对上下交通造成影响，处理方法是在墙体的适当部位开设洞口。

2）悬臂式楼梯是把预制踏步板一端固定在墙上，一端悬挑，荷载通过悬臂踏步传递给墙体的楼梯，如图 6-9 所示。踏步板的截面形式有一字形和 L 形。这种楼梯梯段与平台之间由于没有传力关系，可以取消平台梁，因而构造简单、造价较低。

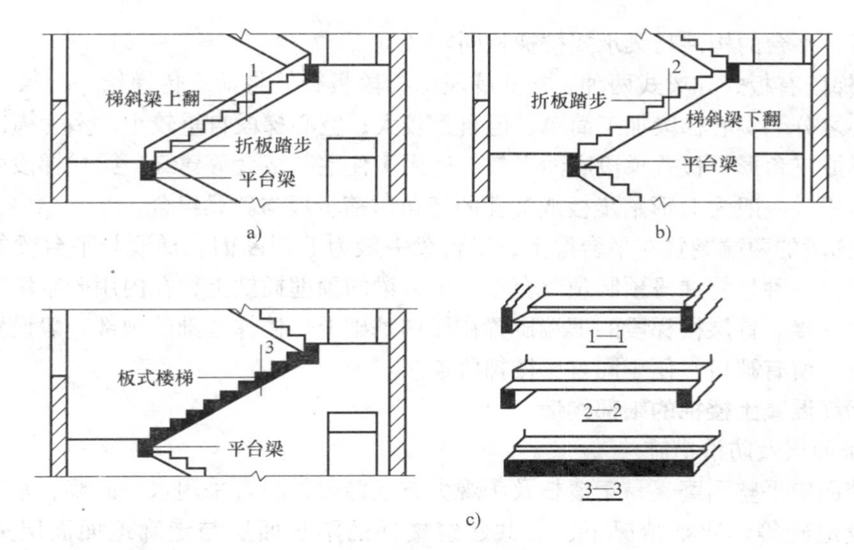

图 6-8 现浇梁承式钢筋混凝土梯段

a）梯斜梁上翻 b）梯斜梁下翻 c）板式楼梯

3）梁承式楼梯是把踏步板搁置在斜梁上，斜梁搁置在平台梁上，平台梁搁置在两侧墙体上，而平台板可以搁置在两边侧墙上，也可以一边搁置在墙上，另一边搁置在平台梁上。踏步板的截面可以是三角形、L形和一字形。斜梁有矩形和锯齿形。当用三角形踏步板时，可选择两种斜梁形式：作暗步楼梯时，应用锯齿形斜梁；作明步楼梯时，应选择矩形斜梁。当采用一字形和L形踏步板时，应选择锯齿形斜梁。L形踏步板在搁置时有踢面向下和踢面向上两种方法；一字形踏步板只有踏面没有踢面，施工时可用砖补砌踢板。

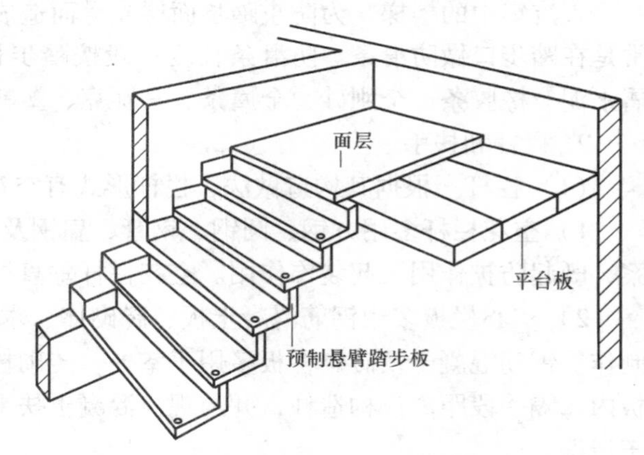

图 6-9 预制装配墙悬臂式钢筋混凝土楼梯

预制踏步板与斜梁之间应用水泥砂浆铺垫，逐个叠置。锯齿形斜梁应预设插铁，并与一字形及L形踏步板的预留孔插接。

为了使平台梁下能留有足够的净高，平台梁一般做成L形截面，斜梁搁置在平台梁挑出的翼缘部分。为确保二者的连接牢固，可以用插铁插接，也可以利用预埋件焊接。

（2）中型、大型构件装配式楼梯 这类楼梯一般是把楼梯段和平台板作为基本构件，构件的规格和数量少、装配容易、施工速度快，但需要有相当的吊装设备进行配合，适用于成片建设的大量性建筑。

1）平台板有带梁和不带梁两种。带梁平台板是把平台梁和平台板制成一个构件。平台板一般采用槽形板，其中一个边肋截面加大，并留出缺口，用以搁置楼梯段用。楼梯顶层平台板的细部处理与其他各层略有不同，边肋的一半留有缺口，另一半不留缺口，但应预留埋件或插孔，供安装栏杆用。当构件预制和吊装能力不高时，可以把平台板和平台梁制成两个构件。此时，平台的构件与梁承式楼梯相同。

2）楼梯段有板式和梁式两种。板式梯段由梯段板直接将荷载传递给平台梁。梯段板有实心和空心之分。实心梯段加工简单，但自重较大；空心梯段自重较小，多为横向留孔，孔形可为圆形或三角形。板式梯段底面平整，适用于住宅、宿舍等建筑。梁式梯段由梯段板和斜梁组合而成，一般为L形踏步板或抽孔的三角形踏步板与斜梁组合。

3）楼梯段的两端搁置在平台梁上，平台梁一般为L形断面，梯段与平台梁的连接方法一般有两种，一种是将梯段预制预留套接在平台梁的预埋插铁上，孔内用砂浆填实；另一种是将预埋件焊接。首层楼梯段的下端搁置在楼梯基础上。楼梯基础的顶部一般设置钢筋混凝土基础梁，并留有缺口，便于同首层楼梯段连接。

二、钢筋混凝土楼梯的细部构造

1. 踏步面层及防滑措施

楼梯踏面应平整耐磨，易于清扫及美观大方。踏面材料常采用水泥砂浆、水磨石、天然石材及铺设地砖等。通常情况下，公共建筑楼梯的踏步面层与走廊地面面层采用相同的材料。

踏步面层的做法一般与楼地面相同。

人流集中的楼梯，为防止踏步面层光滑而造成行人跌滑，踏步表面应采取防滑措施，通常是在踏步口做防滑条。防滑条长度一般按踏步长度每边减去150mm。防滑材料可采用铁屑水泥、橡胶条、金刚砂、金属条、马赛克、塑料条等，如图6-10所示。

2. 栏杆和扶手

（1）栏杆　根据其构造做法，栏杆形式有空花栏杆、实心栏板和组合式栏杆。

1）空花栏杆多用方钢、圆钢、钢管、扁钢及不锈钢等金属材料制作，可制成不同的图案，既起防护作用又起装饰作用。空花栏杆垂直杆件间净距不应大于110mm。

2）实心栏板多用钢筋混凝土板、砖砌体、木材、有机玻璃、钢化玻璃、钢丝网等材料制作。钢筋混凝土及砖砌栏板多用于室外。砖砌栏板用普通砖立砌，为保证其稳定性，在栏板内每隔一段距离设构造柱，并与现浇混凝土扶手浇筑成整体。栏板的表面应光滑平整，便于清洗。

3）组合式栏杆　是以上两种栏杆形式的组合。空花部分一般用金属，栏板部分采用钢筋混凝土、砖、有机玻璃等。

（2）扶手　楼梯扶手位于栏杆顶部或中部，是供人们上下楼梯倚扶之用。扶手按材料可分为木扶手、金属扶手、塑料扶手和石材类扶手等。扶手的尺寸和形状除考虑造型要求外，应以便于手握为宜。其表面必须光滑、圆顺，顶面宽度一般不宜大于90mm。通常情况下，木扶手用木螺钉通过扁铁与栏杆连接；塑料扶手和金属扶手通过焊接或螺钉连接；靠墙扶手由预埋铁脚的扁钢与木螺钉固定。室外楼梯不宜使用木扶手，以免淋雨后变形和开裂。

（3）栏杆与扶手的连接　金属扶手与栏杆直接焊接；抹灰类扶手在栏板上端直接饰面；木扶手及塑料扶手在安装前应事先在栏杆顶部设置通长的扁铁，扁铁上预留安装钉孔，把扶手放在扁铁上，用螺栓固定。

（4）栏杆与梯段和平台的连接　栏杆与梯段和平台的连接有三种方式：一是钢制栏杆与梯段中的预埋件焊接；二是将栏杆插入梯段上的预留孔中，然后用细石混凝土或砂浆捣实；三是先用电钻钻孔，然后用膨胀螺栓与栏杆固定牢固。

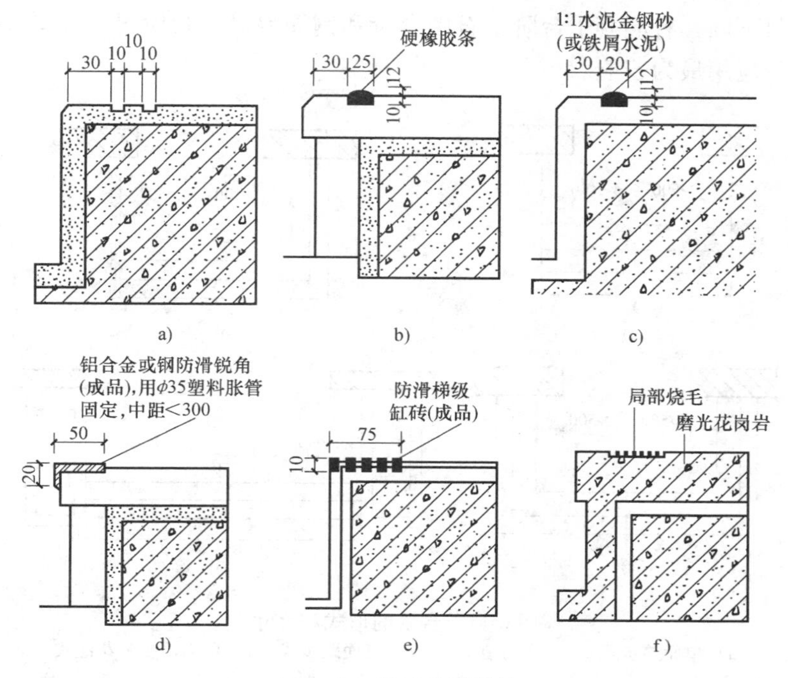

图 6-10　踏步防滑措施

a）水泥砂浆踏步面防滑槽　b）橡胶防滑条
c）水泥金刚砂防滑条　d）铝合金或钢筋防滑包角
e）缸砖面踏步防滑条　f）花岗石踏步烧毛贴面条

（5）栏杆扶手与墙或柱的连接　在墙上预留孔洞，将栏杆铁件插入洞内，再用细石混凝土或水泥砂浆填实；在钢筋混凝土墙或柱的相应位置上，用预埋件与栏杆扶手的铁件焊接，也可用膨胀螺栓连接。

第三节　台阶与坡道

一、台阶

1. 台阶的形式和尺寸

台阶一般用于室外，由踏步和平台组成。

室外台阶的形式有单面踏步式，两面踏步式，三面踏步式，以及单面踏步带花池等形式，如图 6-11 所示。

台阶的坡度应比楼梯小，踏步的高宽比一般为 1:2 ~1:4，通常踏步高度（h）为 100 ~150mm，踏步宽度（b）为 300 ~400mm。室外台阶的平台设置在出入口与踏步之间，起缓冲作用。台阶顶部平台的宽度应大于所连通的门洞口宽度，一般每边至少宽出 500mm，平台深度一般不小于 900mm，为防止雨水积聚或溢水室内，台阶面层标高应比首层室内地面标高低 10 ~60mm，并向外找坡 1% ~3%，以利于排水。室内台阶踏步数不应少于 2 级，当高差不足 2 级时，应按坡道设置。

2. 台阶的构造

室外台阶应坚固耐磨，具有较好的耐久性、抗冻性和抗水性。

台阶按材料不同，有混凝土台阶、石砌台阶和钢筋混凝土台阶等，如图6-12所示。其中，混凝土台阶应用最为普遍。

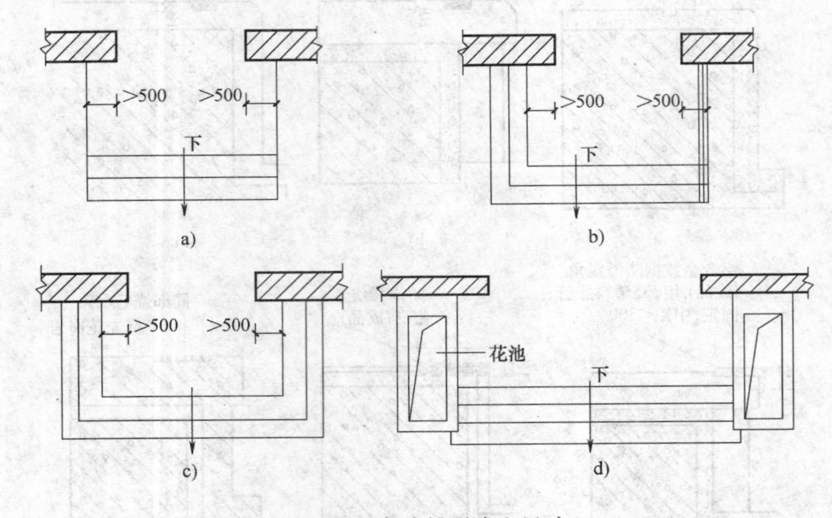

图6-11 台阶的形式和尺寸

a）单面踏步式 b）两面踏步式 c）三面踏步式 d）单面踏步带花池式

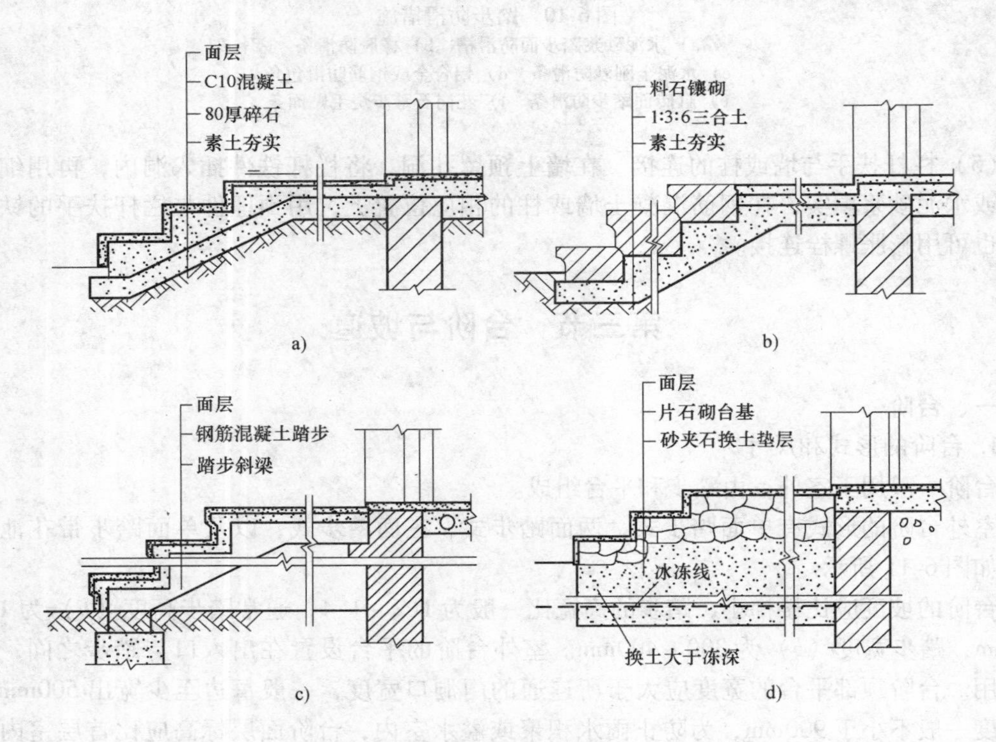

图6-12 台阶的构造

a）混凝土台阶 b）石砌台阶 c）钢筋混凝土架空台阶 d）换土地基台阶

台阶需考虑防滑和抗风化问题。其面层材料应选择防滑和耐久的材料，如水泥石屑、斩假石（剁斧石）、天然石材、防滑地面砖等。面层可采用水泥砂浆或水磨石面层，也可采用缸砖、马赛克、天然石或人造石等块材等。

台阶垫层做法与地面垫层做法类似，一般情况下，采用素土夯实后，按台阶形状尺寸做C10混凝土垫层或灰土、三合土或碎石垫层。严寒地区的台阶还需考虑地基土冻胀因素，可用含水率低的砂石垫层换土至冰冻线以下。

按构造形式不同，台阶可分为架空式台阶和实铺式台阶。架空式台阶将台阶支承在梁上或地垄墙上；实铺式台阶的构造与地面构造基本相同，由基层、垫层和面层组成。

单独设立的台阶必须与主体分离，中间设沉降缝，以保证相互间的自由沉降。

二、坡道

1. 坡道的形式和尺寸

为便于车辆上下，室外门前常作坡道。坡道多为单面形式，极少出现三面坡。大型公共建筑还常将可通行汽车的坡道与踏步结合，形成大台阶。

坡道的形式有行车坡道和轮椅坡道两类。行车坡道分为普通行车坡道（图6-13a）与回车坡道（图6-13b）两种。

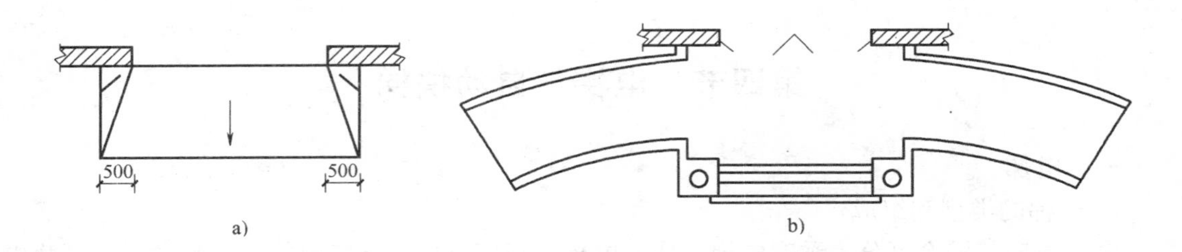

图6-13 行车坡道

a）普通行车坡道 b）回车坡道

坡道的坡度与使用要求、面层材料和做法有关。坡度过大则使用不便，坡度过小则占地面积大，不经济。坡道的坡度一般为1∶6～1∶12。面层光滑的坡道，坡度不宜大于1∶10；面层采用粗糙材料和设防滑条的坡道，坡度可稍大，但不应大于1∶6；锯齿形坡道的坡度可加大至1∶4。

普通行车坡道的宽度应大于所连通的门洞宽度，一般每边至少≥500mm。回车坡道的宽度与坡道半径及车辆规格有关。轮椅坡道的坡度不宜大于1∶12，宽度不应小于900mm；坡道在转弯处应设休息平台，其深度不小于1500mm。

无障碍坡道在坡道的起点和终点应留有深度不小于1500mm的轮椅缓冲地带。

2. 坡道的构造

坡道与台阶一样，也应采用耐久、耐磨和抗冻性好的材料，一般多采用混凝土坡道，也可采用天然石坡道等。坡道的构造要求和做法与台阶相似，但坡道由于坡度比较平缓，故对防滑的要求较高。混凝土坡道可在水泥砂浆面层上划格，以增加摩擦力，也可设防滑条，或坡道做成锯齿形。天然石坡道可对表面作粗糙处理。坡道一般采用实铺，垫层的强度和厚度应根据坡道的长度及上部荷载大小进行选择。严寒地区垫层下部设置砂垫层。坡道的构造如图6-14所示。

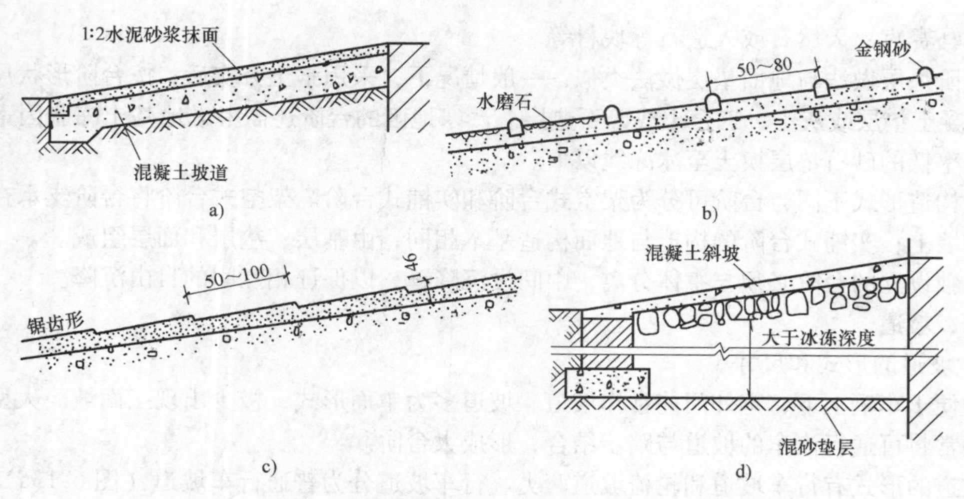

图6-14　坡道的构造

a）混凝土坡道　b）防滑条坡道　c）锯齿形坡道　d）换土地基坡道

第四节　电梯与自动扶梯

一、电梯

1. 电梯的类型和组成

电梯根据其用途可分为乘客电梯、住宅电梯、病床电梯、客货电梯、载货电梯和杂物电梯等；根据电梯的拖动方式可分为交流拖动（包括单速、双速、调速）电梯、直流拖动电梯、液压电梯；根据消防要求可分为普通乘客电梯和消防电梯。

电梯主要由井道、机房、轿厢三大部分组成。

电梯井道是电梯轿厢运行的通道，可以用砖砌筑，也可以采用现浇钢筋混凝土墙。通常，砖砌井道每隔一段应设置钢筋混凝土圈梁，供固定导轨等设备用。电梯井道应只供电梯使用，不允许布置无关的管线。速度不低于2m/s的载客电梯，应在井道顶部和底部设置不小于600mm×600mm、带百叶窗的通风孔。

电梯机房一般设在电梯井道的顶部，面积要大于井道的面积，通往机房的通道、楼梯和门的宽度不应小于1200mm。机房机座下设弹性垫层外，还应在机房下部设置隔声层。

2. 电梯的设置条件

1）当住宅的层数较多（7层及7层以上）或建筑从室外设计地面至最高楼面的高度超过16m时，应设置电梯。

2）四层及四层以上的门诊楼或病房楼，高级宾馆（建筑级别较高）、多层仓库及商店（使用有特殊需要）等，也应设置电梯。

3）高层及超高层建筑达到规定要求时，还要设置消防电梯。

3. 电梯的布置要点

1）电梯间应布置在人流集中的地方，而且电梯前应有足够的等候面积，一般不小于电梯轿厢面积。供轮椅使用的候梯厅深度不应小于1.5m。

2）当需要设置多部电梯时，宜集中布置，以利于提高电梯使用效率，也便于管理维修。

3）以电梯为主要垂直交通工具的高层公共建筑和 12 层及 12 层以上的高层住宅，每栋楼设置电梯的台数不应少于 2 台。

4）电梯的布置方式有单面式和对面式。电梯不应在转角处紧邻布置，单侧排列的电梯不应超过 4 台，双侧排列的电梯不应超过 8 台。

4. 电梯的构造及要求

（1）电梯井道

1）井道的尺寸。井道的高度包括底层端站地面至顶层端站楼面的高度、井道顶层高度和井道底坑深度。井道底坑是电梯底层端站地面以下的部分。考虑电梯的安装、检修和缓冲要求，井道的顶部和底部应留有足够的空间。井道顶层高度和底坑深度视电梯运行速度、电梯类型及载重量而定，井道顶层高度一般为 3.8 ~5.6m，底坑深度为 1.4 ~3.0m。

2）井道的防火和通风。电梯井道应选用坚固、耐火的材料，一般多采用钢筋混凝土井道，也可采用砖砌井道，应在井道底部和中部及地坑等适当位置设不小于 300mm ×600mm 的通风口，上部可以和排烟口结合，排烟口面积不少于井道面积的 3.5%，通风口总面积的 1/3 应经常开启，通风管道可在井道顶板或井道壁上直接通往室外。井道上除了开设电梯门洞和通风孔洞外，不应开设其他洞口。

3）井道的隔振和隔声。一般情况下，除在机房机座下设弹性垫层外，还应在机房与井道间设隔声层，高度为 1.5 ~1.8m。

4）井道底坑。坑底一般采用混凝土垫层，厚度按缓冲器反力确定。为便于检修，须考虑坑壁设置爬梯和检修灯槽。坑底位于地下室时，宜从侧面开一检修用小门。坑内预埋件按电梯厂要求确定。

（2）电梯门套　电梯厅门门套装修的构造做法应与电梯厅的装修统一考虑，可采用水泥砂浆抹灰，水磨石或木板装修；高级的还可采用大理石或金属装修。

（3）电梯机房　一般至少有两个面每边扩出 600mm 以上的宽度，高度多为 2.5 ~3.5m。机房应有良好的天然采光和自然通风，机房的围护结构应具有一定的防火、防水和保温、隔热性能。为便于安装和检修，机房的楼板应按机器设备要求的部位预留孔洞。

5. 消防电梯

（1）高层建筑应设消防电梯的条件

1）一类公共建筑。

2）塔式住宅。

3）十二层及十二层以上的单元式住宅或通廊式住宅。

4）高度超过 32m 的其他二类公共建筑。

（2）消防电梯的设置要求

1）消防电梯宜分别设在不同的防火分区内。

2）消防电梯应设前室，前室面积：居住建筑不小于 4.5m²，公共建筑不小于 6.0m²；与防烟楼梯间共用前室时，居住建筑不小于 6.0m²，公共建筑不小于 10.0m²。

3）消防电梯间前室宜靠外墙设置，在首层应设直通室外的出口或经过长度不超过 30m 的通道通向室外。

4）消防电梯间前室的门，应采用乙级防火门或具有停滞功能的防火卷帘。

5）消防电梯的载重量不应小于 800kg。

6）消防电梯井、机房与相邻其他电梯井、机房之间，应采用耐火极限不低于 2. 00h 的隔墙隔开，当在隔墙上开门时，应设甲级防火门。

7）消防电梯的行驶速度，应按从首层到顶层的运行时间不超过 60s 计算确定。

8）消防电梯轿厢的内装修应采用不燃烧材料。

9）动力与控制电缆、电线应采取防水措施。

10）消防电梯轿厢内应设专用电话；并应在首层设供消防队员专用的操作按钮。

11）消防电梯间前室门口宜设挡水设施。井底应设排水设施，排水井容量不应小于 2. 00m³，排水泵的排水量不应小于 10L/s。

12）消防电梯可与载客或工作电梯兼用，但应符合消防电梯的要求。

二、自动扶梯

自动扶梯适用于有大量人流上下的公共场所，如车站、商场、地铁车站等。自动扶梯是建筑物楼层间连续效率最高的载客设备。一般情况下，自动扶梯均可正、逆两个方向运行，可作提升及下降使用。机器停转时可作普通楼梯使用。

自动扶梯的倾斜角不应超过 30°，当提升高度不超过 6m，额定速度不超过 0. 50m/s 时，倾斜角允许增至 35°；倾斜式自动人行道的倾斜角不应超过 12°。自动扶梯的宽度有 600mm（单人）、800mm（单人携物）、1000mm（双人）、1200mm（双人）。自动扶梯与扶梯边缘楼板之间的安全间距应不小于 400mm。交叉自动扶梯的载客能力很高，一般为 4000 ~ 10000 人/h。自动扶梯的栏板分为全透明型、透明型、半透明型和不透明型这四种。前三种内装照明灯具，不透明型借助室内照明。

自动扶梯的布置方式有并联排列式、平行排列式、串联排列式、交叉排列式，如图 6-15所示。

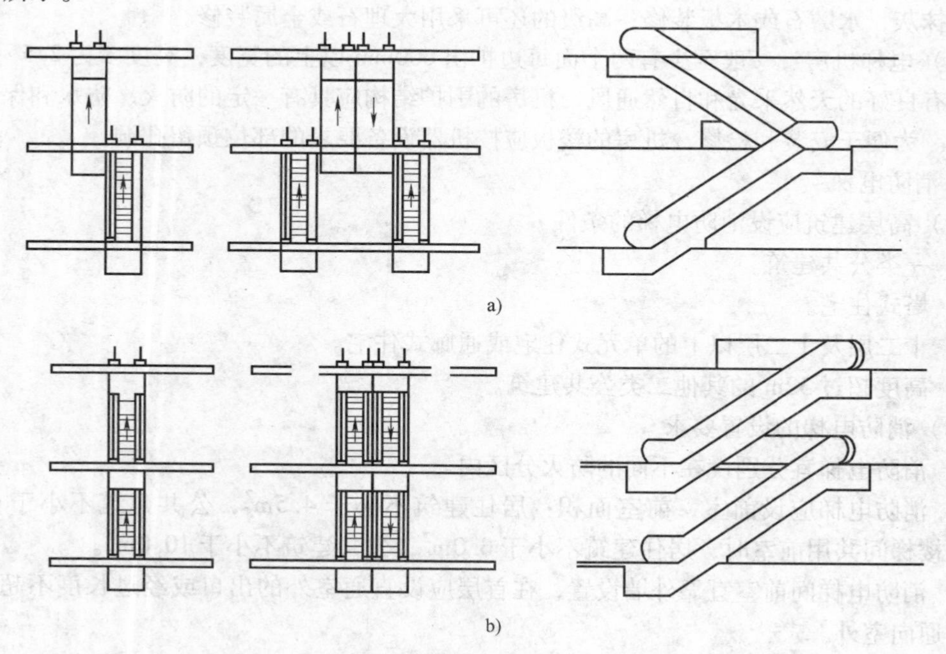

图 6-15 自动扶梯的布置方式

a）并联排列式 b）平行排列式

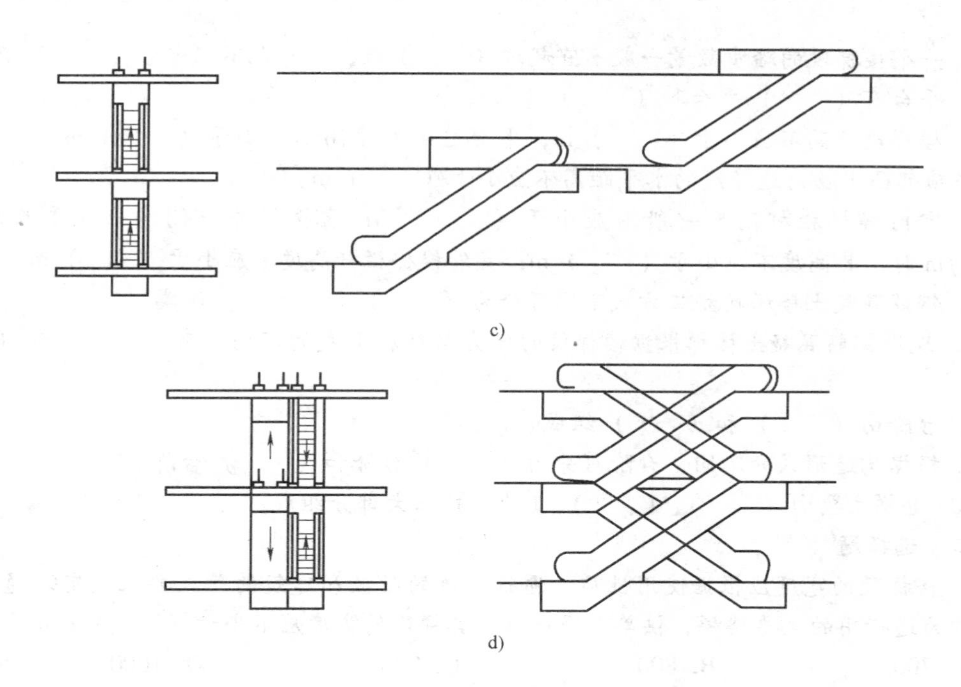

图6-15　自动扶梯的布置方式（续）
c）串联排列式　d）交叉排列式

本章小结

1. 楼梯、电梯、自动扶梯是建筑的垂直交通设施，虽然在某些建筑中，电梯和自动扶梯已成为主要的垂直交通，但楼梯仍然要担负紧急情况下安全疏散的任务。

2. 楼梯的基本要求是通行顺畅、行走舒适、坚固、耐久、安全；楼梯的类型、形式较多，坡度一般在25°~45°之间，踏步高宽应符合建筑设计规范的要求；扶手的高度一般为900mm左右，净空高度要求平台过道处不小于2.0m，楼梯段上部为2.2m。楼梯段是楼梯的重要组成部分，其坡度、踏步尺寸和细部构造处理对楼梯的使用影响较大。

3. 钢筋混凝土楼梯具有很多优点，应用较广，其中以现浇钢筋混凝土楼梯居多。现浇整体式钢筋混凝土楼梯分为板式楼梯和梁式楼梯。

4. 楼梯面层可采用不同的材料，踏口要作防滑处理；栏杆、栏板及扶手可采用不同材料制作，与梯段要有可靠连接。

5. 台阶和坡道作为楼梯的一种特殊形式，在建筑中主要用于室内外有高差地面的过渡。其高宽值、坡道的坡度都有具体的要求；台阶有架空式和分离式两种处理方式。

6. 电梯由井道、机房、轿厢三部分组成；在高层建筑和部分多层建筑中使用频繁，要注意其布置方式。自动扶梯主要用于商场这类人流较多的大型公共建筑。

思考与练习题

一、填空题

1. 楼梯一般由（　　）、（　　）、（　　）三部分组成。

2. 一个楼梯段的踏步数量一般不宜超过（ ）级，同时也不宜少于（ ）级。

3. 平台有（ ）平台和（ ）平台之分。

4. 楼梯段净高不应小于（ ）m，平台过道处净高不应小于（ ）m。起止踏步前缘与顶部凸出物内边缘线的水平距离不应小于（ ）m。

5. 室内楼梯栏杆高度一般不应小于（ ）m；靠楼梯井一侧水平扶手长度超过（ ）m时，其高度不应小于（ ）m；室外楼梯栏杆高度不应小于（ ）m。

6. 钢筋混凝土楼梯按施工方式不同可分为（ ）和（ ）两类。

7. 现浇钢筋混凝土楼梯根据楼梯段的传力与结构形式的不同，有（ ）和（ ）两种。

8. 台阶由（ ）和（ ）组成。

9. 根据构造形式的不同，台阶可分为（ ）台阶和（ ）台阶。

10. 电梯主要由（ ）、（ ）、（ ）三大部分组成。

二、选择题

1. 楼梯段的宽度应根据使用性质、通行人流的股数和建筑的防火要求确定。通常情况下，作为通行用的主要楼梯，供单人通行时，其梯段的宽度应不小于（ ）mm。

A. 700　　B. 800　　C. 900　　D. 1000

2. 为确保通过楼梯段的人流通行顺畅和搬运家具设施的方便，楼梯中间平台应保证足够的宽度。对于平行和折行多跑等类型楼梯，其转向后中间平台宽度应不小于梯段宽度，并且不小于（ ）m。

A. 0. 9　　B. 0. 9　　C. 1. 0　　D. 1. 1

3. 楼梯的允许坡度范围在23°~45°之间。普通楼梯的坡度不宜超过（ ）。

A. 35　　B. 36　　C. 37　　D. 38

4. 钢筋混凝土板式楼梯梯段的水平投影长度一般不大于（ ）m。

A. 2. 7　　B. 3. 0　　C. 3. 3　　D. 3. 6

5. 钢筋混凝土（ ）适用于荷载较大、梯段跨度较大的情况。

A. 板式楼梯　　B. 梁式楼梯

三、名词解释

1. 扶手的高度

2. 楼梯的净空高度

3. 板式楼梯

4. 梯井

5. 自动扶梯

四、简答题

1. 建筑物的竖向交通设施主要有哪些？

2. 楼梯、坡道适宜的坡度范围是多少？

3. 常见的楼梯形式有哪些？

4. 如何确定楼梯段宽度和平台高度？

5. 楼梯踏步高与踏步宽和行人步距之间有何关系？

6. 在保持楼梯坡度不变的情况下，如何加大踏面宽度？

7. 当楼梯底层中间平台下做通道时，为满足净高≥2.0m 的要求，通常采用哪几种方法？

8. 现浇钢筋混凝土楼梯有哪几种？各自的特点是什么？

9. 明步楼梯和暗步楼梯有何区别和联系？

10. 室外台阶的平面形式有哪几种？

第七章　门　与　窗

知识要点

知 识 要 点	权重
门窗的作用、设计要求及门窗的分类	10%
门的组成、尺度、构造及安装	40%
窗的组成、尺度、构造及安装	40%
门窗节能	10%

行动导向教学任务单

工作任务单一　以小组为学习单位，根据建筑标准图集选择合理的门窗尺度。

工作任务单二　以小组为学习单位，参观门窗模型，并按图集构造要求制作模型。

工作任务单三　以小组为学习单位，识读本书附录中工程案例的建筑施工图，并且结合建筑标准图集讲解门窗的选型。

推荐阅读资料

1. 广东省建筑科学研究院，中国建筑标准设计研究院，等. GB/T 5824—2008　建筑门窗洞口尺寸系列〔S〕. 北京：中国标准出版社，2009.

2. 广东省建筑科学研究院，中国建筑标准设计研究院，等. GB/T 8478—2008　铝合金门窗〔S〕. 北京：中国标准出版社，2009.

第一节　门

一、概述

1. 门的作用

门是建筑的重要组成部分，被称为建筑的“眼睛”。其主要功能是供交通出入、紧急疏散、通风采光、防火、装饰美观等。

（1）出入　门的主要作用是供人和家具设施出入建筑物和房间，以及房间之间联系的交通口。

（2）疏散　在不同耐火等级和不同地震烈度地区的建筑，均应设置相应数量和相应总宽度的疏散口，以利于在紧急情况下人们能尽快疏散到安全地带。作为疏散的出入口的门可与一般门结合使用，但任何时候都不得闭锁。

（3）采光、通风　门的位置布局合理可以与对应的门窗组织空气对流，改善通风。门扇上部的小玻璃窗可以起到采光的作用。

（4）防火　建筑物需要按其耐火等级划分成若干个防火单元，单元之间的联系口应设置防火门。防火门可隔断火源，作为人员临时避难处。防火门必须采用不燃烧材料制作。

（5）装饰美观　建筑物的外观重点和趣味中心，一般均设在主要出入口处，以体现建筑物主次分明、重点突出，并达到美化立面的目的。

2. 门的分类

1）按使用材料的不同，门可分为木门、铝合金门、塑钢门、彩板门、玻璃钢门、钢门等。

木门自重轻、开启方便、加工方便，所以在民用建筑中应用广泛。

2）按在建筑物中所处位置的不同，门可分为内门和外门。

内门位于内墙上，起分隔作用，如隔声、阻挡视线等；外门位于外墙上，起围护作用。

3）按使用功能的不同，门可分为普通门和特殊门。

普通门是满足人们最基本要求的门，而特殊门除了满足人们基本要求外，还必须具有特殊功能，如保温门、隔声门、防火门、防护门等。

4）按构造的不同，门可分为镶板门、拼板门、夹板门、玻璃门等。

5）按门扇的开启方式的不同，门可分为平开门、弹簧门、推拉门、折叠门、旋转门、卷帘门等，如图 7-1 所示。

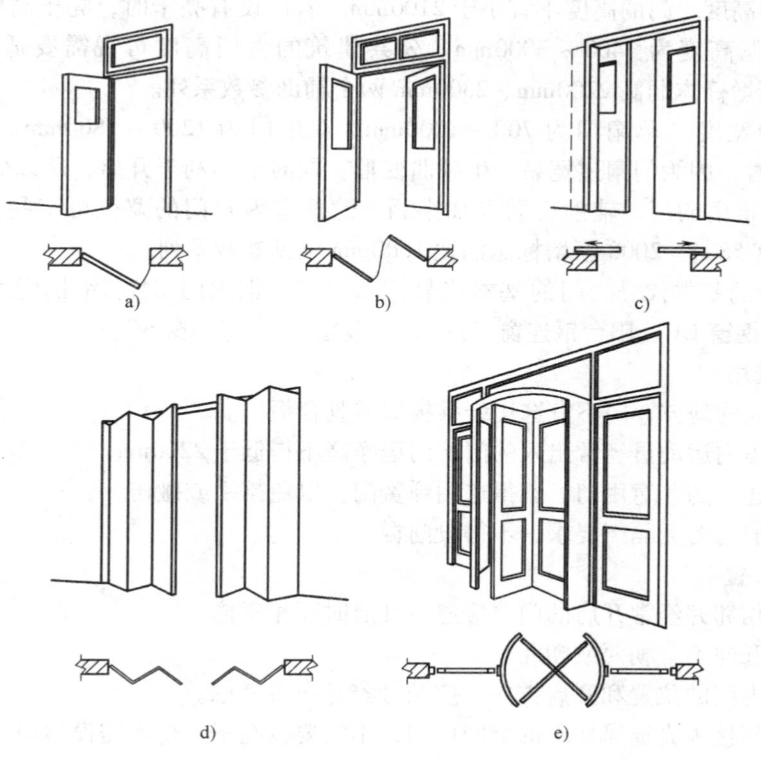

图 7-1　门的开启方式

a）平开门　b）弹簧门　c）推拉门　d）折叠门　e）旋转门

① 平开门：门扇与门框用铰链连接，门扇水平开启，有单扇、双扇及向内开、向外开之分。平开门构造简单，开启灵活，安装维修方便。

② 弹簧门：门扇与门框用弹簧铰链连接，门扇水平开启，可分为单向弹簧门和双向弹簧门，其最大的优点是门扇能够自动关闭。

③ 推拉门：门扇沿着轨道左右滑行来启闭，有单扇和双扇之分，开启后，门扇可隐藏在墙体的夹层中或贴在墙面上。推拉门开启时不占空间，受力合理，不易变形，但构造较复杂。

④ 折叠门：门扇由一组宽度约为600mm的窄门扇组成，窄门扇之间以铰链连接。开启时，窄门窗相互折叠推移到侧边，占空间少，但构造复杂。

⑤ 旋转门：门扇由三扇或四扇组成，通过中间的竖轴组合起来，在两侧的弧形门套内水平旋转来实现启闭。转门有利于室内的隔视线、保温、隔热和防风沙，并对建筑立面有较强的装饰性。

⑥ 卷帘门：门扇由金属页片相互连接而成，在门洞的上方设转轴，通过转轴的转动来控制页片的启闭。特点是开启时不占使用空间，但加工制作复杂，造价较高。

3. 门的尺度

门的尺度通常是指门洞的高宽尺寸。门作为交通疏散通道，其尺度取决于人的通行要求，家具器械的搬运及与建筑物的比例关系等，并要符合现行《建筑模数协调统一标准》（GBJ 2—1986）和《建筑门窗洞口尺寸系列》（GB/T 5824—2008）的规定。

（1）门的高度　门的高度不宜小于2100mm。若门设有亮子时，亮子高度一般为300～600mm，则门洞高度为2400～3000mm。公共建筑的大门高度可视需要适当提高。GB/T 5824—2008新增标志洞高2200mm、2300mm两个辅助参数系列。

（2）门的宽度　单扇门为700～1000mm，双扇门为1200～1800mm。当门的宽度在2100mm以上时，因为门扇过宽易产生翘曲变形，同时也不利于开启，所以做成三扇、四扇门或双扇带固定扇的门。辅助房间（如浴厕、贮藏室等）门的宽度可窄些，一般为700～800mm。GB/T 5824—2008新增标志洞宽1600mm辅助参数系列。

（3）门窗的基本代号　门的基本代号：木门M、钢木门GM、钢框门G；窗的基本代号：木窗C、钢窗GC、阳台钢连窗GY、铝合金窗LC、塑料窗SC。

4. 门的选用

1）湿度大的地方，门不宜选用纤维板门或胶合板门。

2）体育馆内运动员经常出入的门，门扇净高不得低于2200mm。

3）托幼建筑的儿童用门，不得选用弹簧门，以免挤手或碰伤。

4）所有的门若无隔声要求，不得设门槛。

5. 门的布置

1）两个相邻并经常开启的门，应避免开启时互相碰撞。

2）门的开向不宜朝西或朝北。

3）住宅内门的位置和开启方向，应结合家具布置考虑。

4）凡无间接采光通风要求的套间内门，不需要设亮子，也不需设纱扇。

二、门的构造

1. 平开木门的构造

平开木门一般由门框、门扇、亮子、五金零件及其附件组成，如图 7-2 所示。

门框是门扇、亮子与墙的联系构件；门扇根据其构造方式的不同，有镶板门、夹板门、拼板门、玻璃门等类型；亮子又称为腰头窗，在门上方，为辅助采光和通风之用，有平开、固定及上悬、中悬、下悬几种；五金零件一般有铰链、插销、门锁、拉手、门碰头等；附件有贴脸板、筒子板等。

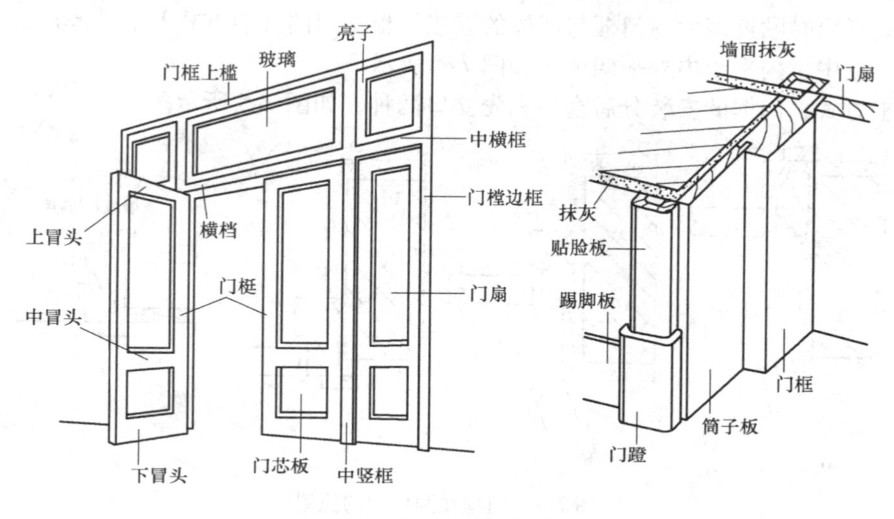

图 7-2　木门的组成

（1）门框　门框一般由两根竖直的边框和上框组成。当门带有亮子时，还有中横框；多扇门则还有中竖框。

门框的断面形状与尺寸取决于门扇的开启方式和门扇的层数，同时应利于门的安装，并且应具有一定的密闭性。由于要承受各种撞击荷载和门扇的重量作用，所以，门框应有足够的强度和刚度，故其断面尺寸较大。平开木门门框的断面形状与尺寸如图 7-3 所示。

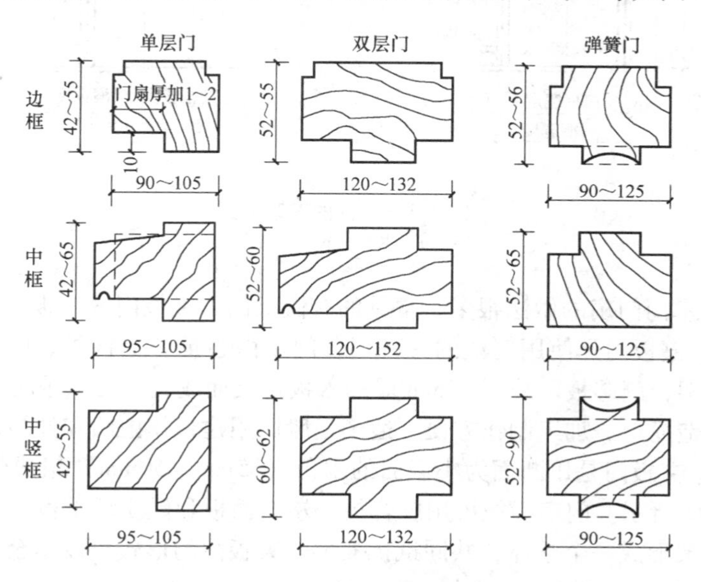

图 7-3　平开木门门框的断面形状与尺寸

门框用料一般分为四级，净料宽为 135mm、115mm、95mm、80mm，厚度分别为 52mm、67mm。框料的厚薄与木材的优劣有关，一般采用松木和杉木，大门可为(60～70)mm×(140～150)mm(毛料)，内门可为(50～70)mm×(100～120)mm，有纱门时用料宽度不宜小于 150mm。

门框在墙中的位置，可在墙的中间或与墙的一边平齐，一般多与开启方向一侧平齐，尽可能使门扇开启时贴近墙面。门框与墙体的连接，根据门的开启方式及墙体厚度的不同，可分为外平、立中、内平、内外平四种，如图 7-4 所示。

按施工方式，门框的安装分后塞口和先立口两种，如图 7-5 所示。

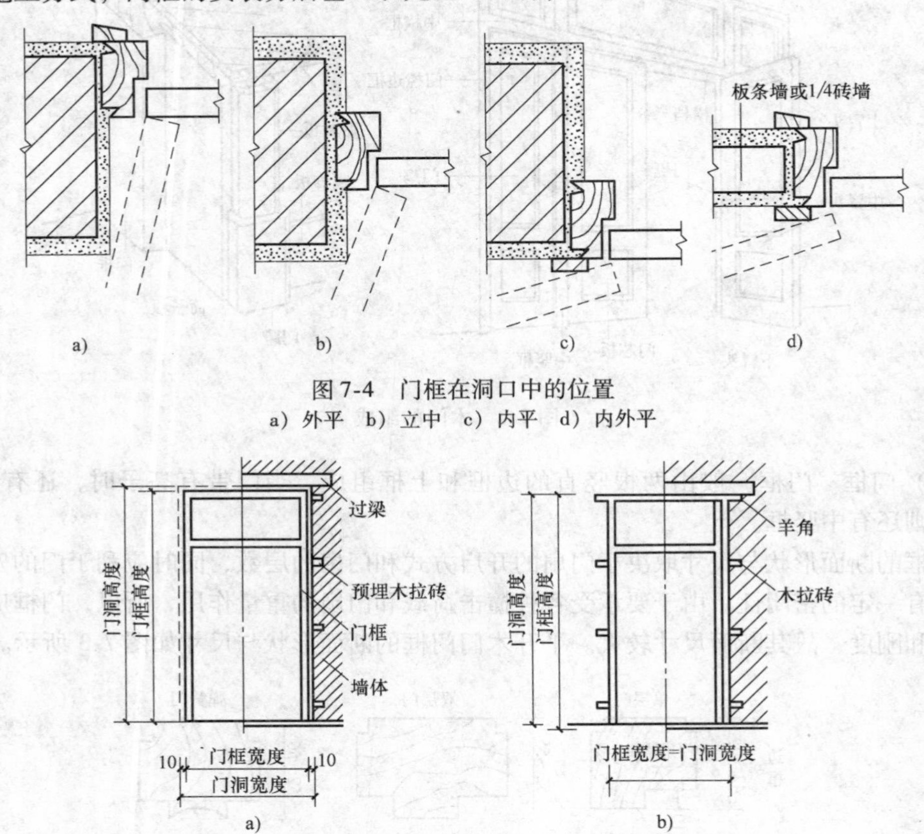

图 7-4　门框在洞口中的位置

a）外平　b）立中　c）内平　d）内外平

图 7-5　门框的安装方式

a）塞口　b）立口

（2）门扇　木门门扇的做法很多，常见的有镶板门、夹板门、拼板门、玻璃门等。

1）镶板门。镶板门是使用广泛的一种门，门扇由边挺、上冒头、中冒头（可作数根）和下冒头组成骨架，门芯板可采用 15mm 厚的木板拼接而成，也可采用胶合板、硬质纤维板或玻璃等。其构造简单，加工制作方便，适于一般民用建筑作内门和外门，如图 7-6 所示。

2）夹板门。夹板门是用断面为小截面的木条（35mm×50mm）组成骨架，两面粘贴面板而成，如图 7-7 所示。门扇面板可用胶合板、塑料面板和硬质纤维板，面板不再是骨架的负担，而是和骨架形成一个整体，共同抵抗变形。夹板门的形式可以是全夹板门、带玻璃或带百叶夹板门。

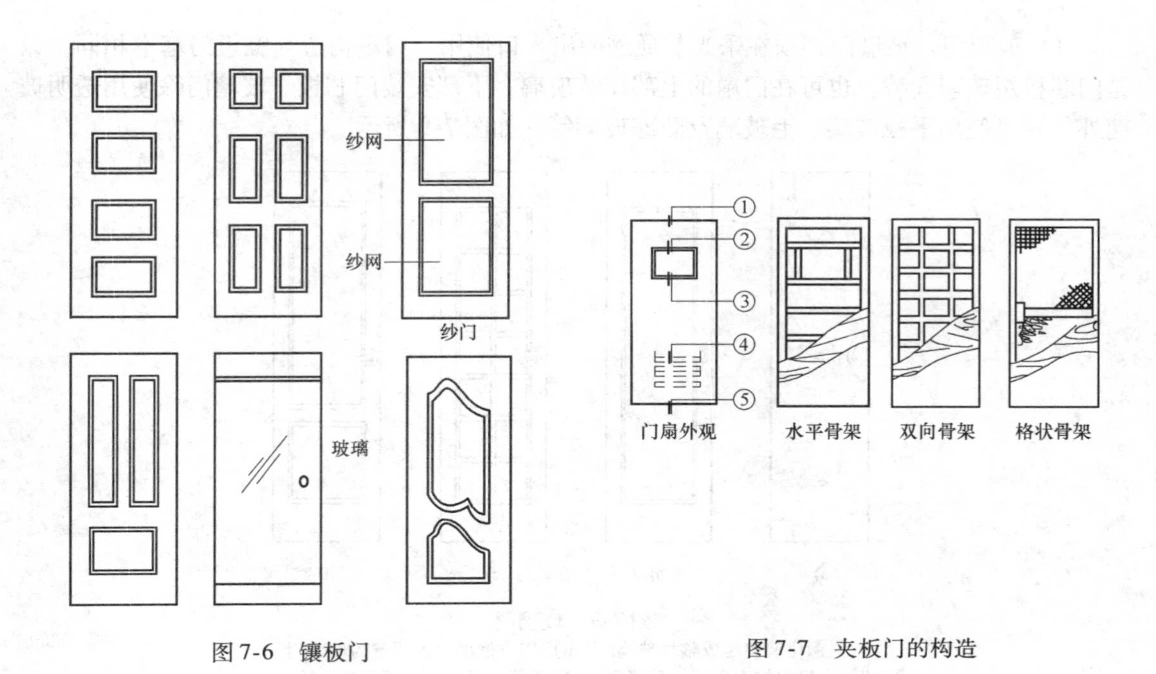

图 7-6　镶板门

图 7-7　夹板门的构造

由于夹板门构造简单，可利用小料、短料，自重轻，外形简洁，便于工业化生产，因此在一般民用建筑中广泛应用。

3）拼板门。拼板门的构造与镶板门相同，门扇由骨架和拼板组成，有骨架的拼板门称为拼板门，而无骨架的拼板门称为实拼门；有骨架的拼板门又分为单面直拼门、单面横拼门和双面保温拼板门三种。由于拼板门的拼板用 35～45mm 厚的木板拼接而成，因而自重较大，但坚固耐久，多用于库房、车间的外门，如图 7-8 所示。

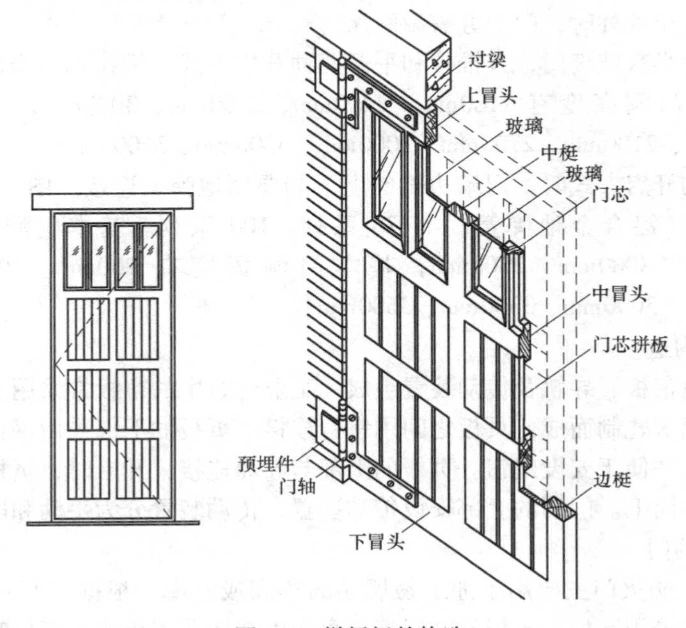

图 7-8　拼板门的构造

4）玻璃门。玻璃门必须在采光与通透的出入口使用。门扇构造与镶板门基本相同，只是门芯板用玻璃代替，也可在门扇的上部安装玻璃，下部安装门芯板。玻璃门除使用透明玻璃外，还可使用平板玻璃、毛玻璃及防冻玻璃等，如图7-9所示。

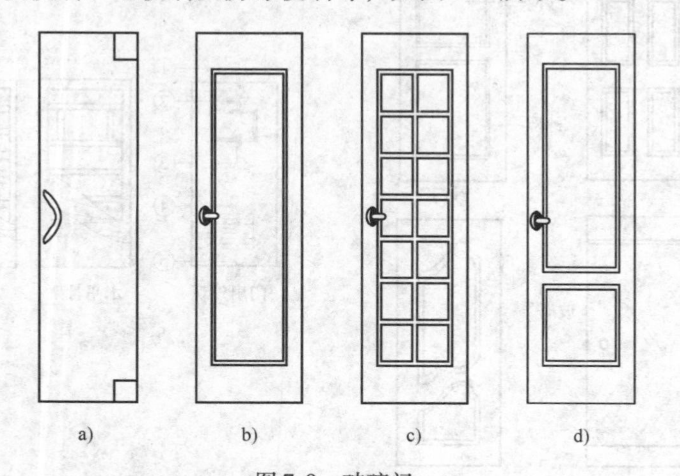

图7-9　玻璃门

a）钢化玻璃制成整片玻璃门　b）四方框里放入压条的玻璃门
c）装饰方格中放入玻璃的玻璃门　d）腰部下镶板，上面装玻璃的玻璃门

（3）门的五金零件　门的五金零件主要有把手、门锁、铰链、闭门器和门挡组成。

2. 推拉门的构造

推拉门由门扇、门轨、地槽、滑轮及门框组成。门扇可采用钢木门、钢板门、空腹薄壁钢门等，每个门扇宽度不大于1800mm。推拉门的支承方式分为上挂式和下滑式两种，当门扇高度小于4m时，用上挂式，即门扇通过滑轮挂在门洞上方的导轨上。当门扇高度大于4m时，多用下滑式，在门洞上下均设导轨，门扇沿上下导轨推拉，下面的导轨承受门扇的重量。当推拉门位于墙外时，门上方需设雨篷。

铝合金门多为半截玻璃门，有推拉和平开两种开启方式。推拉铝合金门有70系列和90系列两种，基本门洞高度有2100mm、2400mm、2700mm、3000mm，基本门洞宽度有1500mm、1800mm、2100mm、2700mm、3000mm、3300mm、3600mm。

当采用平开的开启方式时，门扇边梃的上下端要用地弹簧连接。图7-10所示为铝合金地弹簧门的构造。铝合金地弹簧门有70系列、100系列。基本门洞高度有2100mm、2400mm、2700mm、3000mm、3300mm，基本门洞宽度有900mm、1000mm、1500mm、1800mm、2400mm、3000mm、3300mm、3600mm。

3. 卷帘门的构造

卷帘门主要由帘板、导轨及传动装置组成。工业建筑中的帘板常采用页板式，页板可用镀锌钢板或合金铝板轧制而成，页板之间用铆钉连接。页板的下部采用钢板和角钢，用以增强卷帘门的刚度，并便于安设门钮。页板的上部与卷筒连接，开启时，页板沿着门洞两侧的导轨上升，卷在卷筒上。门洞的上部安设传动装置，传动装置分为手动和电动两种。

4. 特殊要求的门

（1）防火门　防火门主要用于加工易燃品的车间或仓库。根据车间对防火门耐火等级的要求，门扇可以采用钢板、木板外贴石棉板再包以镀锌薄钢板或木板外直接包镀锌薄钢板

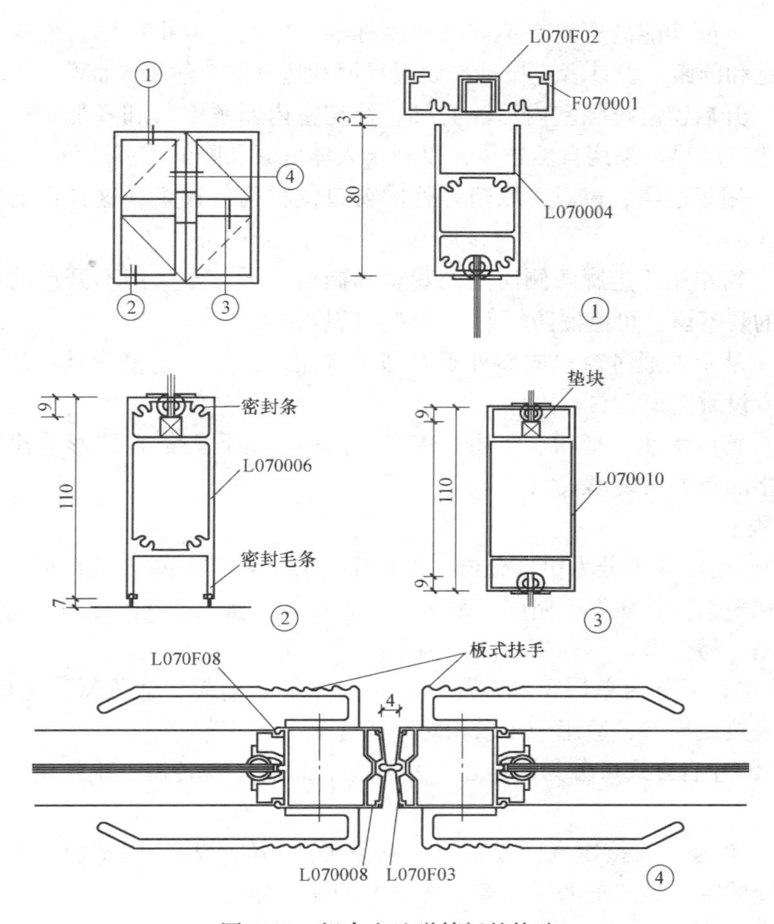

图 7-10 铝合金地弹簧门的构造

等构造措施。考虑到木材受高温会炭化而释放出大量气体，应在门扇上设泄气孔。防火门常采用自重下滑关闭门，它是将门上导轨做成5%～8%的坡度，火灾发生时，易熔合金片熔断后，重锤落地，门扇依靠自重下滑关闭。当洞口尺寸较大时，可做成两个门扇相对下滑。

（2）保温门、隔声门 保温门要求门扇具有一定热阻值和门缝密闭处理，故常在门扇两层面板间填以轻质、疏松的材料（如玻璃棉、矿棉等）。隔声门的隔声效果与门扇的材料及门缝的密闭有关，常采用多层复合结构，即在两层面板之间填吸声材料，如玻璃棉、玻璃纤维板等。

一般情况下，保温门和隔声门的面板常采用整体板材（如五层胶合板、硬质木纤维板等），不易变形。门缝密闭处理对门的隔声、保温以及防尘有很大影响，通常采用的措施是在门缝内粘贴填缝材料，如橡胶管、海绵橡胶条、泡沫塑料条等。还应注意裁口形式，斜面裁口比较容易关闭紧密，可避免由于门扇胀缩而引起的缝隙不密合。

第二节 窗

一、概述

1. 窗的作用

（1）采光　不同功能的房间有不同的照度标准，照度的取得应以自然采光为主，自然采光有利于视觉和健康，设计者应按标准设置足够和适宜的自然采光面积。

（2）通风　开启窗扇排除室内污浊空气、补充室内新鲜空气和降低室内温度，叫做自然通风。普通建筑应尽量采用自然通风，以利于人体健康和降低工程造价。

（3）传递　用于售票、售饭、取药等处的窗口统称为传递窗，这种窗的窗扇一般采用推拉的开启方式。

（4）观察　窗户用于走廊两侧房间的观察和橱窗陈设，多采用不开启的大面积玻璃为主，特殊功能的观察窗，可镶嵌防辐射、隔热、防腐蚀玻璃。

（5）眺望　从室内通过窗户向室外观看即为眺望，这是普通窗均具有的功能，有特定条件时，还可专设眺望窗。

（6）装饰　窗的大小、形状、布局、疏密、色彩、材质等都直接影响建筑物的立面效果，是建筑风格的重要表现形式。

2. 窗的分类

1）按窗的使用材料可分为铝合金窗、塑钢窗、彩板窗、木窗、钢窗等。

铝合金窗和塑钢窗材质好、坚固、耐久、密封性好，所以在建筑工程中应用广泛，而木窗由于耐久性差、易变形、不利于节能，国家已限制使用。

2）按窗的层数可分为单层窗和双层窗。单层窗构造简单、造价低，适用于普通建筑；双层窗保温、隔热效果好，适用于要求相对高的建筑。

3）按窗扇的开启方式可分为固定窗、平开窗、悬窗、立转窗、推拉窗、百叶窗等，如图7-11所示。

① 固定窗。将玻璃直接镶嵌在窗框上，不设可活动的窗扇。固定窗一般用于只要求有采光、眺望功能的窗，如走道的采光窗和普通窗的固定部分。

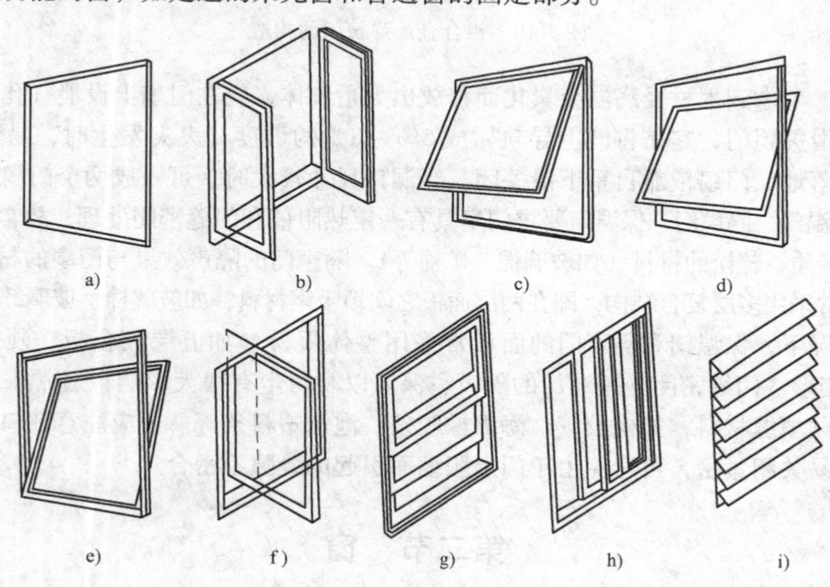

图7-11　窗的开启方式

a）固定窗　b）平开窗　c）上悬窗　d）中悬窗　e）下悬窗　f）立转窗　g）垂直推拉窗　h）水平推拉窗　i）百叶窗

② 平开窗。窗扇一侧用铰链与窗框相连，窗扇可向外或向内水平开启。平开窗构造简单，开关灵活，制作与维修方便，在一般的建筑中采用较多。

③ 悬窗。窗扇绕水平轴转动的窗。按照旋转轴的位置可分为上悬窗、中悬窗和下悬窗。其中，上悬窗和中悬窗的防雨、通风效果好，常用作门上的亮子和不方便手动开启的高侧窗。

④ 立转窗。窗扇绕垂直中轴转动的窗。这种窗通风效果好，但不严密，不宜用于寒冷和多风沙的地区。

⑤ 推拉窗。窗扇沿着导轨或滑槽推拉开启的窗，有垂直推拉窗和水平推拉窗两种。推拉窗开启后不占用室内空间，窗扇的受力状态好，适宜安装大玻璃，但通风面积受限制。

⑥ 百叶窗。窗扇一般用塑料、金属或木材等制成小板材，与两侧框料相连接，有固定式和活动式两种。百叶窗的采光效率低，主要用作遮阳、防雨及通风。

3. 窗的尺度

窗的尺度主要取决于房间的采光、通风、构造做法和建筑造型等要求，并要符合现行《建筑模数协调统一标准》(GBJ 2—1986) 和《建筑门窗洞口尺寸系列》(GB/T 5824—2008) 的规定。为使窗坚固耐久，通常，平开木窗的窗扇高度为 800 ~ 1200mm，宽度不宜大于 500mm；上下悬窗的窗扇高度为 300 ~ 600mm；中悬窗窗扇高不宜大于 1200mm，宽度不宜大于 1000mm；推拉窗高宽均不宜大于 1500mm。对于一般的民用建筑用窗，各地均有通用图，各类窗的高度与宽度尺寸通常采用扩大模数 3M 数列作为洞口的标志尺寸，GB/T 5824—2008 增加了 1M 数列，只需要按所需类型及尺度大小直接选用。

4. 窗的选用

1）高温、高湿及防火要求高时，不宜用木窗。

2）无论低、多、高层的所有民用建筑均应设纱窗。

3）用于锅炉房、车库等房间的外窗，可不装纱窗。

4）面向外廊的居室、厨厕窗应向内开，并应考虑密闭性要求。

5. 窗的布置

1）楼梯间的外窗应考虑各层圈梁的走向，避免圈梁被窗洞口打断。

2）窗台高度由工作面需要而定，一般不低于 900mm。高度低于 800mm 时，须有防护措施。

二、窗的构造

1. 平开木窗的构造

平开木窗主要由窗框和窗扇组成。窗扇有玻璃窗扇、纱窗扇、板窗扇和百叶窗扇等。还有各种铰链、风钩、插销、拉手以及导轨、转轴、滑轮等五金零件，有时要加设窗台、贴脸、窗帘盒等，如图 7-12 所示。

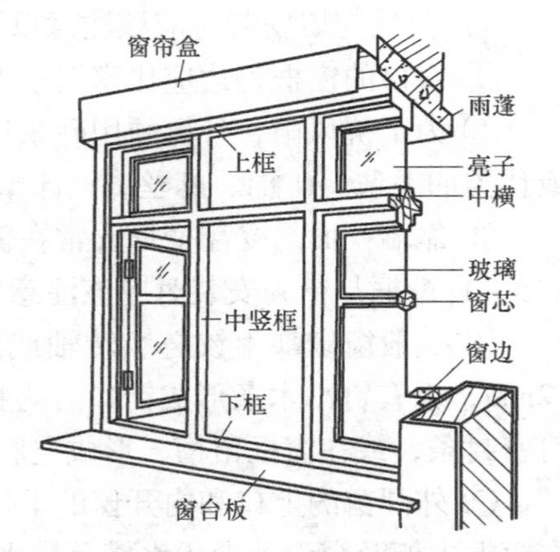

图 7-12 平开窗的组成

(1) 窗框　窗框的主要作用是与墙连接，并通过五金零件固定窗扇。

1）窗框在墙洞中的位置。窗框在墙洞中的位置主要根据房间的使用要求和墙体的厚度来确定，一般有三种形式，窗框内平（图 7-13a)、窗框外平（图 7-13b）和窗框居中（图 7-13c)。

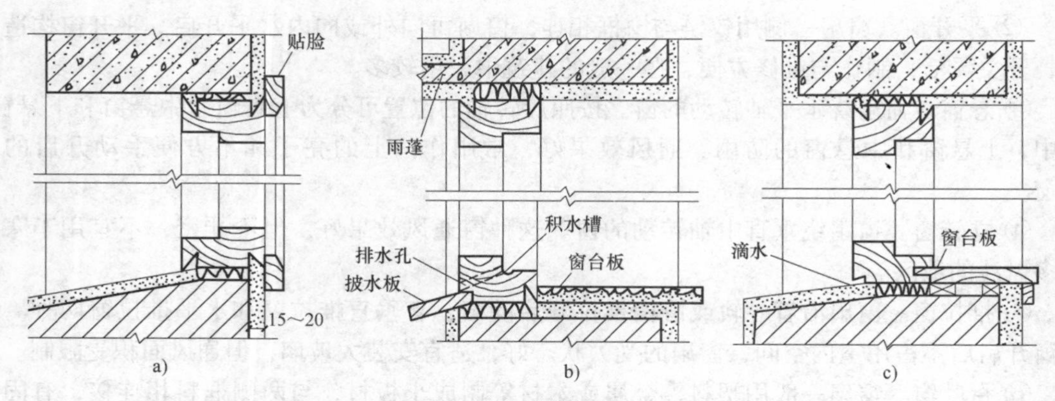

图 7-13 窗在墙洞中的位置
a）窗框内平 b）窗框外平 c）窗框居中

2）窗框的安装。窗框由上槛、中槛、下槛、边框用合角全榫拼接成框。

① 窗框断面形状与尺寸：一般尺度的单层窗窗樘的厚度常为 40～50mm，宽度为 70～95mm，中竖梃双面窗扇需加厚一个深度 10mm 的铲口，中横档除加厚 10mm 外，若要加披水，一般还要加宽 20mm 左右。

② 窗框的安装方法有两种：立口和塞口。

立口：施工时先将窗框安放好后砌窗间墙。上下档各伸出约半砖长的木段（羊角或走头），在边框外侧每隔 500～700mm 设一木拉砖（木鞠）或铁脚砌入墙身。其特点是：能使窗框与墙体连接紧密牢固，但安装窗框和砌墙两种工序相互交叉进行，会影响施工进度，并且容易对窗造成损坏。

塞口：在砌墙时先留出窗洞，以后再安装窗框。塞口又称为塞樘子。为了加强窗框与墙的联系，窗洞两侧每隔 500～700mm 砌入一块半砖大小的防腐木砖（窗洞每侧应不少于两块），安装窗框时用长钉或螺钉将窗框钉在木砖上，也可在框上钉铁脚，再用膨胀螺栓钉在墙上或用膨胀螺栓直接把框钉于墙上。其特点是：不会影响施工进度，但窗框与墙体之间的缝隙较大，应加强固定时的牢固性和对缝隙的密闭处理。

3）窗框与墙安装时应该注意以下几点：

① 塞口的窗框每边应比窗洞小 10～20mm。

② 为了抗风雨，外侧须用砂浆嵌缝，也可加钉压缝条或油膏嵌缝，寒冷地区应用纤维或毡类如毛毡、矿棉、麻丝或泡沫塑料绳等垫塞。

③ 靠墙一面易受潮变形，常在窗框外侧开槽，并作防腐处理。

4）窗框与窗扇安装时应该注意以下几点：

① 一般窗扇都用铰链、转轴或滑轨固定在窗框上。通常在窗框上做铲口，深约 10～12mm，也有钉小木条形成铲口。为提高防风雨能力，可适当提高铲口深度（约 15mm）或钉密封条，或在窗框留槽，形成空腔的回风槽。

② 外开窗的上口和内开窗的下口，通常需做披水板及滴水槽，以防止雨水内渗，同时，在窗框内槽及窗盘处做积水槽及排水孔，将渗入的雨水排除。

（2）窗扇 窗扇有平开玻璃窗和双层窗两种。

1）平开玻璃窗：一般由上下冒头和左右边梃榫接而成，有的中间还设窗棂。窗扇厚度约为35~42mm，一般为40mm。上下冒头及边梃的宽度视材质和窗扇大小而定，一般为50~60mm，下冒头可较上冒头适当加宽10~25mm，窗棂宽度约27~40mm。

玻璃的常用厚度为3mm，较大面积时可采用5mm或6mm。为了隔声、保温等需要，可采用双层中空玻璃；需遮挡或模糊视线时，可选用磨砂玻璃或压花玻璃；为确保安全，可采用夹丝玻璃、钢化玻璃以及有机玻璃等；为了防晒，可采用有色、吸热和涂层、变色等种类的玻璃。

2）双层窗：双层窗有子母窗扇、内外开窗和大小扇双层内开窗。

① 子母窗扇：由玻璃大小相同、窗扇用料大小不同的两窗扇合并而成，用一个窗框，一般为内开。

② 内外开窗：在一个窗框上内外开双铲口，一扇向内，一扇向外，必要时内层窗扇在夏季还可取下或换成纱窗。

③ 大小扇双层内开窗：可分开窗框，也可用同一窗樘，缺点是占用室内空间。

（3）窗的五金零件　窗的五金零件有铰链、插销、窗钩、拉手和铁三角等。铰链又称为合页、折页，是连接窗扇与窗框的连接件。

2. 铝合金窗的构造

（1）铝合金窗的特点

1）自重轻。铝合金窗用料省、自重轻，较钢门窗轻50%左右。

2）性能好。铝合金窗密封性好，气密性、水密性、隔声性、隔热性都较钢窗、木窗有显著的提高。

3）耐腐蚀、坚固耐用。铝合金窗不需要涂涂料，氧化层不褪色、不脱落，表面不需要维修。铝合金窗强度高，刚性好，坚固耐用，开闭轻便灵活，无噪声，安装速度快。

4）色泽美观。铝合金窗框料型材表面经过氧化着色处理后，既可保持铝材的银白色，又可制成各种柔和的颜色或带色的花纹，如古铜色、暗红色、黑色等。

（2）铝合金窗的设计要求

1）根据使用和安全要求，确定铝合金窗的风压强度性能、雨水渗漏性能、空气渗透性能等综合指标。

2）组合窗的设计宜采用定型产品门窗作为组合单元。非定型产品的设计应考虑洞口最大尺寸和开启扇最大尺寸的选择和控制。

3）外墙窗的安装高度应受到限制。

（3）铝合金窗框料系列　系列名称是以铝合金窗框的厚度构造尺寸来区别各种铝合金窗的称谓，如推拉窗窗框厚度构造尺寸为90mm宽，即称为90系列铝合金推拉窗。实际工程中，通常根据不同地区、不同性质的建筑物的使用要求选用相适应的窗框。

（4）铝合金窗安装　铝合金窗是表面处理过的铝材经下料、打孔、铣槽、攻丝等加工，制作成窗框料的构件，然后与连接件、密封件、开闭五金件一起组合装配成窗。

铝合金窗多采用水平推拉式的开启方式，窗扇在窗框的轨道上滑动开启。窗扇与窗框之间用尼龙密封条进行密封，以避免金属材料之间相互摩擦。玻璃卡在铝合金窗框料的凹槽内，并用橡胶压条固定。铝合金窗的构造如图7-14所示。

铝合金窗一般采用塞口的方法安装。门窗安装时，将门、窗框在抹灰前立于门窗洞处，与墙内预埋件对正，然后用木楔将三边固定。经检验确定门、窗框水平、垂直、无翘曲后，

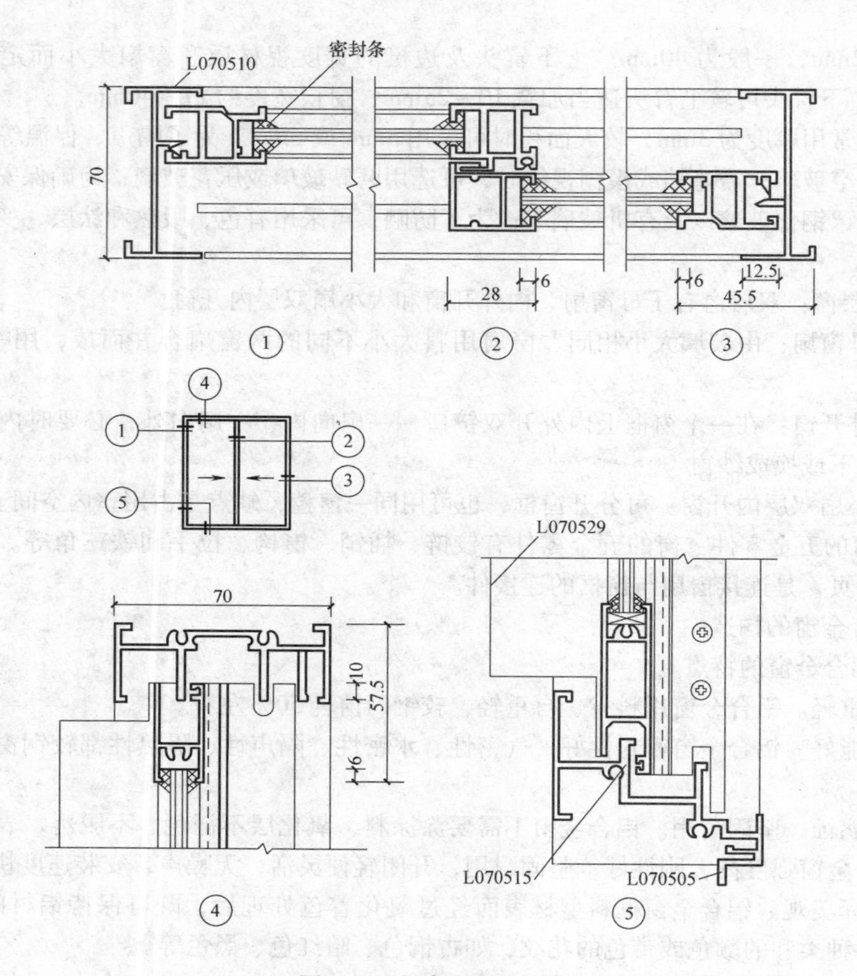

图 7-14 铝合金窗的构造

用连接件将铝合金框固定在墙（柱、梁）上，连接件固定可采用预埋件、燕尾铁脚、膨胀螺栓、射钉固定等方式连接，如图 7-15 所示。

3. 塑钢窗

塑钢门窗是以改性硬质聚氯乙烯（简称 UPVC）树脂为主要原料，加上一定比例的稳定剂、着色剂、填充剂、紫外线吸收剂等辅助剂，经挤出成形为各种断面的中空异型材。经切割后，在其内腔衬以型钢加强筋，用热熔焊接机焊接成形为门窗框扇，配装上橡胶密封条、压条、五金件等附件而制成的门窗。它具有如下优点：强度好、耐冲击；保温、隔热、节约能源；隔声好；气密性、水密性好；耐腐蚀性强；防火；耐老化、使用寿命长；外观精美、容易清洗。塑钢窗的构造如图 7-16 所示。

（1）窗框安装　窗框与门框一样，在构造上应有裁口及背槽处理，裁口有单裁口与双裁口之分。窗框的安装与门框一样，分后塞口与先立口两种。塞口时洞口的高、宽尺寸应比窗框尺寸大 10 ~ 20mm。

（2）窗框在墙中的位置　窗框一般是与墙内表面平齐，安装时窗框突出砖面 20mm，以便墙面粉刷后与抹灰面平。框与抹灰面交接处，应用贴脸板搭盖，以阻止由于抹灰干缩形成

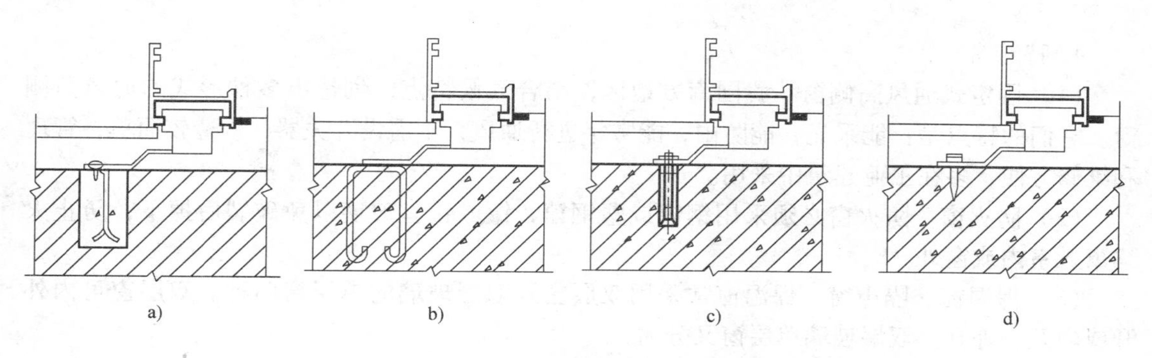

图 7-15 铝合金窗框与墙体的固定方式
a）预埋件 b）燕尾铁脚 c）金属膨胀螺栓 d）射钉

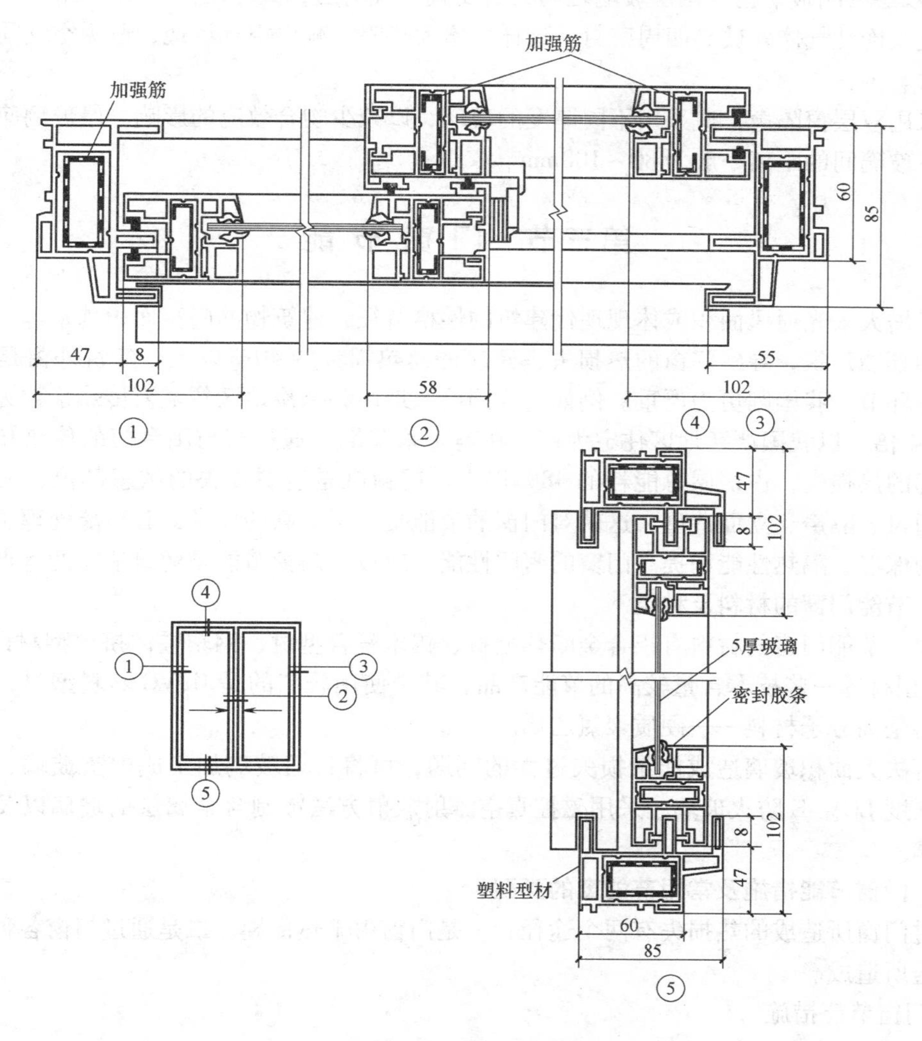

图 7-16 塑钢窗的构造

缝隙后风透入室内，同时可增加美观。贴脸板的形状及尺寸与门的贴脸板相同。

当窗框立于墙中时，应内设窗台板，外设窗台；窗框外平时，靠室内一面设窗台板。

4. 特殊窗

(1) 固定式通风高侧窗　我国南方地区，结合气候特点，创造出多种形式的通风高侧窗。它们的特点是：能采光，能防雨，能常年进行通风，不需设开关器，构造较简单，管理和维修方便，多在工业建筑中采用。

(2) 防火窗　防火窗必须采用钢窗或塑钢窗，镶嵌铅丝玻璃以免破裂后掉下，防止火焰窜入室内或窗外。

(3) 保温窗、隔声窗　保温窗常采用双层窗及双层玻璃的单层窗两种。双层窗可内外开或内开、外开。双层玻璃单层窗又分为：

1) 双层中空玻璃窗：双层玻璃之间的距离为5mm，窗扇的上下冒头应设透气孔。

2) 双层密闭玻璃窗：两层玻璃之间为封闭式空气间层，其厚度一般为4~12mm，充以干燥空气或惰性气体，玻璃四周密封。这样可增大热阻、减少空气渗透，避免空气间层内产生凝结水。

若采用双层窗隔声，应采用不同厚度的玻璃，以减少吻合效应的影响。厚玻璃应位于声源一侧，玻璃间的距离一般为80~100mm。

第三节　门窗节能

为了增大采光通风面积或体现现代建筑的性格特征，建筑物的门窗面积越来越大，更有全玻璃的幕墙建筑，导致门窗的热损失占建筑的总热损失的40%以上。建筑外窗是建筑保温的薄弱环节，我国则更为严重。例如，我国严寒地区和寒冷地区住宅窗传热系数为发达国家的2~4倍。以我国严寒地区住宅为例，在整个采暖期，通过窗与阳台门的传热和冷风渗透所引起的热损失，占房屋总能耗的48%以上。门窗既是能源损失的敏感部位，又关系到采光、通风、隔声、立面造型。这就对门窗的节能提出了更高的要求，其节能处理主要是改善材料的保温、隔热性能和提高门窗的密闭性能。所以，门窗节能是建筑节能的重点。

一、节能门窗的材料及种类

目前，节能门窗的材料有铝合金断热型材、铝木复合型材、钢塑整体挤出型材以及UPVC塑料型材等一些技术含量较高的节能产品，其中使用较广的是UPVC塑料型材，它所使用的原料是高分子材料——硬质聚氯乙烯。

为解决大面积玻璃造成能量损失过大的问题，可将普通玻璃加工成中空玻璃、镀膜玻璃、高强度LOW-E防火玻璃、采用磁控真空溅射放射方法镀制含金属层的玻璃以及特别的智能玻璃。

二、门窗节能措施及常用节能窗的类型

通过门窗所造成的热损失有两个途径：一是门窗由于热传导，二是通过门窗各种缝隙的冷风渗透所造成。

1. 门窗节能措施

1) 合理地缩小门窗口面积。

2) 改善门窗的构造，如使用双层、多层玻璃，采用内外遮阳系统，控制各朝向的窗墙面积比，加保温窗帘。

3) 切断热桥。

4）缩减缝长。

5）提高材料（玻璃、窗框材料）的光学性能、热工性能和密封性。

2. 常用节能窗的类型

目前，在建筑中常用的节能窗型为平开窗和固定窗。

（1）平开窗　平开窗分内外平开窗。正规的铝合金平开窗其窗扇和窗扇间，窗扇和窗扇框均应用良好的橡胶做密封压条。在窗扇关闭后，密封橡胶压条压得很紧，密封性能很好，很少有空隙，这种窗型的热量流失主要是玻璃和窗框窗扇型材的热传导和辐射，如果能很好地解决上述玻璃和型材的热传导，平开窗的节能性能会得到有力的保证。从结构上讲，平开窗在节能方面有明显的优势，平开窗可称为真正的节能窗型。

（2）固定窗　固定窗的窗框嵌在墙体内，玻璃直接安在窗框上，玻璃和窗框的接缝用密封胶把玻璃和窗框接触的四边密封。如果密封胶密封得严密，则具有良好的水密性和气密性，空气很难通过密封胶形成对流，因此，对流热损失极少。玻璃和窗框的热传导是主要热损失的源泉。对于大面积玻璃和少量窗框型材，在材料上形式上采取有效措施，可大大提高节能效果。从结构上讲，固定窗是节能效果最理想的窗型。因为固定窗的缺点是无法通风通气，所以又在固定窗上开装小型上翻下翻窗，或在大的固定窗的一侧安装一个小的开平窗，专门作为定时通风透气使用。

本章小结

1. 门一般由门框、门扇、五金零件及附件组成，按门扇的开启方式分为平开门、推拉门、弹簧门、折叠门、旋转门、卷帘门等。门作为交通疏散通道，其尺度取决于人的通行要求，家具器械的搬运及与建筑物的比例关系等，并要符合现行《建筑模数协调统一标准》（GBJ 2—1986）和《建筑门窗洞口尺寸系列》（GB/T 5824—2008）的规定。

2. 窗一般由窗框、窗扇和五金零件组成，按窗扇的开启方式为固定窗、平开窗、悬窗、立转窗、推拉窗、百叶窗等。窗的尺度主要取决于房间的采光、通风、构造做法和建筑造型等要求，并要符合现行《建筑模数协调统一标准》(GBJ2—1986）和《建筑门窗洞口尺寸系列》(GB/T 5824—2008）的规定。

3. 门窗在洞口的位置有门窗框内平、门窗框外平和门窗框居中三种。门窗框的安装分为立口和塞口两种做法。

4. 门窗节能措施：合理地缩小窗口面积；改善门窗的构造（双层、多层玻璃，内外遮阳系统，控制各朝向的窗墙面积比，加保温窗帘）；切断热桥；缩减缝长；提高材料（玻璃、窗框材料）的光学性能、热工性能和密封性。

思考与练习题

一、填空题

1. 窗主要由（　　　）、（　　　）和（　　　）组成。

2. 门主要由（　　　）、（　　　）、（　　　）、（　　　）和其他附件组成。

3. 门框的安装有（　　　）和（　　　）两种施工方法。

4. 民用建筑常用门有（　　　）、（　　　）、（　　　）、（　　　）等。

5. 一般房间的门洞口宽度最小为（　　），厨房、厕所等辅助房间洞口宽度最小为（　　）。

二、选择题

1. 双框玻璃内外扇的净距为（　　）左右，而不宜过大，以免空气对流影响保温。

A. 50　　B. 100　　C. 150　　D. 200

2. 门洞口高度大于（　　）时，应设上亮窗。

A. 2100mm　　B. 2200mm　　C. 2300mm　　D. 2400mm

三、名词解释

1. 立口

2. 塞口

四、简答题

1. 门窗按开启方式的分类有哪些？

2. 简述门窗的构造组成。

3. 简述铝合金窗的构造。

4. 门窗节能的措施有哪些？

第八章 变 形 缝

知 识 要 点	权重
变形缝的概念与种类；变形缝的设置原则；变形缝的宽度尺寸	60%
变形缝的构造做法	40%

行动导向教学任务单

工作任务单一 以小组为学习单位，抄绘变形缝构造详图，书面总结变形缝的构造要点。

工作任务单二 以小组为学习单位，识读本书附录中工程案例的施工图，并且制作ppt演示文稿讲解图样相关内容，要求将本章节中的主要知识要点，如本案例中的伸缩缝、沉降缝和防震缝的构造讲解清楚。

工作任务单三 参观已有建筑和在建工程的变形缝，撰写实习报告。

推荐阅读资料

1. 建筑设计资料集编委会．建筑设计资料集〔M〕．北京：中国建筑工业出版社，1996.

2. 钟芳林．建筑构造〔M〕．北京：科学出版社，2004.

3. 中国建筑科学研究院．GB 50010—2010 混凝土结构设计规范〔S〕．北京：中国建筑工业出版社，2011.

4. 中国建筑东北设计研究院．GB 50003—2001 砌体结构设计规范〔S〕．北京：中国标准出版社，2002.

第一节 变形缝的种类与设置原则

一、变形缝的概念与种类

1. 变形缝的概念

建筑物由于受到温度变化、地基不均匀沉降以及地震作用的影响，结构的内部将产生附加的应力和应变，如不采取措施或处理不当，会使建筑物产生开裂甚至倒塌。为防止出现这种情况，可采取“阻”或“让”这两种措施。“阻”是通过加强建筑物的整体性，使其具有足够的强度与刚度，以阻止这种破坏；“让”是在这些变形敏感部位将结构断开，使建筑物各部分能自由变形，以减小附加应力，以退让的方式避免破坏。建筑物中这种为了预防和避免建筑裂缝和破坏发生，而预留的将建筑物分成若干独立部分的缝隙称为变形缝。

2. 变形缝的种类

变形缝按其所起作用的不同，分为伸缩缝、沉降缝和防震缝三种。

（1）伸缩缝　伸缩缝又叫温度缝，建筑物处于昼夜、冬夏的温度变化环境中，由于热胀冷缩使结构内部产生温度应力和应变，这种变化随着建筑物长度的增加而增加，当应力和应变达到一定数值时，建筑物将会出现开裂甚至破坏。为避免这种情况的发生，常常沿建筑物长度方向，每隔一定距离或在结构变化较大处预留缝隙，将建筑物断开。当建筑物较长时，为避免建筑物因热胀冷缩剧烈而使结构构件产生裂缝和破坏所设置的变形缝称为伸缩缝。

（2）沉降缝　沉降缝是为了防止由于地基的不均匀沉降，结构内部产生附加应力引起的破坏而设置的缝隙。

（3）防震缝　防震缝是为了防止建筑物各部分在地震时相互撞击引起破坏而设置的缝隙，通过防震缝将建筑物划分成若干形体简单、结构刚度均匀的独立单元。

二、变形缝的设置原则

1. 伸缩缝的设置

建筑中须设置伸缩缝的情况主要有三类：一是建筑物长度超过一定限度；二是建筑平面复杂，变化较多；三是建筑中结构类型变化较大。

设置伸缩缝时，通常沿建筑物长度方向，每隔一定距离或在结构变化较大处，在垂直方向预留缝隙，将基础以上的建筑构件全部断开，分为各自独立的、能在水平方向自由伸缩的部分。基础部分因受温度变化影响较小，一般不需断开。

伸缩缝的最大间距，即建筑物的允许连续长度与结构的形式、材料、构造方式及所处的环境有关。结构设计规范对钢筋混凝土结构及砌体结构建筑物中伸缩缝的最大间距所作规定见表 8-1 和表 8-2。

当建筑采用以下构造措施和施工措施减小温度变化和收缩应力时，可增大伸缩缝的间距：

1）在顶层、低层、山墙和内纵墙端部开间等温度变化影响较大的部位提高配筋率。

2）顶层加强保温、隔热措施或采用架空通风屋面。

3）顶部楼层应该用刚度较小的结构形式或顶部设局部温度缝，将结构划分为长度较短的区段。

4）30～40m 间距留出施工后浇带，带宽 800～1000mm，钢筋可采用搭接接头。后浇带混凝土宜在两个月后浇灌，浇灌时温度宜低于主体混凝土浇灌时的温度。

后浇带是指现浇整体钢筋混凝土结构中，在施工期间保留的临时性温度和收缩变形缝，着重解决钢筋混凝土结构在强度增长过程中因温度变化、混凝土收缩等产生的裂缝，以达到释放大部分变形，减小约束力，避免出现贯通裂缝。后浇带应设在对结构无严重影响的部位，即结构构件内力相对较小的位置，通常每隔 30～40m 一道，缝宽 70～100cm。一般在两部分混凝土浇灌后两周至一个月的时间段，再用比原结构强度高 5～10N/mm^2 的微膨胀水泥或无收缩水泥混凝土补浇成为连续、整体、无伸缩缝的结构。

2. 沉降缝的设置

表 8-1　混凝土结构伸缩缝最大间距　（单位：m）

结构类别		室内或土中	露天
排架结构	装配式	100	70
框架结构、板柱结构	装配式	70	50
	现浇式	50	30
剪力墙结构	装配式	60	40
	现浇式	40	30
挡土墙、地下室墙壁等结构	装配式	40	30
	现浇式	30	20

注：1. 装配整体式结构房屋的伸缩缝间距，可根据结构的具体情况取表中装配式结构与现浇式结构之间的数值。

2. 框架-剪力墙结构或框架—核心筒结构房屋的伸缩缝间距，可根据结构的具体情况取表中框架结构与剪力墙结构之间的数值。

3. 当屋面无保温或隔热措施时，框架结构、剪力墙结构的伸缩缝间距宜按表中露天栏的数值取用。

4. 现浇挑檐、雨篷等外露结构的伸缩缝间距不宜大于 12m。

5. 对下列情况，本表中的伸缩缝最大间距宜适当减小：

1）柱高（从基础顶面算起）低于 8m 的排架结构。

2）屋面无保温或隔热措施的排架结构。

3）位于气候干燥地区、夏季炎热且暴雨频繁地区的结构或经常处于高温作用下的结构。

4）采用滑模类工艺施工的各类墙体结构。

5）混凝土材料收缩较大、施工期外露时间较长的结构。

6. 对下列情况，如有充分依据和可靠措施，本表中的伸缩缝最大间距可适当增大：

1）采取减小混凝土收缩或温度变化的措施。

2）采用专门的预加应力或增配构造钢筋的措施。

3）采用低收缩混凝土材料，采取跳仓浇筑、后浇带、控制缝等施工方法，并加强施工养护。

4）当伸缩缝间距增大较多时，尚应考虑温度变化和混凝土收缩对结构的影响。

表 8-2　砌体房屋温度伸缩缝的最大间距　（单位：m）

屋盖或楼盖类别		间距
整体式或装配整体式钢筋混凝土结构	有保温层或隔热层的屋盖、楼盖	50
	无保温层或隔热层的屋盖	40
装配式无檩体系钢筋混凝土结构	有保温层或隔热层的屋盖、楼盖	60
	无保温层或隔热层的屋盖	50
装配式有檩体系钢筋混凝土结构	有保温层或隔热层的屋盖	75
	无保温层或隔热层的屋盖	60
瓦材屋盖、木屋盖或楼盖、轻钢屋盖		100

注：1. 对于烧结普通砖、多孔砖、配筋砌块砌体房屋取表中数值；对石砌体、蒸压灰砂砖、蒸压粉煤灰砖和混凝土砌块房屋取表中数值乘以 0.8 的系数。当有实践经验并采取有效措施时，可不遵守本表规定。

2. 在钢筋混凝土屋面上挂瓦的屋盖应按钢筋混凝土屋盖采用。

3. 按本表设置的墙体伸缩缝，一般不能同时防止由于钢筋混凝土屋盖的温度变形和砌体干缩变形引起的墙体局部裂缝。

4. 层高大于 5m 的烧结普通砖、多孔砖、配筋砌块砌体结构单层房屋，其伸缩缝间距可按表中数值乘以 1.3。

5. 温差较大且变化频繁地区和严寒地区不采暖的房屋及构筑物墙体的伸缩缝的最大间距，应按表中数值予以适当减小。

6. 墙体的伸缩缝应与结构的其他变形缝相重合，在进行立面处理时，必须保证缝隙的伸缩作用。

为满足沉降缝两侧的结构体能自由沉降，设置沉降缝时，必须将建筑的基础、墙体、楼层及屋顶等部分全部在垂直方向断开，使各部分形成能自由沉降的独立的刚度单元。凡符合下列情况之一者，均应设置沉降缝：

1）建筑物建造在不同的地基上，且难以保证不出现不均匀沉降。

2）同一建筑物相邻部分的层数相差两层以上或层高相差超过10m，荷载相差悬殊或结构形式变化较大时，易导致不均匀沉降。

3）新建建筑物与原有建筑相毗邻。

4）建筑平面形式复杂、连接部位又较薄弱。

5）相邻的基础宽度和埋置深度相差较大。

沉降缝可兼有伸缩缝的作用，其构造与伸缩缝基本相同，但盖缝条和调节片构造必须能保证在水平方向和垂直方向自由变形。

3. 防震缝的设置

在地震设防烈度为7~9度的地区，有下列情况之一时，需设防震缝：

1）建筑平面复杂、有较大突出部分。

2）建筑物立面高差在6m以上。

3）建筑物有错层，且楼板高差较大。

4）建筑物相邻部分的结构刚度、质量相差较大。

防震缝应沿建筑物全高设置。一般情况下，基础可以不分开，但当平面较复杂时，也应将基础分开。缝的两侧一般应布置双墙或双柱，以加强防震缝两侧房屋的整体刚度。

三、变形缝的宽度尺寸

1. 伸缩缝

由于建筑及基础埋于土中，受温度变化影响较小，因此，仅于基础以上部分设缝。伸缩缝的宽度一般为20~40mm。

2. 沉降缝

由于沉降缝的设缝目的是解决不均匀沉降变形，故应从基础开始断开。沉降缝的宽度按表8-3所列尺寸选取。

3. 防震缝

防震缝的宽度应根据建筑物的高度和抗震设计烈度来确定。

表8-3　沉降缝宽度

地基性质	建筑物高度 H 或层数	缝宽/mm
一般地基	$H<5$m	30
	$H=5\sim10$m	50
	$H>10\sim15$m	70
软弱地基	2~3层	50~80
	4~5层	80~120
	≥6层	>120
湿陷性黄土地基		≥30~70

注：沉降缝两侧结构单元层数不同时，其缝宽应按高层部分的高度确定。

1）在多层砖混结构中，防震缝宽一般取 50～70mm。

2）在多层钢筋混凝土框架结构中：当高度不超过 15m 时，可取 70mm；当高度超过 15m 时，按不同设防烈度增加缝宽，当设防烈度分别为 6 度、7 度、8 度、9 度时，相应每增加 5m、4m、3m、2m，防震缝宽宜增加 20mm，见表 8-4。

表 8-4　多层钢筋混凝土框架结构房屋中防震缝的宽度

房屋高度 H/m	设防烈度/度	防震缝宽度/mm
$H\leqslant15$m	6、7、8、9	70
$H>15$m	6	高度每增加 5m，缝宽宜增加 20mm
	7	高度每增加 4m，缝宽宜增加 20mm
	8	高度每增加 3m，缝宽宜增加 20mm
	9	高度每增加 2m，缝宽宜增加 20mm

3）在框架－抗震墙结构中，防震缝的宽度可采用上述值的 50%，且均不宜小于 70mm，防震缝两侧结构类型不同时，宜按照需要较宽防震缝结构类型和较低建筑高度确定缝宽。

4）当采用以下措施时，高层部分与裙房之间可连接为整体而不设沉降缝：

① 采用桩基，桩支撑在基岩上，或采取减少沉降的有效措施，并且满足经过计算，沉降差在允许范围内。

② 主楼与裙房采用不同的基础形式，并宜先施工主楼，后施工裙房，调整土压力，使后期基本接近。

③ 地基承载力较高、沉降计算较为可靠时，主楼与裙房的标高预留沉降差，先施工主楼，后施工裙房，使最后二者标高基本一致。

在后两种情况下，施工时，应在主楼与裙房之间留后浇带，待沉降基本稳定后再连为整体。设计中应考虑后期沉降差的不利影响。

第二节　变形缝的构造做法

变形缝处的围护性能、耐久性能和装饰性能，应采取一定的构造方法对其进行覆盖处理。其结果应在满足上述要求的前提下，不影响结构单元之间的位移。

1. 墙体变形缝

根据墙的厚度，变形缝可做成平缝、错口缝或企口缝，如图 8-1 所示。墙体较厚应采用错口缝或企口缝，有利于保温和防水。但防震缝应做成平缝，以便适应地震时的摇摆。

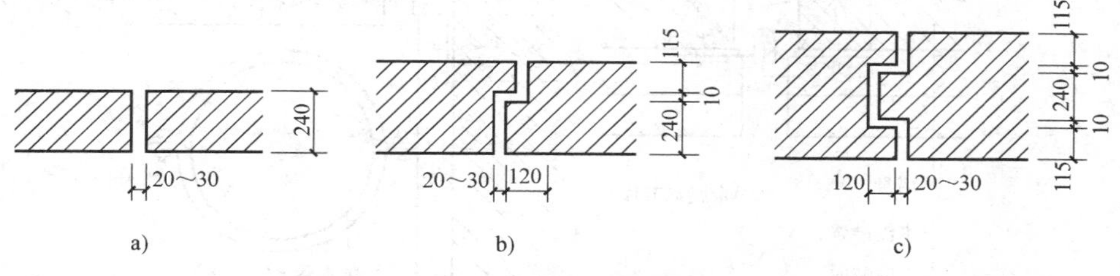

图 8-1　墙身变形缝的接缝形式
a）平缝　b）错口缝　c）企口缝

外墙体变形缝的构造特点是保温、防水和立面美观。根据缝宽的大小，缝内一般应填塞具有防水、保温和防腐性的弹性材料，如沥青麻丝、橡胶条、聚苯板、油膏等。变形缝外侧常用耐候性好的镀锌薄钢板、铝板等覆盖。但应注意，金属盖板的构造处理，要分别适应伸缩、沉降或震动摇摆的变形需要，如图 8-2 所示。

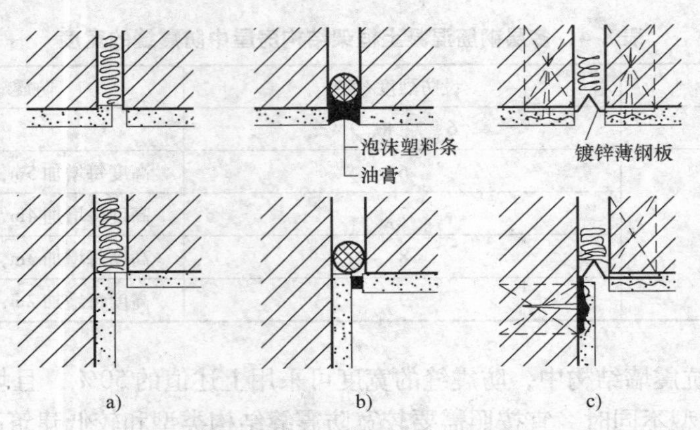

图 8-2 外墙外侧伸缩缝的构造

a）沥青麻丝塞缝 b）油膏嵌缝 c）金属片盖缝

内墙变形缝的构造主要应考虑室内环境的装饰协调，有时还要考虑隔声、防火，一般采用具有一定装饰效果的木条遮盖，也可采用金属板盖缝，但要注意，使其能适应不同的变形要求，如图 8-3 所示。

墙体沉降缝外侧的缝口构造如图 8-4 所示。

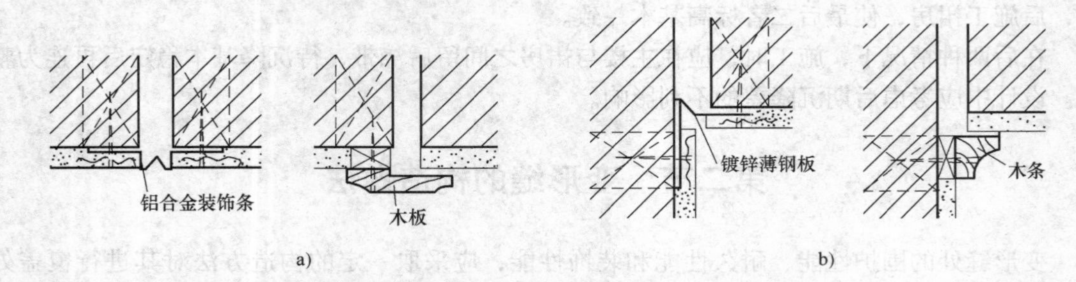

图 8-3 外墙内侧及内墙伸缩缝的缝口构造

a）平直墙体 b）转角墙体

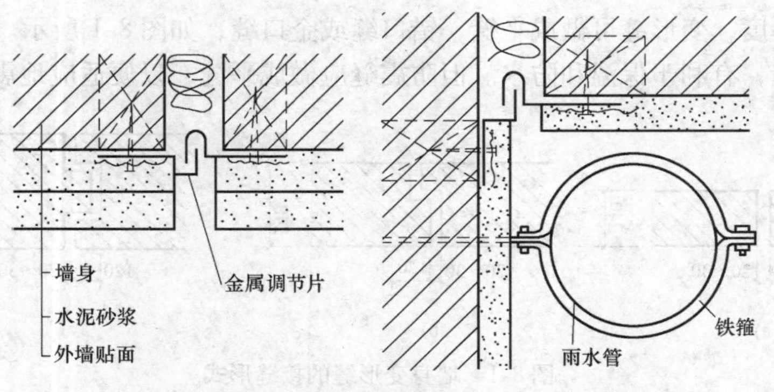

图 8-4 墙体沉降缝外侧缝口构造

墙体防震缝外侧和内侧的缝口构造分别如图 8-5、图 8-6 所示。

防震缝两侧的结构布置有双墙方案、双柱方案和一墙一柱方案，如图 8-7 所示。

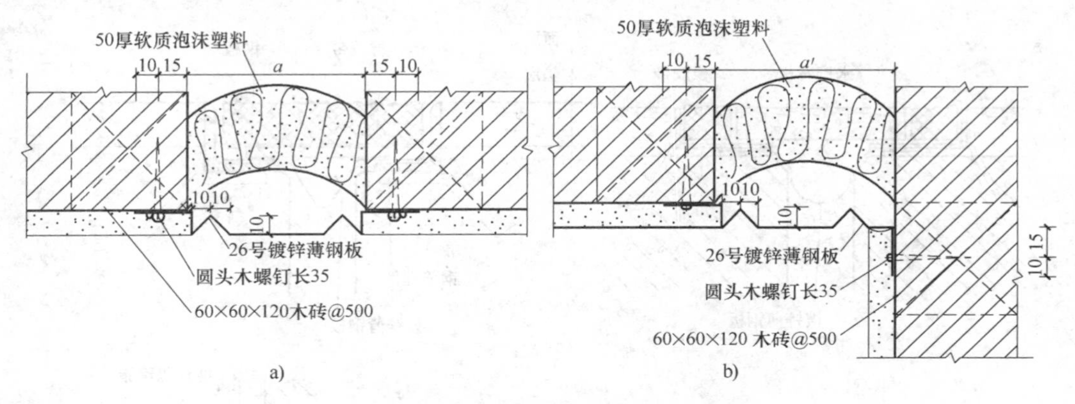

图 8-5 墙体防震缝外侧缝口构造

a）外墙平缝处 b）外墙转角处

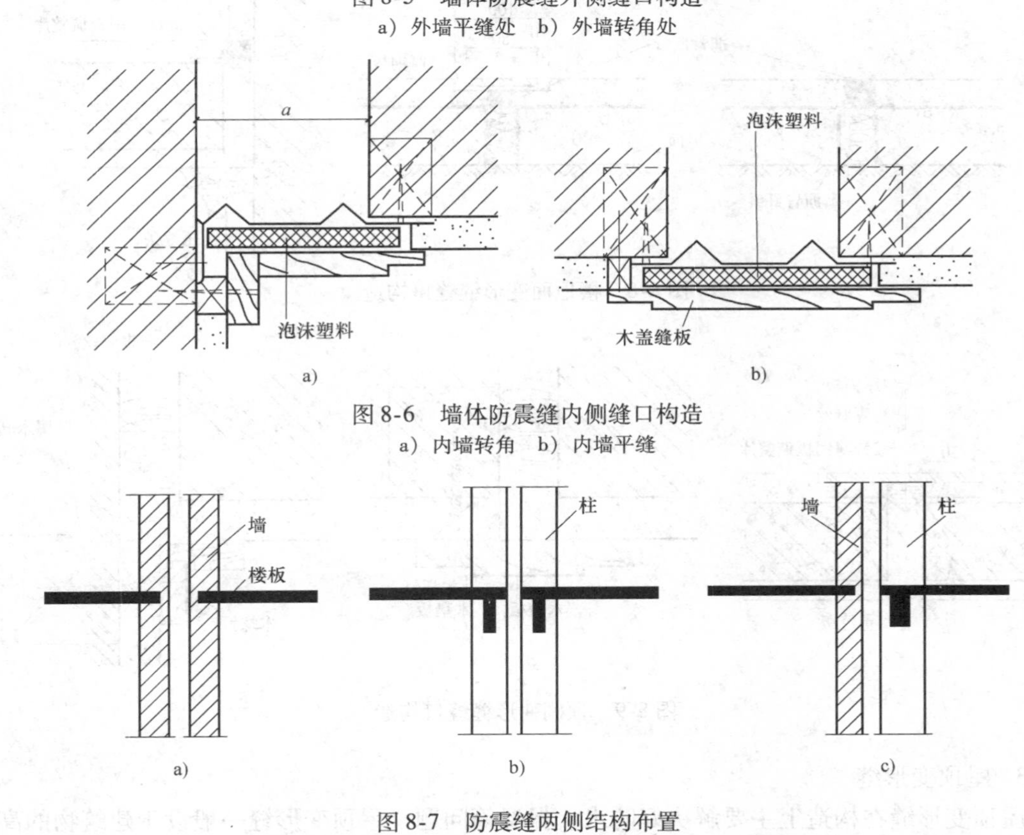

图 8-6 墙体防震缝内侧缝口构造

a）内墙转角 b）内墙平缝

图 8-7 防震缝两侧结构布置

a）双墙方案 b）双柱方案 c）一墙一柱方案

2. 楼地层变形缝

楼地层变形缝的位置与宽度应与墙体变形缝一致。其构造特点要方便行走、防火和防止灰尘下落，卫生间等有水环境还应考虑防水处理。

楼地层的变形缝内常填塞具有弹性的油膏、沥青麻丝、金属或橡塑类调节片等，上铺与地面材料相同的活动盖板、金属板或橡胶片等，如图 8-8 所示。

顶棚处的变形缝可用木板、金属板或其他吊顶材料覆盖，但构造上应注意不能影响结构的变形。如果是沉降缝，则应将盖板固定于沉降较大的一侧，如图8-9所示。

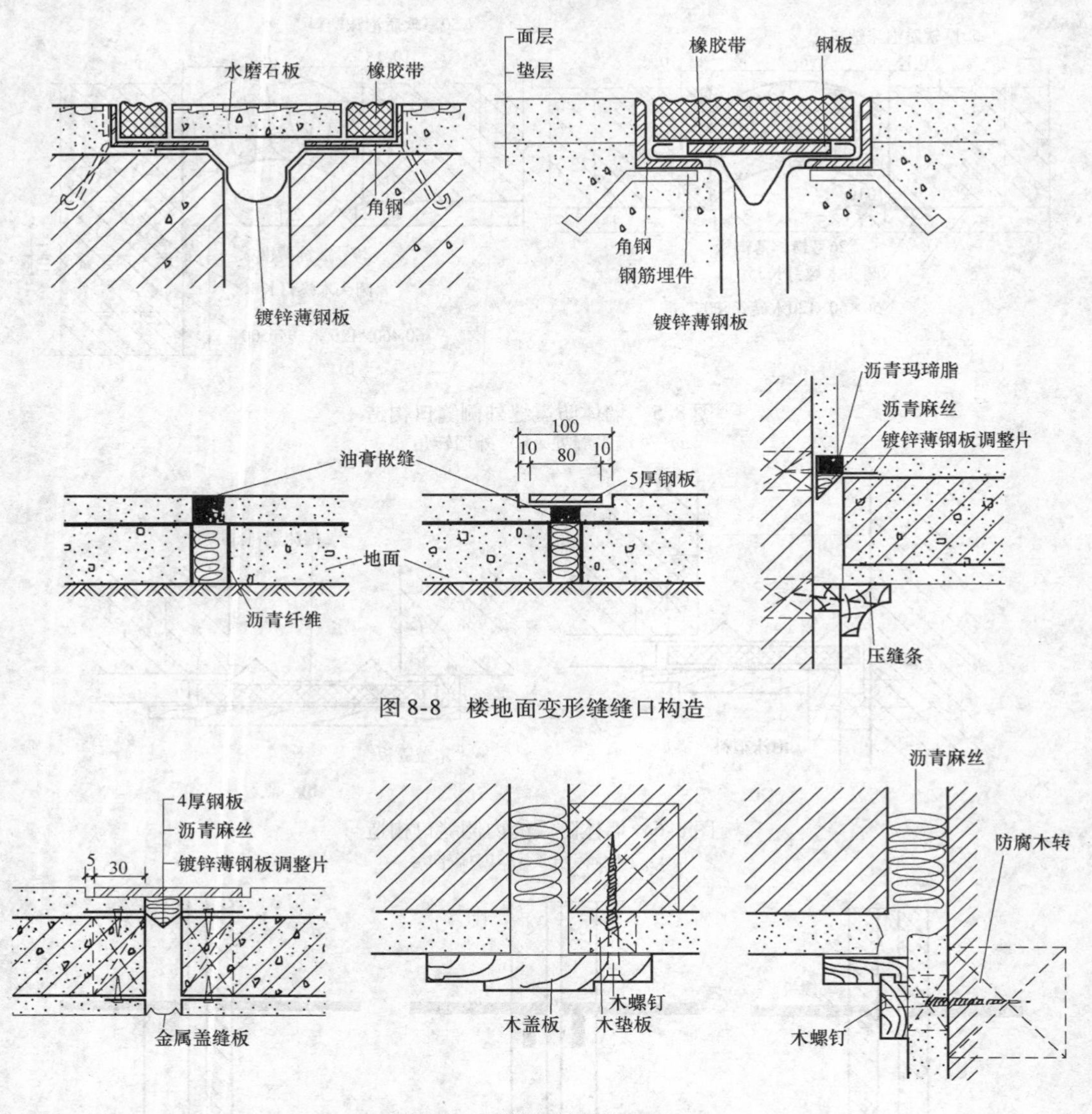

图8-8 楼地面变形缝缝口构造

图8-9 顶棚变形缝缝口构造

3. 屋顶变形缝

屋顶变形缝在构造上主要解决好防水、保温等问题。屋顶变形缝一般设于建筑物的高低错落处，也见于两侧屋面同一标高处。不上人屋顶通常在缝的一侧或两侧加砌矮墙或做混凝土凸缘，高出屋面至少250mm，再按屋面泛水构造要求将防水层沿矮墙上卷，固定于预埋木砖上，缝口用镀锌薄钢板、铝板或混凝土板覆盖。盖板的形式和构造应满足两侧结构自由变形的要求。寒冷地区为加强变形缝处的保温，缝中应填塞沥青麻丝、岩棉、泡沫塑料等具有一定弹性的保温材料。上人屋面因使用要求一般不加砌矮墙，但应做好防水，以避免渗漏。平屋顶变形缝构造如图8-10、图8-11与图8-12所示。

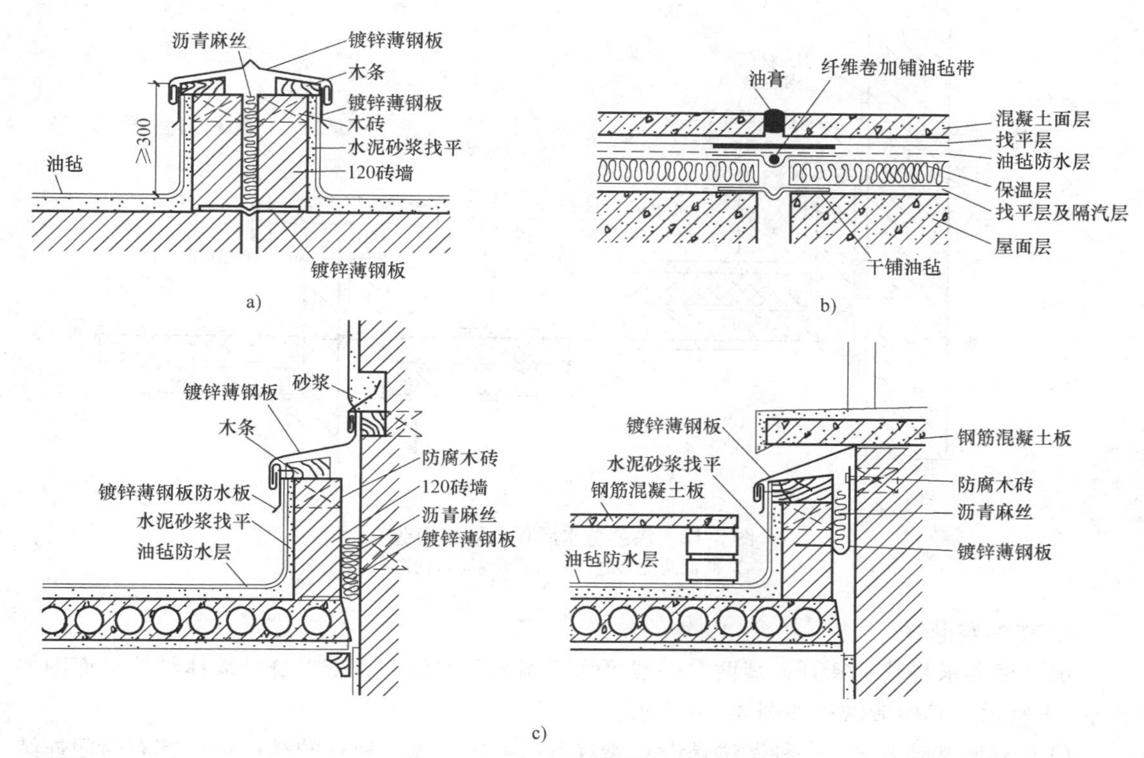

a) b) c)

图 8-10 卷材防水屋面变形缝构造

a）不上人屋顶平接变形缝 b）上人屋顶平接变形缝 c）高低错落处屋顶变形缝

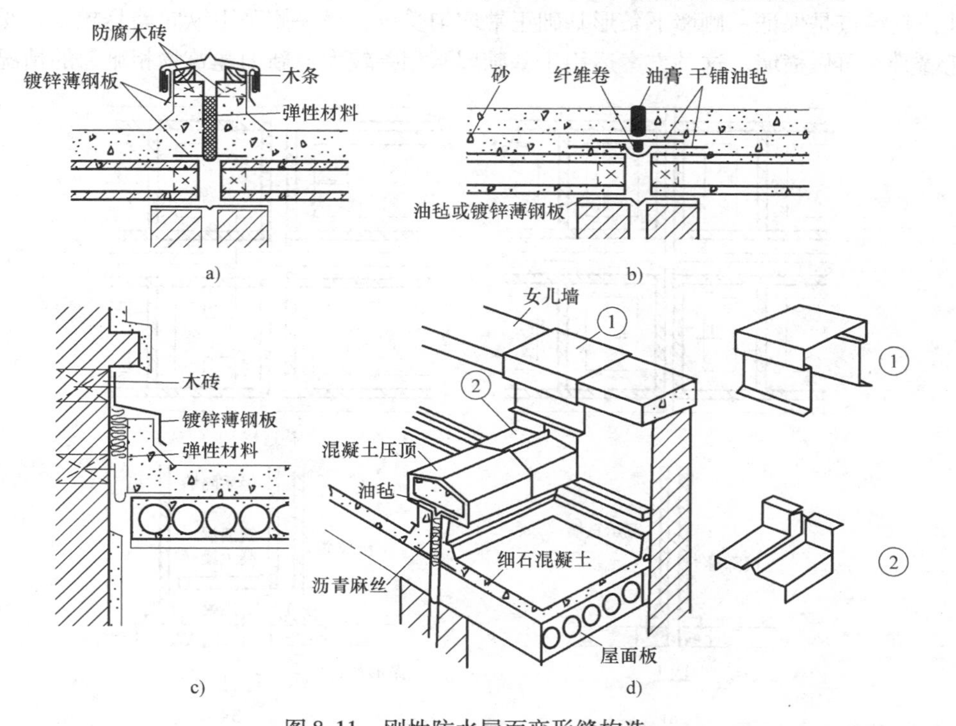

a) b) c) d)

图 8-11 刚性防水屋面变形缝构造

a）不上人屋顶平接变形缝 b）上人屋顶平接变形缝 c）高低错落处屋顶变形缝 d）变形缝立体图

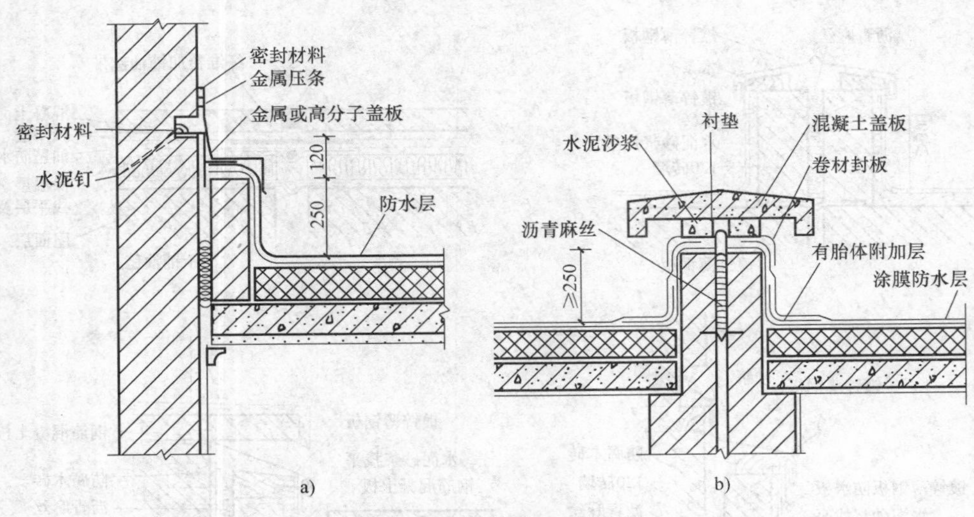

图 8-12 涂膜防水屋顶变形缝构造
a）高低跨变形缝 b）变形缝防水构造

4. 基础变形缝

沉降缝要求将基础断开，缝两侧一般可为双墙或单墙处理，变形缝处墙体结构平面图如图 8-13 所示，其构造做法如图 8-14 所示。

（1）双墙基础方案 一种做法是设双墙双条形基础，地上独立的结构单元都有封闭连续的纵横墙，结构空间刚度大，但基础偏心受力，并在沉降时相互影响。另一种做法是设双墙挑梁基础，其特点是保证一侧墙下条形基础正常均匀受压，另一侧采用纵向墙悬挑梁，梁上架设横向托墙梁，再做横墙。这种方案适用于基础埋深相差较大或新旧建筑物相毗邻的情况。

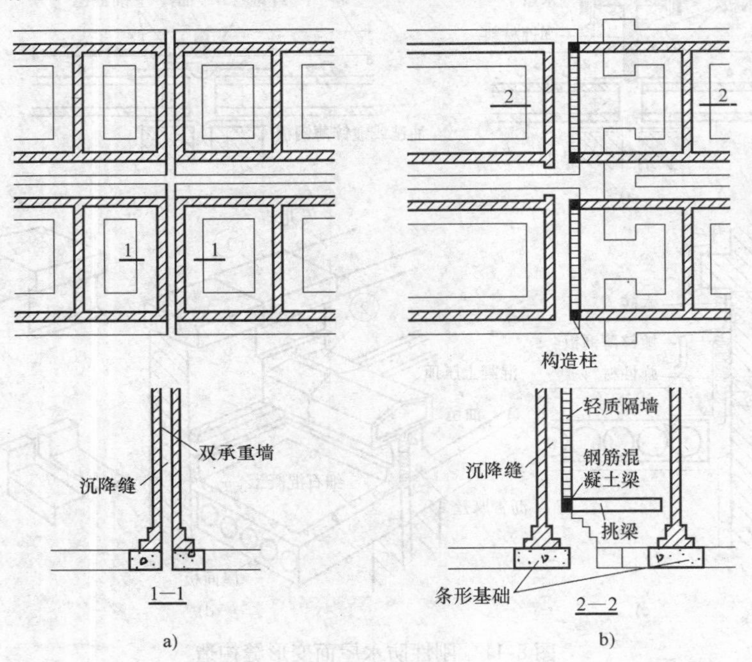

图 8-13 基础沉降缝两侧结构布置

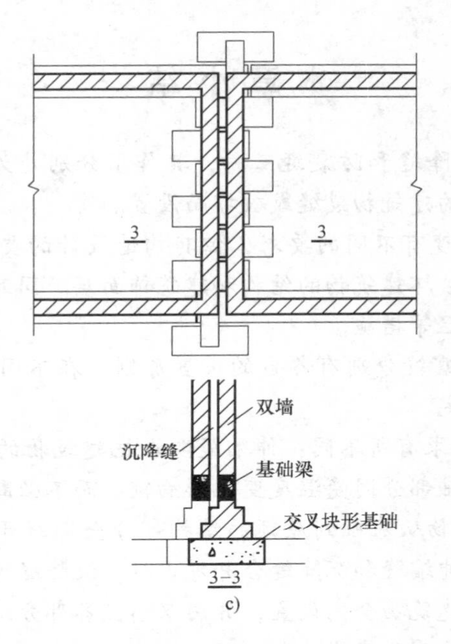

图 8-13　基础沉降缝两侧结构布置（续）

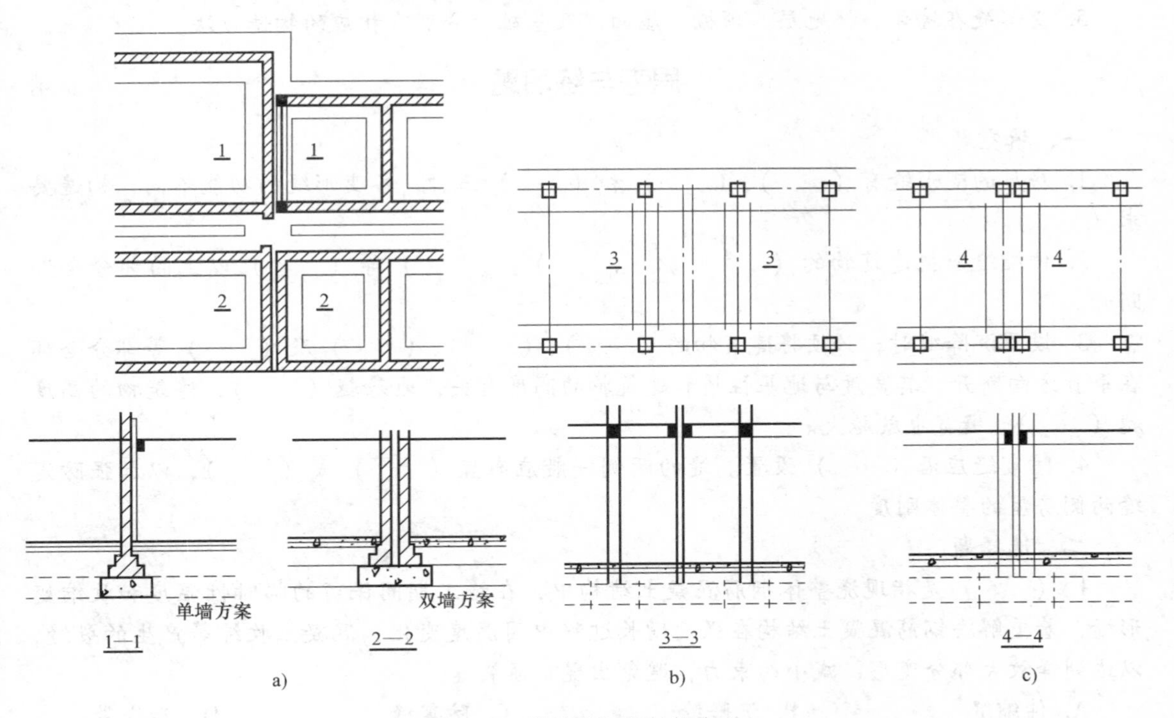

图 8-14　伸缩缝两侧结构布置

（2）单墙基础方案　单墙基础方案也叫挑梁式方案，即一侧墙体正常做条形受压基础，而另一侧也做正常条形受压基础，两基础之间互不影响，用上部结构出挑实现变形缝的要求宽度。这种做法尤其适用于新旧建筑毗连时，处理时应注意旧建筑与新建筑的沉降不同对楼地面标高的影响，一般要计算新建筑的预计沉降量。

本章小结

1. 变形缝有伸缩缝、沉降缝和防震缝三种，其作用分别是为防止建筑物因温度变化、地基不均匀沉降及地震引起的建筑物裂缝或破坏而设置。

2. 功能不同的变形缝宽度有不同的要求，但其构造设计的要点基本相同，即要求在产生位移和变形时不受阻，不破坏建筑物的结构和建筑饰面层。同时，应根据部位和需要，分别对其采取防水、防火、保温等措施。

3. 伸缩缝、沉降缝、防震缝分别有各自的设置原则。在不同的建筑类型中，设置伸缩缝的最大距离有其相应的规定。

4. 三种变形缝的设置要求有所不同：伸缩缝要求把建筑物的墙体、楼板层、屋顶等地面以上的部分全部断开，基础部分因受温度变化影响较小而不必断开，且缝宽较小，一般为20~40mm。沉降缝要求建筑物从基础到屋顶的结构部分全部断开，缝宽受到地基土质、建筑物高度或层数的影响。当伸缩缝和沉降缝合并考虑时，沉降缝可代替伸缩缝，而伸缩缝不能代替沉降缝。防震缝应沿建筑物全高设置，并用双墙使各部分结构封闭，通常基础可不分开。缝宽受到建筑物高度和抗震烈度影响。

5. 变形缝在墙体、楼地层、顶棚、屋面以及基础处分别有相应的构造做法。

思考与练习题

一、填空题

1. 房屋的变形缝有（　　）、（　　）和（　　）三种，各变形缝的功能不同，构造要求（　　）。

2. 伸缩缝应把建筑物的（　　）、（　　）、（　　）等（　　）以上的部分全部断开。

3. 设置沉降缝时，必须将建筑物的（　　）、（　　）、（　　）及（　　）等部分全部在垂直方向断开，其宽度与地基性质和建筑物的高度有关，地基越（　　），建筑物的高度越（　　），缝宽也就越大。

4. 防震缝应沿（　　）设置。缝的两侧一般应布置（　　）或（　　），以加强防震缝两侧房屋的整体刚度。

二、选择题

1.（　　）是指现浇整体钢筋混凝土结构中，在施工期间保留的临时性温度和收缩变形缝，着重解决钢筋混凝土结构在强度增长过程中因温度变化、混凝土收缩等产生的裂缝，以达到释放大部分变形，减小约束力，避免出现贯通裂缝。

A. 伸缩缝　　B. 沉降缝　　C. 防震缝　　D. 后浇带

2. 当建筑物较长时，为避免建筑物因热胀冷缩较大而使结构构件产生裂缝和破坏，所设置的变形缝称为（　　）。

A. 伸缩缝　　B. 沉降缝　　C. 防震缝　　D. 后浇带

3.（　　）是为了防止由于地基的不均匀沉降，结构内部产生附加应力引起的破坏而设置的缝隙。

A. 伸缩缝　　B. 沉降缝　　C. 防震缝　　D. 后浇带

4. (　　) 是为了防止建筑物各部分在地震时相互撞击引起破坏而设置的缝隙，通过(　　) 将建筑物划分成若干形体简单、结构刚度均匀的独立单元。

A. 伸缩缝　　B. 沉降缝　　C. 防震缝　　D. 后浇带

5. 建筑中须设置 (　　) 的情况主要有三类：一是建筑物长度超过一定限度；二是建筑平面复杂，变化较多；三是建筑中结构类型变化较大。

A. 伸缩缝　　B. 沉降缝　　C. 防震缝　　D. 后浇带

6. 变形缝中 (　　) 可以兼有其他两种缝的作用。

A. 伸缩缝　　B. 沉降缝　　C. 防震缝　　D. 后浇带

三、名词解释

1. 变形缝
2. 伸缩缝
3. 沉降缝
4. 防震缝
5. 后浇带

四、简答题

1. 为什么要设置变形缝？
2. 变形缝分为哪几种类型？各有什么作用？
3. 什么情况下需设置伸缩缝？其宽度一般为多少？
4. 什么情况下需设置沉降缝？其宽度的确定要考虑哪些因素？
4. 什么情况下需设置防震缝？确定防震缝宽度的主要依据是什么？
5. 不同变形缝各有什么特点？构造上有何异同？
6. 墙体中变形缝的截面形式有哪几种？
7. 基础沉降缝的处理形式有哪几种？

第九章　单层工业厂房构造

知 识 要 点	权重
工业厂房的特点和分类	10%
单层工业厂房的类型和组成、单层工业厂房起重运输设备、单层工业厂房定位轴线	30%
单层工业厂房基础、基础梁及柱、吊车梁、连系梁、圈梁、支撑系统屋盖及天窗、外墙及其他构造	60%

行动导向教学任务单

工作任务单一　以小组为学习单位，掌握单层工业厂房定位轴线的布置原则。

工作任务单二　以小组为学习单位，书面总结单层工业厂房的组成及其构造要点。

工作任务单三　参观单层工业厂房，撰写实习报告。

推荐阅读资料

1. 中国建筑标准设计研究院. 08G118. 单层工业厂房设计选用（上、下册）〔S〕. 北京：中国计划出版社，2008.

2. 中华人民共和国住房和城乡建设部. GB/T 50006—2010　厂房建筑模数协调标准〔S〕. 北京：中国计划出版社，2011.

第一节　概　　述

工业建筑是为工业生产需要而建造的各种不同用途的建筑物和构筑物的总称。直接用于工业生产的各种建筑物称为工业厂房，如图9-1所示，在工业厂房内按生产工艺过程进行各类工业产品的加工和制造。工业建筑与民用建筑一样具有建筑的共同性，在设计原则、建筑技术及建筑材料等方面有相同之处，但由于生产工艺不同、技术要求高，对建筑平面空间布局、建筑构造、建筑结构及施工等，都有很大影响。

一、工业建筑的特点与分类

1. 工业建筑的特点

（1）厂房平面要根据生产工艺的特点来设计　厂房的建筑设计是在生产工艺设计的基础上进行的，并能适应由于生产设备更新或改变生产工艺流程而带来的变化。

（2）厂房内部空间较大　由于厂房内生产设备多而且尺寸较大，并有多种起重运输设备，有的加工巨型产品，通过各类交通运输工具，因而厂房内部大多具有较大的开敞空间。譬如，有桥式吊车的厂房，室内净高在8m以上；万吨水压机车间，室内净高在20m以上；有些厂房高度可达40m以上。

图9-1　工业厂房

（3）厂房的建筑构造复杂　大多数单层厂房采用多跨的平面结合形式，内部有不同类型的起吊运输设备，由于采光、通风等要求，采用组合式侧窗、天窗，使屋面排水、防水、保温、隔热等建筑构造的处理复杂化，技术要求比较高。

（4）厂房骨架的承载力较大　在单层厂房中，由于屋顶重量大，且多数吊车荷载（包括吊车制动的水平荷载和起吊荷载）作用在骨架上，因此承载力较大。

2. 工业建筑的设计要求

（1）生产工艺的要求　每一种工业产品的生产都有一定的生产程序，这种程序又称为生产工艺流程，生产工艺流程的要求决定厂房的平面布置和形式。

（2）建筑技术的要求　工业厂房要求具有坚固性、耐久性，应符合建筑的使用年限；应具有通用性和改建、扩建的可能性；应遵守《厂房建筑模数协调标准》（GB/T 50006—2010）及《建筑模数协调统一标准》（GBJ 2—1986）的规定。

（3）建筑经济的要求　工业厂房在可能的条件下，多采用联合厂房；合理确定建筑的层数（单层或多层厂房）；合理减少结构面积，提高使用面积；合理降低建筑材料的消耗；优先采用先进的、配套的结构体系及工业化施工方法。

（4）卫生和安全的要求　工业厂房应有充足的采光条件及通风措施；有效排除生产余热、废气及有害气体；采取相应的净化、隔离、消声、隔声等措施；美化室内外环境。

3. 工业建筑分类

随着科学技术的进步及生产力的发展，工业生产的种类越来越多，生产工艺也更为先进复杂，技术要求也更高，相应地对建筑设计提出的要求也更为严格，从而出现各种类型的工业建筑。为了掌握建筑物的特征和标准，便于设计和研究，工业建筑可归纳为如下几种类型：

（1）按用途分类　工业厂房分为主要生产厂房、辅助生产厂房、动力用厂房、储存用房屋、运输用房屋和其他厂房。

1）主要生产厂房。主要生产厂房指从原料、材料至半成品、成品的整个加工装配过程中直接从事生产的厂房。例如，在拖拉机制造厂中的铸铁车间、铸钢车间、锻造车间、冲压车间、铆焊车间、热处理车间、机械加工及装配等车间，都属于主要生产厂房。“车间”一词，本意是指工业企业中直接从事生产活动的管理单位，后也被用来代替“厂房”。

2）辅助生产厂房。辅助生产厂房指间接从事工业生产的厂房，如拖拉机制造厂中的机器修理车间、电修车间、木工车间、工具车间等。

3）动力用厂房。动力用厂房指为生产提供能源的厂房。这些能源有电、蒸汽、煤气、乙炔、氧气、压缩空气等。其相应的建筑是发电厂、锅炉房、煤气发生站、乙炔站、氧气站、压缩空气站等。

4）储存用房屋。储存用房屋指为生产提供储备各种原料、材料、半成品、成品的房屋，如炉料库、砂料库、金属材料库、木材库、油料库、易燃易爆材料库、半成品库、成品库等。

5）运输用房屋。运输用房屋指管理、停放、检修交通运输工具的房屋，如机车库、汽车库、电瓶车库、消防车库等。

6）其他厂房。例如，水泵房、污水处理站等。

（2）按层数分类　工业厂房分为单层厂房、多层厂房、混合层次厂房。

1）单层厂房。这类厂房主要用于重型机械制造工业、冶金工业、纺织工业等，如图9-2所示。

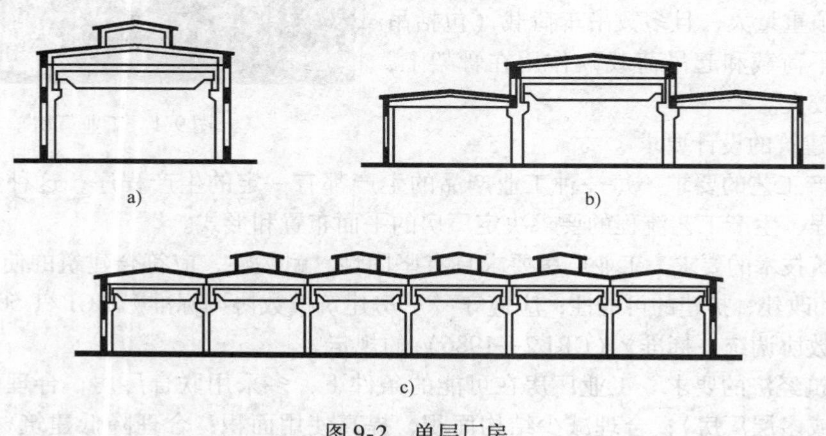

图9-2　单层厂房

a）单跨　b）高低跨　c）多跨

2）多层厂房。这类厂房广泛用于食品工业、电子工业、化学工业、轻型机械制造工业、精密仪器工业等，如图9-3所示。

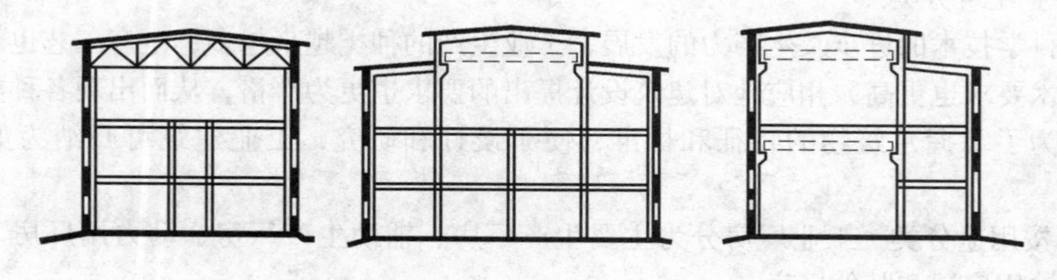

图9-3　多层厂房

3）混合层次厂房。厂房内既有单层跨，又有多层跨，多用于化学工业、热电站。

（3）按生产状况分类　工业厂房分为冷加工车间、热加工车间、恒温恒湿车间、洁净车间和其他特种状况的车间。

1）冷加工车间。生产操作是在常温下进行，如机械加工车间、机械装配车间等。

2）热加工车间。生产中散发大量余热，有时伴随烟雾、灰尘、有害气体，如铸工车间、锻工车间等。

3）恒温恒湿车间。为保证产品质量，车间内部要求稳定的温、湿度条件。如精密机械

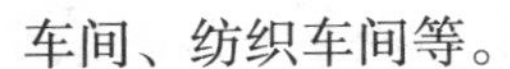

车间、纺织车间等。

4）洁净车间。为保证产品质量，防止大气中灰尘及细菌污染，要求保持车间内部高度洁净，如精密仪器加工及装配车间、集成电路车间等。

5）其他特种状况的车间。如有爆炸可能性、有大量腐蚀物、有放射性散发物、防微振、高度隔声、防电磁干扰车间等。

二、单层工业厂房的结构类型和组成

1. 单层厂房的特点

（1）单层厂房内部空间大　由于单层工业厂房设备多、体积大，并有起重运输设备通行，因此，厂房的跨度大、高度大、面积大、构件数量多。例如，有桥式吊车的厂房室内净高均在8m以上，厂房长度一般均在数十米以上。

（2）单层厂房荷载大　单层厂房是空旷型结构，室内几乎无隔墙，仅在四周设置柱和墙。柱将承受屋盖荷载、吊车荷载、风荷载以及地震作用。

（3）单层工业厂房构造复杂　由于厂房跨度较大，为解决工业生产中采光、通风和屋面的防水、排水问题，需在厂房屋盖上设置天窗及排水系统，因此构造复杂。

2. 单层工业厂房的结构组成

单层工业厂房结构是由多种构件组成的空间整体，如图9-4所示。根据组成构件的作用不同，可将单层工业厂房结构分为承重构件、围护系统和支撑系统三大类。直接承受荷载并将荷载传递给其他构件的，如屋面板、天窗架、屋架、柱、吊车梁和基础，这些构件是单层厂房的主要承重构件；外纵墙、山墙、连系梁、抗风柱和基础梁都是围护结构构件，这些构件承受的荷载，主要是墙体和构件的自重以及作用在墙面上的风荷载。

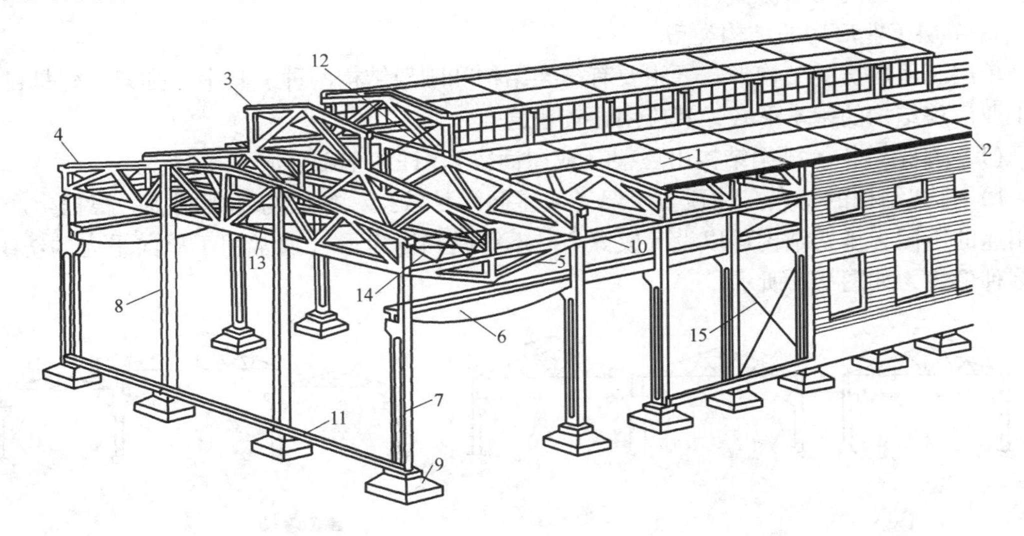

图9-4　单层工业厂房的构成

1—屋面板　2—天沟板　3—天窗架　4—屋架　5—托架　6—吊车梁
7—排架柱　8—抗风柱　9—基础　10—连系梁　11—基础梁　12—天窗架垂直支撑
13—屋架下弦横向水平支撑　14—屋架端部垂直支撑　15—柱间支撑

（1）承重构件　单层工业厂房的承重构件包括屋盖结构、吊车梁、连系梁、基础梁、柱、基础。

1）屋盖结构。屋盖结构分为有檩体系和无檩体系。

有檩体系屋盖由小型屋面板、檩条、屋架（或屋面梁）及支撑体系等组成。无檩体系屋盖由大型屋面板、屋架（或屋面梁）、天窗架及托架等组成。目前，单层工业厂房多采用无檩体系屋盖。

屋面结构具有承重和维护的双重作用，它将自重、作用于屋盖上的风荷载、雪荷载及其他荷载传给排架柱。另外，屋面结构利用天窗架及其支撑构件可达到采光和通风的良好效果。

2）吊车梁。吊车梁搁置在柱牛腿上，承受吊车荷载（包括吊车起吊重物的荷载及起动或制动时产生的纵、横向水平荷载），并把荷载传递给柱子，同时可增加厂房的纵向刚度。

3）连系梁。连系梁的作用是增加厂房的纵向刚度，承受其上部墙体的荷载。

4）基础梁。基础梁搁置在柱基础上，主要承受其上部墙体的荷载。

5）柱。柱承受屋架、吊车梁、连系梁及支撑系统传递来的荷载，并把荷载传递给基础。

6）基础。基础承受柱及基础梁传递来的荷载，并把荷载传递给地基。

（2）围护系统　单层工业厂房的围护系统包括墙体、屋面、门窗、天窗、地面。

墙体多采用承自重墙及框架墙。外墙通常砌筑在基础梁上，基础梁两端搁置在基础上。当墙体较高时，需要在墙上设置一道或几道连系梁，以便承受其上部墙体重量。墙体主要起防风、防雨、保温、隔热、遮阳、防火等作用。

（3）支撑系统　单层工业厂房的支撑系统包括柱间支撑和屋架支撑。

支撑系统的作用是加强厂房结构的整体空间刚度和稳定性，并传递水平风荷载及吊车的冲击荷载，如柱间支撑。

3. 单层工业厂房的结构类型

单层工业厂房的结构形式，主要有排架结构和刚架结构两种。其中，排架结构是目前单层工业厂房结构的基本形式，其应用比较普遍。

（1）排架结构　排架结构由屋架（或屋面梁）、柱和基础组成。

1）排架结构的特点。柱顶与屋架（或屋面梁）铰接，柱底与基础刚接。根据生产工艺和用途的不同，排架结构可以设计成等高、不等高和锯齿形（通常用于单向采光的纺织厂）等多种形式，如图 9-5 所示。

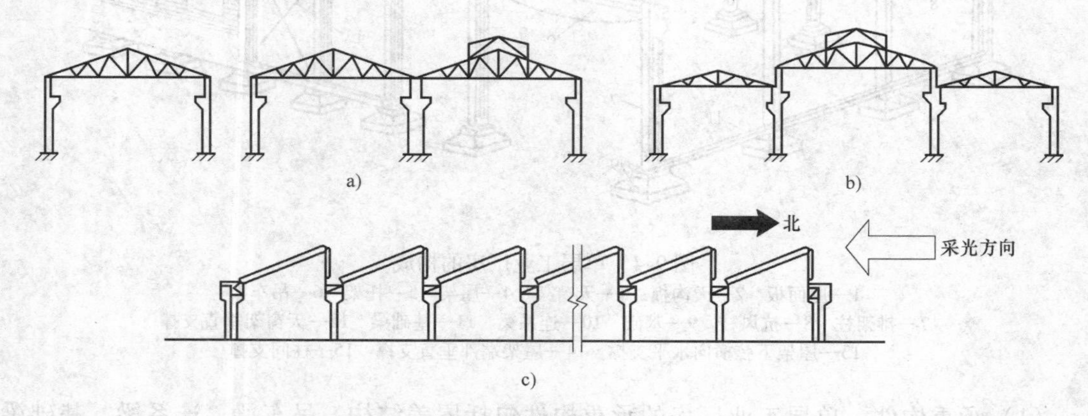

图 9-5　排架结构形式

a）等高排架　b）不等高排架　c）锯齿形排架

2）排架结构的荷载。单层工业厂房中的荷载包括动荷载和静荷载两大类，静荷载一般包括建筑物自重，动荷载主要由吊车运行时的起动和制动力构成。

横向排架由屋架（或屋面梁）、柱和基础组成。其承受的主要荷载是屋盖荷载、吊车荷载、纵墙风荷载及纵墙自重等，并将荷载传至基础和地基，如图9-6所示。

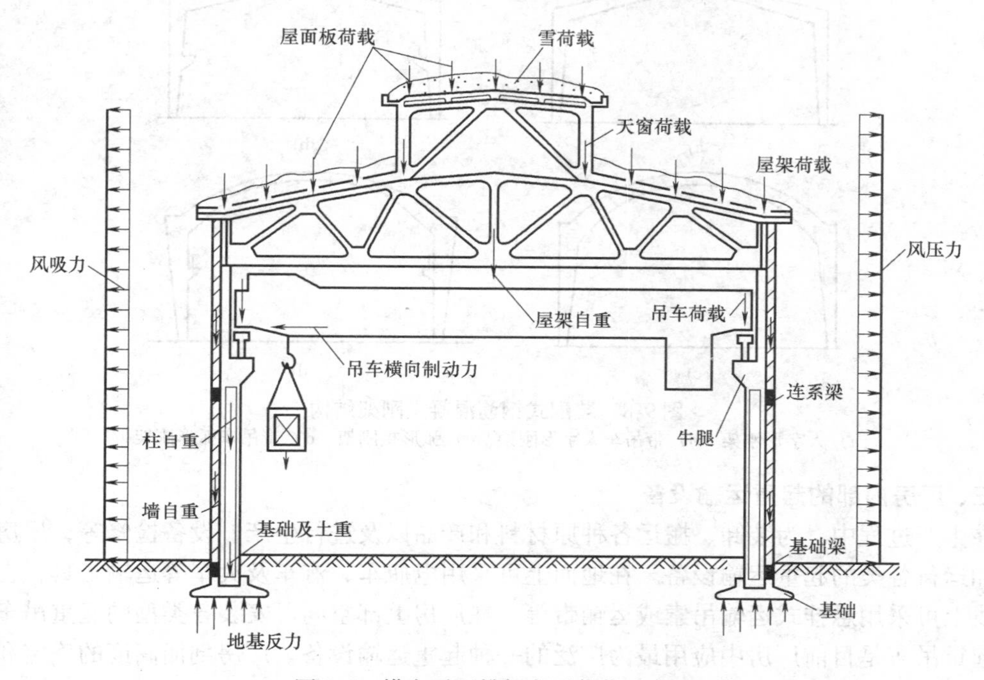

图9-6　横向平面排架主要荷载示意图

纵向排架是由吊车梁、连系梁、纵向柱列及柱间支撑等组成。其主要承受纵向由山墙传来的水平荷载及吊车水平力、地震水平作用和温度压力等，如图9-7所示。

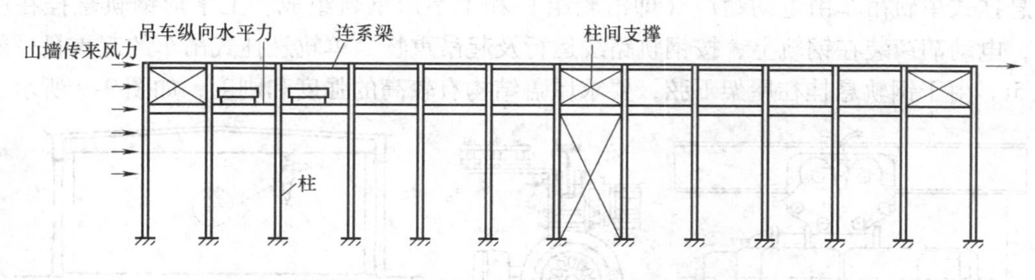

图9-7　纵向平面排架主要荷载示意图

（2）刚架结构　刚架结构通常由钢筋混凝土的横梁、柱和基础组成。单层厂房中的刚架结构主要是门式刚架。

屋架（或屋面梁）与柱刚接，而柱与基础一般为铰接。根据横梁形式不同，刚架分为人字形门式刚架（图9-8a、b）和弧形门式刚架（图9-8c、d）两种。钢筋混凝土门式刚架的顶节点做成铰接时，称为三铰门式刚架；其顶节点做成刚接时，称为两铰门式刚架。刚架结构的优点是梁柱整体结合，构件种类少，制作简单，跨度和高度较小时比钢筋混凝土排架结构节省材料。其缺点是梁柱转折处因弯矩较大而容易产生裂缝；同时，刚架柱在横梁的推力作用下，将产生相对位移，使厂房的跨度发生变化。因此，刚架结构在有较大起重量的吊车厂房中的应用受到了一定的限制。门式刚架构件类型少、制作简单，较为经济，室内空间宽敞、整洁。在高度不超过10m、跨度不超过18m的纺织、印染等厂房中应用较为普遍。

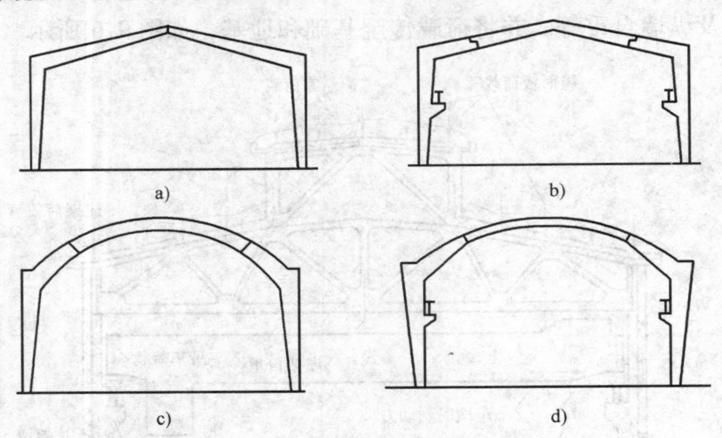

图9-8 装配式钢筋混凝土刚架结构
a）人字形刚架 b）带吊车人字形刚架 c）弧形拱刚架 d）带吊车弧形刚架

三、厂房内部的起重运输设备

在生产过程中，为装卸、搬运各种原材料和产品以及进行生产、设备检修等，厂房内需安装和运行各类的起重运输设备。在地面上可采用电瓶车、汽车及火车等运输工具；在自动生产线上可采用悬挂式运输吊索或运输带等；在厂房上部空间可安装各类型的起重吊车。

起重吊车是目前厂房中应用最为广泛的一种起重运输设备。厂房剖面高度的确定和结构设计等，都和所使用吊车的规格、起重量等有着密切的关系。常见的吊车有悬挂式单轨吊车、梁式吊车和桥式吊车等。

1. 悬挂式单轨吊车

悬挂式单轨吊车由电动葫芦（即滑轮组）和工字形钢轨组成。工字形钢轨悬挂在屋架下弦，电动葫芦装在钢轨上，按钢轨路线运行及起吊重物。单轨悬挂式吊车的起重量一般不超过5t。由于钢轨悬挂在屋架下弦，要求屋盖结构有较高的强度和刚度，如图9-9所示。

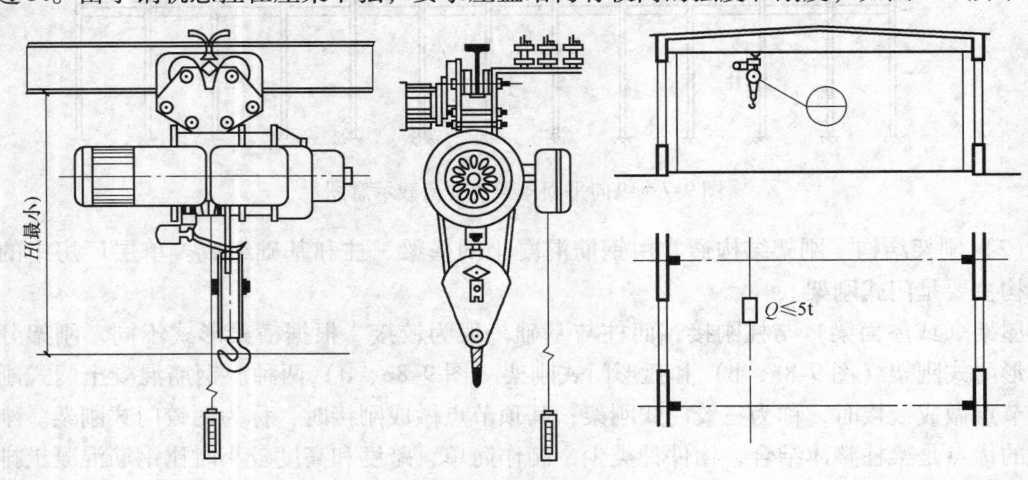

图9-9 单轨悬挂吊车

2. 梁式吊车

梁式吊车由梁架和电葫芦组成，有悬挂式和支承式两种类型。悬挂式吊车在屋架下弦悬挂双轨，在双轨上设置可滑行的单梁，在单梁上安装电动葫芦。支承式吊车在排架柱的牛腿上安装车梁和钢轨，钢轨上设置可滑行的单梁，单梁上安装滑轮组。两种吊车的单梁都可按轨道纵向运行，梁上的滑轮组可横向运行和起吊重物，起重幅面较大，起重量不超过 5t 。确定厂房高度时，应考虑该吊车净空高度的影响。梁式吊车如图 9-10 所示。

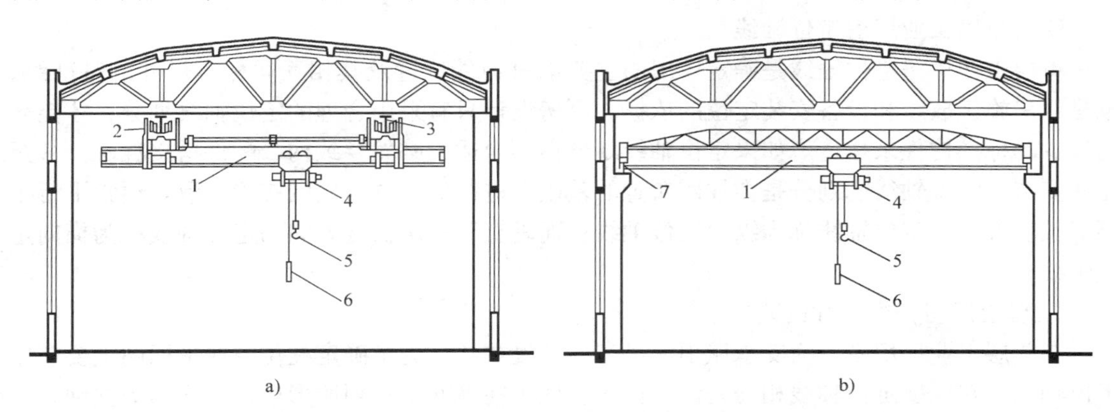

图 9-10 梁式吊车

a）悬挂梁式吊车 b）支承在梁上的梁式吊车

1—钢梁 2—运行装置 3—轨道 4—提升装置 5—吊钩 6—操纵开关 7—吊车梁

3. 桥式吊车

桥式吊车由桥架和起重行车（或称小车）组成。桥式吊车是在厂房排架柱的牛腿上安装吊车梁及轨道，桥架沿吊车梁上的轨道纵向往返行驶，起重小车安装在桥架上，沿桥架上面的轨道横向运行，在桥架和小车运行范围内均可吊重，起重量为 5 ~ 400t。司机室设在桥架一端的下方。电动桥式吊车如图 9-11 所示。

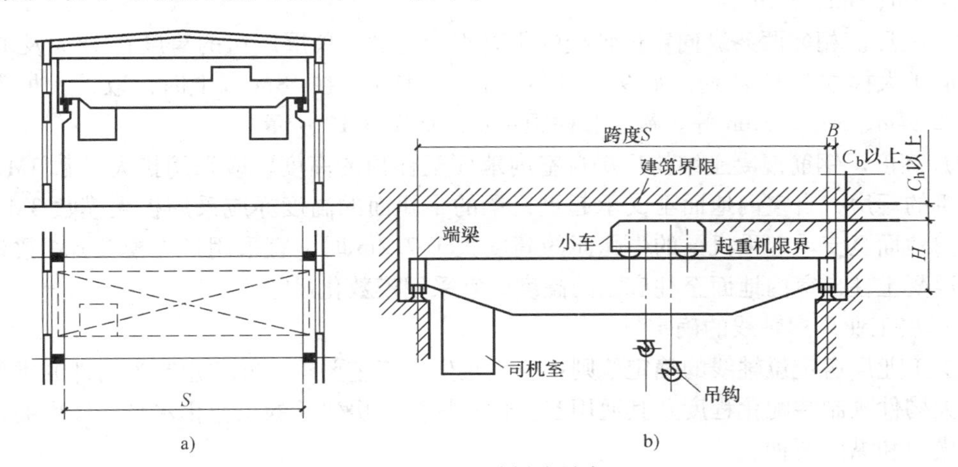

图 9-11 电动桥式吊车

a）平面、剖面示意 b）吊车安装尺寸

根据吊车工作班时间内的工作时间，桥式吊车的工作制分为轻级、中级、重级三种。轻级工作制工作时间为 15% ~25%；中级工作制工作时间为 25% ~40%；重级工作制工作时

间 >40%。

吊车的工作状况对支承它的构件（吊车梁、柱）有很大影响，在设计这些构件时，必须考虑所承受的吊车属于哪一种工作制。

当同一跨度内需要的吊车数量较多，且起吊的重量相差悬殊时，可沿高度方向设置双层吊车。厂房内设有吊车时，应注意厂房跨度和吊车跨度的关系，使厂房的宽度和高度能满足吊车运行的要求。

四、单层工业厂房定位轴线

单层工业厂房定位轴线是确定厂房的主要承重构件位置及其相互间标志尺寸的基准线，也是厂房施工放线和设备安装定位的依据。厂房设计只有采用合理的定位轴线划分，才能采用较少的标准构件来建造。如果定位轴线划分得不合适，必然导致构、配件搭接混乱，甚至无法安装。定位轴线的划分是在柱网布置的基础上进行的，并与柱网布置一致。通常平行于厂房长度方向的定位轴线称为纵向定位轴线；而垂直于厂房长度方向的定位轴线称为横向定位轴线。

1. 单层厂房柱网尺寸的确定

在单层工业厂房中，为支承屋顶和吊车，须设柱子，为了确定柱位，在平面图上要布置定位轴线，在纵横定位轴线相交处设置柱子。柱子在平面上排列所形成的网格称为柱网。

确定柱网尺寸时，首先要满足生产工艺的要求，尤其是工业设备的布置；其次是根据建筑材料、结构形式、施工技术水平、经济效益以及提高建筑工业化程度和建筑处理、扩大生产、技术改造等方面因素来确定。

国家标准《厂房建筑模数协调标准》（GB/T 50006—2010）对单层工业厂房柱网尺寸作了如下规定：

（1）柱距。相邻两条横向定位轴线之间的距离称为柱距。单层厂房的柱距应采用扩大模数 60M 数列，如 6m、12m，一般情况下均采用 6m。抗风柱柱距宜采用扩大模数 15M 数列，如 4.5m、6m、7.5m。

（2）跨度。相邻两条纵向定位轴线的距离称为跨度。单层厂房的跨度在 18m 及 18m 以下时，取扩大模数 30M 数列，如 9m、12m、15m、18m；在 18m 以上时，取扩大模数 60M 数列，如 24m、30m、36m 等。跨度和柱距示意图如图 9-12 所示。

（3）高度。钢筋混凝土结构厂房自室内地面至柱顶的高度，应采用扩大模数 3M 数列。有起重机的厂房，自室内地面至支承起重机梁的牛腿面的高度亦应采用扩大模数 3M 数列；当自室内地面至支承起重机梁的牛腿面的高度大于 7.2m 时，宜采用扩大模数 6M 数列。预制钢筋混凝土柱自室内地面至柱底面的高度，宜采用模数化尺寸。

2. 单层工业厂房轴线的确定

单层工业厂房定位轴线的确定原则：应满足生产工艺要求，并注意减少构件的类型和规格；扩大构件预制装配化程度及其通用互换性；提高厂房建筑的工业化水平。厂房的定位轴线分为横向和纵向两种。

（1）横向定位轴线　与横向排架平面平行的定位轴线称为横向定位轴线。它标志着厂房柱距，也是吊车梁、连系梁、基础梁、屋面板、外墙等一系列纵向构件的标志长度。

1）中间柱与横向定位轴线的联系。除横向变形缝及端部排架柱外，中间柱的中心线应与横向定位轴线相重合。屋架位于柱中心线通过处，连系梁、吊车梁、基础梁、屋面板及外

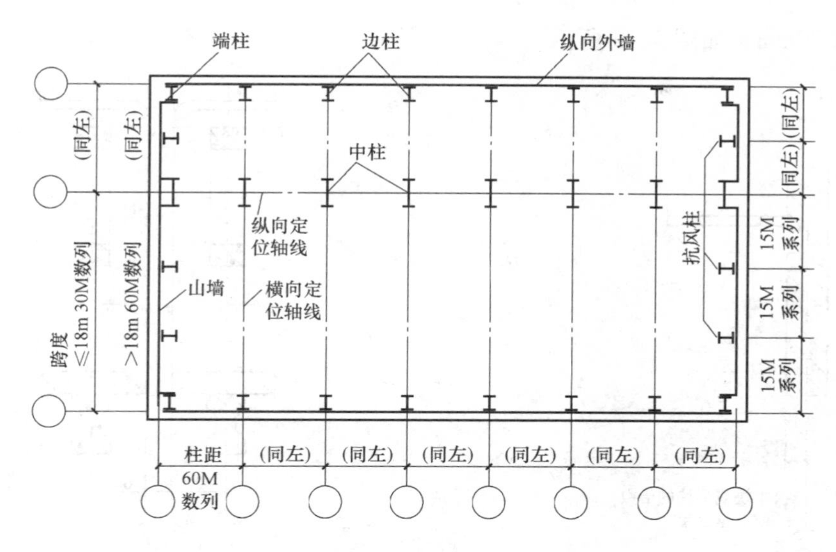

图 9-12　跨度和柱距示意图

墙等构件的标志长度都以柱中心线为准，柱距相同时，构件长度相同，连接方式一样，如图 9-13所示。

2）山墙与横向定位轴线的联系。山墙有承重墙和非承重墙之分。山墙为非承重墙时，山墙内缘和抗风柱外缘应与横向定位轴线相重合。端部柱的中心线应自横向定位轴线向内移600mm，端部实际柱距减少 600mm，不出现缝隙，保证抗风柱得以通过，如图 9-14 所示。承重山墙，即砌体山墙。墙内缘与横向定位轴线间的距离 λ 应按砌体的块料类别分别为半块或半块的倍数或墙厚的一半，如图 9-15 所示。

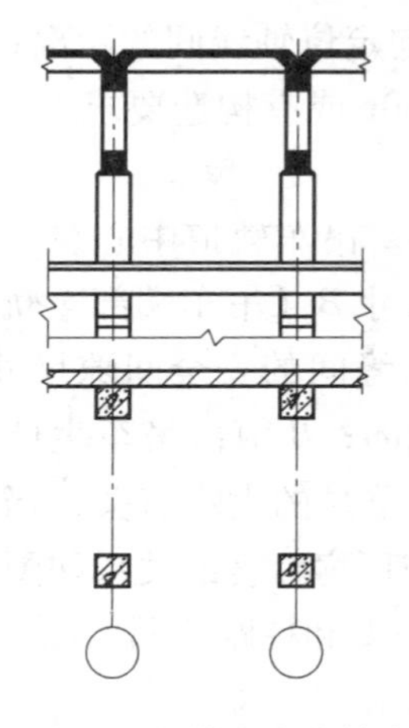

图 9-13　中间柱与横向定位轴线的联系

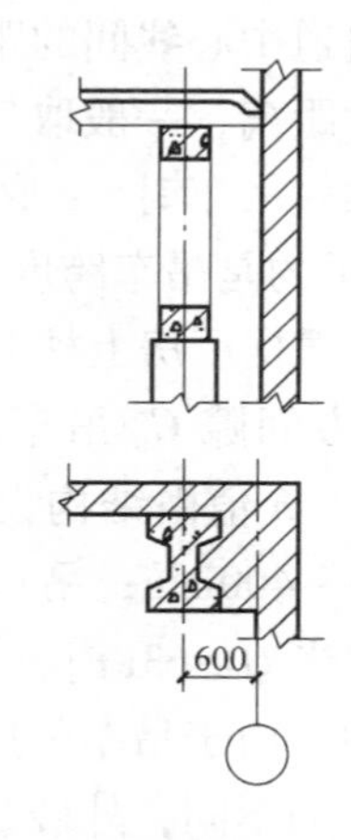

图 9-14　非承重山墙与横向定位轴线的联系

3）横向伸缩缝、防震缝处柱与横向定位轴线的联系。横向伸缩缝、防震缝处一般是在一个基础上设双柱、双屋架，各柱有各自的基础杯口，双柱间应有一定的间距，采用非标准的补充构件连接吊车梁和屋面板。

这种处理增加了构件类型，不利于建筑工业化。因此，采用双轴线处理，各轴线均由吊车梁和屋面板标志尺寸端部通过。两轴线间的距离 b_e 为缝宽。两柱中心线均应自定位轴线向两侧各移600mm，如图9-16所示。

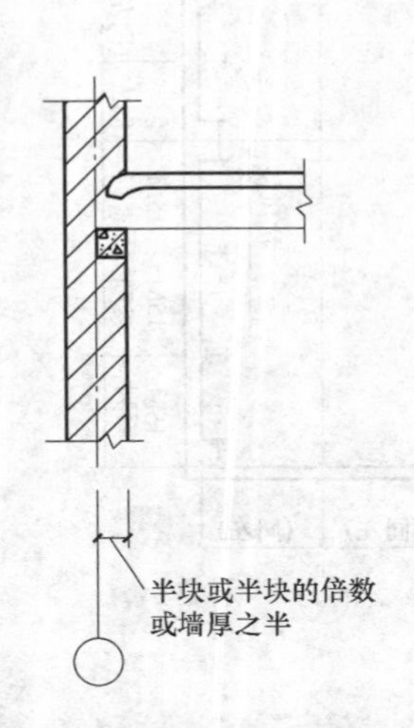

图9-15 承重山墙与横向定位轴线的定位

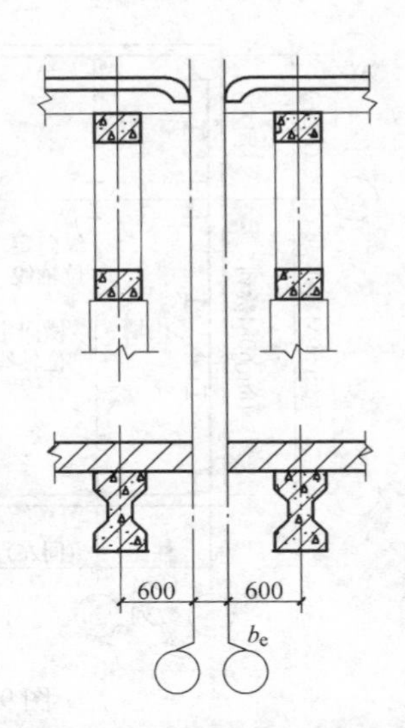

图9-16 伸缩缝、防震缝处柱与横向定位轴线的联系

这样，构件尺寸规格不变，只是连接位置有变。

(2) 纵向定位轴线 与横向排架平面垂直的定位轴线称为纵向定位轴线。它标志厂房的跨度，也是屋架的标志尺寸。

1) 墙、边柱与纵向定位轴线的联系。纵向定位轴线的标定与吊车桥架端头长度、桥架端头与上柱内缘的安全缝隙宽度以及上柱宽度有关。

为使吊车跨度 L_k 与厂房跨度 L 相协调，二者之间的关系为 $L-L_k=2e$，其中，L 为吊车跨度，即吊车轨道中心线间的距离；L_k 为厂房跨度，即纵向定位轴线间的距离；e 为轴线至吊车轨中心线的距离，一般取750mm；当吊车起重量 $Q>50t$ 或有构造要求，e 取1000mm；砖混结构，用梁式吊车时，e 取500mm。

图9-17所示的是吊车跨度与纵向边柱定位轴线的关系。吊车轨道中心线至厂房纵向轴线间的距离 e 是根据厂房上柱截面高度 h、吊车侧方宽度尺寸 B（吊车端部至轨道中心线的距离）、吊车侧方间隙 C_b 吊车运行时，吊车端部与上柱内缘间的安全间隙尺寸）得出的，即 $e=B+C_b+h$。h 值由结构设计确定，一般为400～500mm；B 值由吊车生产技术要求确定，一般为186～400mm；吊车侧方安全间隙 C_b 与吊车起重量的大小有关，当 $Q\leqslant 50t$ 时，C_b 值取80mm，当 $Q\geqslant 63t$ 时，C_b 值取100mm。吊车跨度与厂房跨度的关系如图9-17所示。

实际工程中，由于吊车的形式、起重量、厂房跨度、高度和柱距不同，以及是否设置安全走道板等条件的不同，外墙、边柱与纵向定位轴线有以下两种关系。

① 封闭组合。纵向定位轴线通过屋架端部与封墙的内边缘、边柱外缘和墙内缘宜与纵向定位轴线相重合。采用这种封闭轴线时，用标准的屋面板便可铺满整个屋面，它具有构造简单、施工方便的特点。它适合用于无吊车或只设悬挂式吊车的厂房，以及柱距为6m、吊车起重量不大且不需增设联系尺寸的厂房，如图9-18a所示。

② 非封闭组合。纵向定位轴线通过屋架或屋面梁的端部与墙体内缘、柱子外缘之间出现一段空隙，即插入距 a_c，a_c 称为联系尺寸，如图9-18b所示。当外墙为墙板时，联系尺寸

a_c 应采用3M数列；当围护结构为砌体时，联系尺寸可采用1/2M数列。

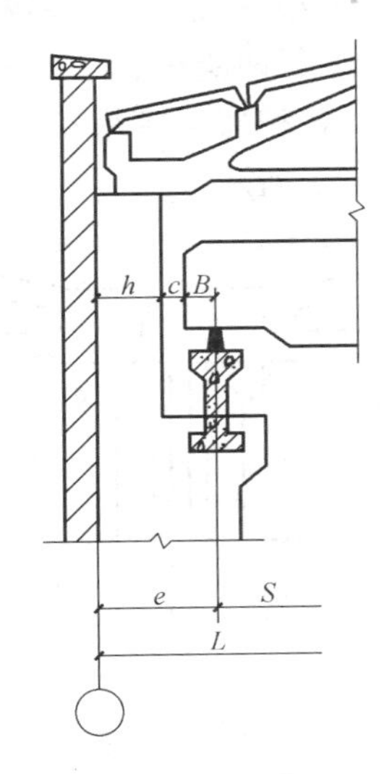

图9-17 吊车跨度与厂房跨度的关系

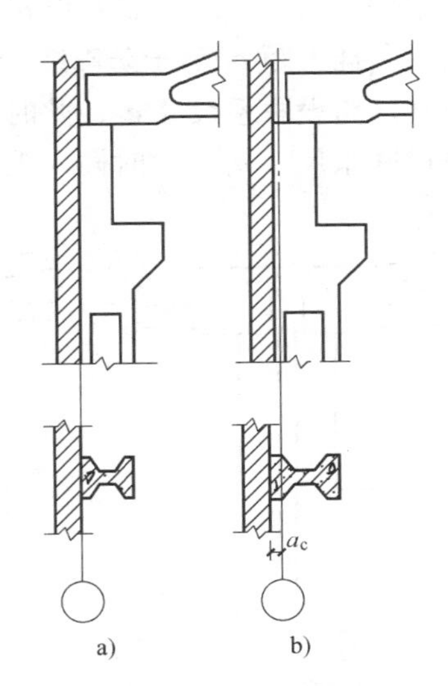

图9-18 墙、边柱与纵向定位轴线的定位
a）封闭结合 b）非封闭结合

当厂房采用承重墙结构时，承重外墙的墙内缘与纵向定位轴线间的距离宜为半块砌体的倍数，或使墙体的中心线与纵向定位轴线相重合。若为带壁柱的承重墙，其内缘与纵向定位轴线相重合，或与纵向定位轴线相间半块或半块砌体的倍数，如图9-19所示。

2）中柱与纵向定位轴线的联系。中柱处纵向定位轴线的确定方法与边柱相同，定位轴线与屋架或屋面大梁的标志尺寸相重合。

① 等高跨中柱设单柱时与纵向定位轴线的关系。等高厂房的中柱宜设置单柱和一条纵向定位轴线，柱的中心线与定位轴线相重合。上柱截面高度一般取600mm，以保证屋顶承重结构的支承长度。当相邻跨内的桥式吊车起重量较大时，设两条定位轴线，两轴线间的距离（插入距）用 a_i 表示，上柱中心线与插入距中心线相重合，如图9-20所示。

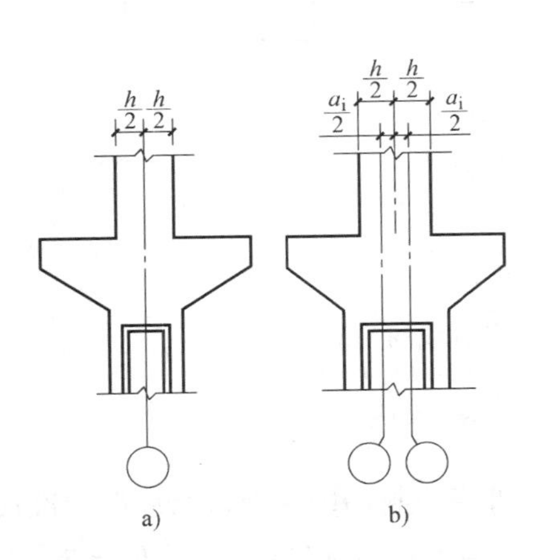

图9-19 承重墙的纵向定位轴线
a）一条定位轴线 b）两条定位轴线

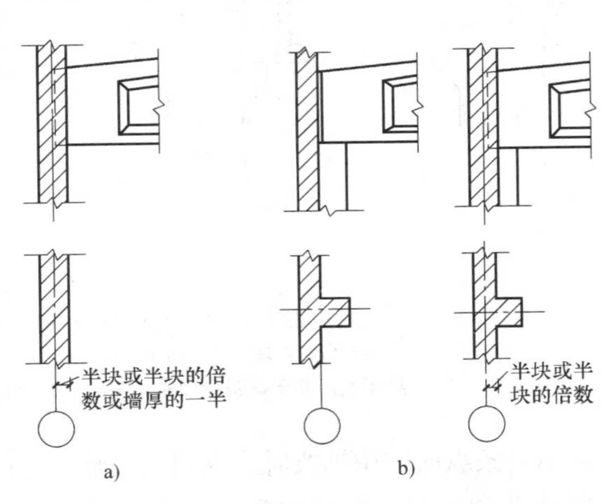

图9-20 等高跨中柱设单柱时与纵向定位轴线的关系
a）无壁柱的承重墙 b）带壁柱的承重墙

② 等高跨中柱设双柱时与纵向定位轴线的关系。若厂房设置纵向防震缝时，应采用双柱及两条定位轴线，此时的插入距 a_i 与相邻两跨吊车起重量大小有关。若相邻两跨吊车起重量不大，其插入距 a_i 等于防震缝的宽度 b_e，即 $a_i = b_e$，若相邻两跨中，一跨吊车起重量大，必须在这跨设联系尺寸 a_c，此时插入距 $a_i = a_c + b_e + a_c$；若相邻两跨吊车起重量都大，两跨都需设联系尺寸 a_c，此时插入距 $a_i = a_c + b_e + a_c$，如图 9-21 所示。

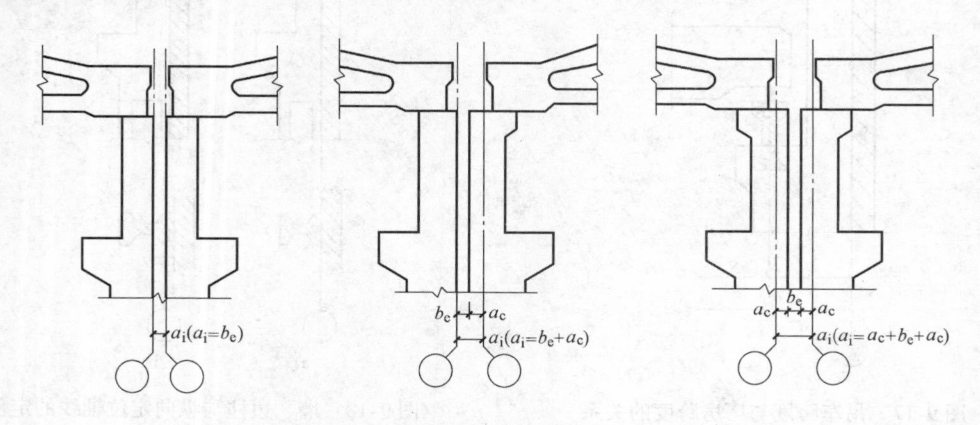

图 9-21　等高跨中柱设双柱时与纵向定位轴线的关系

③ 不等高跨中柱设单柱时与纵向定位轴线的关系。不等高跨的纵向伸缩缝一般设在高低跨处，若采用单柱，高跨采用封闭结合，且高跨的封墙底面高于低跨屋面，宜采用一条纵向定位轴线，如图 9-22a 所示；若封墙底面低于低跨屋面，宜采用两条向定位轴线。

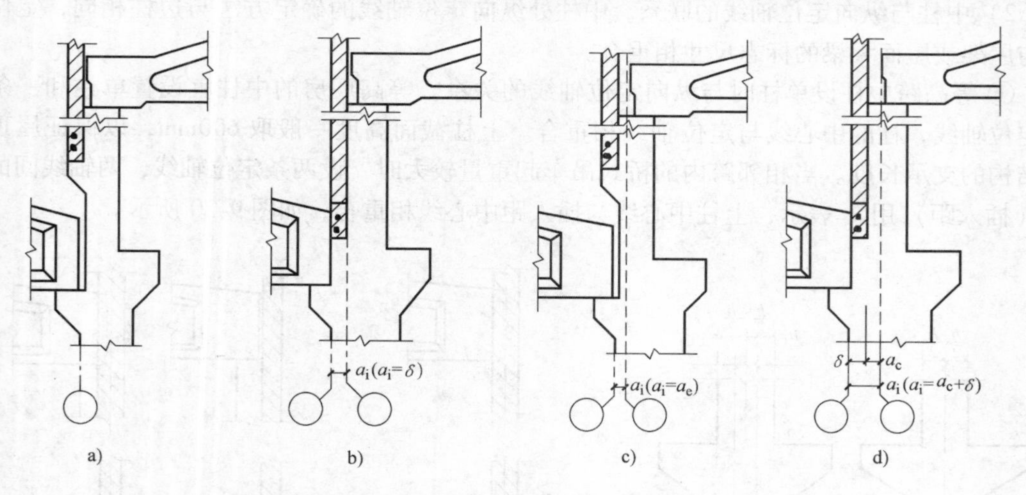

图 9-22　不等高跨中柱设单柱时与纵向定位轴线的关系
a）高跨封墙底面高于低跨屋面　b）封墙底面低于低跨屋面 $a_i = \delta$
c）封墙底面高于低跨屋面时 $a_i = a_c$　d）封墙底面低于低跨屋面时，$a_i = a_c + \delta$

采用一条纵向定位轴线时，纵向定位轴线与高跨上柱外缘、封墙内缘及低跨屋架标准尺寸端部相重合。若封墙底面低于低跨屋面时，插入距 b_e 等于封墙厚度 δ，即 $b_e = \delta$，如图 9-22b所示。当高跨吊车起重量大时，高跨中需设联系尺寸，此时定位轴线有两种情况：

封墙底面高于低跨屋面时，$a_i = a_c$，如图 9-22c 所示；封墙底面低于低跨屋面时，$a_i = a_c + \delta$，如图 9-22d 所示。

④ 不等高跨中柱设双柱时与纵向定位轴线的关系。当厂房不等高跨高差悬殊或吊车起重量差异较大时，或须设防震缝时，常在不等高跨处采用双柱双轴处理，两轴线间设插入距 a_i。若高跨吊车起重量不大，封墙底面低于低跨屋面时，插入距 a_i 等于沉降缝宽 b_e 加上封墙厚度 δ，即 $a_i = b_e + \delta$，如图 9-23a 所示；若高跨吊车起重量大，高跨内需设联系尺寸 a_c，此时当封墙底面低于低跨屋面时，此时插入距 $a_i = b_e + \delta + a_c$，如图 9-23b 所示；封墙底面高于低跨屋面时，插入距 a_i 等于沉降缝宽度 b_e，即 $a_i = b_e$，如图 9-23c 所示；当封墙底面高于低跨屋面时，插入距 $a_i = b_e + a_c$，如图 9-23d 所示。

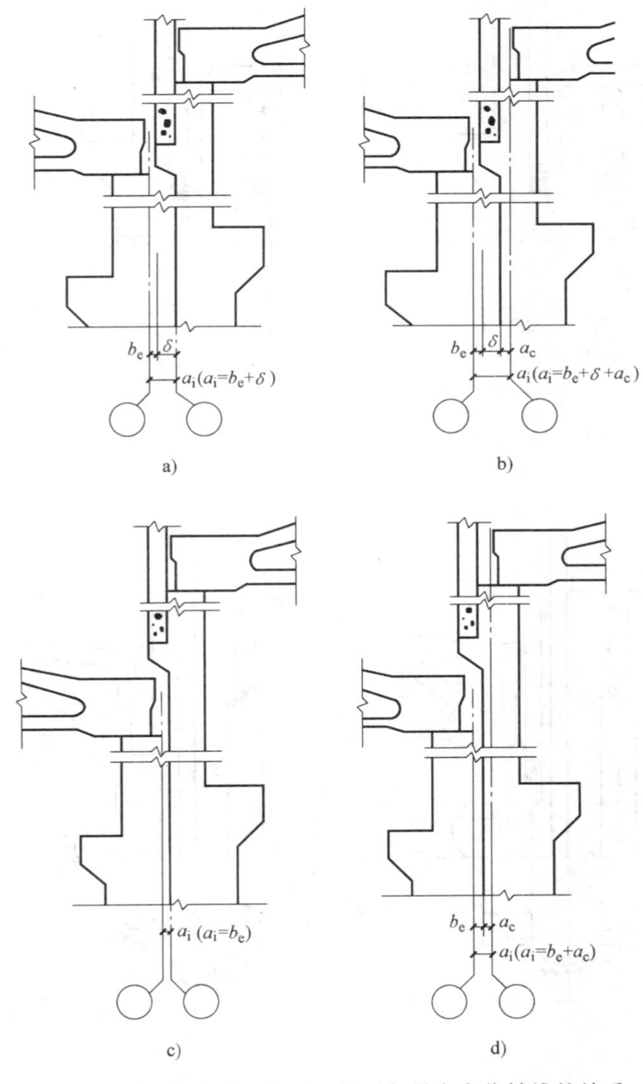

图 9-23 不等高跨中柱设双柱时与纵向定位轴线的关系

a）封墙底面低于低跨屋面，$a_i = b_e + \delta$ b）封墙底面高于低跨屋面 $a_i = b_e$

c）封墙底面低于低跨屋面 $a_i = a_c + b_e + \delta$ d）封墙底面高于低跨屋面 $a_i = b_e + a_c$

（3）纵横跨相交处柱与定位轴线的联系　厂房的纵横跨相交时，常在相交处设有变形缝，使纵横跨在结构上各自独立。所以，纵横跨分别有各自的柱列和定位轴线，可按各自的柱列和定位轴线关系，遵循各自的原则定位。

当山墙比侧墙低，且长度小于等于侧墙时，采用双柱单墙处理，墙体属于横跨。外墙为砌体时，$a_i = b_e + \delta$ 或 $a_i = b_e + a_c + \delta$，如图9-24a 所示。

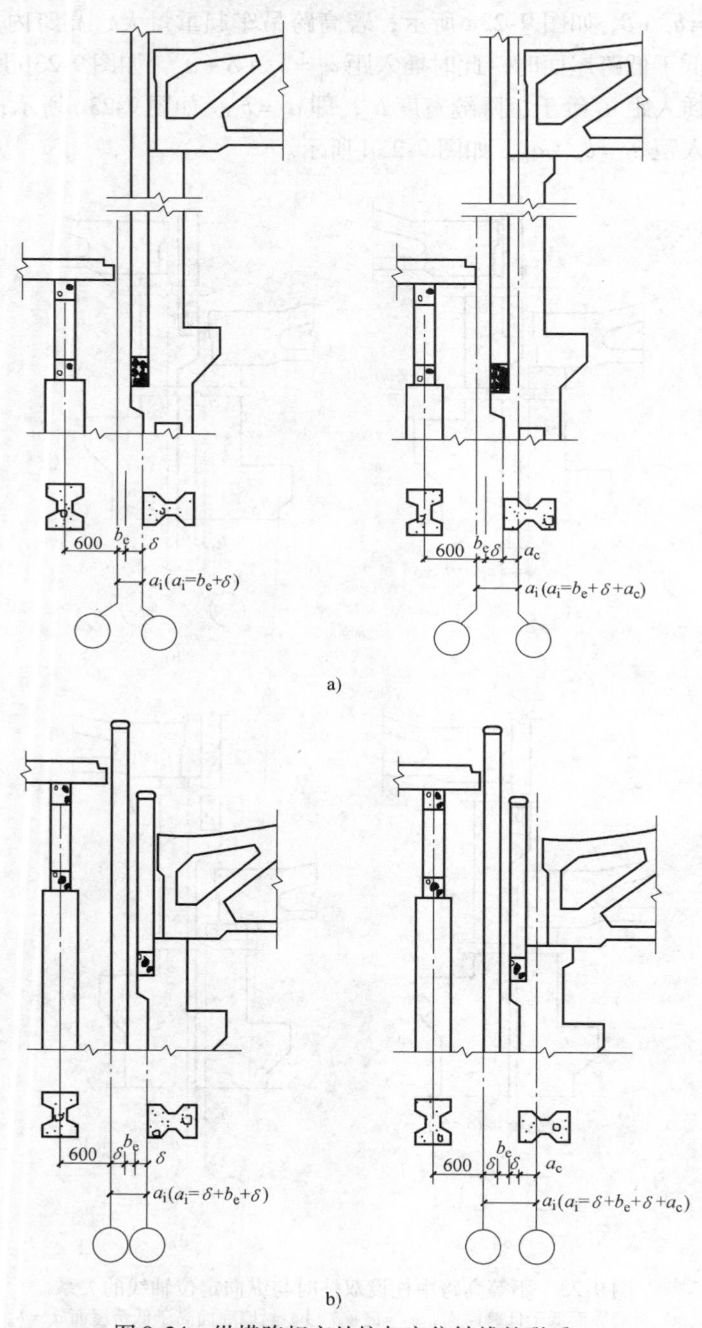

图9-24　纵横跨相交处柱与定位轴线的联系
a）单墙方案　b）双墙方案

当山墙比侧墙短且高时，应采用双柱双墙（至少在低跨柱顶及其以上部分用双墙），并设置伸缩缝或防震缝。外墙为砌体时，$a_i=\delta+b_e+\delta$ 或 $a_i=\delta+b_e+\delta+a_c$，如图 9-24b 所示。

第二节　单层工业厂房的构造

一、基础、基础梁及柱

1. 基础

单层工业厂房和民用建筑一样，基础的作用都是承担上部所有荷载，并将荷载传给地基。因此，基础是工业厂房的主要组成构件之一。

单层厂房的柱下基础一般采用独立基础（也称为扩展基础），按施工方法可分为预制柱下独立基础和现浇柱下独立基础两种。装配式钢筋混凝土单层厂房排架结构，常见的独立基础形式主要有杯形基础、高杯基础和桩基础。

（1）基础的材料　基础所用的混凝土强度等级要求不得低于 C15，钢筋采用 HPB235 级或 HRB335 级，基础底部的垫层采用 C10 素混凝土浇筑 100mm 厚，垫层宽度通常比基础底面每边宽出 100mm，以便施工放线和保护钢筋。

（2）基础的尺寸　为便于预制钢筋混凝土柱插入基础安装，基础的顶部做成杯口形式，杯口尺寸应大于柱截面尺寸，周边需留有空隙。杯口顶应比柱子每边大出 75mm，杯口底应比柱子每边大出 50mm，杯口深度应满足锚固长度的要求。基础杯口底面的厚度不小于 200mm，基础杯壁的厚度不应小于 200mm。杯口与柱之间的缝隙用 C20 细石混凝土填实。基础杯口顶面标高应在室内地坪以下至少 500mm，如图 9-25 所示。

（3）高杯形基础　当厂房地形起伏、局部地质软弱，或基础旁有深的设备基础时，为了使柱子的长度统一，应采用高杯形基础，如图 9-26 所示。

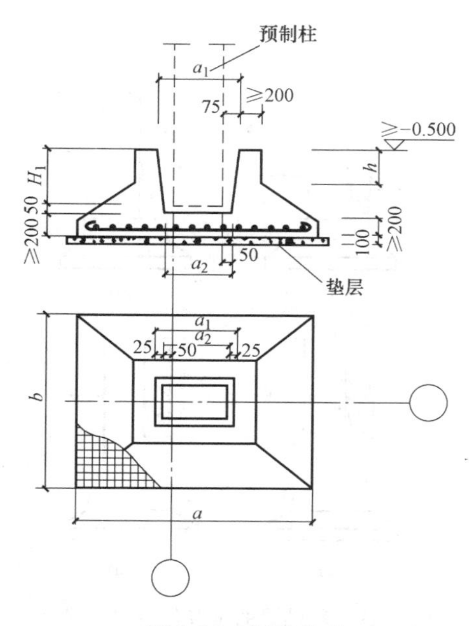

图 9-25　杯形基础

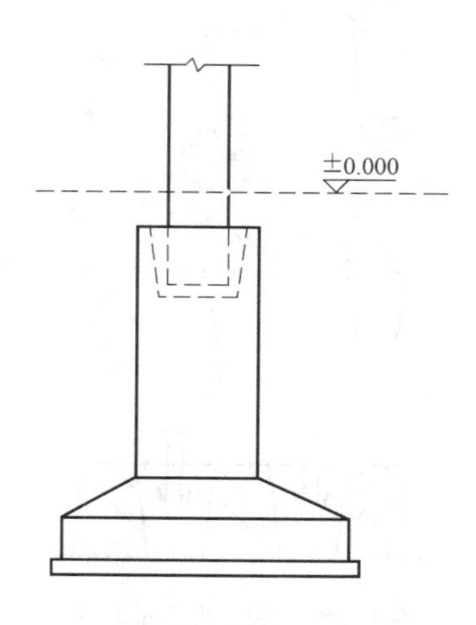

图 9-26　高杯形基础

2. 基础梁

采用装配式钢筋混凝土排架结构的厂房，墙体仅起围护和分隔作用，通常不再做基础，而将墙砌在基础梁上，基础梁两端搁置在杯形基础的杯口上，如图 9-27 所示。墙体的重量通过基础梁传到基础上，这样可使内墙、外墙和柱一起沉降，墙面不易开裂。基础梁的构造要求如下：

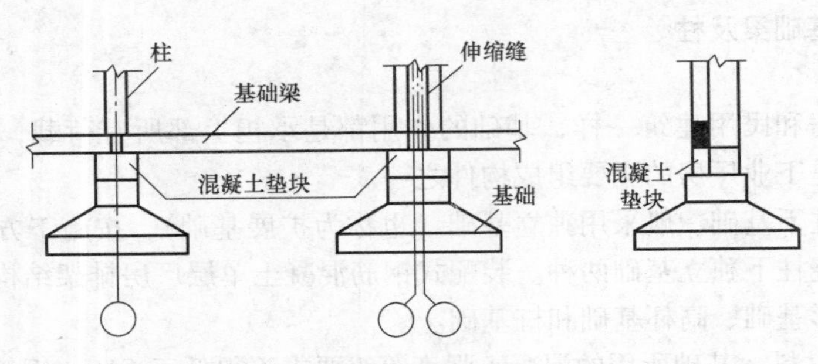

图 9-27 基础梁的支承

（1）基础梁的形状 基础梁的标志长度一般为 6m，其截面形状常采用梯形，有预应力和非预应力混凝土两种。基础梁截面形式如图 9-28 所示。

（2）基础梁的位置 为避免影响开门及满足防潮要求，基础梁顶面标高应至少低于室内地坪 50mm，且高于室外地坪 100mm。

（3）基础梁与基础的连接 基础梁搁置在杯形基础顶面的方式视基础埋深而定。当基础埋深不大时，基础梁搁置在基础杯口的基础顶面上；当基础杯口顶面距室内地坪大于 500mm，C15 混凝土垫块搁置设在杯口顶面，当墙厚为 370mm 时，垫块的宽度为 400mm，当墙厚为 240mm 时，垫块的宽度为 300mm；基础埋置较深时，基础梁搁置在高杯口基础或柱牛腿上。基础梁的位置与搁置方式如图 9-29 所示。

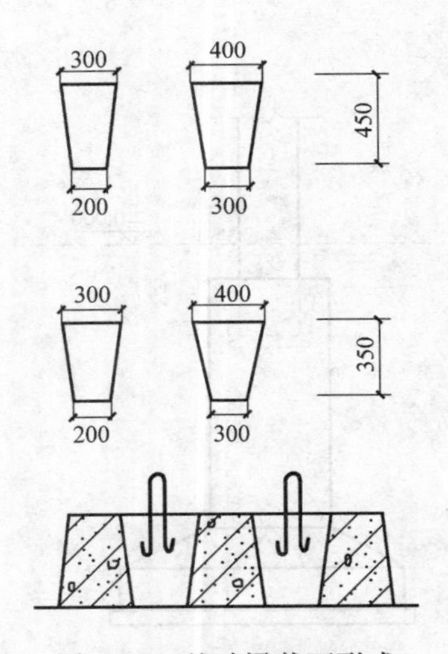

图 9-28 基础梁截面形式

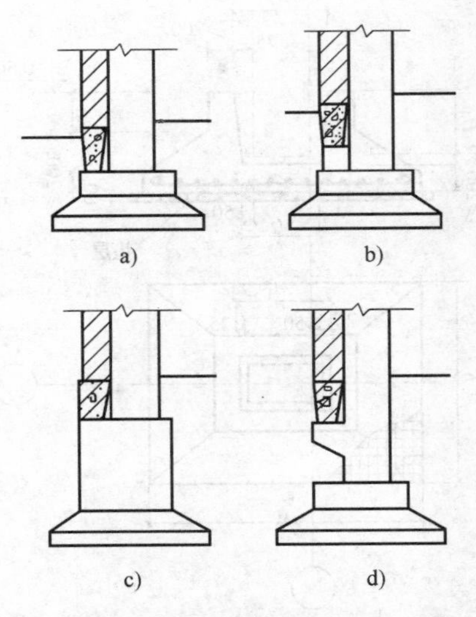

图 9-29 基础梁的位置与搁置方式
a）放在基础顶面 b）放在混凝土垫块上
c）放在高杯基础上 d）放在牛腿上

(4) 防冻胀措施 为使基础梁与柱基础同步沉降，基础梁下的回填土要虚铺、不夯实，并留有 50～100mm 的空隙。寒冷地区要铺设较厚的干砂或炉渣，用以防止地基土壤冻胀将基础梁及墙体顶裂。基础梁下部的保温措施如图 9-30 所示。

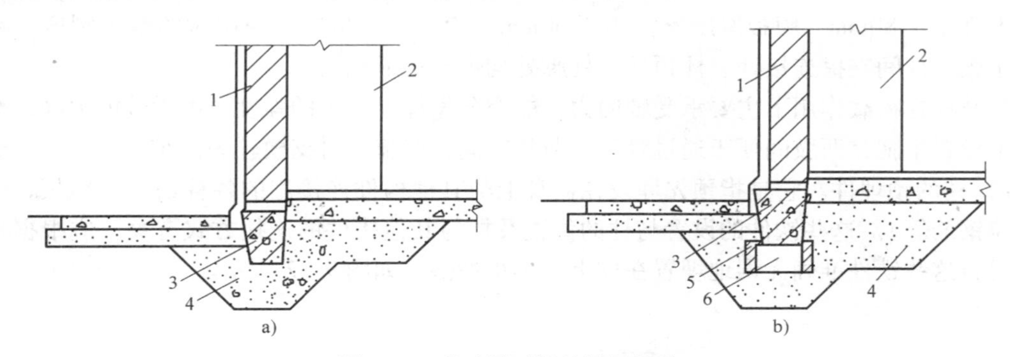

图 9-30 基础梁下部的保温措施

a) 基础梁下部保温 b) 基础梁底留空防冻胀

1—外墙 2—柱 3—基础梁 4—炉渣保温材料 5—立砌普通砖 6—空隙

3. 柱

单层工业厂房中，柱根据其作用的不同，可分为承重柱（排架柱）和抗风柱。

(1) 承重柱 承重柱是厂房结构中的主要承重构件之一。它主要承受屋盖、吊车梁及部分外墙等传来的垂直荷载，以及风和吊车制动力等的水平荷载，有时还承受管道设备荷载。承重柱多为钢筋混凝土柱。

1) 柱的截面形式。钢筋混凝土承重柱按其截面形式分为两类：单肢柱（包括矩形、I 字形截面，如图 9-31a、b 所示）和双肢柱（包括平腹杆、斜腹杆、双肢管柱图，如图 9-31c、d、e 所示）。

一般情况，当排架柱的截面高度 $h \leqslant 500$mm 时，采用矩形截面柱；当 $h = 600 \sim 800$mm 时，采用矩形或工字形截面柱；当 $h = 900 \sim 1200$mm 时，采用工字形截面柱；当 $h = 1300 \sim 1500$mm 时，采用工字形截面柱或双肢柱；当 $h \geqslant 1600$mm 时，采用双肢柱。

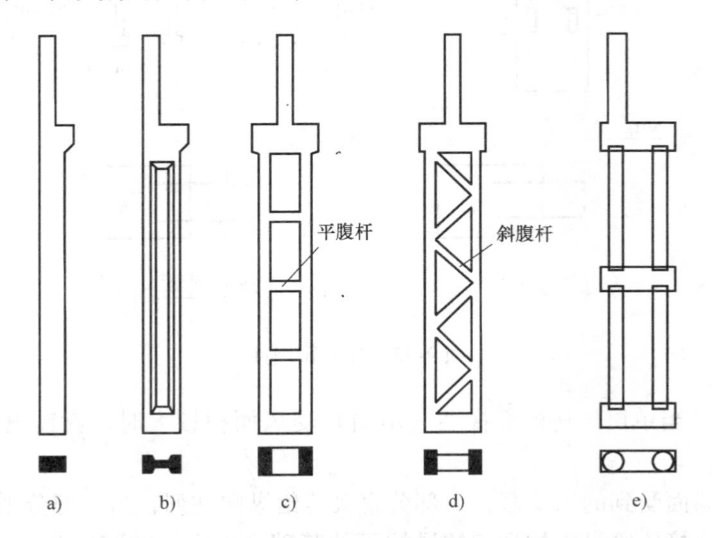

图 9-31 柱的截面形式

矩形截面柱外形简单、施工方便，但不能充分发挥混凝土的承载能力，且自重大，材料消耗多。截面尺寸较小或小偏心受压柱以及现浇柱经常采用。

工字形截面柱自重轻，节省材料，受力较为合理，但外形复杂、工序复杂。通常，翼缘厚度不宜小于80mm，腹板厚度不宜小于60mm。为了加强吊装和使用时的整体刚度，在柱与吊车梁、柱间支撑连接处、柱顶部、柱脚处均做成矩形截面。

双肢柱在荷载作用下主要承受轴向力，能充分发挥混凝土的强度。因承载能力高，双肢柱可不设置牛腿，两肢间便于通过管道，节省空间，但施工时支模较为困难。

2）柱的预埋件。它是指预先埋设在柱身上与其他构件连接用的各种铁件（钢板、螺栓及锚拉钢筋等）。这些铁件的设置与柱的位置及柱与其他构件的连接方式有关，应根据具体的情况将这些铁件准确无误地埋置在柱上，不得遗漏，如图9-32所示。

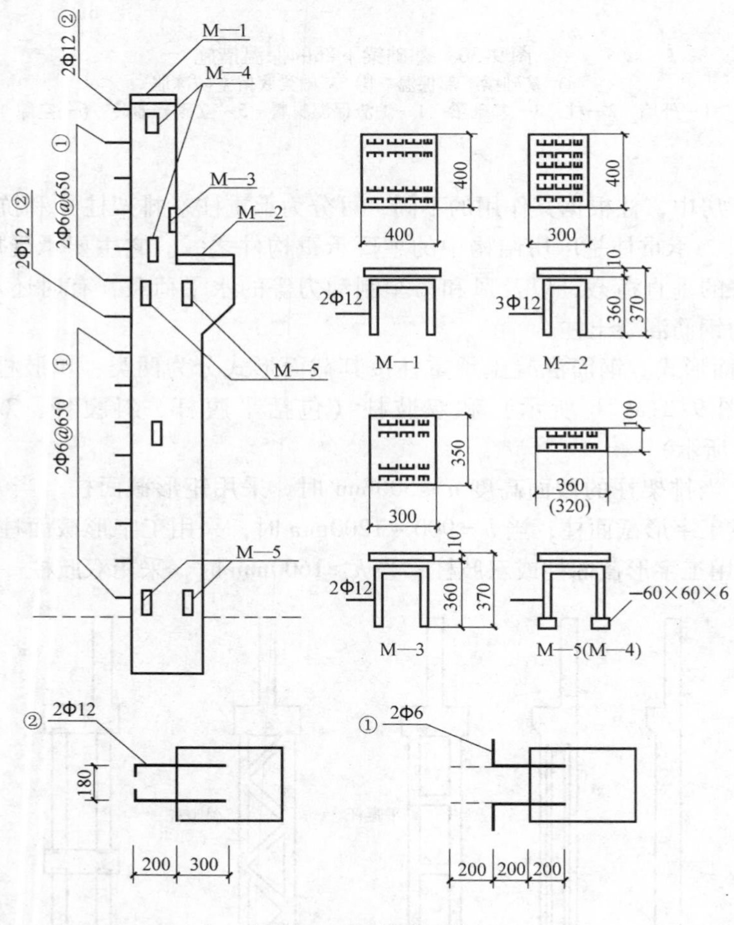

图9-32　柱的预埋件

（2）抗风柱　当单层厂房的端横墙（山墙）受风面积较大时，就需设置抗风柱将山墙分为若干个区格。

这样一来，墙面受到的风荷载，一部分直接传给纵向柱列，另一部分则通过抗风柱与屋架上弦或下弦的连接传给纵向柱列和抗风柱下的基础。当厂房的跨度为9～12m，抗风柱高度在8m以下时，可采用与山墙同时砌筑的砖壁柱作为抗风柱。当厂房的跨度和高度较大时，应在山墙内侧设置钢筋混凝土抗风柱，并用钢筋与山墙拉结。抗风柱与屋架既要可靠地连接，以保证把风荷载有效地传给屋架直至纵向柱列；又要允许二者之间具有一定竖向位移的可能性，以防止厂房与抗风柱沉降不均匀时产生不利的影响。在实际工程中，抗风柱与屋架常采用横向有较大刚度，且竖向又可位移的钢制弹簧板连接。抗风柱一般与基础刚接，与屋架上弦铰接。抗风柱与屋架上端、山墙连接构造如图9-33所示。

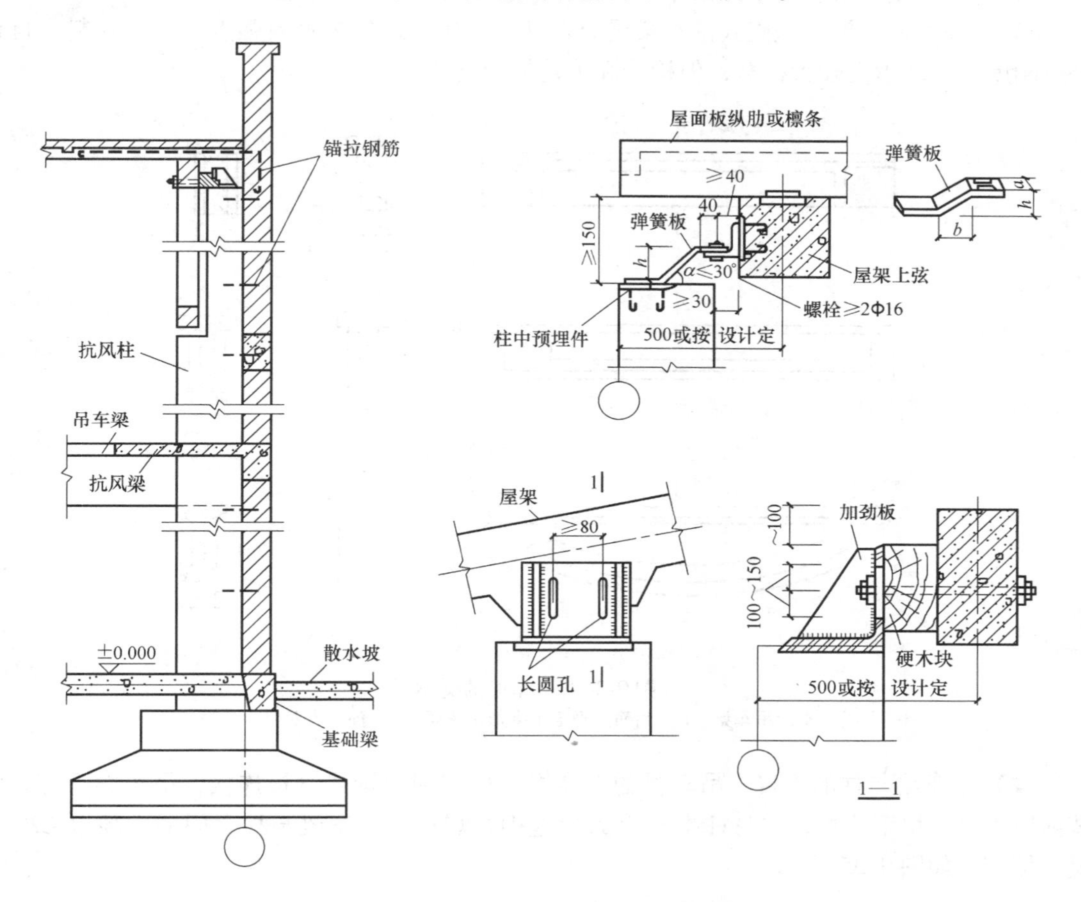

图9-33　抗风柱与屋架上端、山墙连接构造

钢筋混凝土抗风柱的上柱宜采用不小于350mm×350mm的矩形截面；下柱可采用矩形截面或工字形截面，其截面宽度$b \geqslant 350$mm，截面高度$h \geqslant 600$mm，且$h \geqslant He/25$（He为抗风柱基础顶至与屋架连接处的高度）。

二、吊车梁、连系梁、圈梁

1. 吊车梁

设有梁式或桥式吊车的厂房，为铺设轨道需设置吊车梁。吊车梁支撑在承重柱的牛腿上，沿厂房纵向布置，是厂房的纵向连系构件之一。吊车梁直接承受吊车传来的竖向荷载和水平制动力。由于吊车起吊重物是重复工作，因此，吊车梁除了满足承载能力、抗裂和刚度要求外，还要满足疲劳强度的要求。

（1）吊车梁的截面形式　吊车梁的类型很多，按材料分为钢筋混凝土梁和钢梁两种，常采用钢筋混凝土梁；按外形分为等截面的T形、工字形和变截面的鱼腹形，如图9-34所示。

1）T形吊车梁。T形吊车梁的上部翼缘较宽，可增加梁的受压面积，也便于固定吊车轨道，施工简单、制作方便，但自重大，消耗材料多，适用跨度不大于6m。吊车起重量：轻级工作制不大于30t/5t；重级工作制不大于20t/5t。

2）工字形吊车梁。工字形吊车梁腹板较薄，节省材料，自重轻。

3）鱼腹式吊车梁。鱼腹式吊车梁受力合理，能较好地发挥材料强度，节省材料、自重轻、刚度大，能承受较大荷载，但构造和工艺较为复杂。

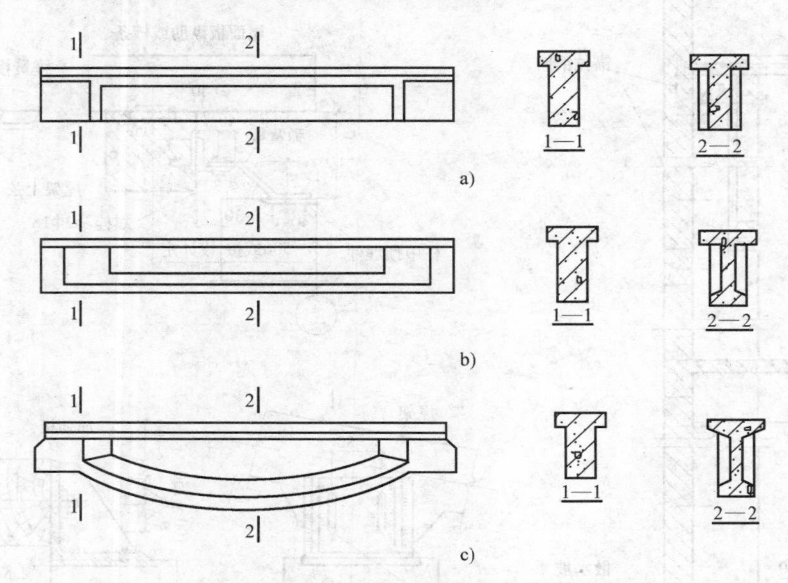

图9-34　吊车梁的类型

a）钢筋混凝土T形吊车梁　b）钢筋混凝土工字形吊车梁　c）预应力混凝土鱼腹式吊车梁

（2）吊车梁与柱的连接　吊车梁的上翼缘与柱间用角钢或钢板连接，吊车梁下部在安装前应焊上一块钢垫板，并与柱牛腿上的预埋钢板焊牢，吊车梁与柱之间的空隙以C20混凝土填实，如图9-35所示。

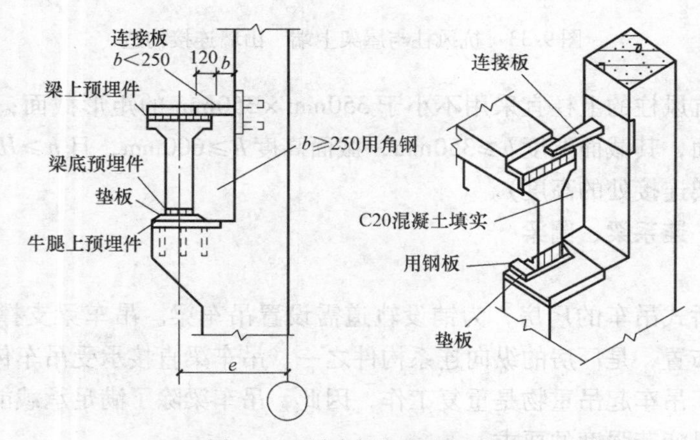

图9-35　吊车梁与柱的连接

（3）吊车轨道及车挡的固定　吊车轨道的断面和型号由吊车吨位来确定，分为轻轨（5～24kg/m）、重轨（33～50kg/m）和方钢。吊车梁与轨道的连接方法一般采用螺栓连接，如图9-36所示。

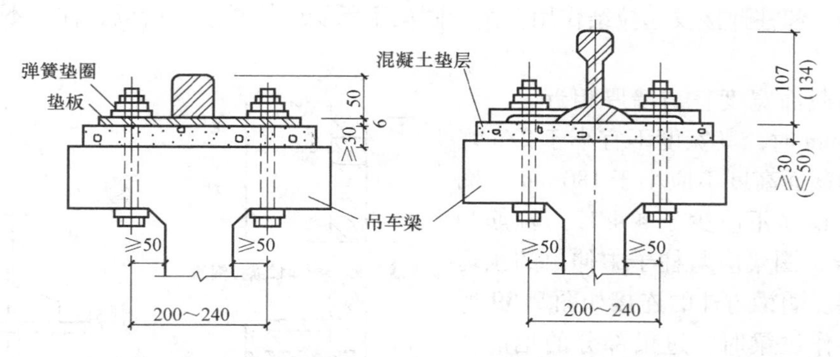

图9-36　吊车梁与吊车轨道的固定连接

为了防止吊车在运行过程中来不及刹车而冲撞到山墙上，应在吊车梁的尽端设车档装置。车档用钢板制成，用螺栓固定到吊车梁的上翼缘，上面固定缓冲橡胶，如图9-37所示。

2. 连系梁

连系梁一般为预制钢筋混凝土构件，两端支承在柱牛腿上，用预埋件或螺栓与牛腿连接。连系梁的作用是承受其上墙体荷载及窗重，并传给排架柱；同时起连系纵向柱列以增强厂房纵向刚度的作用。连系梁与柱的连接如图9-38所示。

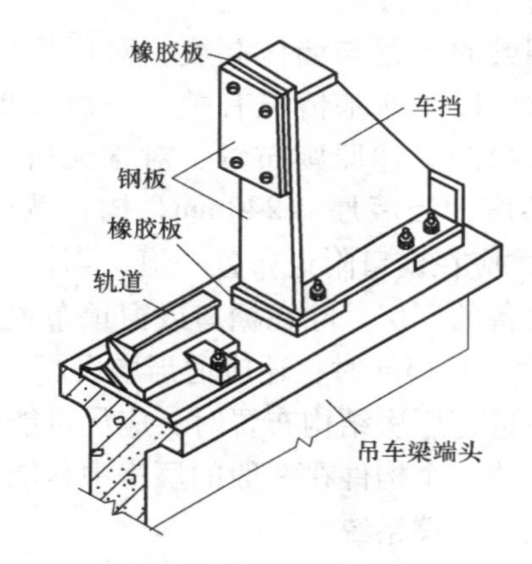

图9-37　车档

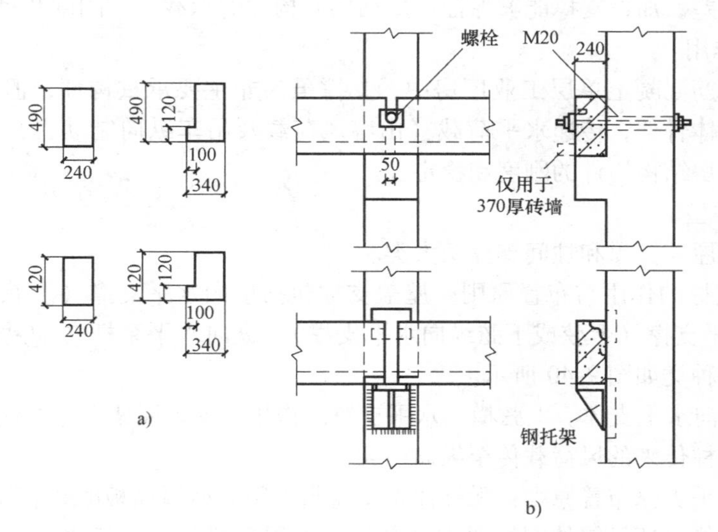

图9-38　连系梁与柱的连接

a）连系梁的截面尺寸　b）连系梁与柱的连接

3. 圈梁

圈梁是在同一标高上设置的连续、封闭的梁，其作用是将墙体同厂房柱箍在一起，以加强厂房的整体刚度，防止由于地基的不均匀沉降或较大振动荷载对厂房的不利影响。圈梁设置于墙体内，和柱连接仅起拉结作用。由于圈梁不承受墙体重量，所以，柱上不设置支承圈梁的牛腿。

圈梁的截面宽度宜与墙厚相近，当墙厚大于240mm时，其宽度不宜小于2/3墙厚。圈梁的截面高度不应小于180mm。圈梁中的纵向钢筋不应少于4Φ12，箍筋为Φ6@200mm，圈梁应与柱子中伸出的预埋筋进行连接。圈梁与柱的连接如图9-39所示。圈梁兼作过梁时，过梁部分的钢筋按计算另行增配。

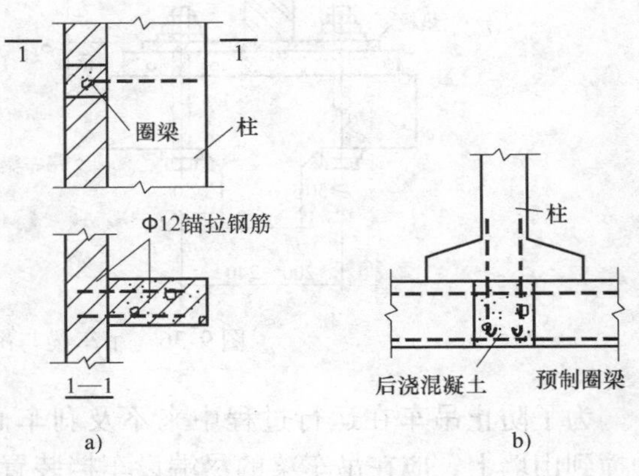

图9-39　圈梁与柱的连接
a）圈梁为现浇时　b）圈梁为预制时

圈梁的布置与墙体高度，对厂房刚度的要求，以及地基情况有关。一般的单层厂房可参照下述原则布置：对于无桥式吊车的厂房，当墙厚≤240mm，檐高为5～8m时，应在檐口附近布置一道，当檐高大于8m时，宜增设一道；对有桥式吊车或有极大振动设备的厂房，除在檐口或窗顶布置外，尚宜在吊车梁处或墙中适当位置增设一道，当外墙高度大于15m时，还应适当增设。

在进行厂房结构布置时，应尽可能将圈梁、连系梁和过梁结合起来，以节约材料、简化施工，使一个构件在一般的厂房中，能起到两种或三种构件的作用。

三、支撑系统

单层工业厂房结构中，由于作用在厂房的水平力比较大，构件节点为铰接，厂房的整体性和刚度都比较差，加设支撑能够保证厂房结构和构件的承载力、刚度和稳定性。

1. 支撑的作用

在装配式钢筋混凝土单层工业厂房中，支撑虽为非主要承重构件，但在联系各承载构件、形成空间整体骨架，传递水平荷载（山墙风荷载及吊车纵向制动力）等方面起了重要作用，提高了厂房结构构件的刚度和稳定性。

2. 支撑的类型

支撑系统有屋盖支撑和柱间支撑两大类。

(1) 屋盖支撑的作用与布置原则　屋盖支撑包括横向水平支撑（上弦或下弦横向水平支撑）、纵向水平支撑（上弦或下弦纵向水平支撑）、纵向水平系杆（加劲杆）和垂直支撑等。屋盖支撑的种类如图9-40所示。

1）上弦横向水平支撑。上弦横向水平支撑的作用：保证屋架上弦的侧向稳定，增强屋盖刚度，将抗风柱传来的风荷载传至纵向柱列。

上弦横向水平支撑布置原则：无檩体系屋盖当采用大型屋面板时，若屋架（或屋面梁）与屋面板的连接能保证足够的刚性要求（如屋架或屋面梁与屋面板之间至少三点焊接等），且无天窗时，可不设上弦横向支撑。否则，应在伸缩缝区段两端（第一或第二柱间）各设

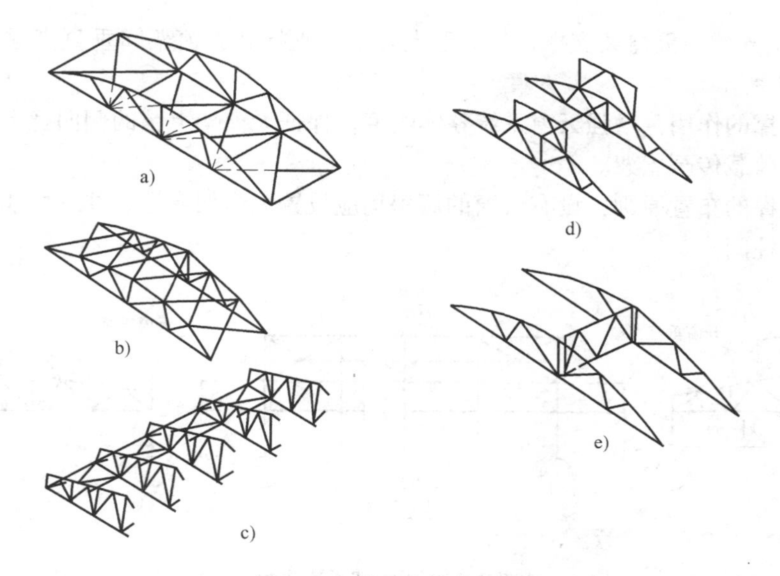

图 9-40　屋盖支撑的种类
a）上弦横向水平支撑　b）下弦横向水平支撑
c）纵向水平支撑　d）纵向水平系杆　e）垂直支撑

一道上弦横向支撑，如图 9-41 所示。

2）下弦横向水平支撑。下弦横向水平支撑的作用：保证屋架下弦侧向稳定，将作用在屋架下弦的纵向水平力传至纵向排架柱。

下弦横向水平支撑的布置原则：当屋架下弦设有悬挂吊车或山墙抗风柱与屋架下弦相连，或厂房吊车起重量及振动荷载较大时，均应设置下弦横向水平支撑。

3）下弦纵向水平支撑。下弦纵向水平支撑的作用：增强屋盖的横向水平刚度，保证横向水平荷载的纵向分布，增强横向排架的空间工作。

下弦纵向水平支撑布置原则：有托架时必须设置下弦纵向水平支撑；若同时设置屋架下弦横向及纵向水平支撑时，应尽可能形成封闭的支撑系统，如图 9-42 所示。

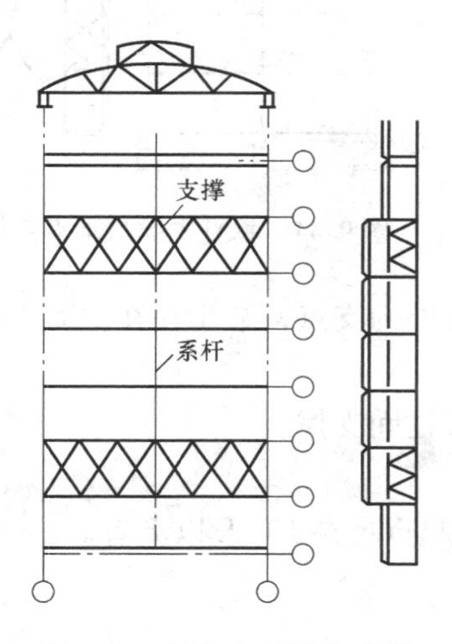

图 9-41　屋架上弦横向支撑

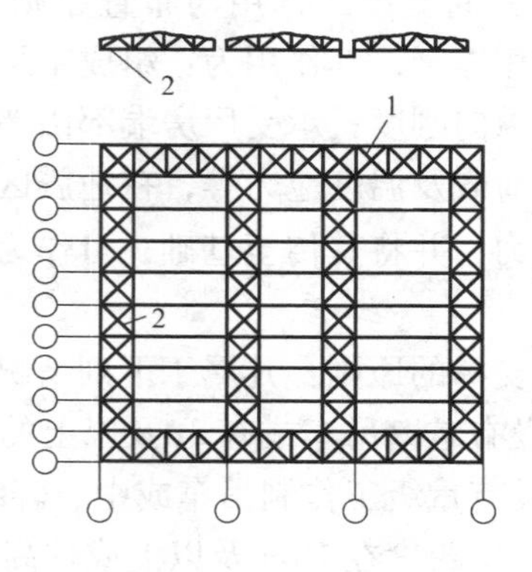

图 9-42　屋架下弦横向水平支撑与下弦纵向水平支撑
1—下弦横向水平支撑　2—下弦纵向水平支撑

4）天窗架支撑。天窗架支撑包括天窗上弦水平支撑和天窗架间垂直支撑。天窗架垂直支撑如图 9-43 所示。

天窗架支撑的作用：增强天窗系统整体刚度，保证天窗架上弦的侧向稳定；将天窗端壁传来的水平风荷载传至屋架。

天窗架支撑的布置原则：设有天窗的厂房均应设置天窗架支撑，并尽可能与屋架上弦支撑布置在同一柱间。

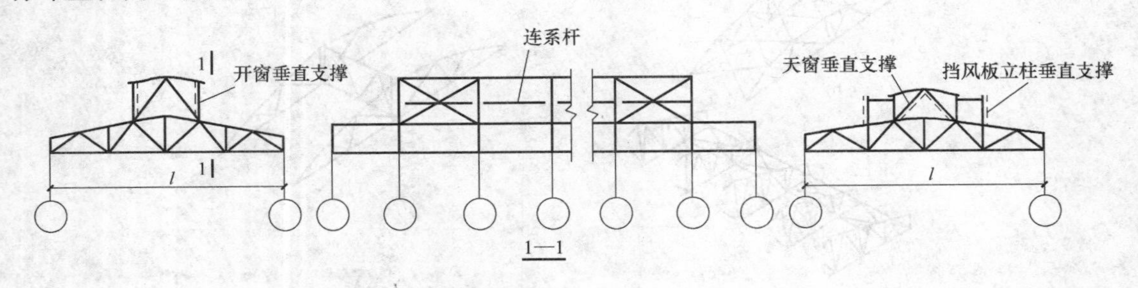

图 9-43　天窗架垂直支撑

5）垂直支撑与水平系杆。垂直支撑与水平系杆的作用：垂直支撑可保证屋架的整体稳定，防止倾覆；上弦水平系杆可保证屋架上弦的侧向稳定、防止局部失稳；下弦水平系杆可防止由吊车或其他振动影响产生的下弦侧向颤动。

垂直支撑与水平系杆的布置原则：有天窗时，应沿屋脊设置一道通长的钢筋混凝土受压水平系杆；厂房跨度 $L \geqslant 18$m 时，应在伸缩缝区段两端第一或第二柱间设一道跨中垂直支撑或两道对称的垂直支撑，并应与上弦横向水平支撑设于同一柱间，而且应在相应的下弦节点处设置通长水平系杆。垂直支撑与水平系杆如图 9-44 所示。

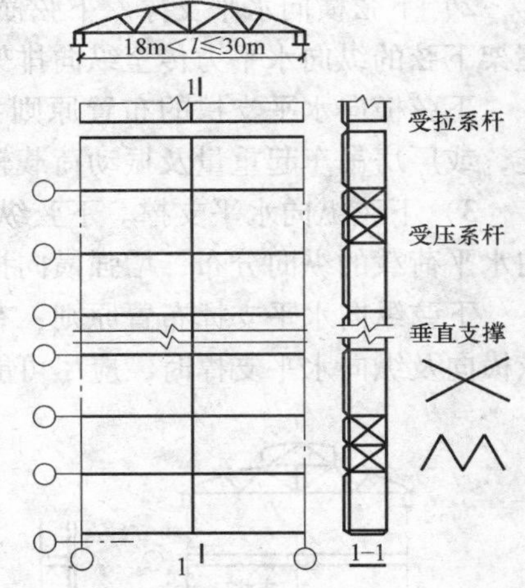

图 9-44　垂直支撑与水平系杆

梯形屋架或端部竖杆较高的折线形屋架，除按上述要求布置外，还应在端部设置垂直支撑及水平系杆。

（2）柱间支撑的作用与布置原则　柱间支撑与厂房框架柱相连接，其作用为：组成坚强的纵向构架，保证厂房的纵向刚度；承受厂房端部山墙的风荷载、吊车纵向水平荷载及温度应力等，在地震区尚应承受厂房纵向的地震力，并将其传至基础；可作为框架柱在框架平面外的支点，减少柱在框架平面外的计算长度。

柱间支撑的原则：凡属于下列情况之一者，均应设置柱间支撑。

1）设有悬壁吊车或有 3t 及以上的悬挂吊车。

2）设有重级工作制吊车或中、轻级工作制吊车，其起重量在 10t 及以上者。

3）厂房跨度在 18m 及以上或柱高在 8m 及以上者。

4）纵向柱列总数每排在 7 根以下者。

5）露天吊车的柱列。

柱间支撑的布置：吊车梁以上的部分称为上层支撑，吊车梁以下部分称为下层支撑。

上层柱间支撑又分为两层，第一层在屋架端部高度范围内属于屋盖垂直支撑；第二层在屋架下弦至吊车梁上翼缘范围内。为了传递风力，上层支撑需要布置在温度区段端部，有下层支撑处也应设置上层支撑。

下层支撑应该设在温度区段中部（当吊车位置高而车间总长度又很短时，下层支撑设在两端不会产生很大的温度应力，而对厂房纵向风度却能提高很多）。当温度区段小于 90m 时，在它的中央设置一道下层支撑，如图 9-45a 所示；如果温度区段长度超过 90m，则在它的 1/3 点处各设一道支撑，如图 9-45b 所示，以免传力路程太长。

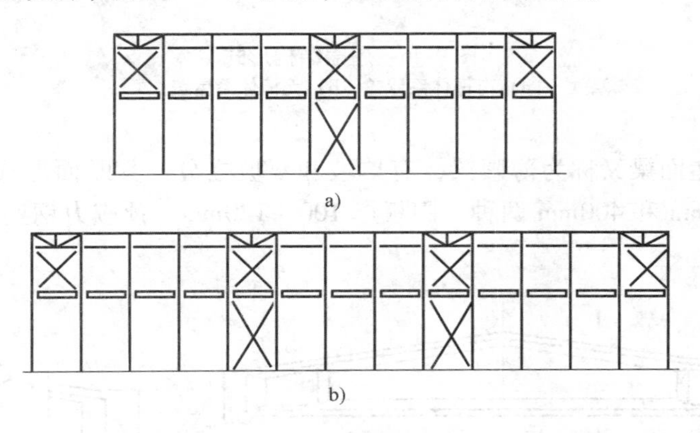

图 9-45 柱间支撑的布置

柱间支撑一般采用型钢制作，支撑形式宜采用交叉式，其交叉倾角通常为 35° ~ 55°。支撑杆件的长细比不宜超过表 9-1 中的规定。

表 9-1 交叉支撑杆件的最大长细比

位置	地震烈度			
	6 度和 7 度 Ⅰ、Ⅱ类场地	7 度Ⅲ、Ⅳ类场地和 8 度Ⅰ、Ⅱ类场地	8 度Ⅲ、Ⅳ类场地和 9 度Ⅰ、Ⅱ类场地	9 度Ⅲ、Ⅳ类场地
上柱支撑	250	250	200	150
下柱支撑	200	200	150	150

四、屋盖及天窗

1. 屋盖结构构件

单层工业厂房的屋盖结构分为无檩体系和有檩体系，如图 9-46 所示。无檩体系由大型屋面板、屋架或屋面梁、屋盖支撑组成。有檩体系由小型屋面板、檩条、屋架或屋面梁、屋盖支撑组成。有檩体系，因其刚度小、整体性差，故仅适用于中小型厂房。为满足厂房内通风和采光需要，屋盖结构中有时还需设置天窗架（其上也有屋面板）及天窗架支撑。当生产工艺或使用上要求抽柱时，则需在抽柱的屋架下设置托架。

（1）承重构件 屋面梁和屋架是厂房屋盖结构的主要承重构件，一般直接支承在排架柱上，承受大型屋面板或檩条、天窗架及悬挂吊车等传来的全部屋盖荷载，并将其传至排架柱顶。屋架和柱、屋面构件连接起来，使厂房组成一个整体的空间结构，这对于保证厂房的空间刚度起着重要的作用。

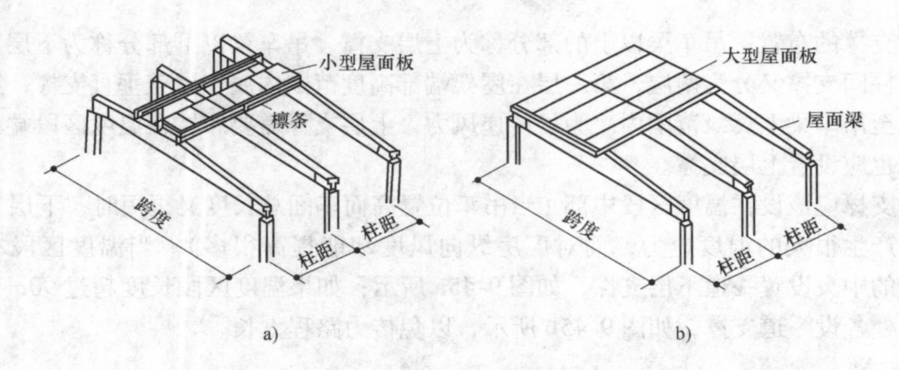

图 9-46 屋盖结构形式
a）有檩体系屋盖 b）无檩体系屋盖

1）屋面梁。屋面梁又称为薄腹梁，有单坡和双坡之分，其断面形式有 T 形和工字形，其顶面宽度为 300mm 和 400mm 两种，腹板厚 100～120mm。预应力钢筋混凝土工字形屋面梁如图 9-47 所示。

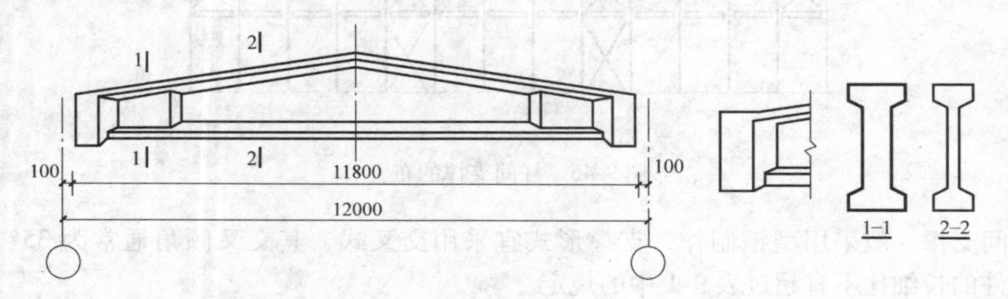

图 9-47 预应力钢筋混凝土工字形屋面梁

单坡屋面的跨度有 6m、9m、12m 三种，双坡屋面的跨度有 9m、12m、15m、18m 四种。单坡屋面坡度平缓，多采用统一坡度 1/10。屋面梁形状简单，制作方便，梁高较小而稳定性好，但自重较大。

2）屋架。屋架根据钢筋的受力情况可分为预应力和非预应力两种；根据材料可分为木屋架、钢筋混凝土屋架和钢屋架；根据其外形通常有三角形、梯形、拱形和折线形等。

① 三角形屋架特点。上下弦交角小，端节点构造复杂。三角形屋架适用于跨度小，坡度大、采用轻型屋面材料的有檩体系。

芬克式三角形屋架：长腹杆受拉，短腹杆受压，受力合理，应用广泛，如图 9-48 所示。

人字形三角形屋架：杆件数量少，节点数量少，受压杆较长，但抗震性能优于芬克式三角形屋架，适用于跨度小于 18m 的屋架，如图 9-49 所示。

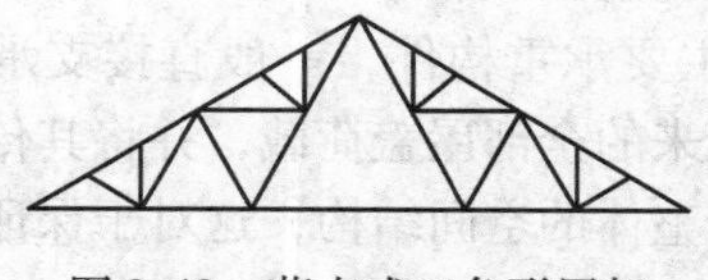

图 9-48 芬克式三角形屋架

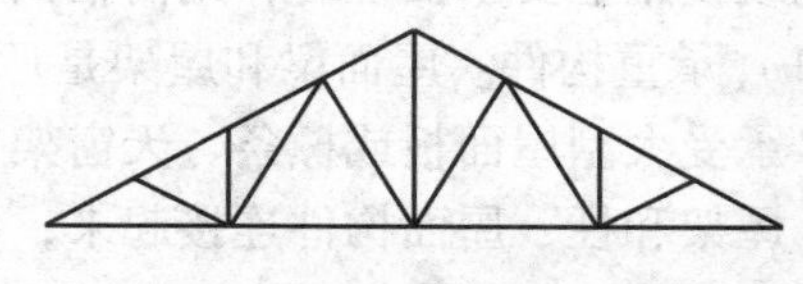

图 9-49 人字形三角形屋架

单斜式三角形屋架：腹杆和节点数量较多，长腹杆受拉，但夹角小，适用于下弦设置顶棚的屋架。如图 9-50 所示。

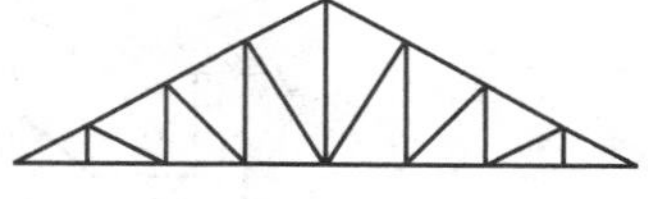
图 9-50 单斜式三角形屋架

② 梯形屋架特点。外形和弯矩图比较接近，弦杆内力沿跨度分布较均匀，用料经济，应用广泛。梯形屋架适用于屋面坡度平缓且跨度较大时的无檩屋盖结构。

梯形屋架的屋架高度：梯形屋架的中部高度一般为(1/10～1/8)L，与柱刚接的梯形屋架，端部高度一般为(1/16～1/12)L，通常取 2.0～2.5m；与柱铰接的梯形屋架，端部高度可按跨中经济高度和上弦坡度决定。

人字式梯形屋架：按支座斜杆与弦杆组成的支承点在下弦或在上弦又可分为下承式和上承式两种。其特点是腹杆总长度短，节点少，如图 9-51 所示。

再分式梯形屋架：其特点是可避免节间直接受荷载（非节点荷载），如图 9-52 所示。

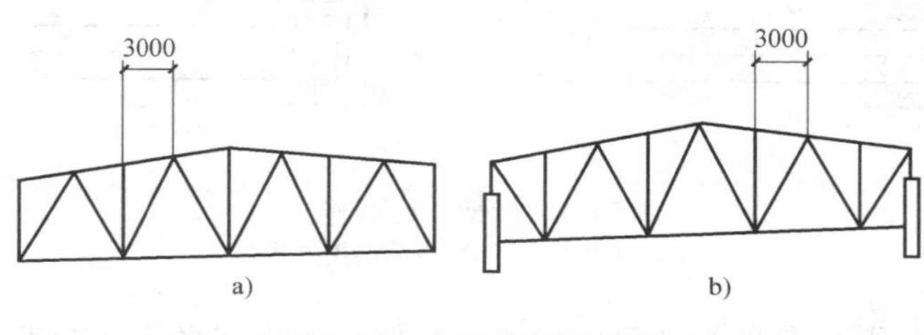

图 9-51 人字式梯形屋架
a）下承式 b）上承式

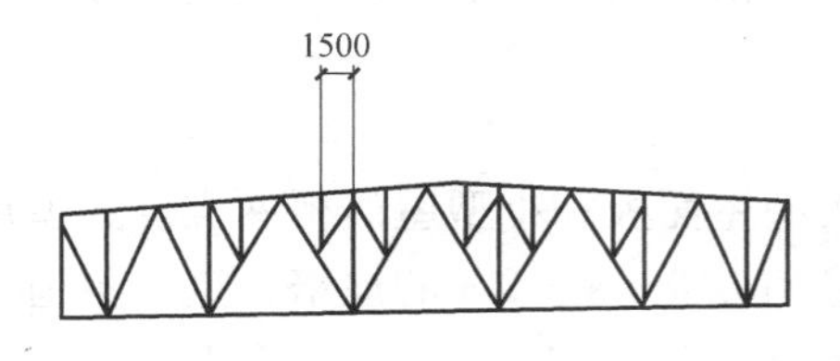

图 9-52 再分式梯形屋架

③ 人字形桁架如图 9-53 所示，其上、下弦可以具有不同坡度，或下弦有一部分水平段，以改善屋架受力情况。上、下弦可互相平行，坡度为1/20～1/10，节点构造较为统一；跨中高度一般为 2.0～2.5m，跨度大于 36m 时，可取较大高度，但不宜超过 3m；端部高度一般为跨度的 1/18～1/12。

图 9-53 人字形桁架

④ 平行弦屋架如图 9-54 所示，其上、下弦杆水平，杆件和节点规格化、便于制造，一般用于托架和支撑体系。

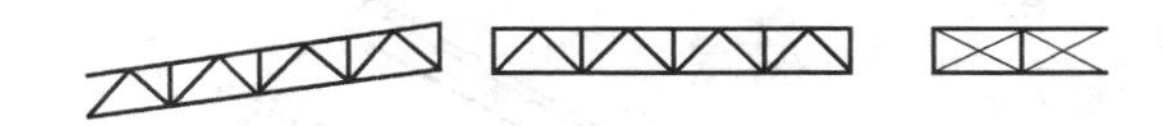
图 9-54 平行弦屋架

屋架与柱的连接有螺栓连接和焊接两种方法，其中焊接方法使用较多。其做法是将柱顶和屋架下弦端部的预埋件通过支座钢板焊接在一起。螺栓连接是在柱顶预埋螺栓，屋架下弦端部焊有带缺口的支承钢板，吊装就位后用螺母将屋架拧紧，如图 9-55 所示。

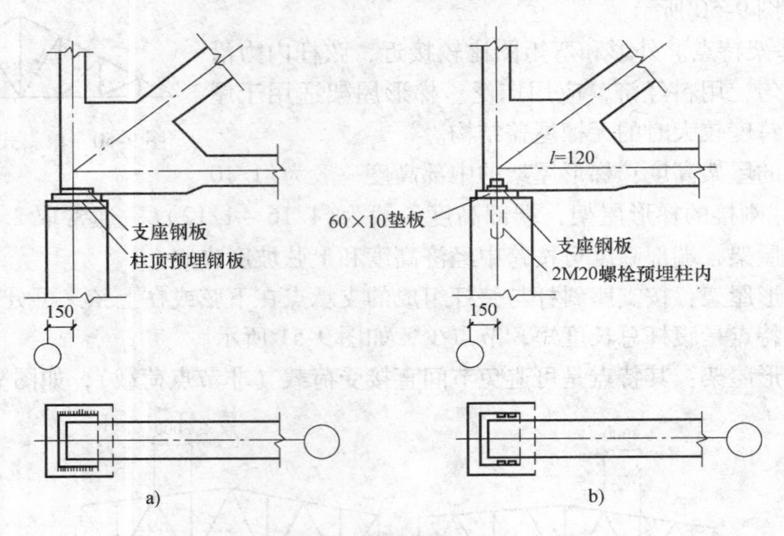

图 9-55 屋架与柱的连接
a）焊接方式 b）螺栓连接方式

3）托架。支承中间屋架的桁架称为托架，托架一般采用平行弦桁架，其腹杆采用带竖杆的人字形体系。直接支承于钢筋混凝土柱上的托架常用下承式；支承于钢柱上的托架常用上承式。托架高度应根据所支承的屋架端部高度、刚度要求、经济要求以及有利于节点构造的原则来决定。

（2）屋盖的覆盖构件

1）屋面板。目前，单层厂房屋面板主要有大型屋面板和小型屋面板两类。大型屋面板的常用尺寸为 1.5m×6.0m，为配合屋架尺寸，还有 0.9m×6.0m 的规格，这类板适用于无檩条体系的屋盖；小型屋面板常用的尺寸为 1.0m×（1.7～4.0）m，这类板适用于有檩条体系的屋盖。屋面板的类型如图 9-56 所示。

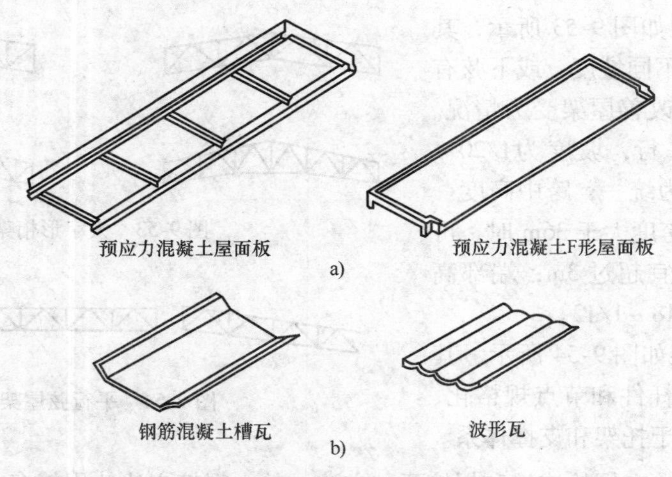

图 9-56 屋面板的类型
a）大型屋面板 b）小型屋面板

大型屋面板两端搁置在屋架或屋面梁上，将屋面荷载传给屋架或屋面梁。施工时应保证屋面板至少有三点与屋架或屋面梁可靠连接，使其与屋架或屋面梁以及支撑系统形成空间整体，以保证厂房的空间刚度。

屋面板与屋架或屋面梁连接采用焊接法，如图 9-57 所示，将每块屋面板纵向主肋端底部的预埋件与屋架上弦相应处的预埋件相互焊接，焊接点应不少于三点。板与板间的缝隙用不低于 C15 的细石混凝土填实，以增强屋盖的整体刚度。

2）檩条。在有檩体系屋盖中，屋面板支承在檩条或屋架（屋面梁）或天窗架上，直接承受施加在其上的屋面活荷载、积灰荷载、雪荷载及风荷载等，并把它们传给其下的支承构件，檩条同时起着增强屋盖总体刚度的作用。檩条有钢檩条和钢筋混凝土檩条两种，其中钢筋混凝土檩条的截面形式有倒 L 形和 T 形，如图 9-58 所示。檩条支承于屋架上弦杆或屋面梁上，有正放和斜放两种，如图 9-59 所示。

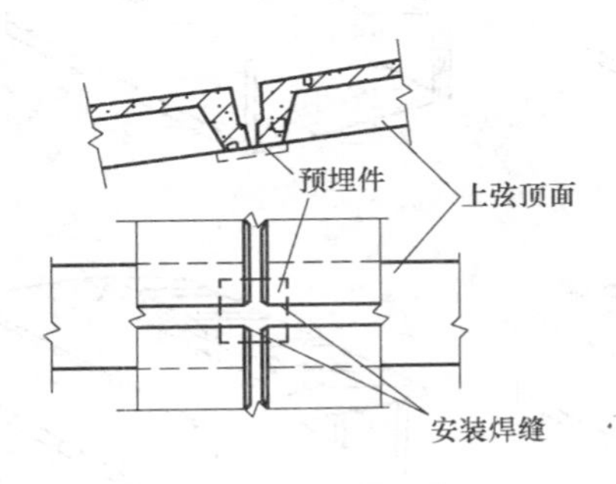

图 9-57 大型屋面板与屋架焊接

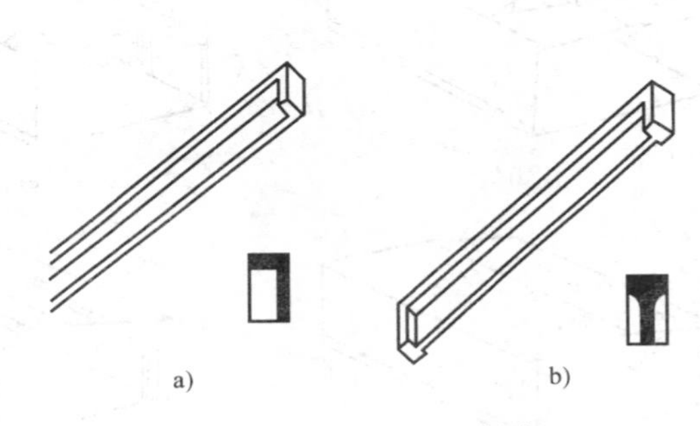

图 9-58 钢筋混凝土檩条
a）倒 L 形檩条 b）T 形檩条

2. 天窗

在大跨度或多跨单层厂房的屋顶部位设置窗口，以取得较均匀的采光、合理的通风或排除高温灰尘，这种窗口称为天窗，如图 9-60 所示。

在实际工作中，天窗一般不会只起采光或通风的作用，采光天窗可同时具有通风功能、通风天窗也可兼有采光作用。

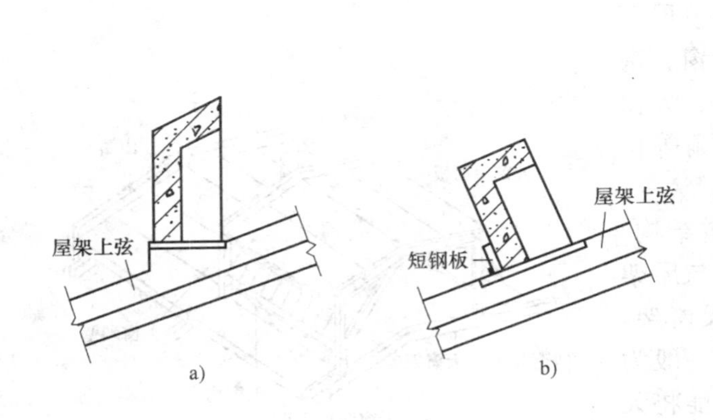

图 9-59 正放和斜放檩条
a）正放 b）斜放

图 9-60 天窗

天窗根据其在屋面位置的不同，可分为上凸式天窗（如矩形天窗、M 形天窗、锯齿形天窗等），下沉式天窗（如横向下沉式天窗、纵向下沉式天窗、井式天窗等），平天窗（如采光板天窗、采光罩天窗、采光带天窗等），如图 9-61 所示。

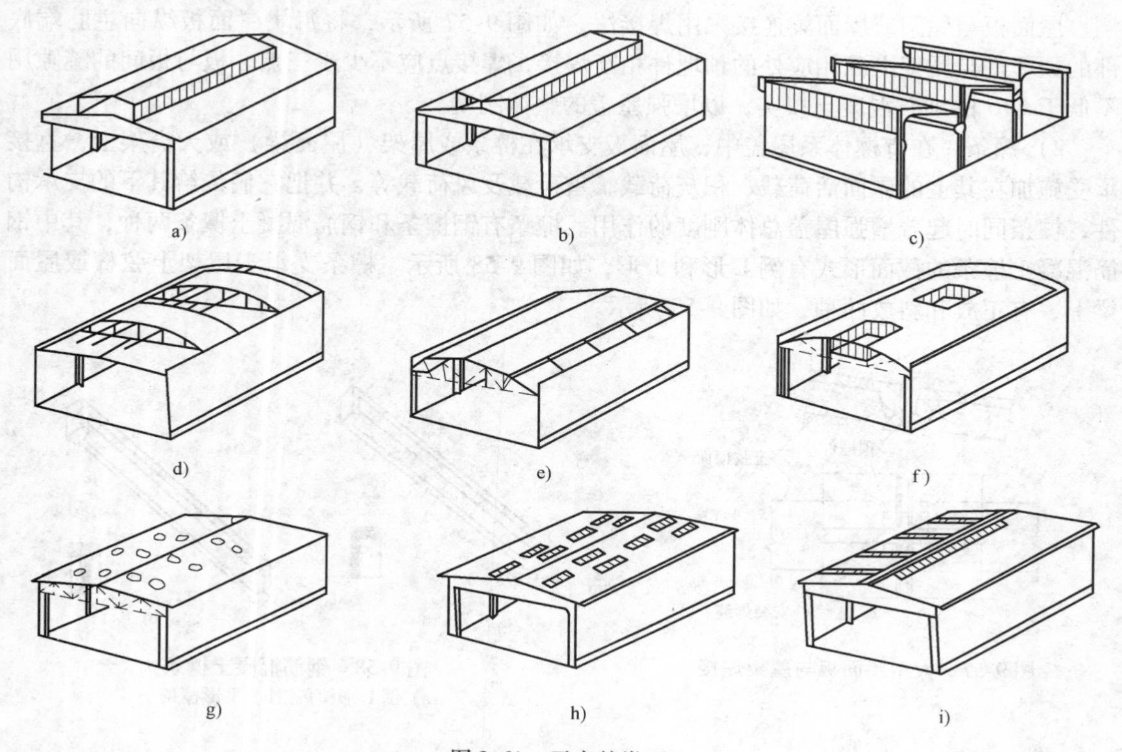

图 9-61 天窗的类型

a）矩形天窗 b）M 形天窗 c）锯齿形天窗 d）横向下沉式天窗 e）纵向下沉式天窗 f）井式天窗 g）采光板平天窗 h）采光罩平天窗 i）采光带平天窗

根据功能划分，天窗有采光天窗与通风天窗两大类型。主要用于采光的有矩形天窗、锯齿形天窗、平天窗、横向下沉式天窗等；主要用于通风的有矩形避风天窗、纵向或横向下沉式天窗、井式天窗、M 形天窗。

（1）上凸式天窗 上凸式天窗是单层厂房中采用最多的一种，尤其是矩形天窗，南北方均适用。矩形天窗主要由天窗架、天窗屋面板、天窗端壁、天窗侧板、天窗扇等构件组成。矩形天窗构造如图 9-62 所示。

1）天窗架。天窗架是天窗的承重结构，它直接支承在屋架上，天窗架的材料与屋架相同，常用钢筋混凝土天窗架和钢天窗架。天窗架的宽度根据采风和通风要求，一般为厂房跨度的 1/3～1/2 左右，且应尽可能将天窗架支承在屋架的节点上。目前，常采用钢筋混凝土天窗架。

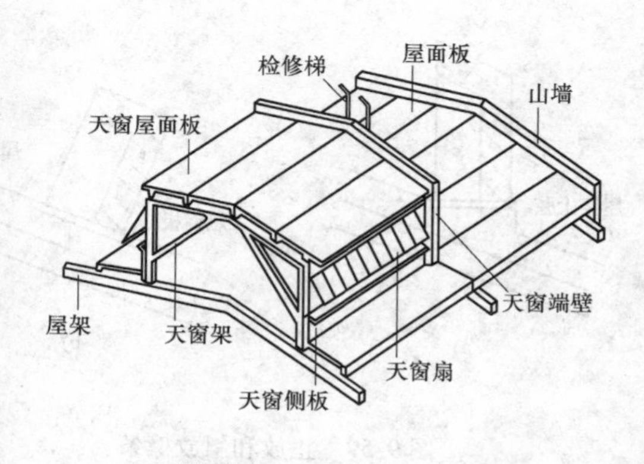

图 9-62 矩形天窗构造

钢筋混凝土天窗架一般由两榀或三榀预制构件拼接而成，各榀之间采用螺栓连接，支脚与屋架采用焊接。天窗架的拼接及与屋架连接如图 9-63 所示。

天窗架的高度应根据采光和通风的要求，并结合所选用的天窗扇尺寸确定，一般高度为宽度的 0.3 ~0.5。

2）天窗扇。天窗扇有钢制和木制两种。钢天窗扇具有耐久、耐高温、重量轻、挡光少、不宜变形、关闭严密等优点，因此，工业建筑中多采用钢天窗扇。

3）天窗檐口。一般情况下，天窗屋面的构造与厂房屋面相同。天窗檐口常采用无组织排水，由带挑檐的屋面板构成，挑出长度一般为 300 ~500mm。

4）天窗侧板。天窗侧板是天窗窗口下部的围护构件，其主要作用是防止屋面上的雨水流入或溅入室内。天窗侧板应高出屋面不小于 300mm。

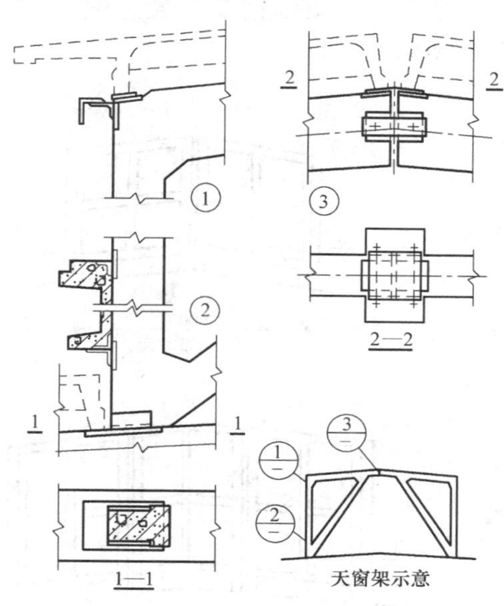

图 9-63 天窗架的拼接及与屋架连接

侧板的形式有两种。当屋面为无檩体系时，采用钢筋混凝土侧板，侧板长度与屋面板长度一致；当屋面为有檩体系时，侧板可采用石棉水泥波瓦等轻质材料。侧板安装时向外稍倾斜，以利排水，侧板与屋面交接处应做好泛水处理。天窗侧板及檐口如图 9-64 所示。

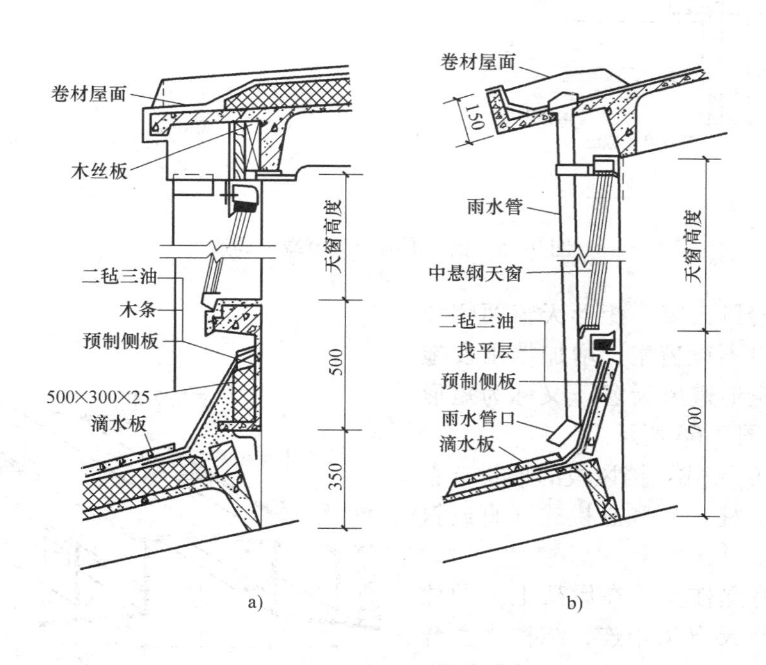

图 9-64 天窗侧板及檐口

a）无组织排水檐口及天窗侧板 b）有组织排水天窗檐口及天窗侧板

5）天窗端壁。天窗两端的山墙称为天窗端壁，其作用是支承天窗屋面板，围护天窗端部。天窗端壁有预制钢筋混凝土端壁和石棉水泥瓦端壁。钢筋混凝土天窗端壁构造如图 9-65所示。

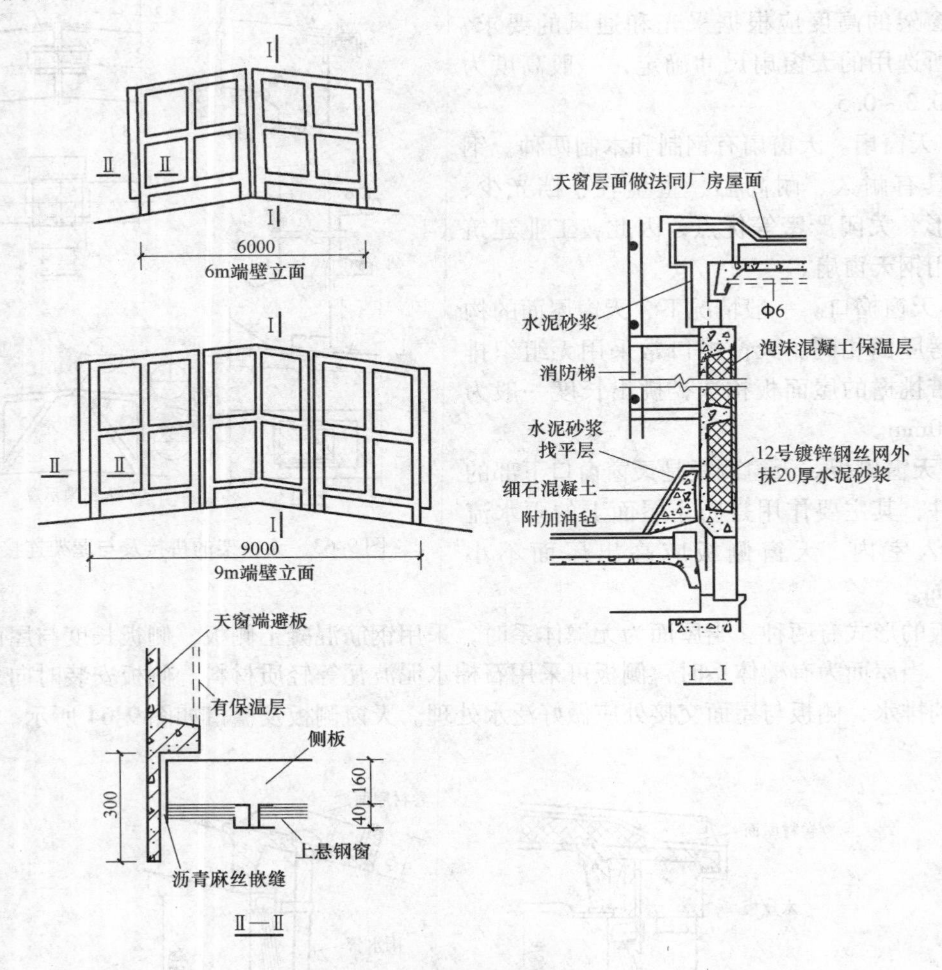

图 9-65 钢筋混凝土天窗端壁构造

(2) 矩形避风天窗 矩形天窗两侧加设挡风板，窗口不设窗扇，增加挡雨设施的天窗，称为矩形避风天窗（又称为矩形通风天窗），如图 9-66 所示。

1）挡风板的形式。挡风板的形式有立柱式（直或斜立柱式）和悬挑式（直或斜悬挑式）。

立柱式是将立柱支承在屋架上弦的柱墩上，用支撑与天窗架相连，结构受力合理，但挡风板与天窗之间的距离受屋面板排列的限制，立柱处防水处理较复杂。

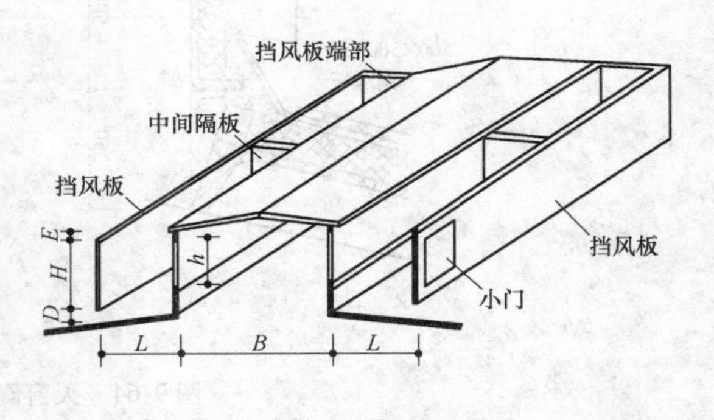

图 9-66 矩形避风天窗

悬挑式的支架固定在天窗架上，挡风板与屋面板脱开，处理灵活，适用于各类屋面，但增加了天窗架的荷载，对抗震不利。挡风板可向外倾斜或垂直设置，向外倾斜的挡风板，倾角一般与水平面成50°~70°，当风吹向挡风板时，可使气流大幅度飞跃，从而增加抽风能力，通风效果比垂直的好。

挡风板常采用石棉波形瓦、钢丝网水泥瓦、瓦楞铁等轻型材料，用螺栓将瓦材固定在檩条上。檩条有型钢和钢筋混凝土两种，其间距视瓦材的规格而定。檩条焊接在立柱或支架上，立柱与天窗架之间设置支撑使其保持稳定。立柱式挡风板构造如图9-67所示。

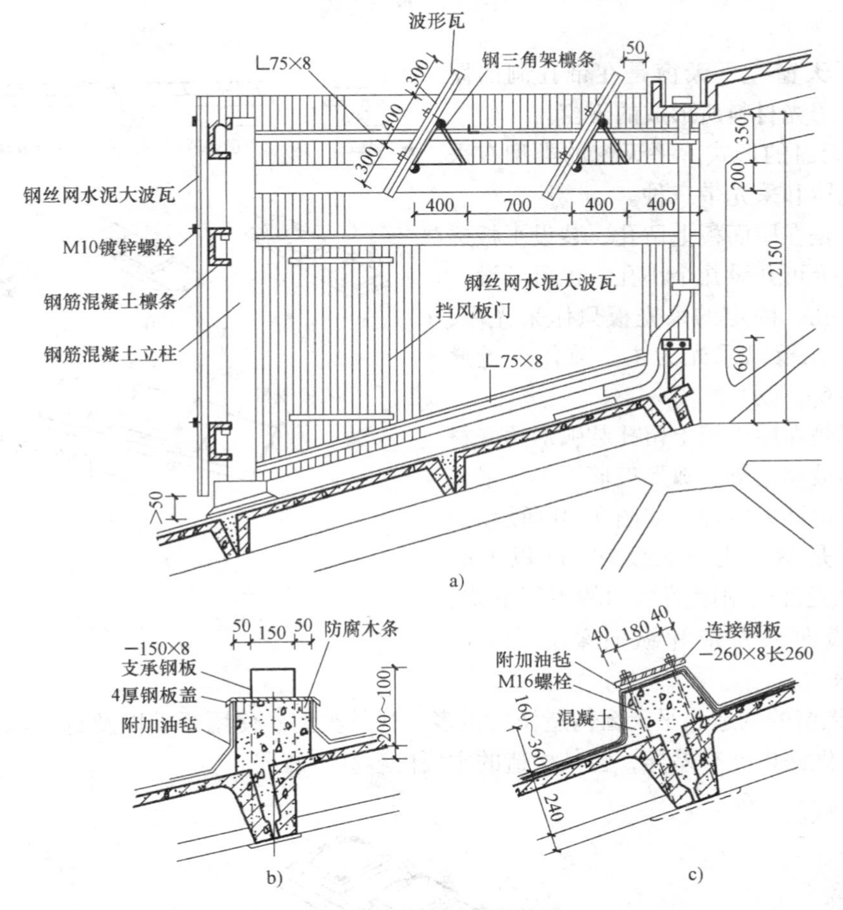

图9-67　立柱式挡风板构造

a）立柱式钢丝水泥大波瓦挡风板构造　b）用于直立柱柱墩　c）用于斜立柱柱墩

2）挡雨设施。挡雨设施设大挑檐方式，使水平口的通风面积减小。垂直口设挡雨板时，挡雨板与水平夹角 α 越小通风越好，但不宜小于15°。水平口设挡雨片时，通风阻力较小，是较常用的方式，挡雨片与水平面的夹角 α 多采用60°。挡雨片高度一般为200~300mm。在大风多雨地区和对挡雨要求较高时，可将第一个挡雨片适当加长，如图9-68所示。

当用石棉水泥波瓦作挡雨片时，常用型钢或钢三角架做檩条，两端置于支撑上，水泥波瓦挡雨片固定在檩条上。

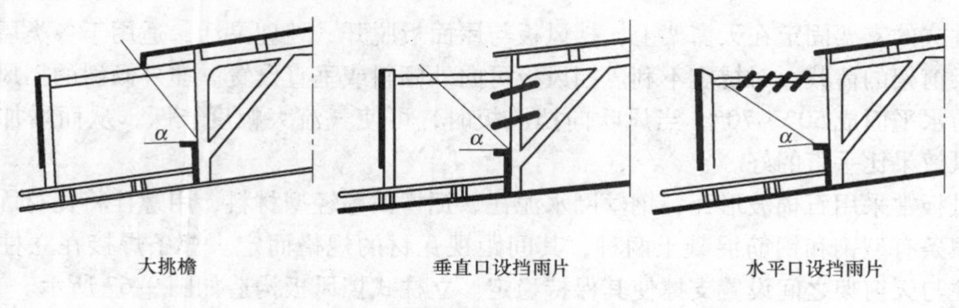

图 9-68 挡雨设施

(3) 平天窗 平天窗是在带孔洞的屋面板上安装透光材料所形成的天窗。

1) 平天窗的形式。平天窗的类型有采光板、采光罩和采光带三种。

采光板是在屋面板上留孔，装设平板透光材料。板上可开设几个小孔，也可开设一个通长的大孔。固定的采光板只作采光用，可开启的采光板以采光为主，兼作少量通风，如图 9-69 所示。

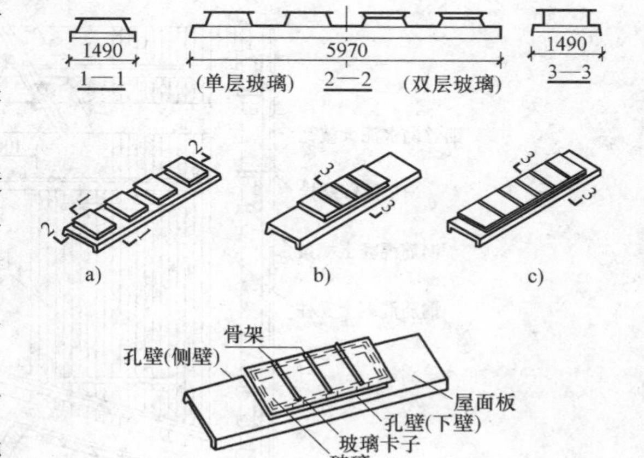

图 9-69 采光板
a) 小孔采光板 b) 中孔采光板
c) 大孔采光板 d) 采光板组合

采光罩是在屋面板上留孔装弧形透光材料，如弧形玻璃钢罩、弧形玻璃罩等。采光罩有固定和可开启两种，如图 9-70 所示。

采光带是指采光口长度在 1m 以上的采光口。采光带根据屋面结构的不同形式，可布置成横向采光带和纵向采光带，如图 9-71所示。

2) 平天窗的构造。平天窗构造做法很多，视其类型、使用要求以及材料和施工具体情况的不同，做法也略有差异，但其构造的主要内容基本相同。

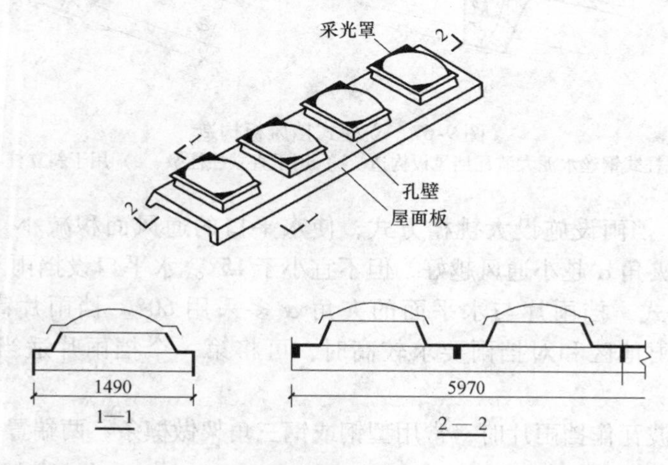

图 9-70 采光罩

① 井壁是平天窗采光口四周凸起的边框。平天窗在采光口周围做井壁泛水，井壁上安放透光材料，泛水高度一般为150～200mm，井壁有垂直和倾斜两种。井壁可用钢筋混凝土、薄钢板、塑料等材料制成。预制井壁现场安装，工业化程度高，施工快，但应处理好与屋面板之间的缝隙，以防漏水。平天窗井壁构造如图9-72所示。

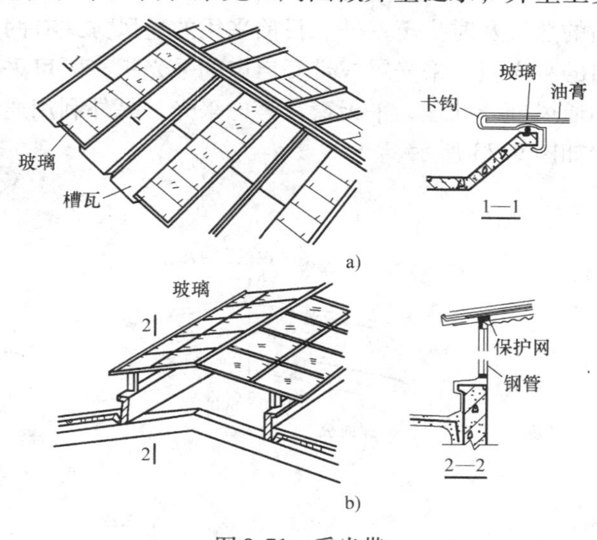

图9-71 采光带
a）横向采光带 b）纵向采光带

② 玻璃与井壁之间的缝隙是防水的薄弱环节，可用聚氯乙烯胶泥或建筑油膏等弹性较好的材料垫缝，不宜用油灰等易干裂材料。

③ 防太阳辐射和眩光。平天窗受直射阳光强度大，时间长，如果采用一般的平板玻璃和钢化玻璃等透光材料，会使车间内过热并产生眩光，有损视力，从而影响安全生产和产品质量。因此，应优先选用扩散性能好的透光材料，如磨砂玻璃、乳白玻璃、夹丝压花玻璃、玻璃钢等，也可在玻璃下面加浅色遮阳格卡，以减少直射光，增加扩散效果。

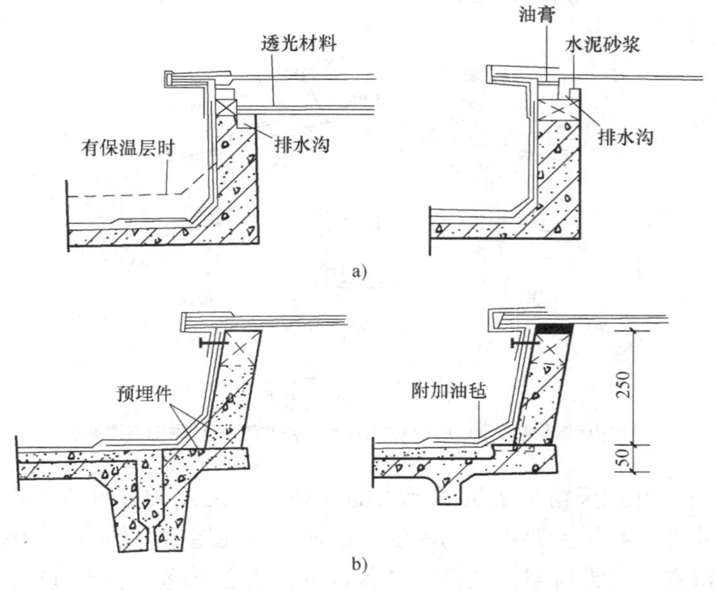

图9-72 平天窗井壁构造
a）整浇井壁 b）预制井壁

④ 安全防护。为防止冰雹或其他原因破坏玻璃，保证生产安全，可采用夹丝玻璃。若采用非安全玻璃（如普通平板玻璃、磨砂玻璃、压花玻璃等），须在玻璃下加设一层金属安全网。

⑤ 通风措施。南方地区采用平天窗时，必须考虑通风、散热措施，使滞留在屋盖下表面的热气及时排至室外。目前采用的通风方式有两类：一是采光和通风结合处理，采用可开启的采光板、采光罩或带开启扇的采光板，既可采光又可通风，但使用不够灵活；二是采光和通风分开处理，平天窗只考虑采光，另外利用通风屋脊解决通风，但构造较复杂。通风屋脊如图 9-73 所示。

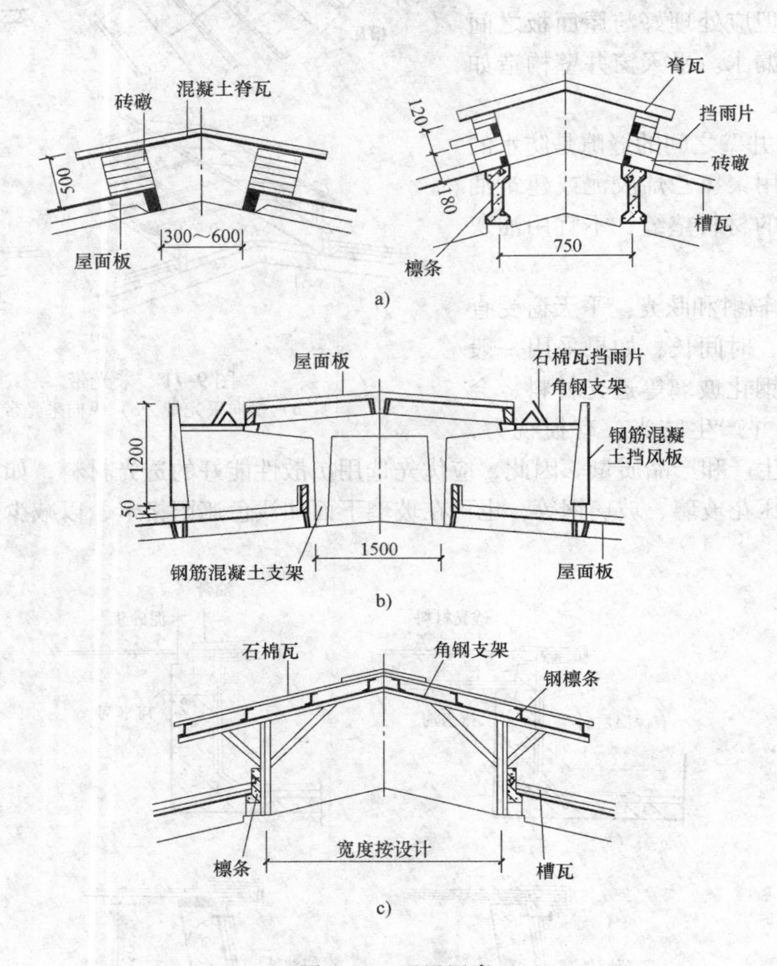

图 9-73　通风屋脊

a）用砖墩架空　b）用钢筋混凝土支架架空　c）用钢支架架空

（4）井式天窗　井式天窗是下沉式天窗的一种。下沉式天窗是将铺在屋架上弦的部分屋面板移到下弦铺设，利用屋架本身的高度，组成凹嵌在屋架中的一种天窗。与上凸式天窗相比，下沉式天窗省去了天窗架，减轻了屋盖自重，重心下降，利于抗震，且能改善日照和采光，但其构造较为复杂，室内空间高度降低，下沉部分不宜清扫积雪和灰尘。井式天窗构造如图 9-74 所示。

1）井式天窗的布置方式。井式天窗的布置方式有三种：单侧布置、两侧对称布置或两侧错开布置、跨中布置。单侧或两侧布置的通风效果好，排水、清灰容易，但采光效果差。跨中布置通风效果差，排水、清灰麻烦，但采光效果好，如图 9-75 所示。

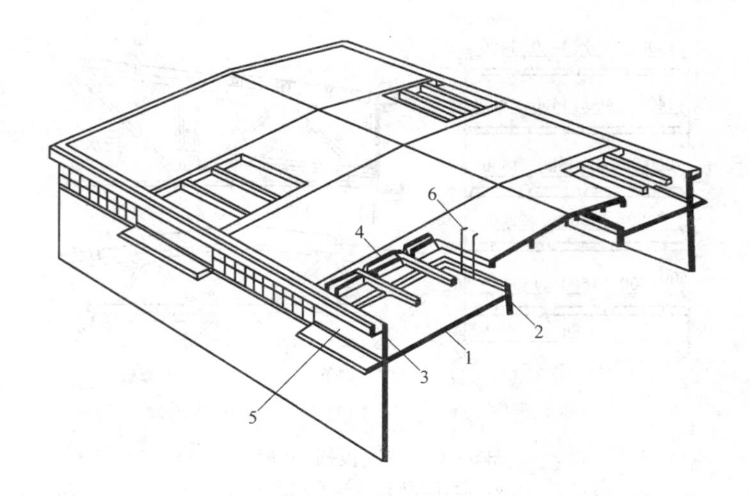

图 9-74 井式天窗构造

1—井底板 2—檩条 3—檐沟 4—挡雨片 5—挡风侧墙 6—铁梯

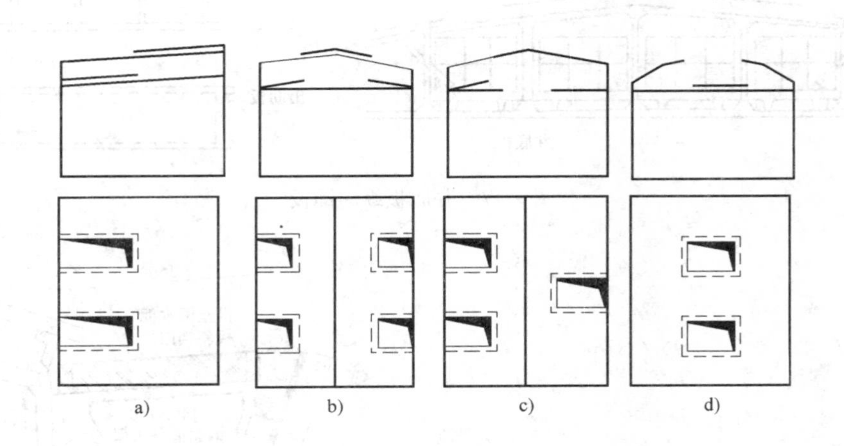

图 9-75 井式天窗布置形式

a）单侧布置 b）两侧对称布置 c）两侧错开布置 d）跨中布置

2）井底板铺设。井底板位于屋架下弦，搁置的方法有两种：横向铺板和纵向铺板。横向铺板是在双竖杆或无竖杆屋架下弦节点上搁置檩条，檩条上铺设井底板，井底板边缘应做约 300mm 高的泛水。横向铺板构造简单，施工方便，使用较为广泛，如图 9-76 所示。纵向铺板是把井底板直接搁置在屋架下弦上，省去檩条，增加了天窗垂直口净空的高度，但有的板端与屋架腹杆相碰，为此，一般采用非标准的出肋板或卡口板，如图 9-77 所示。

3）挡雨设施。井式天窗通风口一般做成开敞式，不设窗扇，但井口必须设置挡雨设施，做法有：井上口挑檐、设挡雨片、垂直口设挡雨板等。由于井上口挑檐影响通风效果，因此，多采用井上口设挡雨片的方法。钢丝网水泥挡雨板安装构造如图 9-78 所示。

4）窗扇设置。如果厂房有保暖要求，可在垂直口或水平口设置窗扇，窗扇多为钢窗扇。沿厂房纵向的垂直口，可以安设上悬或中悬窗扇；与厂房长度方向垂直的横向垂直口，由于受屋架腹杆的影响，只能设置上悬窗扇。

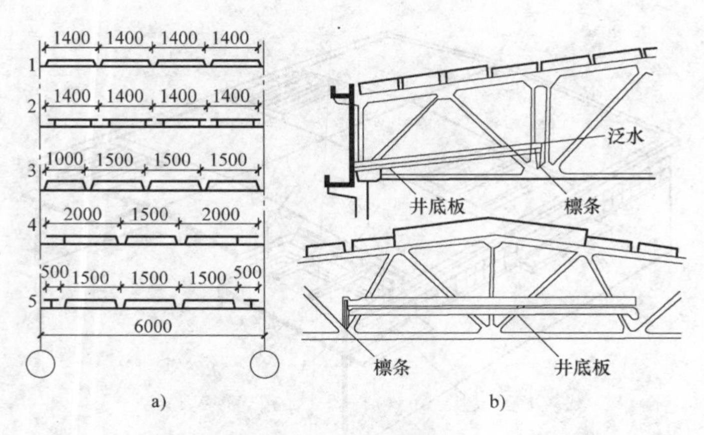

图 9-76　井底板横向铺设

a）柱距方向　b）跨度方向

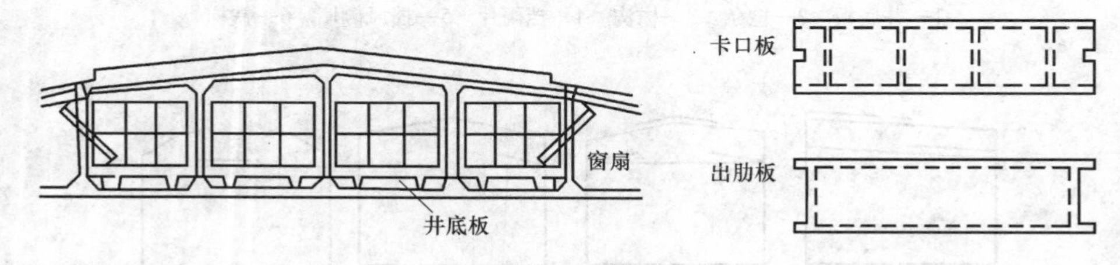

图 9-77　井底板纵向铺设

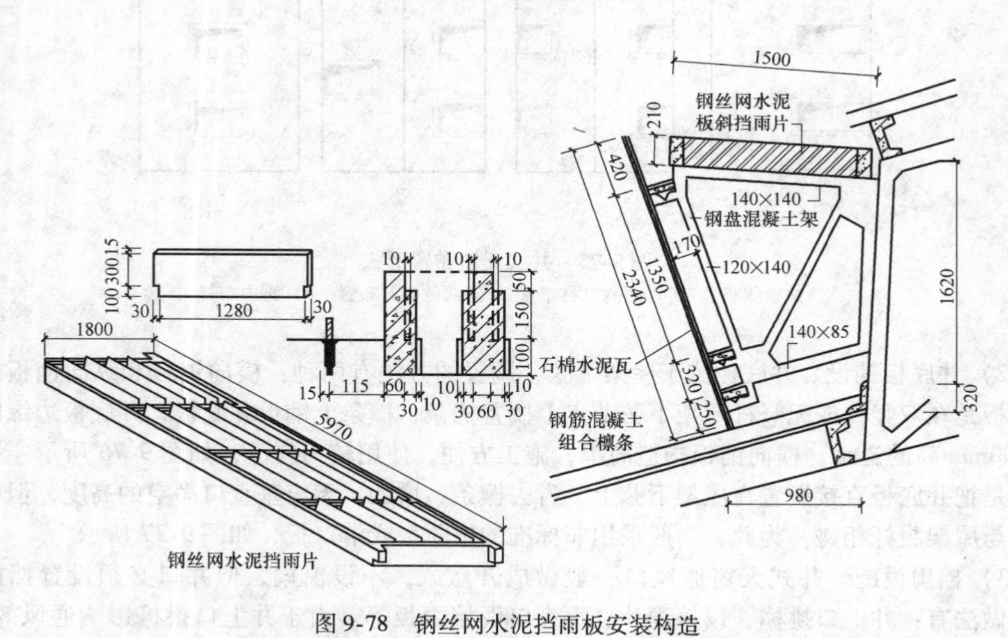

图 9-78　钢丝网水泥挡雨板安装构造

受屋架坡度的影响，井式天窗横向垂直口是倾斜的，窗扇有两种做法：一种是矩形窗扇，可用标准窗组合，制作简单，但受力不合理，耐久性较差；另一种是平行四边形窗扇，受力合理，但制作复杂。垂直口设窗扇如图 9-79 所示。

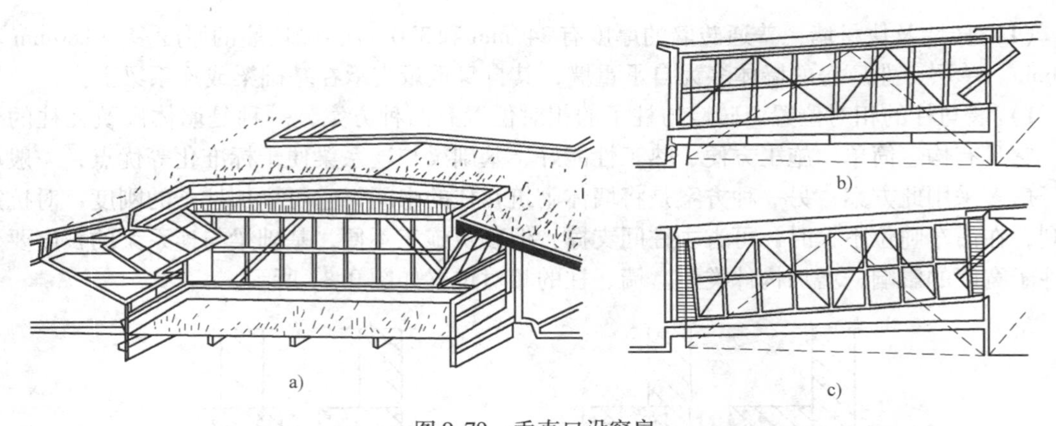

图 9-79　垂直口设窗扇

a）中井式设窗扇　b）边井式垂直口平行四边形窗扇　c）边井式垂直口矩形窗扇

5）排水措施。井式天窗排水包括井口处的上层屋面板排水和下层井底板排水，构造较复杂。井式天窗有无组织排水、单层天沟排水、双层天沟排水等多种排水方式，可根据当地降雨量、车间灰尘量、天窗大小等情况进行选择，如图 9-80 所示。

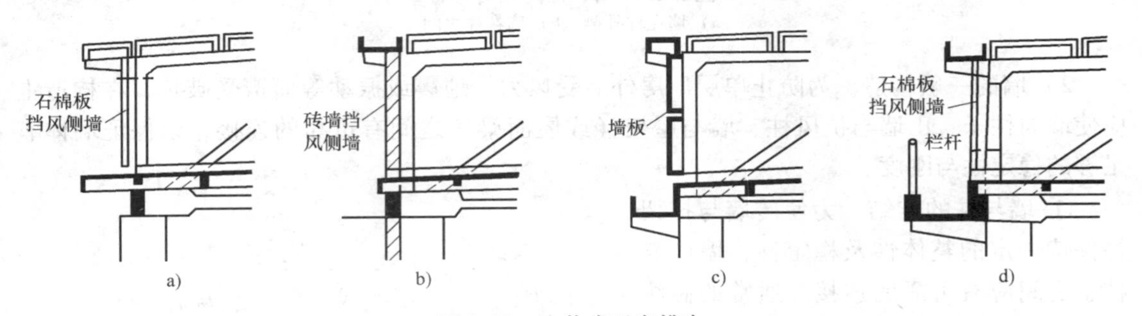

图 9-80　边井式天窗排水

a）无组织排水　b）上层通长天沟排水　c）下层通长天沟排水　d）双层天沟排水

① 无组织排水。上下层屋面均做无组织排水，井底板的雨水经挡风板与井底板的空隙流出，构造简单，施工方便，适用于降雨量不大的地区。

② 单层天沟排水。一种是上层屋檐做通长天沟，下层井底板做自由落水，适用于降雨量较大的地区；另一种是下层设置通长天沟，上层自由落水，适用于烟尘量大的热车间及降雨量大的地区。天沟兼做清灰走道时，外侧应加设栏杆。

③ 双层天沟排水。在雨量较大的地区及灰尘较多的车间，采用上下两层通长天沟有组织排水。这种形式构造复杂，用料较多。

五、外墙及其他构造

1. 外墙

单层工业厂房的墙体包括外墙、内墙和隔墙。其中，外墙的长度、高度均比较大，而厚度较小。外墙要承受较大的风荷载和机械设备的振动，因此，墙身的刚度和稳定性应有可靠的保证。

单层厂房的外墙根据材料的不同，分为砖墙、砌块墙、板材墙、轻质板材墙和开敞式外墙。

（1）砖墙及块材墙　普通砖墙的厚度有240mm和370mm，砌块墙的厚度多为180mm和190mm。单层工业厂房的墙体多为自承重墙，其自身重量支承在基础梁或连系梁上。

1）墙与柱的相对位置。砖墙与柱子的相对位置有两种方案，一种是墙体砌筑在柱的外侧，它具有构造简单、施工方便、热工性能好、基础梁与连系梁便于标准化等优点，一般单层厂房多采用此方案；另一种方案是将墙体砌筑在柱的中间，它可增加柱子的刚度，对抗震有利，在吊车吨位不大时，可省去柱间支撑，但砌筑施工不便，基础梁与连系梁的长度要受到柱子宽度的影响，增加构件类型。墙、柱的相对位置如图9-81所示。

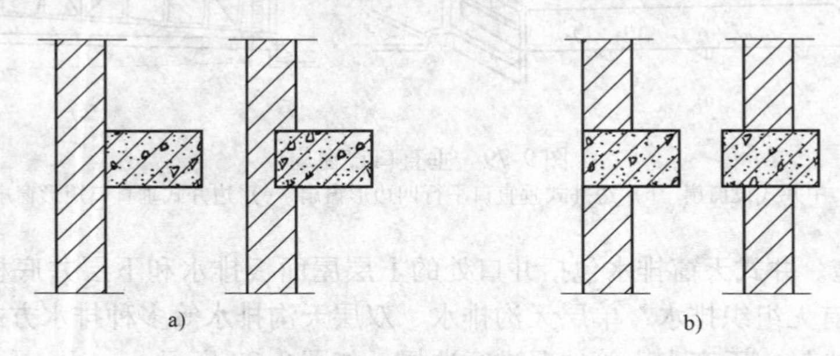

图9-81　墙、柱的相对位置
a）墙在柱外侧　b）墙在柱之间

2）墙的一般构造。为防止单层厂房外墙受风力、地震或振动等而遭受破坏，在构造上应使墙与柱子、山墙与抗风柱、墙与屋架（或屋面梁）之间有可靠的连接，以保证墙体有足够的稳定性与刚度。

① 墙与柱的连结。为使砖墙与排架柱保持一定的整体性及稳定性，墙体与柱子之间应有可靠的连接。通常的做法是沿柱子高度方向，每隔500～600mm甩出两根Φ6的钢筋（伸出长度为450mm），砌墙时砌入墙内。墙与柱的连结如图9-82所示。

② 墙与屋架的连接。通常是在屋架的上下弦或屋面梁预埋钢筋拉结砖墙。在屋架的腹杆不便预埋钢筋时，可在预埋钢板上焊接钢筋。墙与屋架的连结如图9-83所示。

③ 山墙与屋面板的连结。山墙女儿墙处，须在每块屋面板的纵缝内设置2Φ8钢筋，砌入女儿墙。山墙与屋面板的连结如图9-84所示。

④ 墙身变形缝。伸缩缝的缝宽一般为20～30mm；沉降缝的缝宽一般为30～50mm；抗震缝的缝宽一般为50～90mm；

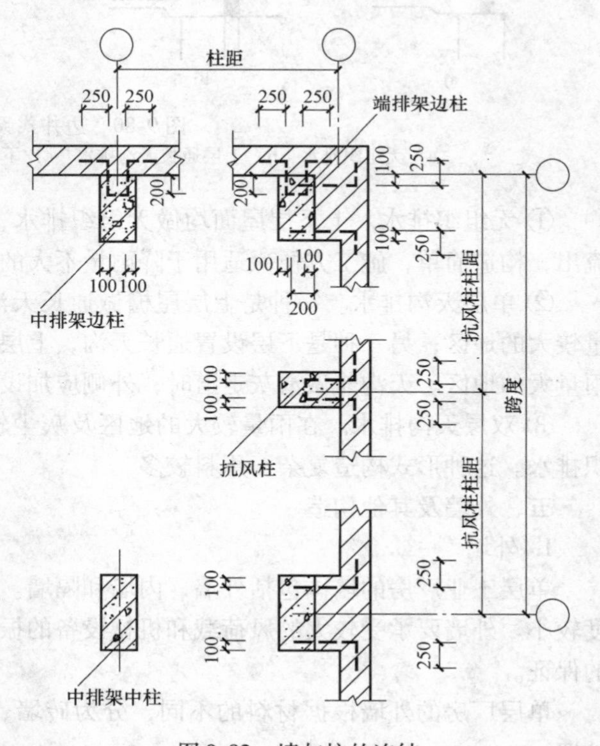

图9-82　墙与柱的连结

在厂房纵横跨交接处设缝时，缝宽宜取100～150mm。缝内填沥青麻丝或沥青木丝板，板缝表面用26号镀锌薄钢板或1mm厚铝板盖缝。外墙沉降缝、防震缝构造如图9-85所示，外墙伸缩缝构造如图9-86所示。

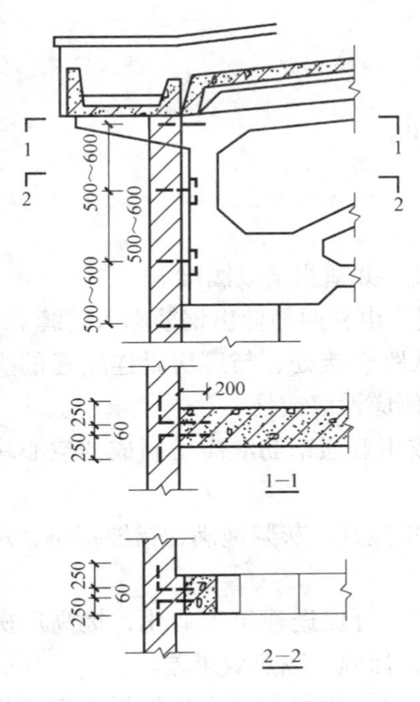

图9-83　墙与屋架的连结

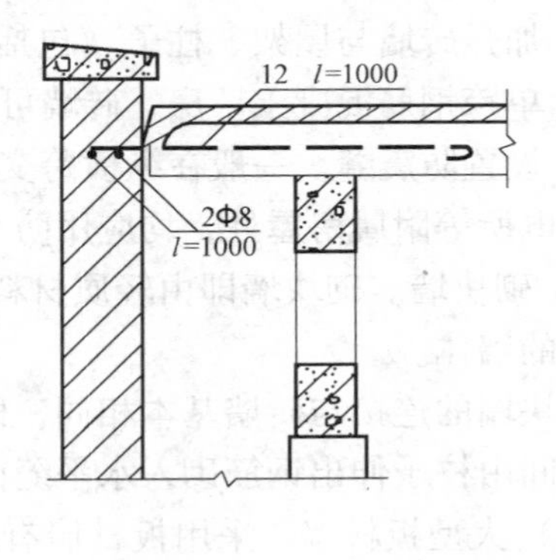

图9-84　山墙与屋面板的连结

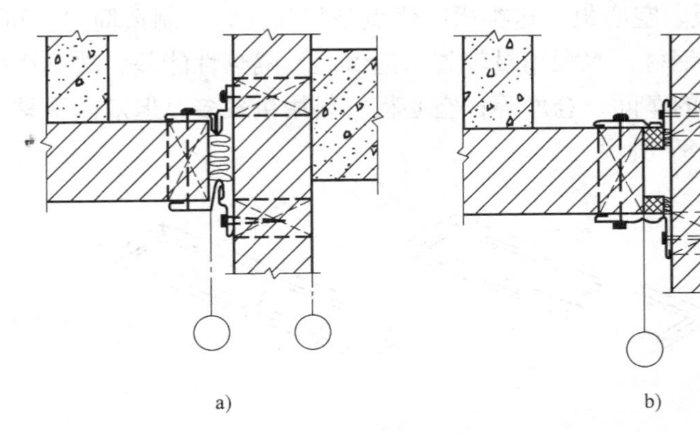

图9-85　外墙沉降缝、防震缝构造
a）外墙沉降缝构造　b）外墙防震缝构造

3）墙的抗振与抗震措施。震区厂房和有振源产生的车间，除满足一般构造要求外，还需采取必要的抗振和抗震措施。

① 用轻质板材代替砖墙，特别是高低跨相交处的高跨封墙以及山墙山尖部位应尽量采用轻质板材。山墙少开门窗，侧墙第一开间不宜开门窗。

② 尽量不做女儿墙，在7度、8度地震区，若无锚固措施，做女儿墙时，高度不应超过

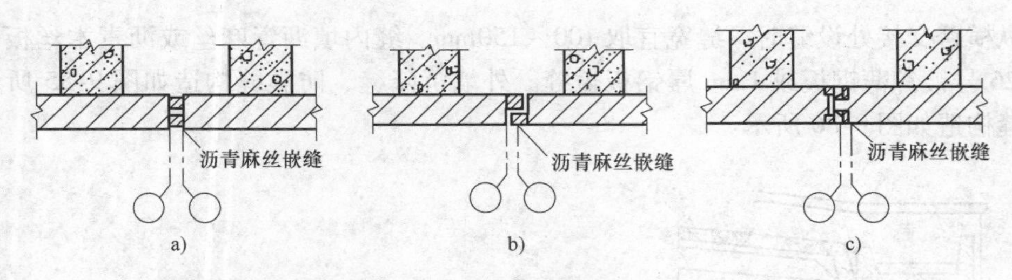

图 9-86 外墙伸缩缝构造
a）平缝 b）高低缝 c）企口缝

500mm，9 度区不应做无锚固女儿墙。

③ 加强砖墙与屋架、柱子（包括抗风柱）的连接，并适当增设圈梁。

④ 单跨钢筋混凝土厂房，砖墙可嵌砌在柱子之间，由柱两侧伸出钢筋砌入砖缝。

⑤ 设置防震缝。一般在纵横跨交接处、纵向高低跨交接处、与厂房毗连贴建的生活间以及变电所等附属房屋处，均应用防震缝分开，缝两侧应设墙或柱。

4）砌块墙。砌块墙即由轻质材料制成的块材，或用普通钢筋混凝土制成的空心块材砌筑而成的墙体。

砌块墙的连接与砖墙基本相同，即块材砌筑要横平竖直，灰浆饱满，错缝搭接，块材与柱子之间由柱子伸出钢筋砌入水平缝内，实现锚拉。

（2）大型板材墙 采用板材墙有利于墙体的改革，可促进建筑工业化，提高厂房的抗震性，但用钢量较大、造价偏高，接缝不易保证质量、保温、隔热效果差。

1）墙板的类型。根据构造和材料的不同，墙板可分为钢筋混凝土槽形板或空心板、配筋轻混凝土墙板、复合墙板三种。

① 钢筋混凝土槽形板、空心板。这类板的优点是耐久性好，制造简单，可施加预应力。槽形板也称为肋形板，其钢材、水泥用量较省，但保温、隔热性能差，故只适用于某些热车间和保温、隔热要求不高的车间、仓库等；空心板材料用量较多，但双面平整，并有一定的保温、隔热能力，如图 9-87 所示。

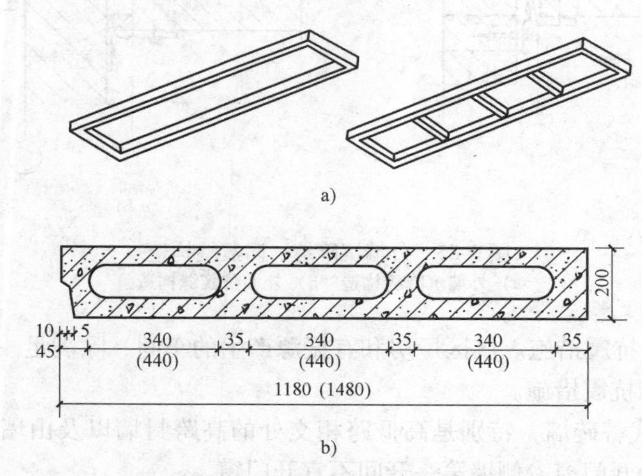

图 9-87 钢筋混凝土槽形板、空心板
a）槽形板 b）空心板

② 配筋轻混凝土墙板。这种板种类较多，如粉煤灰硅酸盐混凝土墙板、加气混凝土墙板等，它们的共同特点是比普通混凝土和砖墙轻，保温、隔热性能好，缺点是吸湿性较大，故必须加水泥砂浆等防水面层，如图 9-88 所示。

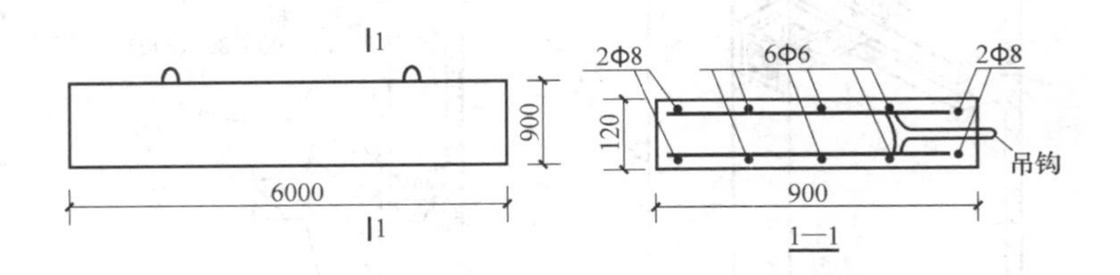

图 9-88　配筋轻混凝土墙板

③ 复合墙板。这种板是用钢筋混凝土、塑料板、薄钢板等材料做成骨架，其内填以矿毡棉、泡沫塑料、膨胀珍珠岩板等轻质保温材料而成。其特点是材料各尽所长，性能优良；主要缺点是制造工艺较复杂，如图 9-89 所示。

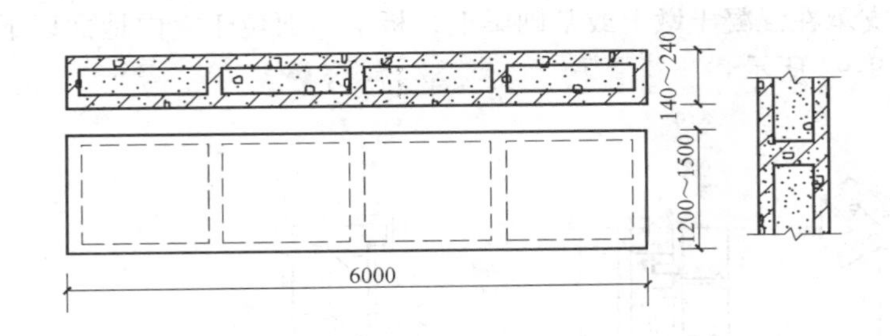

图 9-89　复合墙板

2）墙板的尺寸。墙板的长和高采用为扩大模数，板长有 4500mm、6000mm、7500mm（用于山墙）和 12000mm 四种，可适用于 6m 或 12m 柱距及 3m 整倍数的跨距；板高有 900mm、1200mm、1500mm 和 1800mm 四种；板厚以 20mm 为模数进级，常用厚度为 160～240mm。

3）墙板的布置。墙板排列的原则为应尽量减少所用墙板的规格类型。墙板可从基础顶面开始向上排列至檐口，最上一块为异形板；也可从檐口向下排，多余尺寸埋入地下；还可以柱顶为起点，由此向上和向下排列。

4）墙板与柱的连接。墙板与柱子的连接有柔性连接和刚性连接两种。

① 柔性连接。柔性连接是通过柱的预埋件和连接件进行墙板与柱的连接，墙板在垂直方向由钢支托支撑，水平方向用螺栓挂钩拉结固定，如图 9-90 所示，这种连接适用于地震区或地基下沉不均匀及有较大振动的厂房。

② 刚性连接。刚性连接指焊接连接，在墙板和柱子上设置预埋件，安装时用角钢将其焊接在一起，无需用钢支托，如图 9-91 所示。其特点是施工方便、能增加纵向刚度、连接件用钢量少，但墙板易产生裂缝，适用于 7 度及 7 度以下的地震区。

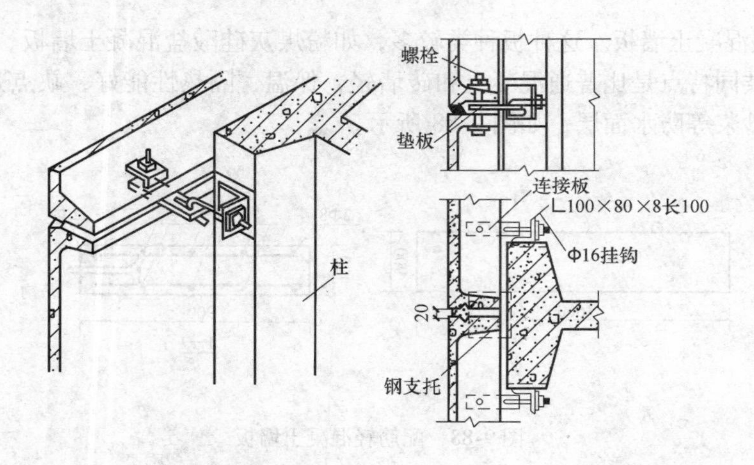

图 9-90 螺栓挂钩柔性连接构造

5）勒脚的构造。勒脚处，墙板埋入地下部分应进行防潮处理，轻混凝土墙板不宜埋入地下，可将墙板支承在混凝土墩上或基础梁上，板下表面位于室内地面以下 50mm。勒脚墙板建筑构造如图 9-92 所示。

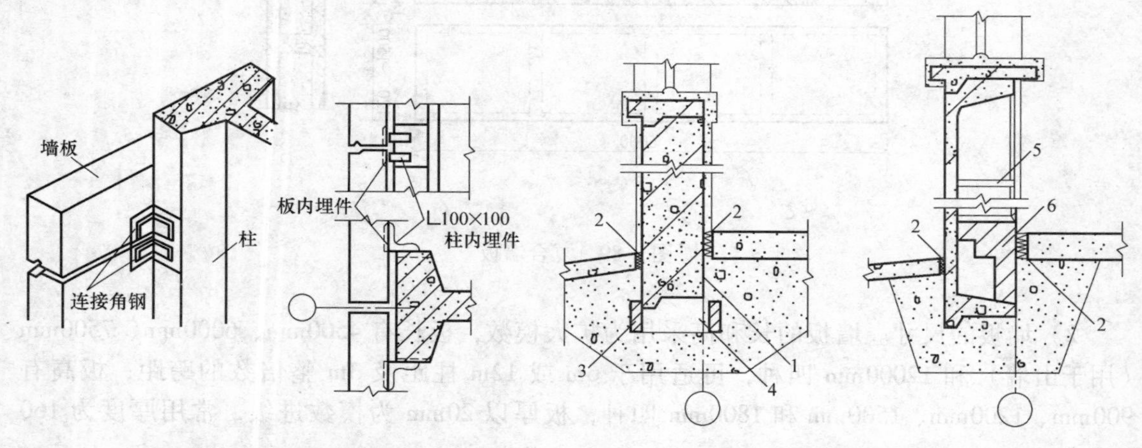

图 9-91 刚性连接构造

图 9-92 勒脚墙板建筑构造

1—表面刷热沥青 2—沥青麻丝填缝 3—砌砖
4—空隙 5—工具柜板 6—砖砌工具柜底

6）板缝处理。板缝有水平缝和垂直缝两种。根据不同的情况，板缝可以做出各种形式的缝型，如图 9-93 所示。

① 水平缝。水平缝主要是防止沿墙面下淌的雨水渗入墙内侧。其做法是用憎水材料（油膏、聚氯乙烯胶泥等）填缝，将混凝土等亲水材料表面刷防水涂料，并将外侧缝口敞开，使其不能形成毛细管作用。

② 垂直缝。垂直缝主要是防止风将水从侧面吹入和墙面水流入。由于垂直缝的胀缩变形较大，单用填缝的办法难以防止渗透，常配合其他构造措施以加强防水。

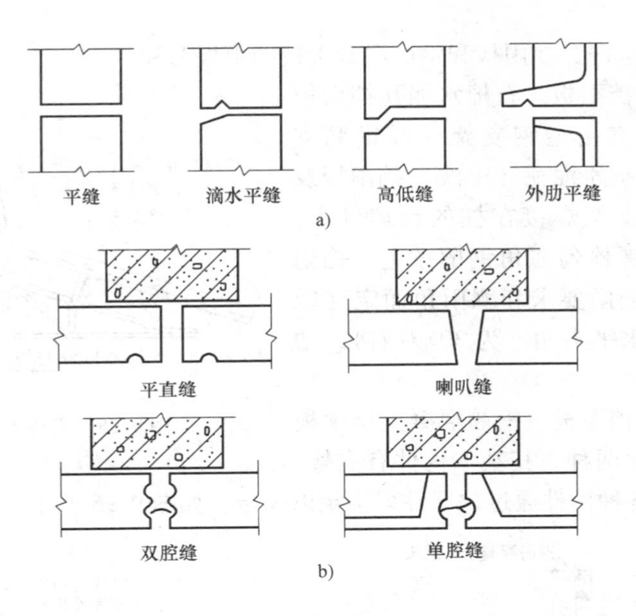

图9-93　板缝的形式
a）水平缝　b）垂直缝

（3）开敞式外墙　我国南方炎热地区及高温车间，为获得良好的自然通风，通常采用挡雨板或遮阳板在局部或全部代替房屋的围护墙，即开敞式外墙。开敞式外墙的布置如图9-94所示。

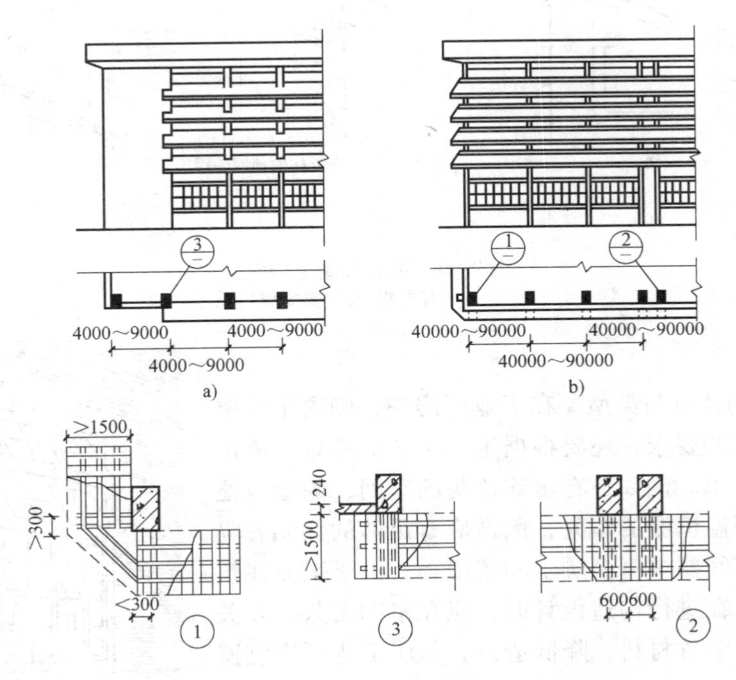

图9-94　开敞式外墙的布置
a）单面开敞式外墙　b）四面开敞式外墙

挡雨板有石棉水泥瓦挡雨板和钢筋混凝土板挡雨板两种。

1）石棉水泥瓦挡雨板。石棉水泥瓦挡雨板的特点是重量轻，它由型钢支架（或钢筋支架）、型钢檩条、石棉水泥瓦（中波）挡雨板及防溅板构成。型钢支架焊接在柱的预埋件上，石棉水泥瓦用弯钩螺栓勾在角钢檩条上。挡雨板垂直间距视车间挡雨要求和飘雨角而定（飘雨角一般取雨线与水平夹角，为30°左右），如图9-95所示。

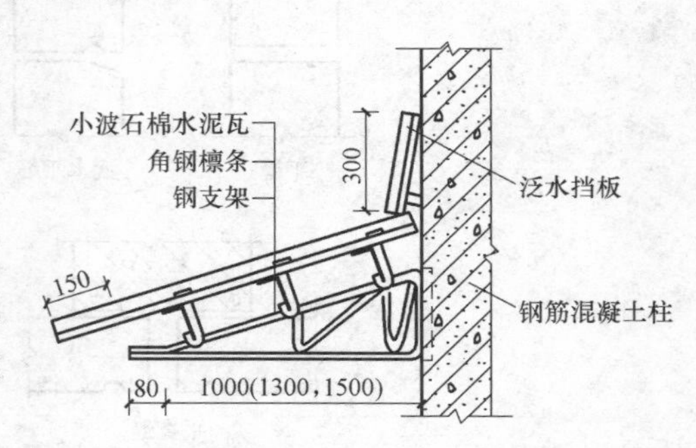

图9-95 石棉水泥瓦挡雨板

2）钢筋混凝土挡雨板。钢筋混凝土挡雨板分为有支架和无支架两种，其基本构件有支架、挡雨板和防溅板，各种构件通过预埋件焊接予以固定，如图9-96所示。

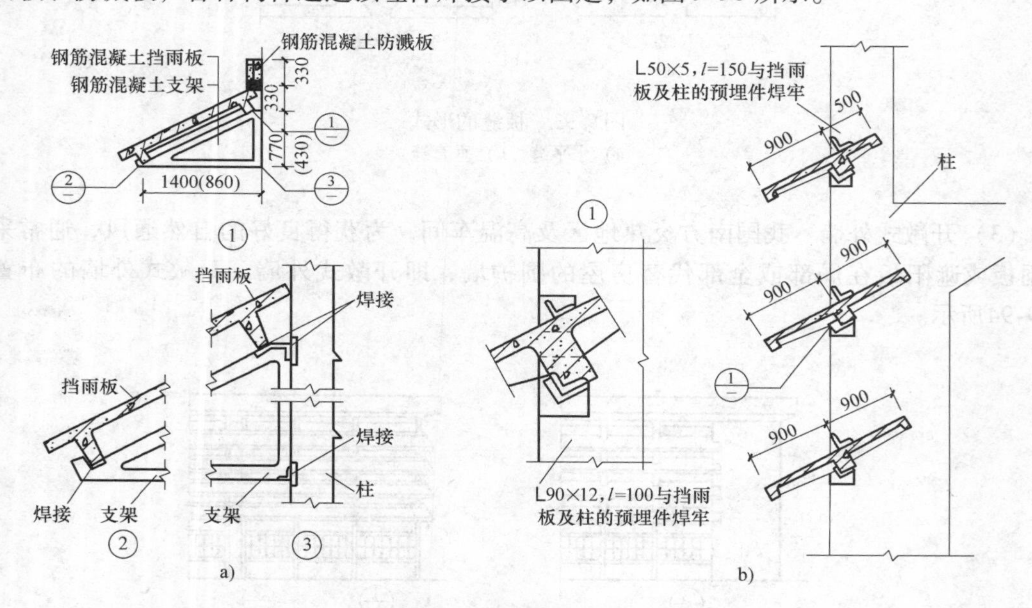

图9-96 钢筋混凝土挡雨板
a）有支架 b）无支架

2. 侧窗

（1）侧窗的特点与类型 在工业厂房中，侧窗不仅要满足采光和通风的要求，还要根据生产工艺的需要，满足其他一些特殊要求。例如，有爆炸危险的车间，侧窗应便于泄压；要求恒温恒湿的车间，侧窗应有足够的保温、隔热性能；洁净车间要求侧窗防尘和密闭等。由于工业建筑侧窗面积较大，在进行构造设计时，应在坚固耐久、开关方便的前提下，节省材料，降低造价。单层工业厂房侧窗如图9-97所示。

图9-97 单层工业厂房侧窗

工业建筑侧窗一般采用单层窗，只有在严寒地区4m

以下的高度范围内，或生产有特殊要求的车间（恒温、恒湿、洁净），才部分或全部采用双层窗。

工业建筑侧窗常用的开启方式有：平开窗、中悬窗、固定窗、垂直旋转窗等。

（2）侧窗的尺度　单层厂房的侧窗可布置成矩形窗或横向通长的带形窗，带形窗多用于装配式大型墙板厂房。侧窗洞口的尺寸应符合《建筑模数协调标准》的规定，以利于窗的设计、加工制作标准化和定型化。洞口宽度一般为 900 ~ 6000mm，其中，洞口宽度在 2400mm 以内时，以 300mm 为扩大模数进级，在 2400mm 以上时，以 600mm 为模数进级。洞口高度一般为 900 ~ 4800mm，其中，洞口宽度在 1200 ~ 4800mm 之间时，以 600mm 为扩大模数进级。

（3）侧窗的构造　单层工业厂房的侧窗，根据材料划分为木侧窗、钢侧窗和钢筋混凝土侧窗等。

1）木侧窗。工业建筑木侧窗的构造与民用建筑的木侧窗构造基本相同，但由于采光和通风的需要，厂房的侧窗面积较大，为了保证窗的整体刚度，窗料断面也随之增大，同时一个侧窗往往用几个基本窗拼框而成。考虑到我国木材紧缺的现状以及木侧窗使用中的问题，其应用有逐步被钢窗替代的趋势。木窗拼框节点如图 9-98 所示。

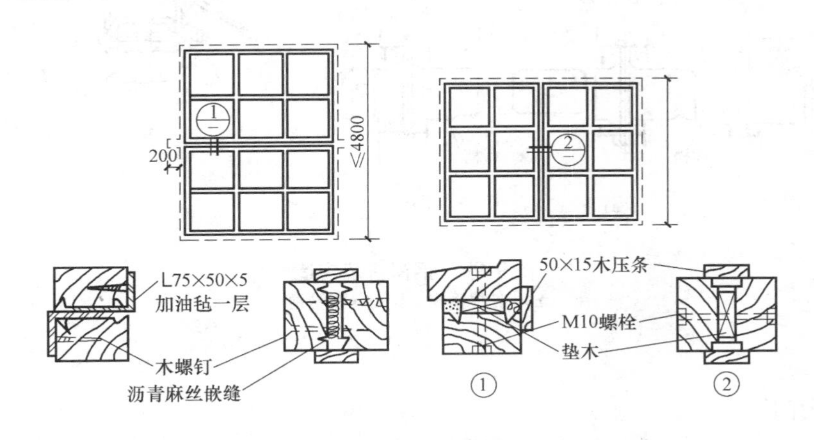

图 9-98　木窗拼框节点

2）钢侧窗。钢侧窗具有耐久、不易变形、关闭严密、透光率高等特点，在工业厂房中应用较广，但导热性大，耐腐蚀性差，不宜用于腐蚀性介质的车间。常见的钢侧窗有实腹钢窗和空腹钢窗。

① 实腹钢窗。工业厂房钢侧窗多采用高的标准钢窗型钢，它适用于中悬窗、固定窗和平开窗，窗口尺寸以 300mm 为模数。为便于制作和安装，基本钢窗的尺寸一般不宜大于 1800mm × 2400mm（宽 × 高）。大面积的钢侧窗须由若干个基本窗拼接而成，即组合窗。横向拼接时，左右窗框间须加竖梃，当仅有两个基本窗横向组合，洞口尺寸 ≤ 2400mm × 2400mm 时，可用 T 形钢作竖梃拼接。若有两个或两个以上基本窗横向组合，以及组合高度大于 2400mm 时，可用圆钢管作竖梃。竖向拼接时，当跨度在 1500mm 内，可用披水板作横档；跨度大于 1500mm 时，为保证组合窗的整体刚度和稳定性，须用角钢或槽钢作横档，以支承上部钢窗重量。组合窗中所有竖梃和横档两端必须插入窗洞四周墙体的预留洞内，并用

细石混凝土填实。实腹钢窗构造如图9-99a所示。

② 空腹钢窗。空腹钢窗是采用冷轧低碳带钢，经高频焊接轧制成形。它具有重量轻、刚度大等优点，与实腹钢窗相比，可节约钢材40%~50%，但不宜用于有酸碱介质腐蚀的车间。空腹钢窗构造如图9-99b所示。

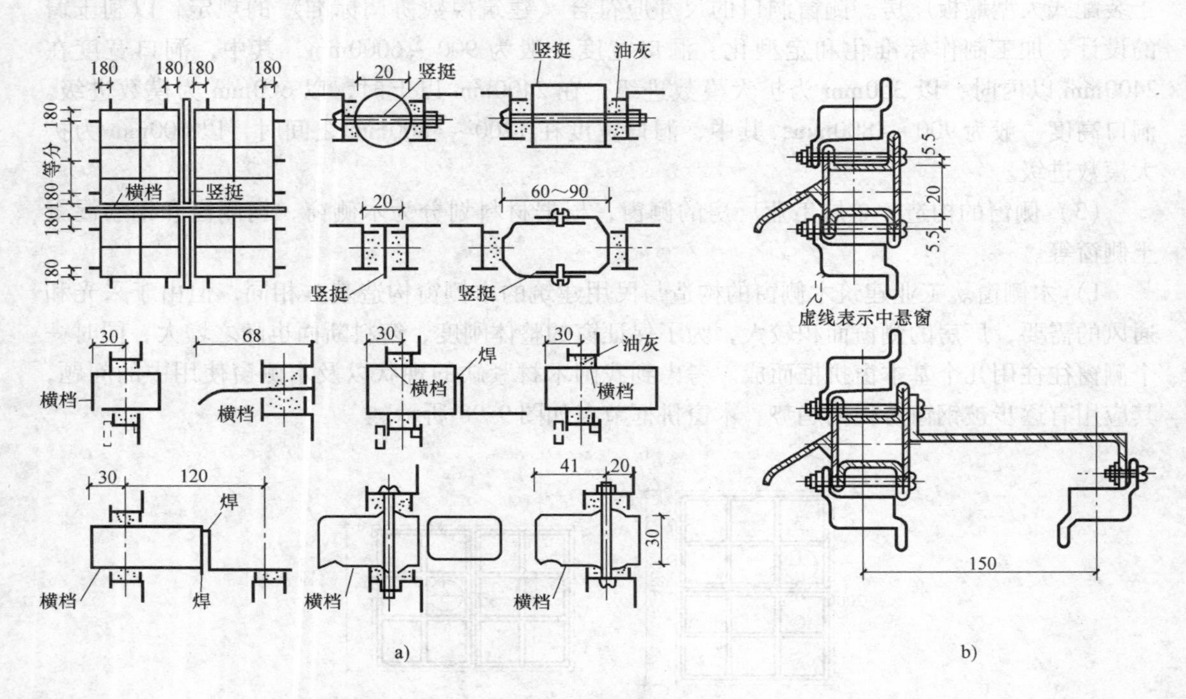

图9-99　钢窗拼装构造
a）实腹钢窗　b）空腹钢窗

3. 厂房大门

（1）大门的尺寸　厂房大门主要是供生产运输车辆及人员通行、疏散之用。门的尺寸应根据所需运输工具、运输货物的外形及考虑通行方便等因素而定。一般情况下，门的宽度应比满载货物的车辆宽600~1000mm，高度应高出400~600mm。大门的尺寸以300mm为模数。

（2）大门的类型　根据用途，大门分为一般大门和有特殊要求的大门；根据门的开启方式，可分为平开门、推拉门、折叠门、升降门、卷帘门及上翻门等，如图9-100所示；根据门扇的材料，可分为木门、钢板门、铝合金门等。

（3）大门的构造　工业厂房各类大门的构造各不相同，一般均有标准图可供选择。

1）平开门。平开门的洞口尺寸一般不宜大于3.6m×3.6m，当门的面积大于5m^{2}时，宜采用角钢骨架。大门门框有钢筋混凝土和砖砌两种。当门洞宽度大于3.6m时，采用钢筋混凝土门框，在安装铰链处预埋件。洞口较小时，可采用砖砌门框，墙内砌入有预埋件的混凝土块，砌块的数量和位置应与门扇上铰链的位置相适应。一般情况下，每个门扇设两个铰链。平开钢木大门构造如图9-101所示。

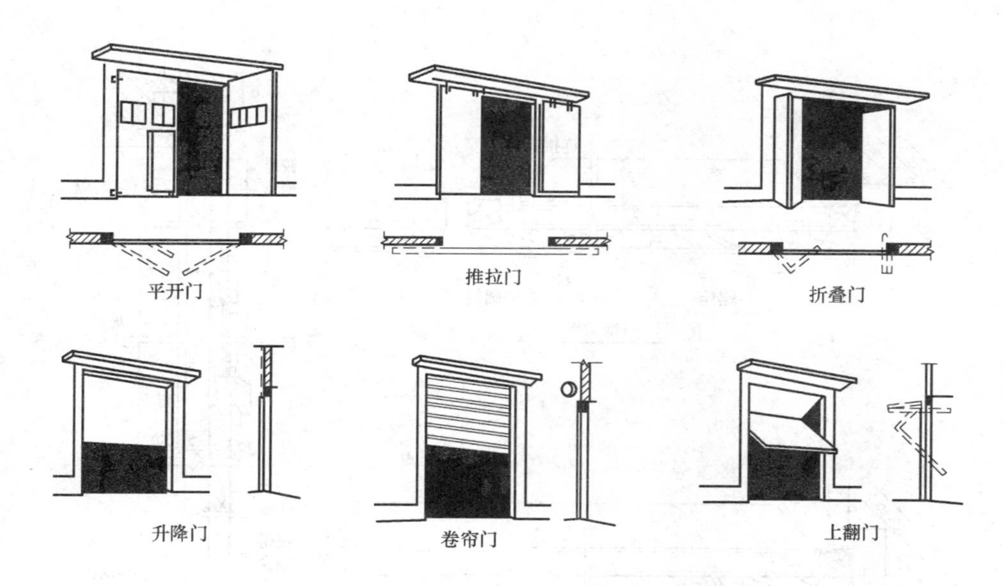

图 9-100　厂房大门的开启方式

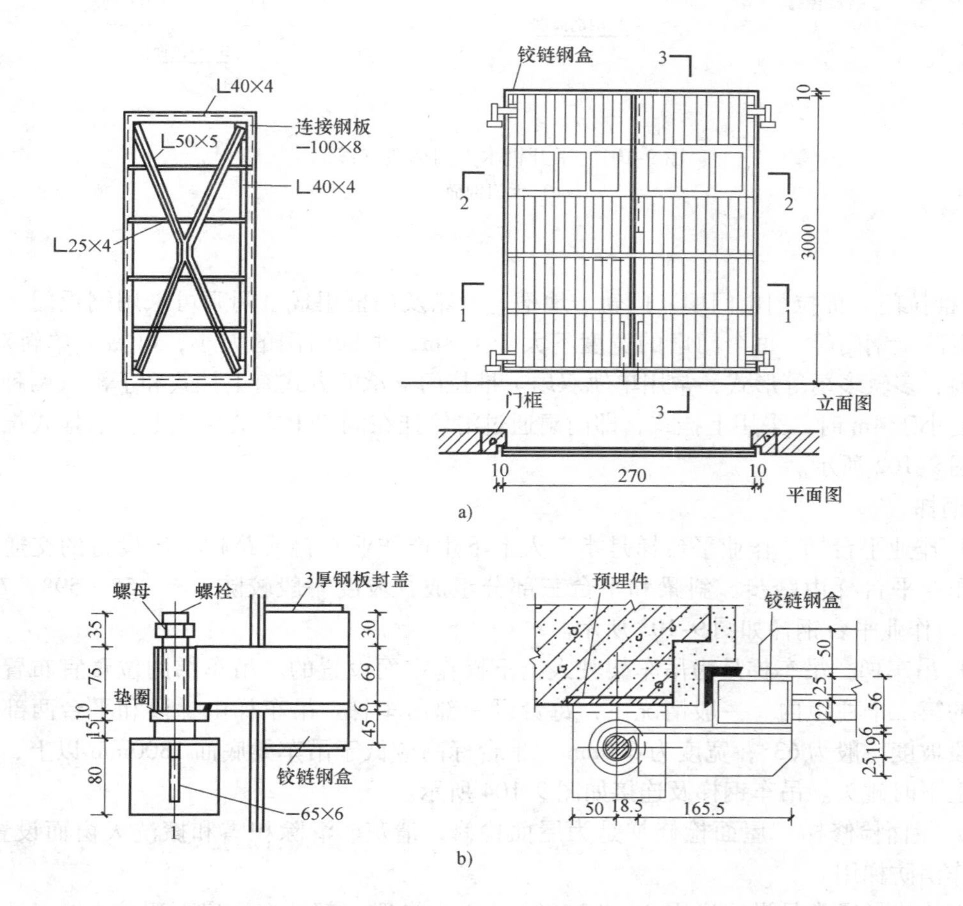

图 9-101　平开钢木大门构造
a）平、立面图及门扇钢骨架图　b）铰链构造

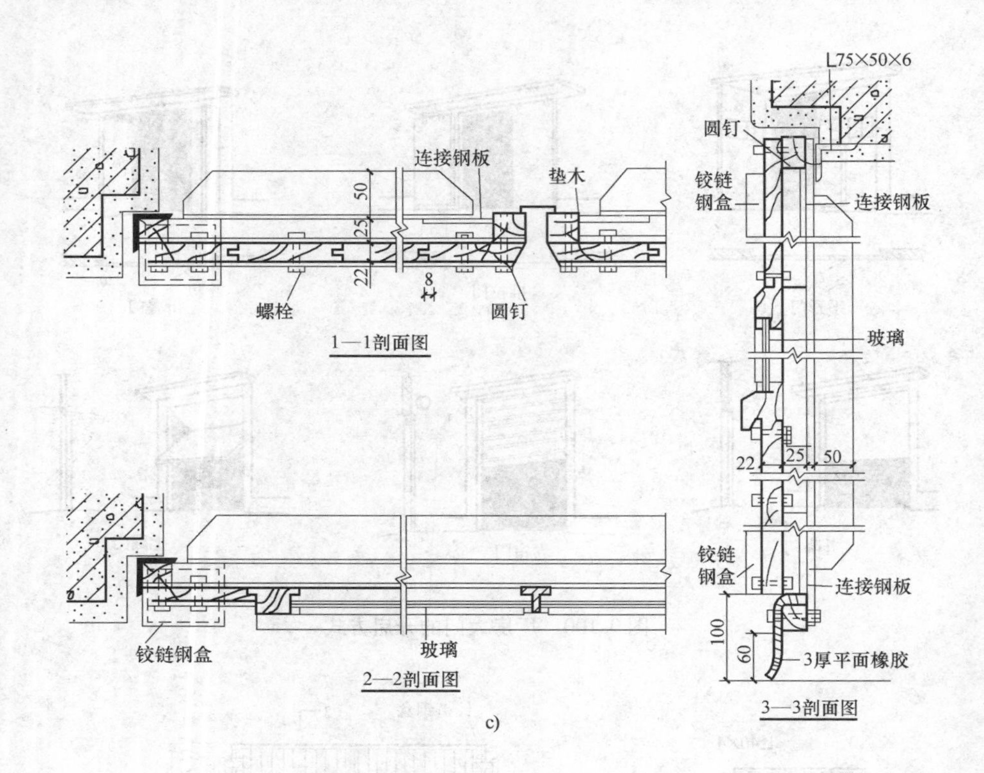

图 9-101 平开钢木大门构造（续）
c）大门剖面

2）推拉门。推拉门由门扇、门轨、地槽、滑轮及门框组成。门扇可采用钢板门、钢木门、空腹薄壁钢门等。每个门扇的宽度不大于 1.8m，根据门洞的大小，可做成单轨双扇、双轨双扇、多轨多扇等形式，常用单轨双扇。推拉门支承的方式有上挂式和下滑式两种，当门扇高度小于4m 时，采用上挂式，即门扇通过滑轮挂在洞口上方的导轨上。上挂式推拉门构造如图 9-102 所示。

4. 钢梯

（1）作业平台梯　作业平台梯是指工人上下生产作业平台或跨越生产设备的交通联系工具。作业平台梯由踏步、斜梁和平台三部分组成，坡度一般较陡，有 45°，59°，73°和 90°四种。作业平台钢梯如图 9-103 所示。

（2）吊车梯　吊车梯是为吊车架驶人上下操作室而设置的。吊车梯的位置宜布置在厂房端部的第二个柱距内。一般情况下，每台设一部吊车梯。吊车梯由梯段和平台两部分组成，梯段坡度一般为 63°，宽度为 600mm，平台标高应低于吊车梁底面 1800mm 以上，避免驾驶人上下时碰头。吊车钢梯及连接如图 9-104 所示。

（3）屋面检修梯　屋面检修梯是为屋面检修、清灰、清除积雪和擦洗天窗而设置的，同时兼作消防梯用。

屋面检修梯通常是沿厂房周边，每 200mm 以内设置一部，当厂房面积较大时，可根据实际情况增设 1 ~2 部。检修梯的形式多采用直立式，如图 9-105 所示。

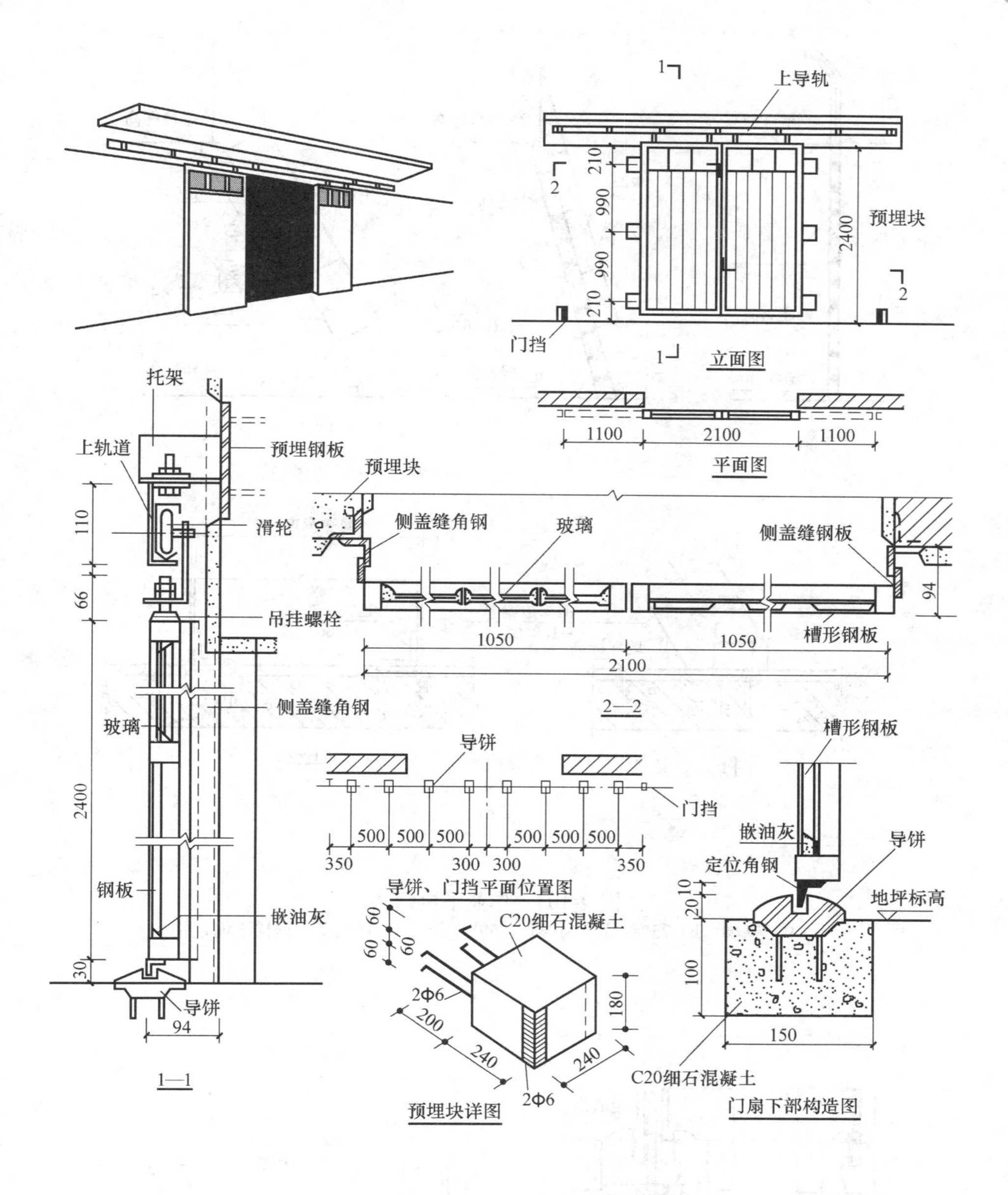

图 9-102 上挂式推拉门构造

5. 走道板

走道板是为维修吊车轨道和检修吊车而设置的，沿吊车梁顶面铺设，由支架、走道板和栏杆组成。常用的走道板为预制钢筋混凝土板，其宽度有 400m、600mm 和 800mm 三种。走道板的两端搁置在柱子侧面的钢牛腿上，并与之焊牢，如图 9-106 所示。

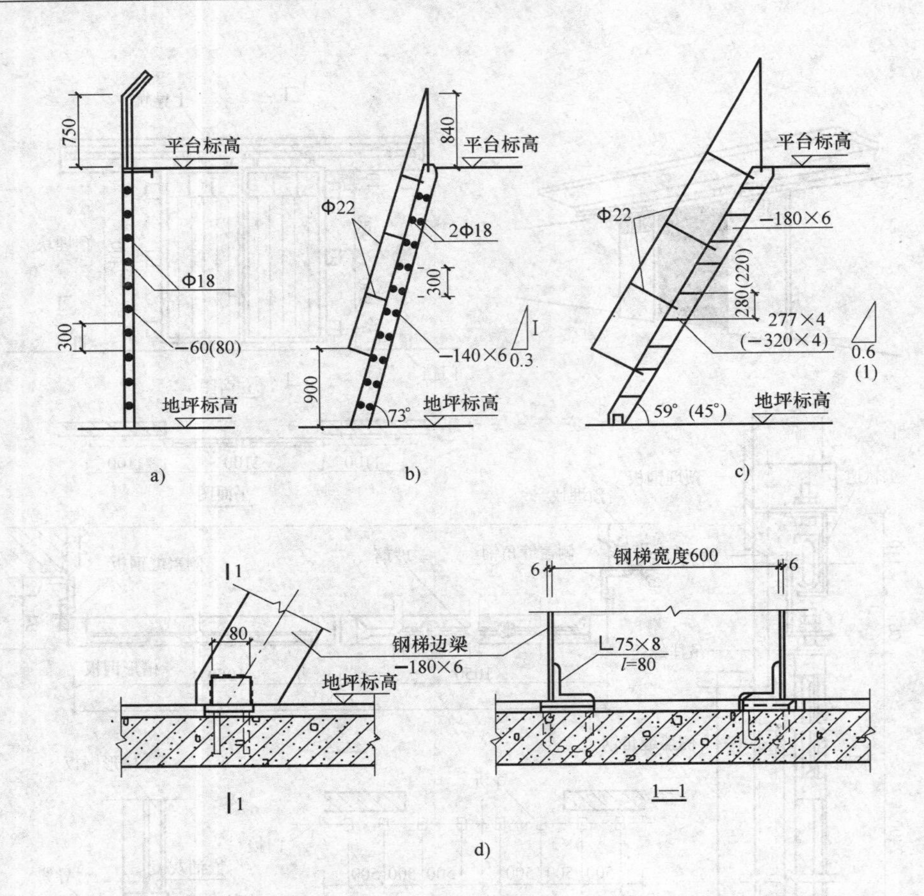

图 9-103　作业平台钢梯

a）90°钢梯　b）73°钢梯　c）45°、59°钢梯　d）45°、59°钢梯下固定端

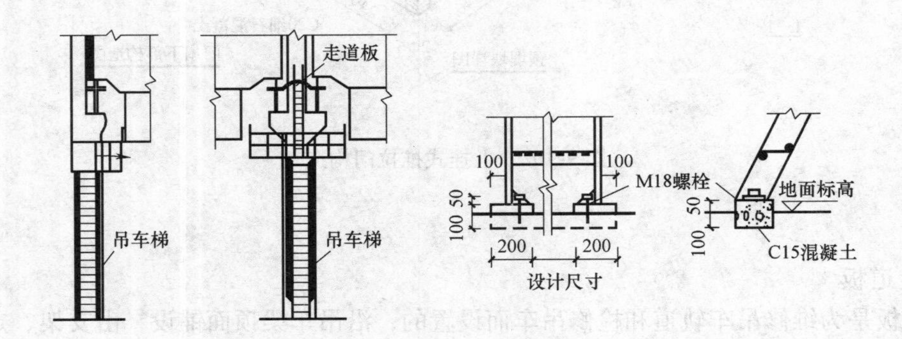

图 9-104　吊车钢梯及连接

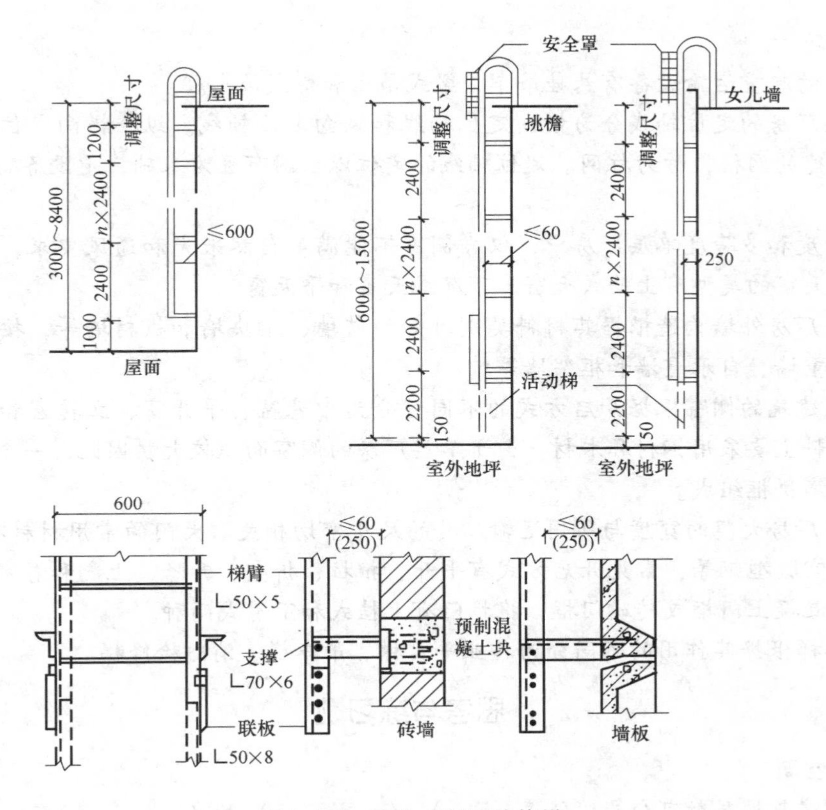

图 9-105　直立式屋面检修梯

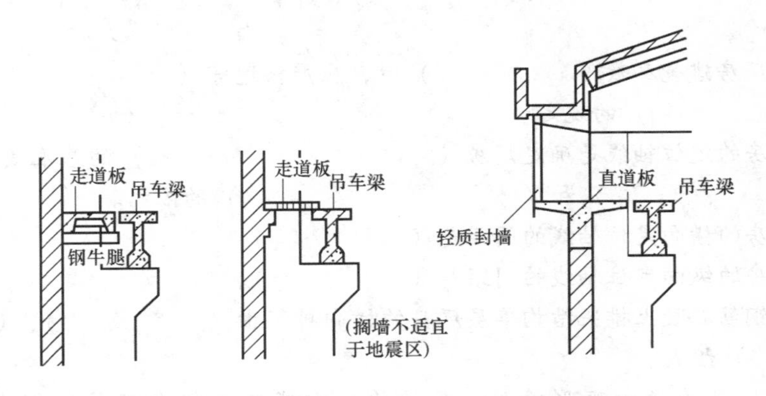

图 9-106　边柱走道板布置

本章小结

1. 工业厂房是进行工业生产的房屋，其特点是：1）厂房平面要根据生产工艺的特点设计；2）厂房内部空间较大；3）厂房的建筑构造复杂；4）厂房骨架的承载力较大。

2. 单层工业厂房由承重构件（屋盖结构、吊车梁、连系梁、基础梁、柱、基础）、围护构件（外墙、屋面、天窗）和支撑构件（柱间支撑、屋盖支撑）组成。厂房的结构形式有排架和刚架两种。

3. 厂房的起重运输设备有悬挂吊车、梁式吊车和桥式吊车。

4. 单层厂房的定位轴线分为横向定位轴线和纵向定位轴线。纵、横向定位轴线在平面上形成有规律的网格，称为柱网。定位轴线的定位以柱网布置为基础，是设备安装和施工放线的依据。

5. 大跨度和多跨度单层厂房中，仅靠侧窗不能满足自然采光和通风要求，常在屋面上设置天窗，天窗的类型有上凸式天窗、下沉式天窗和平天窗。

6. 单层厂房外墙构造根据其材料类别可分为砖墙、砌块墙和板材墙等；按其承重型式则可分为承重墙、自承重墙和框架墙等。

7. 工业建筑的侧窗根据开启方式的不同可分为中悬窗、平开窗、立转窗和固定窗等类型；侧窗材料主要采用钢材和木材。由于单层厂房的侧窗面积较大，因此，一个侧窗往往是由几个基本扇拼框组成。

8. 单层厂房大门的宽度与所用运输工具的尺寸密切相关。大门的常用材料有木、钢木、普通型钢和空腹型钢等，常见开启方式有平开、推拉、折叠、升降、上翻和卷帘等。平开门可采用钢筋混凝土门框或砖砌门框；推拉门有上挂式和下滑式两种。

9. 金属梯根据其作用的不同分为作业平台梯、吊车梯、消防检修梯。

思考与练习题

一、填空题

1. 工业建筑按层数可分为：（　　　　）、（　　　　）和（　　　　）。

2. 工业建筑按生产状况可分为：（　　　　）、（　　　　）、（　　　　），（　　　　）和（　　　　）。

3. 在选择厂房建筑参数（　　　　）时，应严格遵守（　　　　）及（　　　　）的规定。

4. 单层厂房的定位轴线是确定厂房（　　　　）的基准线，同时也是厂房（　　　　）和（　　　　）的依据。

5. 单层厂房的横向定位轴线的间距是（　　　　）。

6. 单层厂房的纵向定位轴线的间距是（　　　　）。

7. 装配式钢筋混凝土排架结构单层厂房的横向排架由（　　　　）、（　　　　）和（　　　　）组成。

8. 在单层厂房的横向变形缝处，两柱的中心线应从横向定位轴线向缝的两侧各移(　　　　)。

9. 为加强厂房刚度，保证非承重山墙的稳定性，应设（　　　　）。

10. 单层厂房采光方式主要有（　　　　）、（　　　　）和（　　　　）。

11. 常用的天窗采光形式有（　　　　）、（　　　　）、（　　　　）和（　　　　）。

12. 单层厂房的通风天窗主要有（　　　　）和（　　　　）两种。

13. 单层厂房的自然通风是利用空气的（　　　　）和（　　　　）作用进行的。

二、选择题

1. 重型机械制造工业主要采用（　　）。

A. 单层厂房　B. 多层厂房　C. 混合层次厂房　D. 高层厂房

2. 工业建筑设计应满足（　）的要求。

A. 生产工艺　B. 建筑技术　C. 建筑经济

D. 卫生及安全　E. 建筑造型

3. 单层厂房的横向定位轴线是（　）的定位轴线。

A. 平行于屋架　B. 垂直于屋架

C. 按1、2…编号　D. 按A、B…编号

4. 单层厂房的山墙抗风柱距采用（　）数列。

A. 3M　B. 6M　C. 30M　D. 15M

5. 单层厂房的纵向定位轴线是（　）的定位轴线。

A. 平行于屋架　B. 垂直于屋架

C. 按1、2…编号　D. 按A、B…编号

6. 单层厂房的横向定位轴线标注了（　）的标志尺寸。

A. 吊车梁长度　B. 屋面板长度　C. 连系梁长度

D. 屋架或屋面大梁长度　E. 天窗架高度

7. （　）的起重量可达数百吨。

A. 单轨悬挂吊车　B. 梁式吊车　C. 桥式吊车　D. 悬臂吊车

8. 我国单层厂房主要采用钢筋混凝土排架结构体系，其基本柱距是（　）m。

A. 1　B. 3　C. 6　D. 9

9. 厂房高度是指（　）。

A. 室内地面至屋面　B. 室外地面至柱顶

C. 室内地面至柱顶　D. 室外地面至屋面

10. 通常，采光效率最高的是（　）天窗。

A. 矩形　B. 锯齿形　C. 下沉式　D. 平天窗

11. 能兼作采光、通风的是（　）天窗。

A. 矩形　B. M形　C. 锯齿形

D. 横向下沉式　E. 平天窗

12. 矩形通风天窗为防止迎风面对排气口的不良影响，应设置（　）。

A. 固定窗　B. 挡雨板　C. 挡风板　D. 上悬窗

13. 下沉式通风天窗的特点是（　）。

A. 排风口始终处于负压区　B. 构造最简单

C. 采光效率高　D. 布置灵活　E. 通风流畅

三、名词解释

1. 工业建筑

2. 柱网

3. 有檩体系

4. 无檩体系

四、简答题

1. 简述单层厂房荷载的传递路线。

2. 确定柱网尺寸时，对跨度、柱距有什么要求？
3. 简述杯形基础的构造要求。
4. 简述基础梁的搁置形式及要求。
5. 屋盖结构中无檩体系和有檩体系的区别是什么？
6. 单层厂房的支撑系统有几种？其作用和布置分别是什么？
7. 墙与柱相对位置有几种？
8. 矩形天窗由哪些构件组成？其构造特点是什么？
9. 井式天窗主要的组成部分？井底板的布置方式是什么？

附　　录

建筑设计总说明

一、设计依据

1. ××市规划委员会规划意见书

2. ××市规划委员会建设用地规划许可证

3. ××市发展和改革委员会

4. ××市××区消防审批意见

5. 使用的规范、规程及标准

《建筑设计防火规范》（GB 50016—2006）

《民用建筑设计通则》（GB 50352—2005）

《城市道路和建筑物无障碍设计规范》（JGJ 50—2001）

《宿舍建筑设计规范》（JGJ 36—2005）

二、工程概况

1. 本工程为××单位办公楼，位于该单位院内西北方向，东邻××路，南邻××路，周边环境良好。

2. 本工程建设用地面积 52903.20m^2，建筑面积 3929.48m^2，建筑合理使用年限为 50 年，抗震设防烈度为 8 度，耐火等级为Ⅰ级。

3. 本工程主体结构为框架结构，层高为 3.6m，东西走向为 5 层，南北走向为 3 层，共设 41 间小办公室，20 间大办公室，3 间会议室。

4. 室内外高差为 0.45m，建筑主楼高度为 19.14m，副楼高度为 11.94m。

三、设计标高

1. 本工程室外绝对标高 49.55m，室内地面标高 ±0.000 相当于绝对标高 50.00m。

2. 各层标高为完成面标高，层面标高为结构面标高。

四、屋面防水工程

1. 屋面防水等级为Ⅲ级。

2. 防水面层采用柔性防水面层，做法详见 88J1-1 屋 11-D3-Ⅲ3。

3. 屋面保温采用 190 厚水泥聚苯颗粒板。施工应符合《屋面工程质量验收规范》（GB 50207—2002）要求。

4. 管道、拐角、女儿墙等处加铺卷材一层，并确保整体防水的连续性。

5. 雨水管按屋顶平面所标位置设置，外排水采用 UPVC 雨水管及配套雨水斗 *DN*110。雨篷及阳台泄水管采用 50 白色 UPVC 管斜切外伸 80。

6. 屋面雨水管下设钢筋混凝土水簸箕，做法详见 88J14－2－U58－A。

五、墙体工程

1. 框架外围护结构采用轻集料混凝土空心砌块 250 厚墙，各层房间分隔墙采用 200 厚墙。砌块墙体耐火极限均应不低于 4.0h 的防火要求。

2. ±0.000 以下砌体采用页岩砖，强度等级为 MU10，水泥砂浆强度等级为 M10。

3. 砌块强度等级为 MU5.0，砌筑砂浆强度等级为 M5.0。

4. 填充墙砌筑时应砂浆饱满，表面平整，顶部与梁连接处斜砖砌实。

5. 阳台卫生间隔墙为 100 厚陶粒混凝土轻集料条板。

6. 轻集料混凝土空心砌块参见 88J2－2《墙身－框架结构填充轻集料混凝土空心砌块》图集。

六、地面工程

1. 卫生间、盥洗间地面标高应比相邻房间低 20mm，并找 1% 的坡，坡向地漏（地漏位置详见给排水专业图样）。卫生间、盥洗间地面防水做法采用水溶性防水涂料，刷至墙高 1800mm。

2. 除卫生间外，所有其他房间标高保持一致，有水房间在地漏 50mm 内找坡 5%。

3. 有水房间（卫生间）穿楼板时立管部位均做预留套管，待立管安装好后，管壁与套管间填沥青麻丝。

七、内外装修工程

1. 外装修以贴彩釉面砖为主，做法采用 88J1－1 外墙 27C2。

2. 内装修见装修一览表。内外装修材料及色彩需先做样板，并会同建设单位及设计单位认可后方可施工。

八、门窗

1. 外门窗为节能型塑钢门窗。玻璃为中空玻璃，凡落地门窗及单块面积大于 1.5m^2 的其他窗玻璃均采用安全玻璃。门窗玻璃厚度应满足《建筑玻璃应用技术规程》（JGJ 113—97）的要求。

2. 门窗性能要求：传热系数≤2.7W/(m^2·K)，气密性不应低于 4 级，抗风压不低于 4 级，水密性不低于 3 级。

3. 所有木门、窗及木制品，除已注明外，均采用二级松木，门樘与墙体粉刷连接处设木盖封条。

4. 门窗立面形式、开启方向、材料及数量见门窗表。除特殊注明外，窗外侧与外窗外表面平内门立框位置与门扇开启方向内墙面平。

5. 该工程不锈钢门应为断桥型。

6. 门窗由选定厂家按照设计所提供的门窗样式、尺寸、要求进行门窗设计，经甲方、设计审查同意后方可施工。

九、油漆工程

1. 所有油漆工程，包括木制品、金属制品及墙体（除特殊注明外）均按调和漆中级标准施工。除不锈钢外，其余室内金属制品露明部分均作防锈漆打底，刷珍珠色（GB 3181—82PB05）调和漆两遍，所有不露明的金属刷防锈漆两遍，不刷面漆。

2. 所有刷漆金属制品在刷漆前应先除油去锈。

3. 凡木料与砌体接触部分应满浸防腐油或氟化钠。

十、散水、台阶、坡道

1. 建筑物四周做600mm宽混凝土散水坡，散水坡纵向每隔6m，以及散水坡和外墙之间均设10mm宽伸缩缝，缝内填油膏。

2. 散水坡做法见88J1-1散3A。

3. 台阶做法见88J1-1台2B，台阶面层花岗石板（烧毛）。

4. 无障碍坡道及栏杆做法见88J12－1－17－⑤、88J12－1－18－①。

5. 坡道做法见88J12－1－17－2，坡道面层花岗石板（烧毛）。

十一、节能设计

1. 本工程集体宿舍为居住建筑，体形系数为0.23，小于规定的0.35。

2. 本工程外墙采用50厚聚苯颗板保温。

3. 屋面保温做法见88J1－1第L2页屋11-D3。

4. 外窗传热系数≤2.7W/(m^2·K)。

5. 外墙窗口保温做法88J2－9第19页。

6. 女儿墙保温做法88JZ13－16页－1。

7. 空调外机座板保温做法88JZ13－12页－13。

8. 窗墙面积比详见采暖节能建筑设计判定表

十二、防火设计说明

（一）防火分区

1. 本工程主、副楼两部分，主楼分五个防火分区，副楼分三个防火分区。

2. 办公楼每一层为一个防火分区，每层建筑面积均小于2500m^2，层高均为3.6m。

（二）安全疏散

1. 本工程东邻××路，南邻××路，南侧院内道路均可通行消防车。

2. 室内设有两部楼梯做为主要的交通及疏散之用。

3. 所有隔墙（除说明者外）均作至梁底或板底。

4. 所有管道井待管道安装后，在楼板处用后浇板做防火分隔。

5. 管道穿过隔墙、楼板时，应采用不燃烧材料将其周围的缝隙填充密实。

6. 其他有关消防措施见各专业图纸。

（三）建筑构造

1. 办公室、楼梯间、走廊的隔墙为200厚陶粒混凝土轻集料空心砌块墙，耐火极限大于4.0h。详见88J2－2《框架结构陶粒混凝土轻集料空心砌块》图集。

2. 墙面合成树脂乳液涂料、顶棚合成树脂乳液涂料，燃烧性能：B1级。吊顶采用轻刚龙骨矿棉吸声板，燃烧性能：A级，详见内装修一览表。

3. 地面采用防滑瓷质地面砖和花岗石，燃烧性能：A级。

十三、卫生洁具

卫生洁具均为节能、节水型产品，其颜色、质量由建设单位和设计单位认可后方可采购，并按照本图样设计所示上下水位置配合施工安装。

十四、无障碍设施设计

1. 首层主楼大厅主入口处设有无障碍坡道。

2. 办公楼首层设有无障碍厕位和无障碍洗漱位。

十五、其他

1. 本设计图纸中，除特别注明外，建筑设计尺寸单位均为mm，标高为m。

2. 结构梁、板、柱的具体尺寸及规格均以结构图为准。门窗过梁做法见结施。

3. 本施工图应与各专业设计图密切配合施工，注意预留孔洞、预埋件，不得随意剔凿。

4. 本设计及所采用标准图（除另作施工说明外）按本说明进行施工，并应与各有关工种的设计密切配合。

5. 预埋木砖均须做防腐处理，露明铁件均须做防锈处理。

6. 两种材料的墙体交接处，在做饰面前均需加钉两道金属网，防止裂缝。

7. 凡涉及颜色、规格等的材料，均应在施工前提供样品或样板，经建设单位和设计单位认可后，方可订货、施工。

8. 每层在卫生间里设垃圾桶，垃圾有专人收集处理。

9. 本工程所采用的油漆、合成树脂乳液涂料等均为绿色环保产品，并符合《民用建筑工程室内环境污染控制规范》要求。

10. 施工时必须严格遵守国家的有关标准及各项施工验收规范的规定。

代号	尺寸		数量					备注
	宽度/mm	高度/mm	一层	二层	三层	四层	五层	
M1	3600	2940	2					
M2	1800	2100	7	8	8	5	5	
M3	1000	2100	12	12	12	12	12	
M4	900	2100	2	2	2	2	2	
M5	900	1800	2					
C1	1800	1800	24	26	26	20	20	
C2	1500	1800	16	18	18	8	8	
C3	1200	1800	3	3	3	2	2	
C4	900	1200	1					

房间名称 \ 做法部位	地面	楼地面	顶棚	内墙面	踢脚板
会议室	地16	楼15B	棚5B	内墙8C	踢6D
大办公室	地16	楼15B	棚5B	内墙8C	踢6D
小办公室	地16	楼15B	棚5B	内墙8C	踢6D
收发室	地16	楼15B	棚5B	内墙8C	踢6D
卫生间	地2F	楼2F	棚5B	内墙8C	踢6D
休息室	地16	楼15B	棚5B	内墙8C	踢6D
餐厅	地16	楼15B	棚5B	内墙8C	踢6D

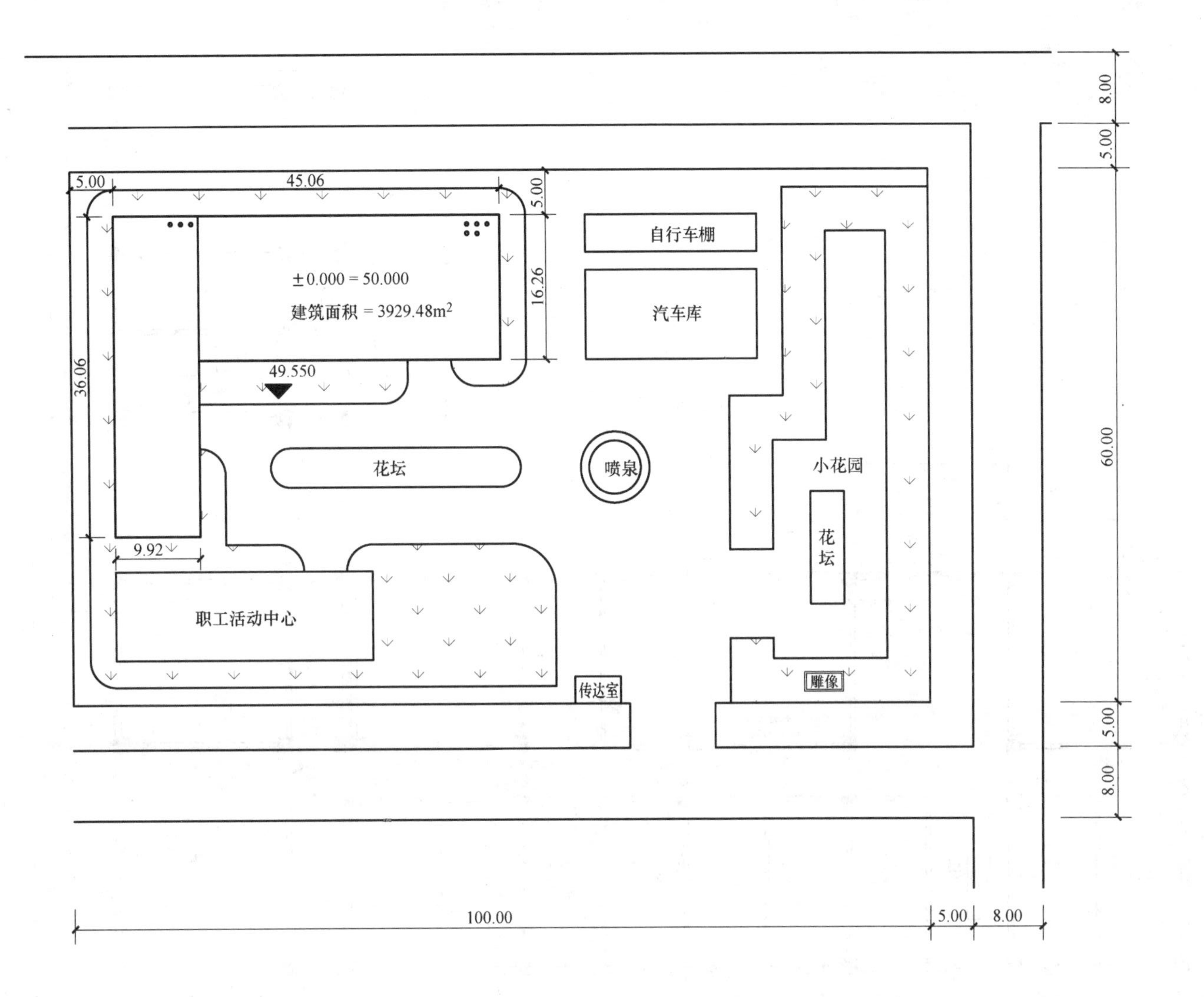

总平面图　1:500(单位:m)

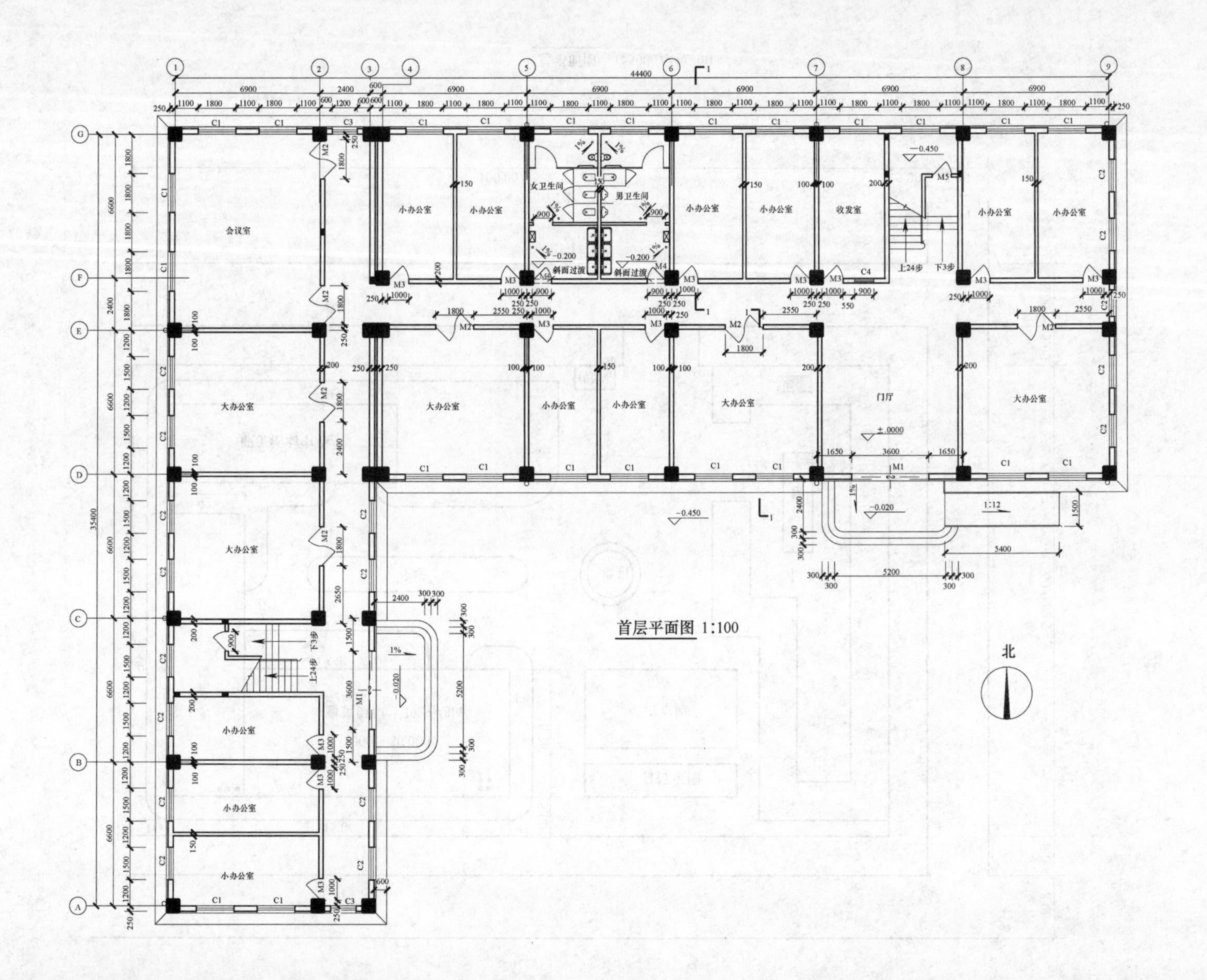

首层平面图 1:100

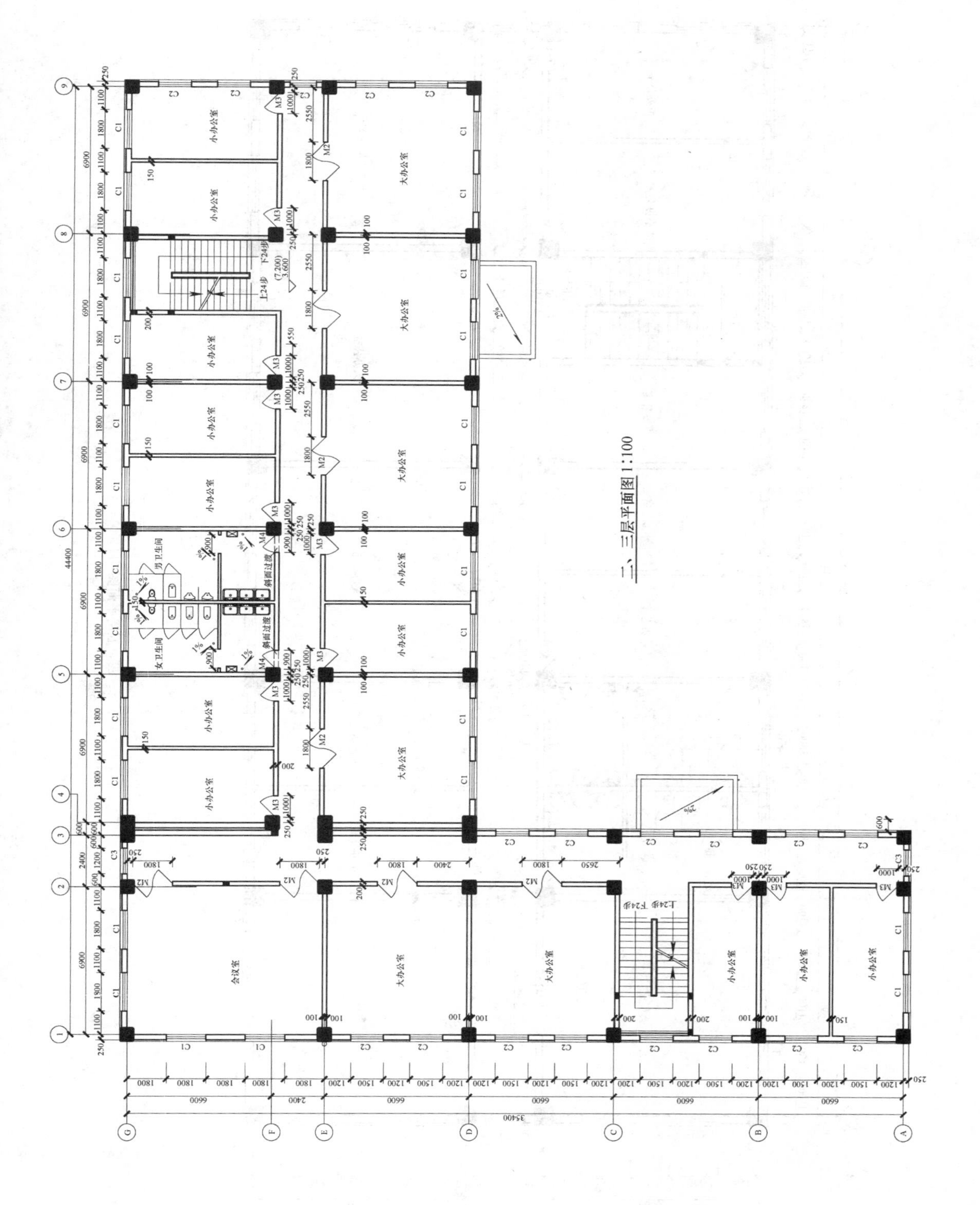

二、三层平面图 1:100

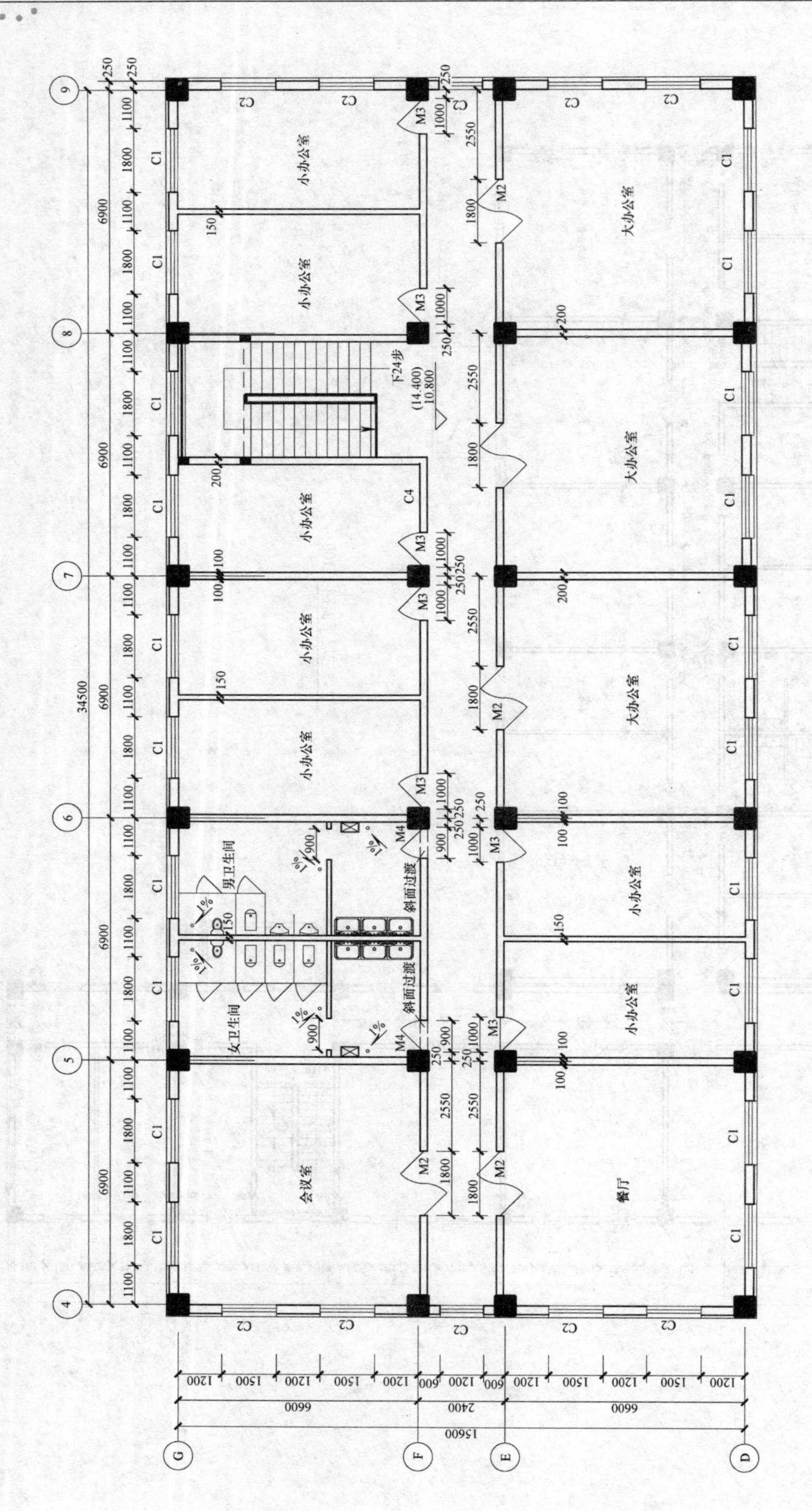

四、五层平面图 1:100

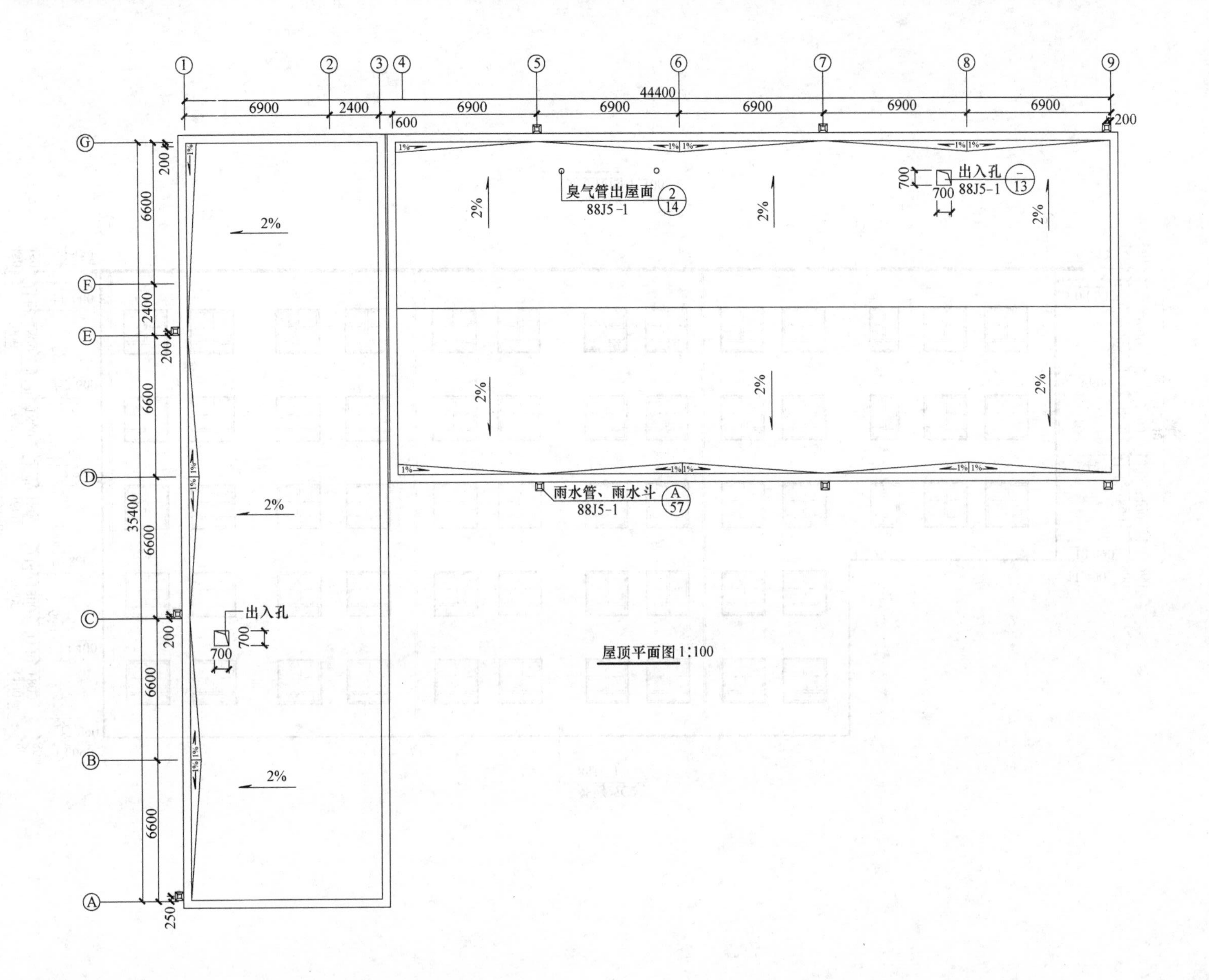

44400
6900
2400
1600
6900
6900
6900
6900
6900
200
35400
6600
2400
6600
6600
6600
6600
200
250
臭气管出屋面
88J5-1
出入孔
88J5-1
雨水管、雨水斗
88J5-1
出入孔
700
2%
1%
屋顶平面图 1:100

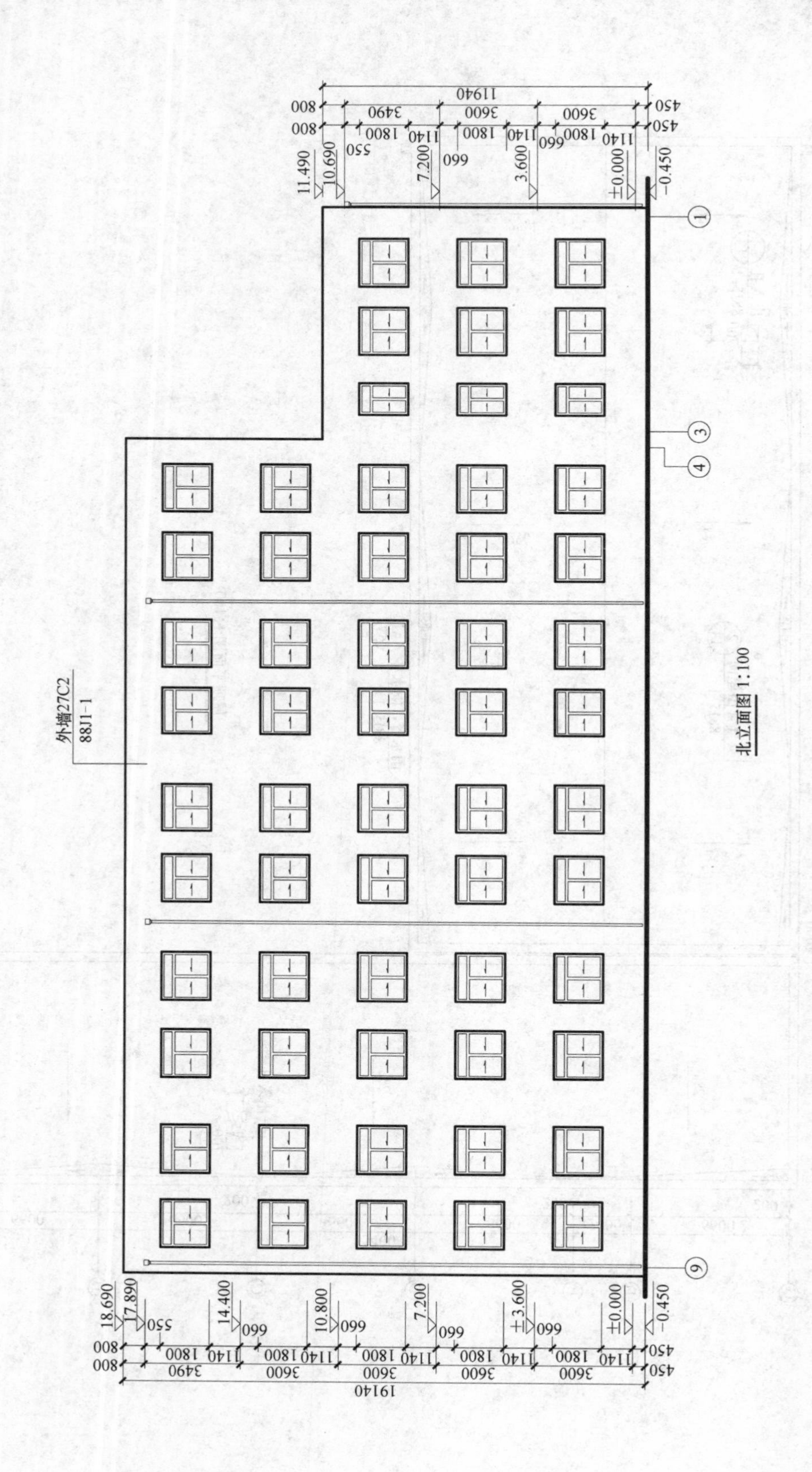
外墙27C2
88J1-1
北立面图 1:100
19140
11940
3490
3600
1800
1140
800
450
550
660
18.690
17.890
14.400
10.800
7.200
3.600
±0.000
-0.450
11.490
10.690
1
3
4
9

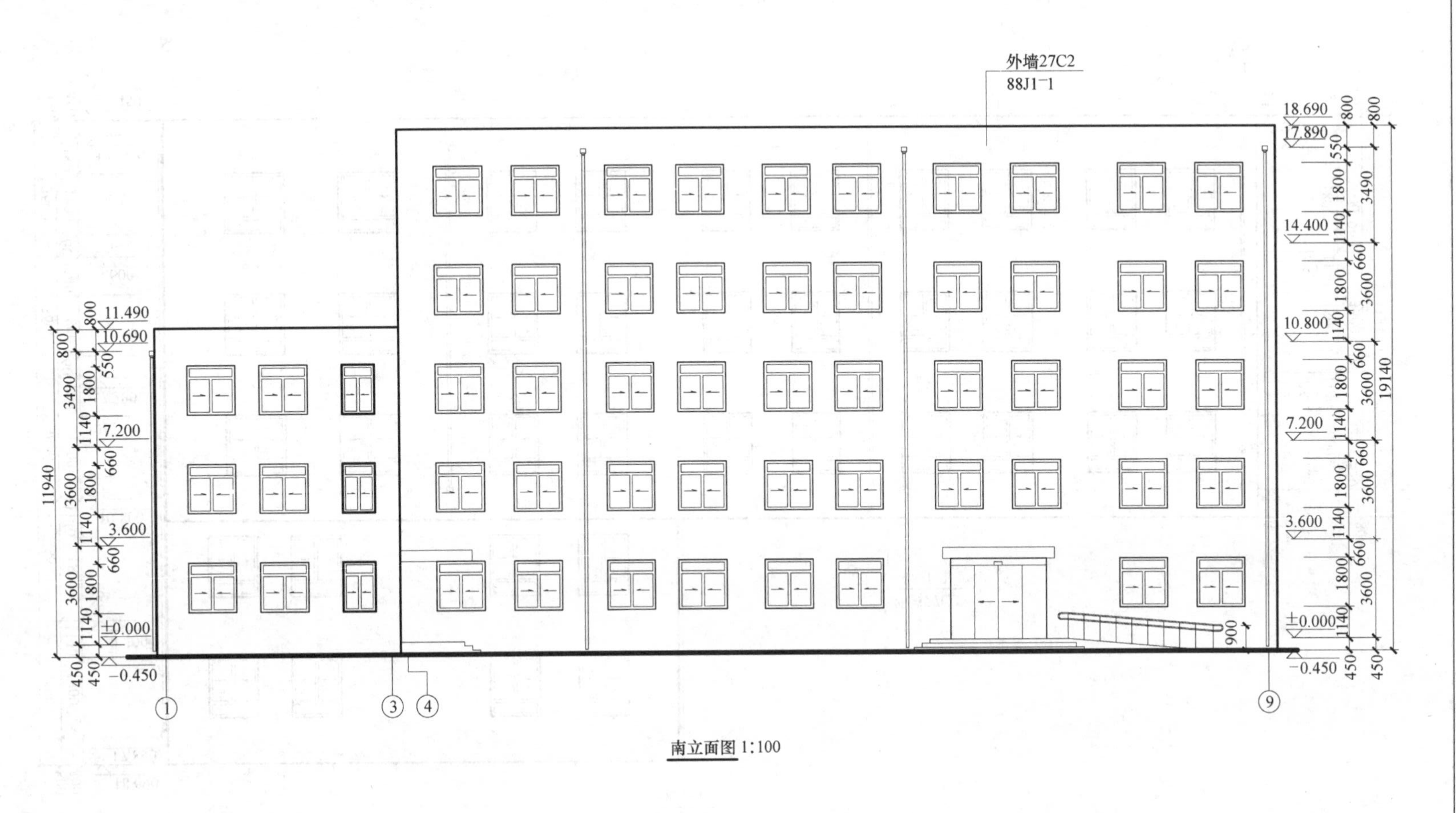
外墙27C2
88J1-1
18.690
17.890
14.400
10.800
7.200
3.600
±0.000
-0.450
11.490
10.690
19140
11940
900
南立面图 1:100

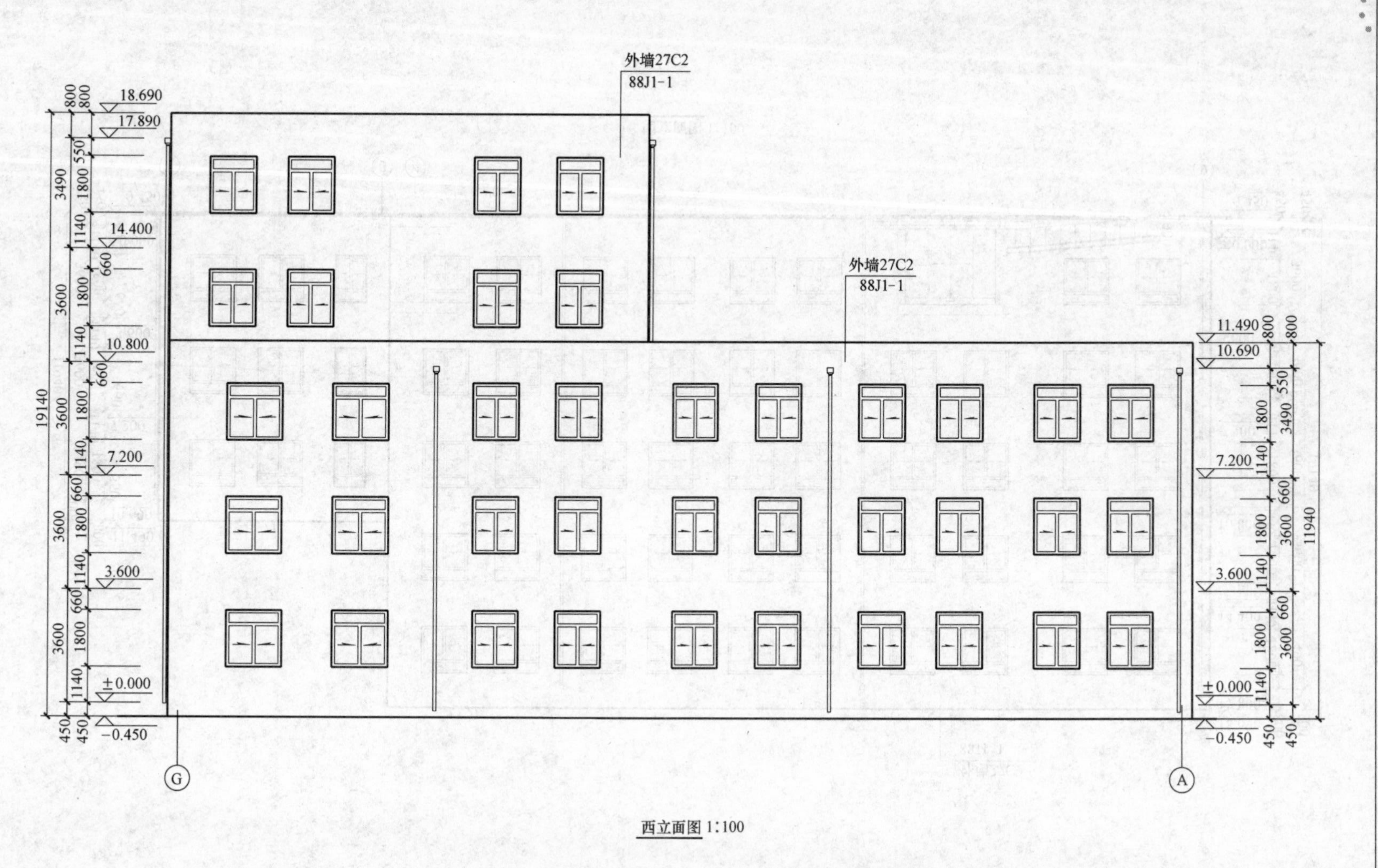
外墙27C2
88J1-1
外墙27C2
88J1-1
18.690
17.890
14.400
10.800
7.200
3.600
±0.000
−0.450
11.490
10.690
G
A
19140
11940

西立面图 1:100

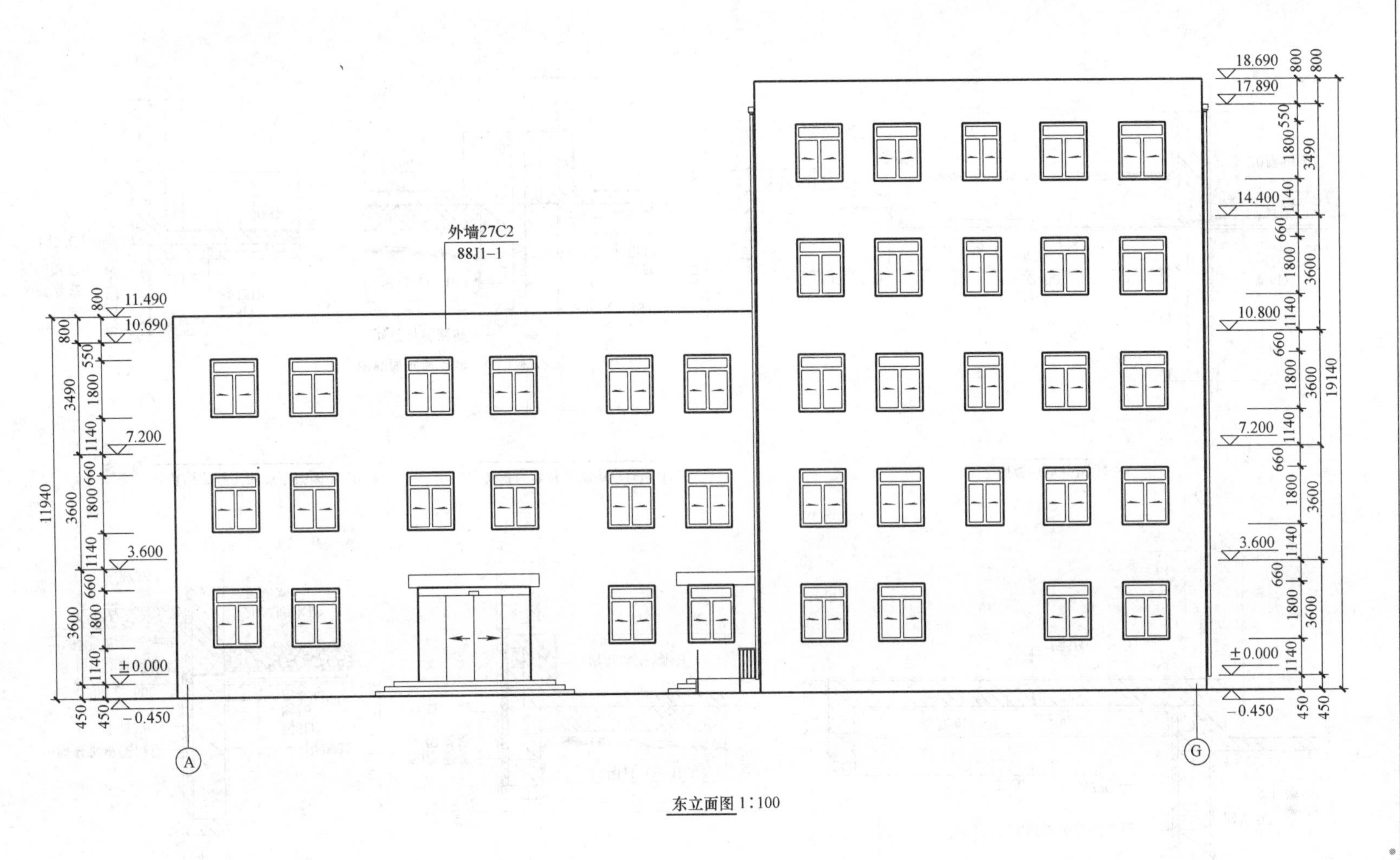
外墙27C2
88J1-1
18.690
17.890
14.400
10.800
7.200
3.600
±0.000
−0.450
11.490
10.690
19140
11940
3600
3490
1800
1140
660
550
800
450

东立面图 1∶100

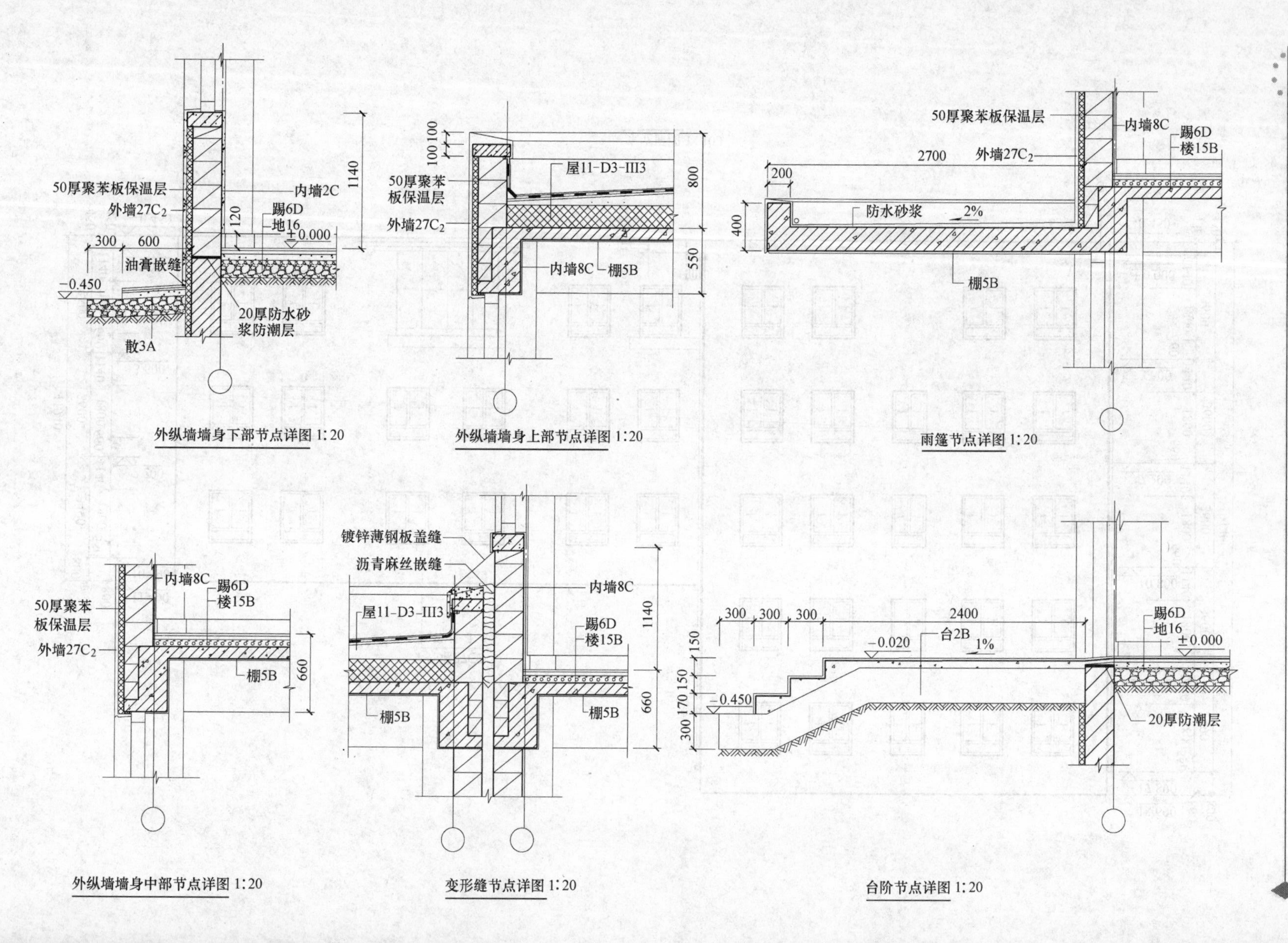

外纵墙墙身下部节点详图 1:20

外纵墙墙身上部节点详图 1:20

雨篷节点详图 1:20

外纵墙墙身中部节点详图 1:20

变形缝节点详图 1:20

台阶节点详图 1:20

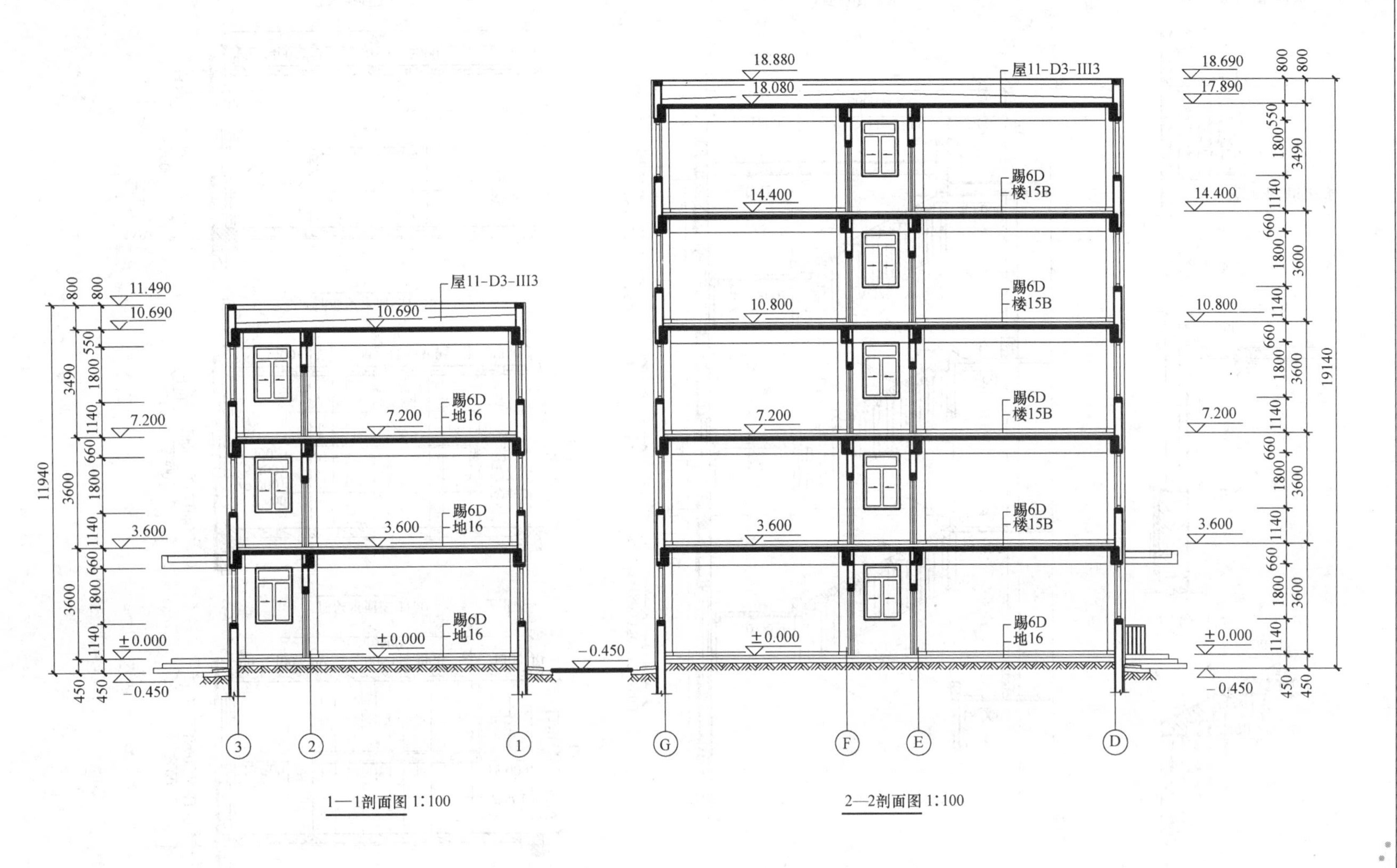

1—1剖面图 1∶100

2—2剖面图 1∶100

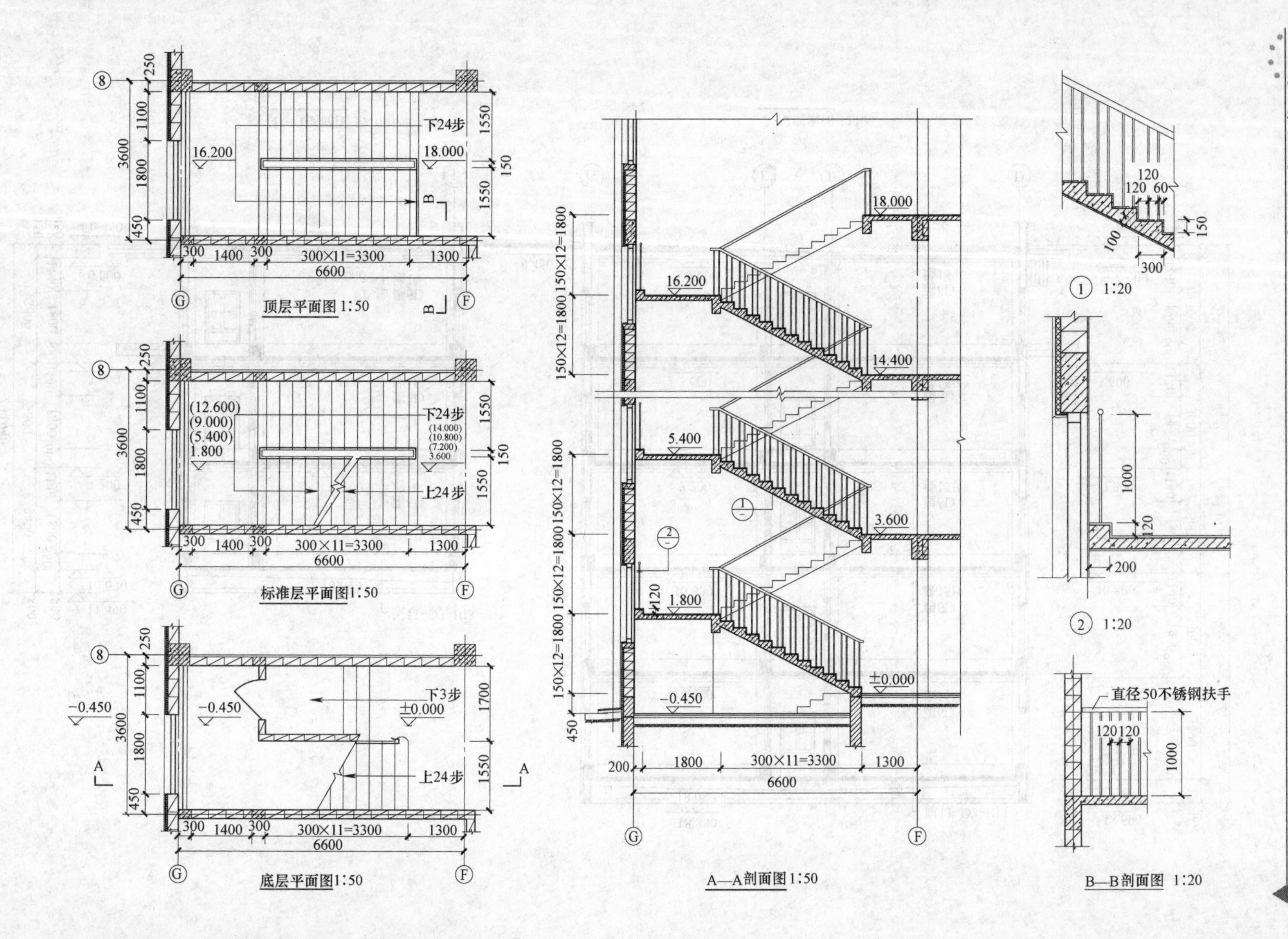

下24步
18.000
16.200
300
1400
300×11=3300
1300
6600
3600
1100
1800
450
250
1550
150
B
顶层平面图 1:50
(12.600)
(9.000)
(5.400)
1.800
(14.000)
(10.800)
(7.200)
3.600
上24步
标准层平面图 1:50
下3步
±0.000
-0.450
1700
A
底层平面图 1:50
150×12=1800
14.400
5.400
200
A—A剖面图 1:50
120
60
100
① 1:20
1000
② 1:20
直径50不锈钢扶手
120120
B—B剖面图 1:20

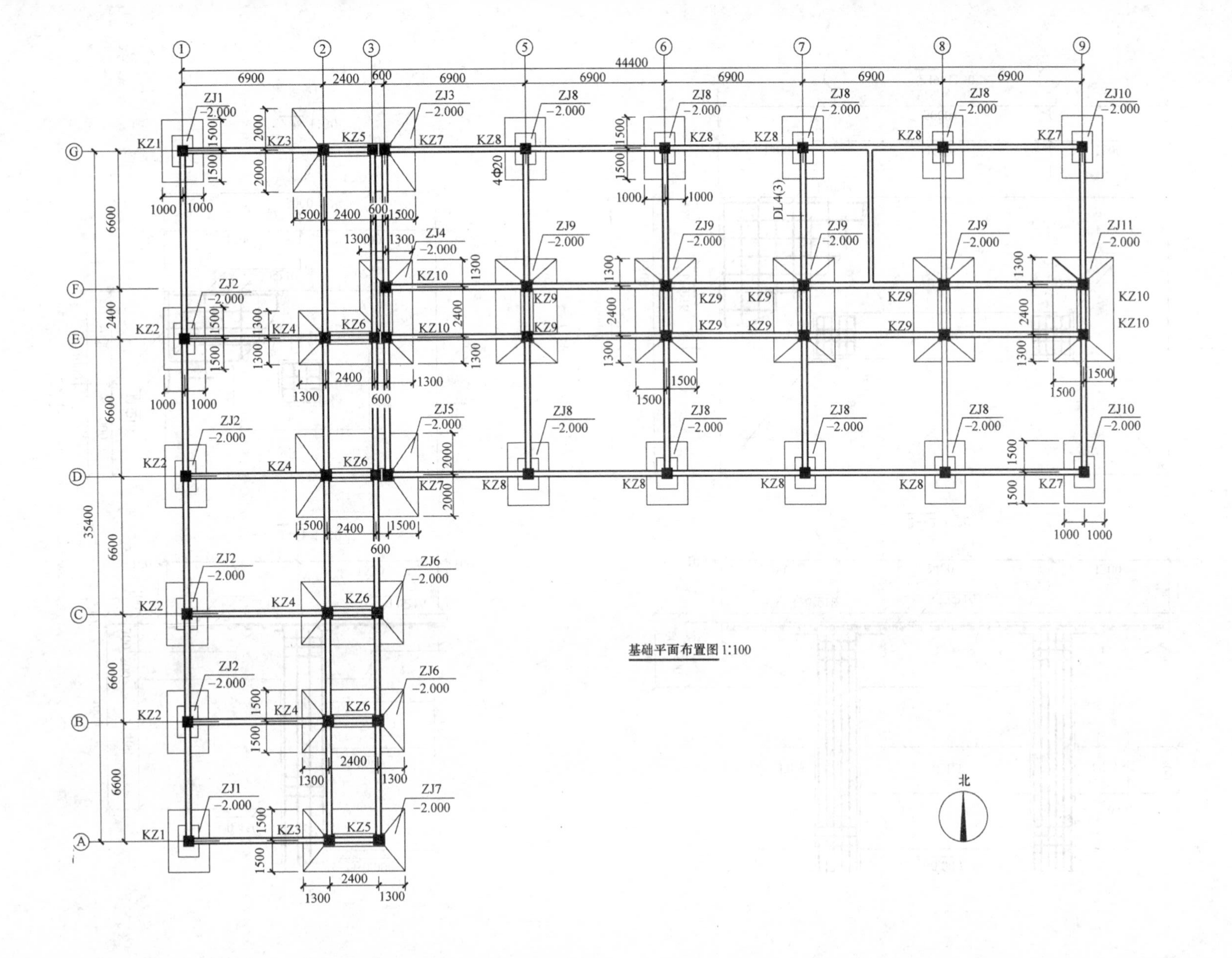
基础平面布置图 1:100
北
44400
35400
6900
6600
2400
600
ZJ1
ZJ2
ZJ3
ZJ4
ZJ5
ZJ6
ZJ7
ZJ8
ZJ9
ZJ10
ZJ11
−2.000
KZ1
KZ2
KZ3
KZ4
KZ5
KZ6
KZ7
KZ8
KZ9
KZ10
DL4(3)
4Φ20

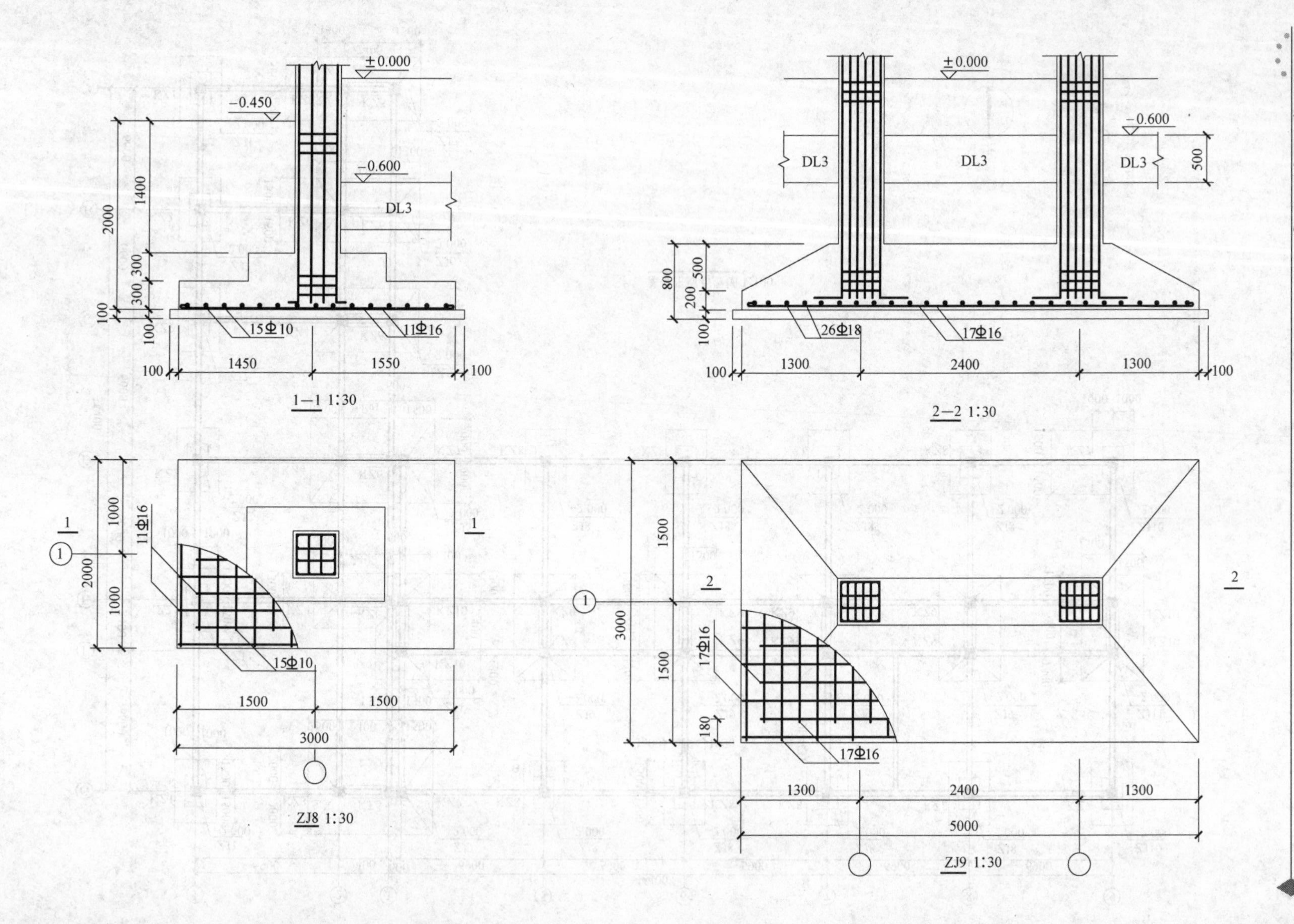
±0.000
−0.450
−0.600
DL3
15Φ10
11Φ16
1—1 1:30
±0.000
−0.600
DL3
26Φ18
17Φ16
2—2 1:30
11Φ16
15Φ10
ZJ8 1:30
17Φ16
ZJ9 1:30

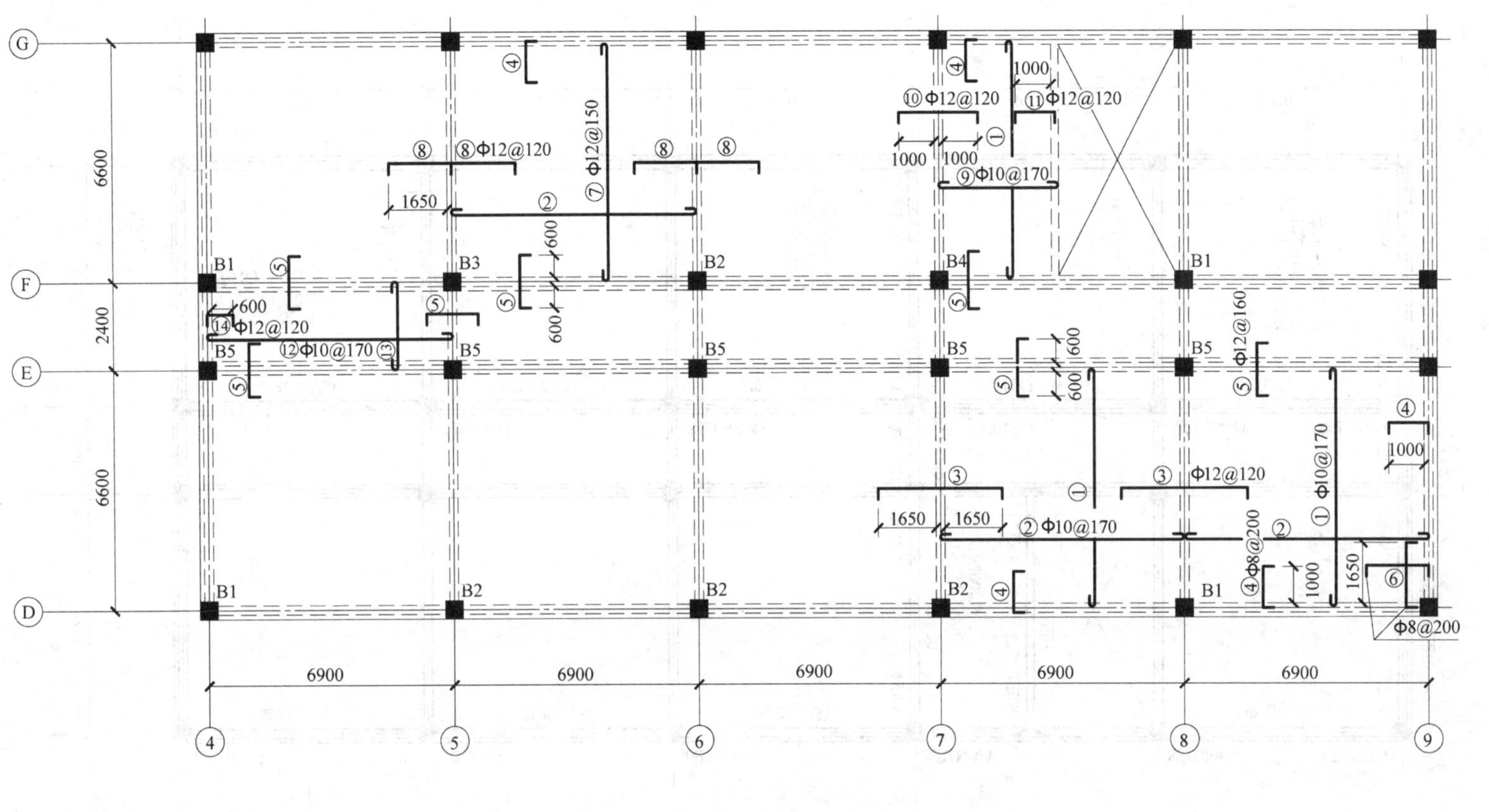
G
F
E
D
4
5
6
7
8
9
6600
2400
6600
6900
6900
6900
6900
6900
B1
B2
B3
B4
B5
⑧Φ12@120
⑦Φ12@150
⑩Φ12@120
⑪Φ12@120
⑨Φ10@170
⑭Φ12@120
⑫Φ10@170
Φ12@160
Φ12@120
②Φ10@170
Φ10@170
④Φ8@200
Φ8@200
1650
1000
600

板平法施工图 1:100

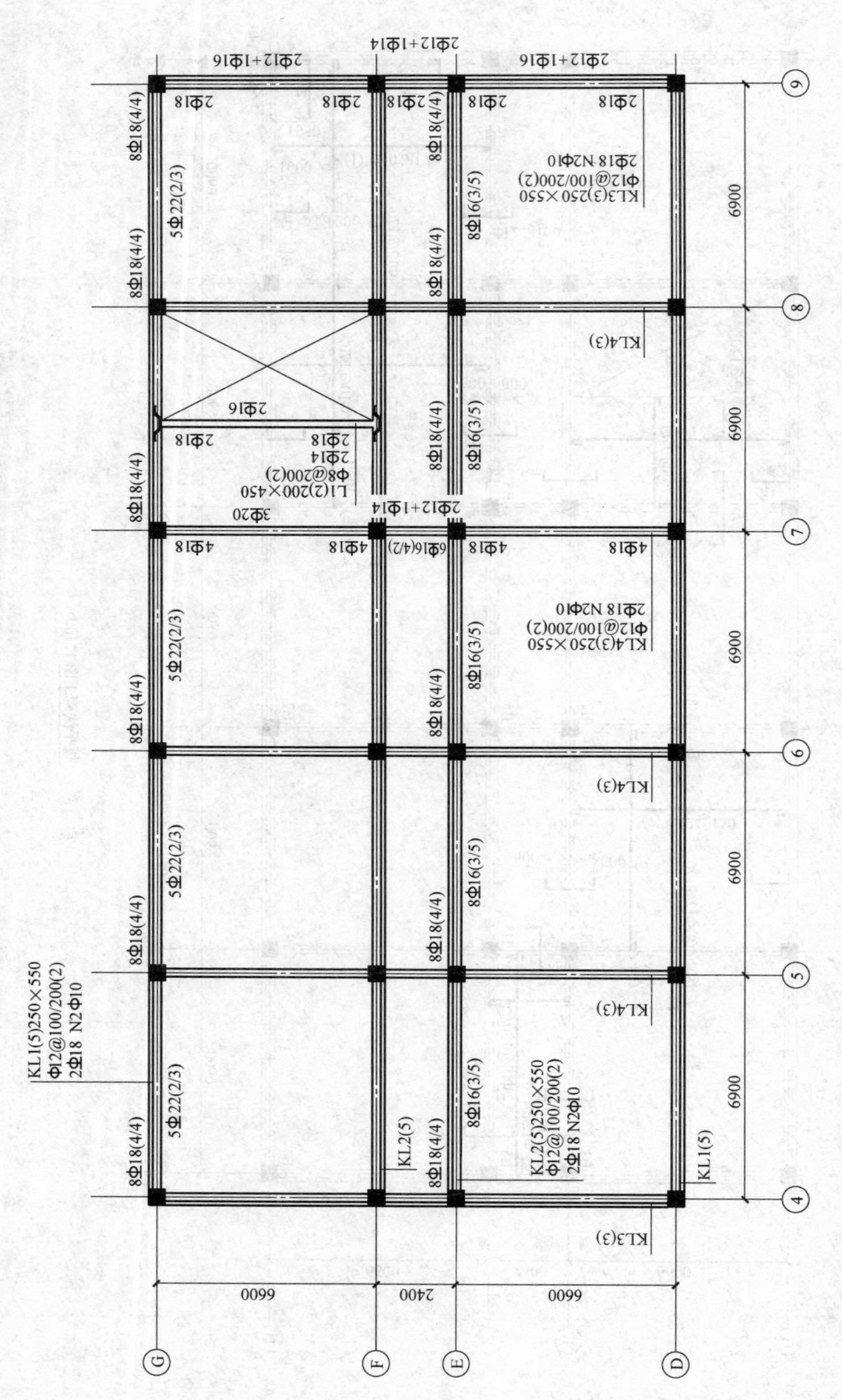
KL1(5)250×550
Φ12@100/200(2)
2Φ18 N2Φ10
KL2(5)250×550
Φ12@100/200(2)
2Φ18 N2Φ10
KL3(3)250×550
Φ12@100/200(2)
2Φ18 N2Φ10
KL4(3)250×550
Φ12@100/200(2)
2Φ18 N2Φ10
L1(2)200×450
Φ8@200(2)
2Φ14
2Φ18
KL1(5)
KL2(5)
KL3(3)
KL4(3)
6600
2400
6600
6900
G
F
E
D
4
5
6
7
8
9

梁平法施工图 1:100

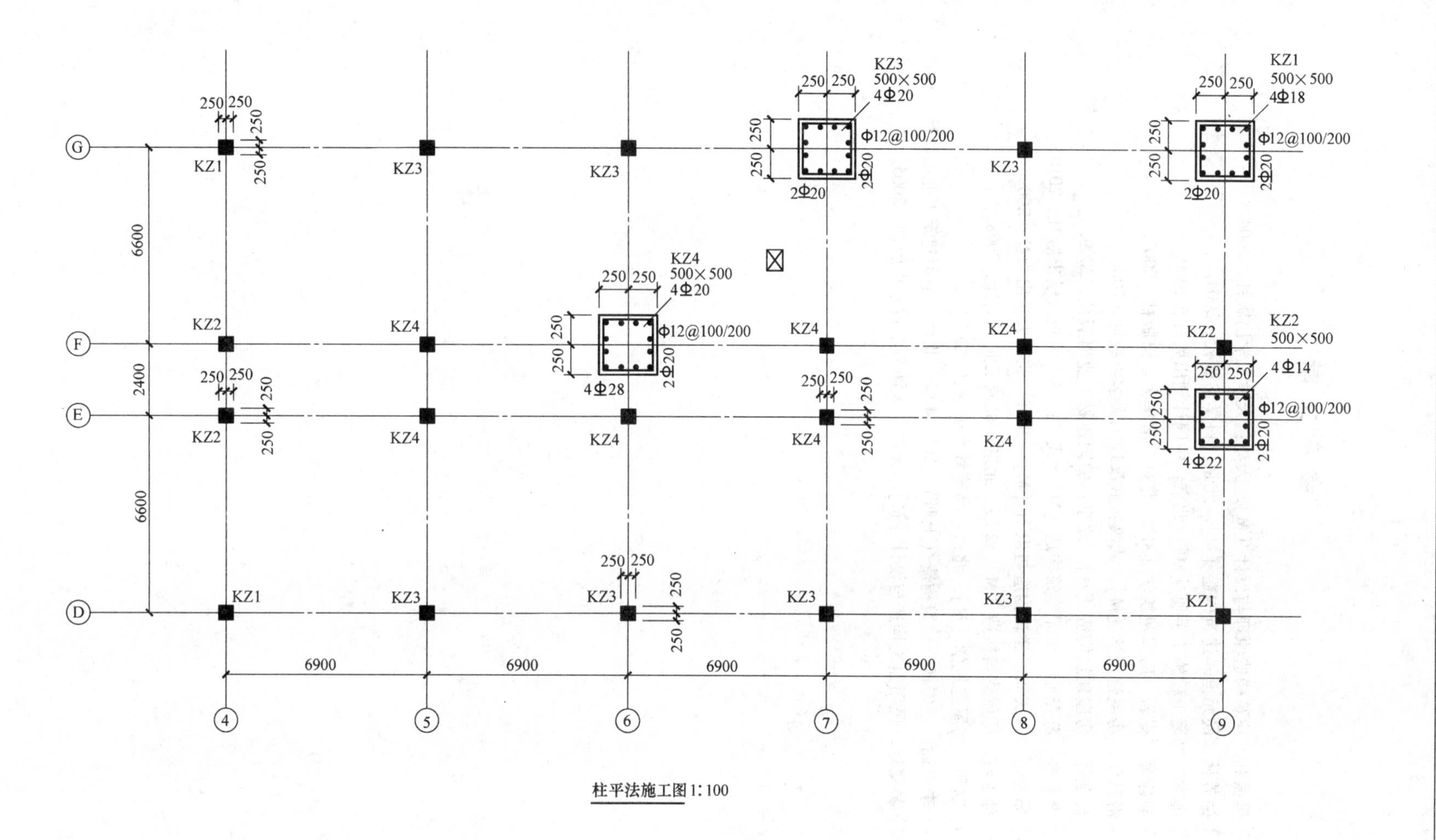
KZ1
500×500
4Φ18
Φ12@100/200
2Φ20
KZ2
500×500
4Φ14
KZ3
500×500
4Φ20
KZ4
500×500
4Φ28
6900
6600
2400
250
4
5
6
7
8
9
D
E
F
G

柱平法施工图 1:100

参考文献

[1] 樊振和．建筑构造原理与设计［M］．天津：天津大学出版社．2004.
[2] 钟芳林，侯元恒．建筑构造［M］．北京：科学出版社，2004.
[3] 雍本．幕墙工程施工手册［M］．北京：中国计划出版社，2000.
[4] 胡建琴，崔岩．房屋建筑学［M］．北京：清华大学出版社，2007.
[5] 舒秋华．房屋建筑学［M］．武汉：武汉理工大学出版社，2006.
[6] 杨金铎．房屋建筑构造［M］．北京：中国建材工业出版社，2009.
[7] 李春亭，陈燕菲．房屋建筑构造［M］．武汉：华中科技大学出版社，2010.
[8] 郑贵超，赵庆双．建筑构造与识图［M］．北京：北京大学出版社，2009.
[9] 孙玉红．房屋建筑构造［M］．2 版．北京：机械工业出版社，2008.
[10] 赵研．房屋建筑学［M］．北京：高等教育出版社，2002.
[11] 李必瑜，魏宏杨．建筑构造（上册）［M］．4 版．北京：中国建筑工业出版社，2008.
[12] 吴曙球．民用建筑构造与设计［M］．天津：天津科学技术出版社，2005.